城语

——梁思成建筑谈

梁思成 著
林洙 汇编

当代世界出版社
THE CONTEMPORARY WORLD PRESS

图书在版编目（CIP）数据

城语：梁思成建筑谈/梁思成著．—北京：当代世界出版社，2022.1

ISBN 978-7-5090-1595-7

Ⅰ.①城…　Ⅱ.①梁…　Ⅲ.①古建筑－研究－中国　Ⅳ.①TU-092.2

中国版本图书馆 CIP 数据核字（2020）第 258420 号

书　　名：城语——梁思成建筑谈
作　　者：梁思成
出 品 人：丁　云
责任编辑：李丽丽
出版发行：当代世界出版社
地　　址：北京市东城区地安门东大街 70-9 号（100009）
网　　址：http：//www.worldpress.org.cn
编务电话：（010）83907528
发行电话：（010）83908410（传真）
13601274970
18611107149
13521709693
经　　销：全国新华书店
印　　刷：北京欣睿虹彩印刷有限公司
开　　本：710 毫米×1000 毫米　1/16
印　　张：29
字　　数：460 千字
版　　次：2022 年 1 月第 1 版
印　　次：2022 年 1 月第 1 次
书　　号：978-7-5090-1595-7
定　　价：89.90 元

目　录

建筑史

建筑论述

建筑教育

建筑随笔

序言:为什么研究中国建筑

研究中国建筑可以说是逆时代的工作。近年来中国生活在剧烈的变化中趋向西化，社会对于中国固有的建筑及其附艺多加以普遍的摧残。虽然对于新输入之西方工艺的鉴别还没有标准，对于本国的旧工艺，已怀鄙弃厌恶心理。自“西式楼房”盛行于通商大埠以来，豪富商贾及中产之家无不深爱新异，以中国原有建筑为陈腐。他们虽不是蓄意将中国建筑完全毁灭，而在事实上，国内原有很精美的建筑物多被拙劣幼稚的，所谓西式楼房或门面，取而代之。主要城市今日已拆改逾半，芜杂可哂，充满非艺术之建筑。纯中国式之秀美或壮伟的旧市容，或破坏无遗，或仅余大略，市民毫不觉可惜。雄峙已数百年的古建筑（Historical landmark），充沛艺术特殊趣味的街市（Local color），为一民族文化之显著表现者，亦常在“改善”的旗帜之下完全牺牲。近如去年甘肃某县为扩宽街道，“整顿”市容，本不需拆除无数刻工精美的特殊市屋门楼，而负责者竟悉数加以摧毁，便是一例。这与在战争炮火下被毁者同样令人伤心，国人多熟视无睹。盖这种破坏，三十余年来已成为习惯也。

市政上的发展，建筑物之新陈代谢本是不可免的事。但即在抗战之前，中国旧有建筑荒顿破坏之范围及速率，亦有甚于正常的趋势。这现象有三个明显的原因：一、在经济力量之凋敝，许多寺观衙署，已归官有者，地方任其自然倾圮，无力保护；二、在艺术标准之一时失掉指南，公私宅第园馆街楼，自西艺浸入后忽被轻视，拆毁剧烈；三、缺乏视建筑为文物遗产之认识，官民均少爱护旧建的热心。

在此时期中，也许没有力量能及时阻挡这破坏旧建的狂潮。在新建设方面，艺术的进步也还有培养知识及技术的时间问题。一切时代趋势是历史因果，似乎含着不可免的因素。幸而同在这时代中，我国也产生了民族文化的自觉，搜集实物，考证过往，已是现代的治学精神，在传统的血流中另求新的发展，也成为今日应有的努力。中国建筑既是延续了两千余年的一种工程技术，本身已造成一个艺术系统，许多建筑物便是我们文化的表现，艺术的大宗遗产。除非我们不知尊重这古国灿烂文化，如果有复兴国家民族的决心，对我国历代文物加以认真整理及保护时，我们便不能忽略中国建筑的研究。

以客观的学术调查与研究唤醒社会，助长保存趋势，即使破坏不能完全制止，亦可逐渐减杀。这工作即使为逆时代的力量，它却与在大火之中抢救宝器名画同样有急不容缓的性质。这是珍护我国可贵文物的一种神圣义务。

中国金石书画素得士大夫之重视。各朝代对它们的爱护欣赏，并不在于文章诗词之下，实为吾国文化精神悠久不断之原因。独是建筑，数千年来，完全在技工匠师之手。其艺术表现大多数是不自觉的师承及演变之结果。这个同欧洲文艺复兴以前的建筑情形相似。这些无名匠师，虽在实物上为世界留下许多伟大奇迹，在理论上却未为自己或其创造留下解析或夸耀。因此一个时代过去，另一时代继起，多因主观上失掉兴趣，便将前代伟创加以摧毁，或同于摧毁之改造。亦因此，我国各代素无客观鉴赏前人建筑的习惯。在隋唐建设之际，没有对秦汉旧物加以重视或保护。北宋之对唐建，明清之对宋元遗构，亦并未知爱惜。重修古建，均以本时代手法，擅易其形式内容，不为古物原来面目着想。寺观均在名义上，保留其创始时代，其中殿宇实物，则多任意改观。这倾向与书画仿古之风大不相同，实足注意。自清末以后突来西式建筑之风，不但古物寿命更无保障，连整个城市，都受打击了。

如果世界上艺术精华，没有客观价值标准来保护，恐怕十之八九均会被后人在权势易主之时，或趣味改向之时，毁损无余。在欧美，古建实行的保存是比较晚近的进步。十九世纪以前，古代艺术的破坏，也是常事。幸存的多赖偶然的命运或工料之坚固。十九世纪中，艺术考古之风大炽，对任何时代及民族的艺术才有客观价值的研讨。保存古物之觉悟即由此而生。即如此次大战，盟国前线部队多附有专家，随军担任保护沦陷区或敌国古建筑之责。我国现时尚在毁弃旧物动态中，自然还未到他们冷静回顾的阶段。保护国内建筑及其附艺，如雕刻壁画均须萌芽于社会人士客观的鉴赏，所以艺术研究是必不可少的。

今日中国保存古建之外，更重要的还有将来复兴建筑的创造问题。欣赏鉴别以往的艺术，与发展将来创造之间，关系若何我们尤不宜忽视。

西洋各国在文艺复兴以后，对于建筑早已超出中古匠人不自觉的创造阶段。他们研究建筑历史及理论，作为建筑艺术的基础。各国创立实地调查学院，他们颁发研究建筑的旅行奖金，他们有美术馆博物院的设备，又保护历史性的建筑物任人参观，派专家负责整理修葺。所以西洋近代建筑创造，同他们其他艺术，如雕刻、绘画、音乐或文学，并无二致，都是合理解与经验，而加以新的理想，作新的表现的。

我国今后新表现的趋势又若何呢？

艺术创造不能完全脱离以往的传统基础而独立。这在注重画学的中国应该用不着解释。能发挥新创都是受过传统熏陶的。即使突然接受一种崭新的形式，根据外来思想的影响，也仍然能表现本国精神。如南北朝的佛教雕刻，或唐宋的寺塔，都起源于印度，非中国本有的观念，但结果仍以中国风格造成成熟的中国特有艺术，驰名世界。艺术的进境是基于丰富的遗产上，今后的中国建筑自亦不能例外。

无疑地将来中国将大量采用西洋现代建筑材料与技术。如何发扬光大我民族建筑技艺之特点，在以往都是无名匠师不自觉的贡献，今后却要成近代建筑师的责任了。如何接受新科学的材料方法而仍能表现中国特有的作风及意义，老树上发出新枝，则真是问题了。

欧美建筑以前有“古典”及“派别”的约束，现在因科学结构，又成新的姿态，但它们都是西洋系统的嫡裔。这种种建筑同各国多数城市环境毫不抵触。大量移植到中国来，在旧式城市中本来是过分唐突，今后又是否让其喧宾夺主，使所有中国城市都不留旧观？这问题可以设法解决，亦可以逃避。到现在为止，中国城市多在无知匠人手中改观。故一向的趋势是不顾历史及艺术的价值，舍去固有风格及固有建筑，成了不中不西乃至于滑稽的局面。

一个东方老国的城市，在建筑上，如果完全失掉自己的艺术特性，在文化表现及观瞻方面都是大可痛心的。因这事实明显的代表着我们文化衰落，至于消灭的现象。四十年来，几个通商大埠，如上海天津广州汉口等，曾不断地模仿欧美次等商业城市，实在是反映着外国人经济侵略时期。大部分建设本是属于租界里外国人的，中国市民只随声附和而已。这种建筑当然不含有丝毫中国复兴精神之迹象。

今后为适应科学动向，我们在建筑上虽仍同样的必须采用西洋方法，但一切为自觉的建设。由有学识、有专门技术的建筑师，担任指导，则在科学结构上有若干属于艺术范围的处置必有一种特殊的表现。为着中国精神的复兴，他们会作美感同智力参合的努力。这种创造的火炬已曾在抗战前燃起，所谓“宫殿式”新建筑就是一例。

但因为最近建筑工程的进步，在最清醒的建筑理论立场上看来，“宫殿式”的结构已不合于近代科学及艺术的理想。“宫殿式”的产生是由于欣赏中国建筑的外貌。建筑师想保留壮丽的琉璃屋瓦，更以新材料及技术将中国大殿轮廓约略模仿出来。在形式上它模仿清代宫衙，在结构及平面上它又仿西洋古典派的普通组织。在细项上窗子的比例多半属于西洋系统，大门栏杆又多模仿国粹。它是东西制度勉强的凑合，这两制度又大都属于过去的时代。它最像欧美所曾盛行的“仿古”建筑（Period architecture）。因为糜费侈大，它不常适用于中国一般经济情形，所以也不能普遍。有一些“宫殿式”的尝试，在艺术上的失败可拿文章作比喻。它们犯的是堆砌文字，抄袭章句，整篇结构不出于自然，辞藻也欠雅驯。但这种努力是中国精神的抬头，实有无穷意义。

世界建筑工程对于钢铁及化学材料之结构愈有彻底的了解，近来应用愈趋简洁。形式为部署逻辑，部署又为实际问题最美最善的答案，已为建筑艺术的抽象理想。今后我们自不能同这理想背道而驰。我们还要进一步重新检讨过去建筑结构上的逻辑；如同致力于新文学的人还要明了文言的结构文法一样。表现中国精神的途径尚有许多，“宫殿式”只是其中之一而已。

要能提炼旧建筑中所包含的中国质素，我们需增加对旧建筑结构系统及平面部署的认识。构架的纵横承托或联络，常是有机的组织，附带着才是轮廓的钝锐，彩画雕饰，及门窗细项的分配诸点。这些工程上及美术上措施常表现着中国的智慧及美感，值得我们研究。许多平面部署，大的到一城一市，小的到一宅一园，都是我们生活思想的答案，值得我们重新剖视。我们有传统习惯和趣味：家庭组织、生活程度、工作、游息，以及烹饪、缝纫、室内的书画陈设、室外的庭院花木，都不与西人相同。这一切表现的总表现曾是我们的建筑。现在我们不必削足就履，将生活来将就欧美的部署，或张冠李戴，颠倒欧美建筑的作用。我们要创造适合于自己的建筑。

在城市街心如能保存古老堂皇的楼宇，夹道的树荫，衙署的前庭，或优美的牌坊，比较用洋灰建造卑小简陋的外国式喷水池或纪念碑实在合乎中国的身份，壮美得多。且那些仿制的洋式点缀，同欧美大理石富于“雕刻美”的市中心建置相较起来，太像东施效颦，有伤尊严。因为一切有传统的精神，欧美街心伟大石造的纪念性雕刻物是由希腊而罗马而文艺复兴延续下来的血统，魄力极为雄厚，造诣极高，不是我们一朝一夕所能望其项背的。我们的建筑师在这方面所需要的是参考我们自己艺术藏库中的遗宝。我们应该研究汉阙，南北朝的石刻，唐宋的经幢，明清的牌楼，以及零星碑亭、泮池、影壁、石桥、华表的部署及雕刻，加以聪明的应用。

艺术研究可以培养美感，用此驾驭材料，不论是木材、石块、化学混合物或钢铁，都同样的可能创造有特殊富于风格趣味的建筑。世界各国在最新法结构原则下造成所谓“国际式”建筑；但每个国家民族仍有不同的表现。英、美、苏、法、荷、比、北欧或日本都曾造成他们本国特殊作风，适宜于他们个别的环境及意趣。以我国艺术背景的丰富，当然有更多可以发展的方面。新中国建筑及城市设计不但可能产生，且当有惊人的成绩。

在这样的期待中，我们所应作的准备当然是尽量搜集及整理值得参考的资料。

以测量绘图摄影各法将各种典型建筑实物作有系统秩序的记录是必须速做的。因为古物的命运在危险中，调查同破坏力量正好像在竞赛。多多采访实例，一方面可以作学术的研究，一方面也可以促社会保护。研究中还有一步不可少的工作，便是明了传统营造技术上的法则。这好比是在欣赏一国的文学之前，先学会那一国的文学及其文法结构一样需要。所以中国现存仅有的几部术书，如宋李诫《营造法式》，清工部《工程做法则例》，乃至坊间通行的《鲁班经》等等，都必须有人能明晰地用现代图解译释内中工程的要素及名称，给许多研究者以方便。研究实物的主要目的则是分析及比较冷静地探讨其工程艺术的价值，与历代作风手法的演变。知己知彼，温故知新，已有科学技术的建筑师增加了本国的学识及趣味，他们的创造力量自然会在不自觉中雄厚起来。这便是研究中国建筑的最大意义。

建筑史

建筑是什么

在讲为什么我们要保存过去时代里所创造的一些建筑物之前，先要明了：建筑是什么？

最简单地说，建筑就是人类盖的房子，为了解决他们生活上“住”的问题。那就是：解决他们安全食宿的地方、生产工作的地方和娱乐休息的地方。“衣、食、住”自古是相提并论的，因为他们都是人类生活最基本的需要。为了这需要，人类才不断和自然作斗争。自古以来，为了安定的起居，为了便利的生产，在劳动创造中人们就也创造了房子。在文化高度发展的时代，要进行大规模的经济建设和文化建设，或加强国防，我们仍然都要先建筑很多为那些建设使用的房屋，然后才能进行其他工作。我们今天称它为“基本建设”，这个名称就恰当地表示房屋的性质是一切建设的最基本的部分。

人类在劳动中不断创造新的经验，新的成果，由文明曙光时代开始在建筑方面的努力和其他生产的技术的发展总是平行并进的，和互相影响的。人们积累了数千年建造的经验，不断地在实践中，把建筑的技能和艺术提高，例如：了解木材的性能，泥土沙石在化学方面的变化，在思想方面的丰富，和对造型艺术方面的熟练，因而形成一种最高度综合性的创造。古文献记载：“上古穴居野处，后世圣人易之以宫室，上栋下宇以蔽风雨。”从穴居到木构的建筑就是经过长期的努力，增加了经验，丰富了知识而来。所以：

1. 建筑是人类在生产活动中克服自然、改变自然的斗争的记录。这个建筑活动就必定包括人类掌握自然规律、发展自然科学的过程。在建造各种类型的房屋的实践中，人类认识了各种木材、石头、泥沙的性能，那就是这些材料在一定的结构情形下的物理规律，这样就掌握了最原始的材料力学。知道在什么位置上使用多大或多小的材料，怎样去处理它们间的互相联系，就掌握了最简单的土木工程学。其次，人们又发现了某一些天然材料——特别是泥土与石沙等——在一定的条件下的化学规律，如经过水搅、火烧等，因此很早就发明了最基本的人工的建筑材料，如砖，如石灰，如灰浆等。发展到了近代，便包括了今天的玻璃、五金、洋灰、钢筋和人造木等等，发展了化工的建筑材料工业。所以建筑工程学也就是自然科学的一个部门。

2. 建筑又是艺术创造。人类对他们所使用的生产工具、衣服、器皿、武器等，从石器时代的遗物中我们就可看出，在这些实用器物的实用要求之外，总要有某种加工，以满足美的要求，也就是文化的要求，在住屋也是一样。从古至今，人类在住屋上总是或多或少地下过功夫，以求造型上的美观。例如：自有史以来无数的民族，在不同的地方，不同的时代，同时在建筑艺术上，是继续不断地各自努力，从没有停止过的。

3. 建筑活动也反映当时的社会生活和当时的政治经济制度。如宫殿、庙宇、民居、仓库、城墙、堡垒、作坊、农舍，有的是直接为生产服务，有的是被统治阶级利用以巩固政权，有的被他们独占享受。如古代的奴隶主可以奴役数万人为他建筑高大的建筑物，以显示他的威权，坚固的防御建筑，以保护他的财产，古代的高坛、大台、陵墓都属于这种性质。在早期封建社会时代，如：吴王夫差“高其台榭以鸣得意”，或晋平公“铜鞮之宫数里”，汉初刘邦做了皇帝，萧何营建未央宫，就明明白白地说“天子以四海为家，非令壮丽无以重威”，从这些例子就可以反映出当时的封建霸主剥削人民的财富，奴役人民的劳力，以增加他的威风的情形。在封建时代建筑的精华是集中在宫殿建筑和宗教建筑等等上，它是为统治阶级所利用以作为压迫人民的工具的；而在新民主主义和社会主义的人民政权时代，建筑就是为维护广大人民群众的利益和美好的生活而服务了。

4. 不同的民族的衣食、工具、器物、家具，都有不同的民族性格或民族特征。数千年来，每一民族，每一时代，在一定的自然环境和社会环境中，积累了世代的经验，都创造出自己的形式，各有其特征，建筑也是一样的。在器物等等方面，人们在科学方面采用了他们当时当地认为最方便最合用的材料，根据他们所能掌握的方法加以合理的处理成为习惯的手法，同时又在艺术方面加工做出他们认为最美观的纹样、体形和颜色，因而形成了普遍于一个地区一个民族的典型的范例，就成了那个民族在工艺上的特征，成为那个民族的民族形式。建筑也是一样。每个民族虽然在各个不同的时代里，所创造出的器物和建筑都不一样，但在同一个民族里，每个时代的特征总是一部分继续着前个时代的特征，另一部分发展着新生的方向，虽有变化而总是继承许多传统的特质，所以无论是哪一种工艺，包括建筑，不论属于什么时代，总是有它的一贯的民族精神的。

5. 建筑是人类一切造型创造中最庞大、最复杂，也最耐久的一类，所以它所代表的民族思想和艺术，更显著、更多面，也更重要。

从体积上看，人类创造的东西没有比建筑在体积上更大的了。古代的大工程如秦始皇时所建的阿房宫，“前殿阿房，东西五百步，南北五十丈，上可以坐万人，下可以建五丈旗”。记载数字虽不完全可靠，体积的庞大必无可疑。又如埃及金字塔高四百八十九英尺，屹立沙漠中遥远可见。我们祖国的万里长城绵亘二千三百余公里，在地球上大约是一件最显著的东西。

从数量上说，有人的地方就必会有建筑物。人类聚居密度愈大的地方，建筑就愈多，它的类型也愈多变化，合起来就成为城市。世界上没有其他东西改变自然的面貌如建筑这么厉害。在这大数量的建筑物上所表现的历史艺术意义方面最多也就最为丰富。

从耐久性上说，建筑因是建造在土地上的，体积大，要承托很大的重量，建造起来不是易事，能将它建造起来总是付出很大的劳动力和物资财力的。所以一旦建筑成功，人们就不愿轻易移动或拆除它，因此被使用的期限总是尽可能地延长。能抵御自然侵蚀，又不受人为破坏的建筑物，便能长久地被保存下来，成为罕贵的历史文物，成为各时代劳动人民创造力量、创造技术的真实证据。

6. 从建筑上可以反映建造它的时代和地方的多方面的生活状况，政治和经济制度，在文化方面，建筑也有最高度的代表性。例如封建时期各国的巍峨的宫殿，坚固的堡垒，不同程度的资本主义社会里的拥挤的工业区和紊乱的商业街市。中国过去的半殖民地半封建时期的通商口岸，充满西式的租界街市，和半西不中的中国买办势力地区内的各种建筑，都反映着当时的经济政治情况，也是显示帝国主义文化入侵中国的最真切的证据。

以上六点，不但说明建筑是什么，同时也说明了它是各民族文化的一种重要的代表。从考古方面考虑各时代建筑这问题时，实物得到保存，就是各时代所产生过的文化证据之得到保存。

中国的艺术与建筑①

吴焕加译　陈志华校

建筑

中国古人从未把建筑当成一种艺术，但像在西方一样，建筑一直是艺术之母。正是通过作为建筑装饰，绘画与雕塑走向成熟，并被认作是独立的艺术。

技术与形式。中国建筑是一种土生土长的构筑系统，它在中国文明萌生时期即已出现，其后不断得到发展。它的特征性形式是立在砖石基座上的木骨架即木框架，上面有带挑檐的坡屋顶。木框架的梁与柱之间，可以筑幕墙，幕墙的唯一功能是划分内部空间及区别内外。中国建筑的墙与欧洲传统房屋中的墙不同，它不承受屋顶或上面楼层的重量，因而可随需要而设或不设。建筑设计者通过调节开敞与封闭的比例，控制光线和空气的流入量，一切全看需要及气候而定。高度的适应性使中国建筑随着中国文明的传播而扩散。

当中国的构筑系统演进和成熟后，像欧洲古典建筑柱式那样的规则产生出来，它们控制建筑物各部分的比例。在纪念性的建筑上，建筑规范由于采用斗栱而得到丰富。斗栱由一系列置于柱顶的托木组成，在内边它承托木梁，在外部它支撑屋檐。一攒斗栱中包括几层横向伸出的臂，叫“栱”，梯形的垫木叫“斗”。斗栱本是结构中有功能作用的部件，它承托木梁又使屋檐伸出得远一些。在演进过程中，斗栱有多种多样的形式和比例。早期的斗栱形式简单，在房屋尺寸中占的比例较大；后来斗栱变得小而复杂。因此，斗栱可作为房屋建造时代的方便的指示物。

由于框架结构使内墙变为隔断，所以中国建筑的平面布置不在于单幢房屋之内部划分，而在于多座不同房屋的布局安排，中国的住宅是由这些房屋组成的。房屋通常围绕院子安排。一所住宅可以包含数量不定

① 本文为1946年梁思成赴美讲学时，应《美国大百科全书》之约所写，因为是用英文纂写的，故末在国内发表，直至2001年才首次在《梁思成全集》中与读者见面。——左川注

的多个院子。主房大都朝南，冬季可射入最多的太阳光，在夏天阳光为挑檐所阻挡。除了因地形导致的变体，这个原则适用于所有的住宅、官府和宗教建筑物。

历史的演变。中国最古的建筑遗存是一些汉代的坟墓。墓室及墓前的门墩——阙，虽是石造的，形式却是仿木结构，高起的石雕显现着同样高超的木匠技艺。斗栱在如此早期的建筑中已具有重要作用。

在中国至今没有发现存在公元8世纪中叶以前漫长时期里所造的木构建筑。但从一些石窟寺的构造细部和它们墙上的壁画我们可以大略知晓8世纪中期以前木构建筑的外貌。山西大同附近的云冈石窟建于公元452—494年；河南河北交界处的响堂山石窟和山西太原的天龙山石窟建于公元550—618年间，它们是在石崖上凿成的佛国净土，外观和内部都当作建筑物来处理，模仿当时的木构建筑。陕西西安慈恩寺大雁塔西门门楣石刻（公元701—704年）准确地显示出一座佛寺大殿。甘肃敦煌公元6世纪到11世纪的洞窟的壁画中画的佛国净土，建筑背景极其精致。这些遗迹是未留下实物的时代的建筑状况的图像记录。在这样的图像中，我们也看到斗栱的重要，并且可以从中追踪到斗栱的演变轨迹。

这些中国早期建筑特点的间接证据可从日本现存的建筑群得到支持。它们造于推古（注：公元593—626年）、飞鸟［注：飞鸟文化指6世纪中叶（公元552年）佛教传入日本至大化改新（公元645年）一百年间的文化］、白风［注：白风文化指大化改新（公元645年）至迁都奈良（公元710年）时间的文化］、天平［注：狭义指圣武天皇统治的天平时期（公元724—748年），广义指整个奈良时代（公元710—794年）］和弘仁（注：公元810—833年）、贞观（注：公元875—893年）时期，相当于中国隋朝和唐朝。事实上，到19世纪中期为止，日本的建筑像镜子一样映射着中国大陆建筑不断变化着的风格。早先的日本建筑可以正确地称之为中国殖民式建筑，而且那里有一些建筑物还真是出于大陆匠人之手。最早的是奈良附近的法隆寺建筑群，由朝鲜工匠建造，公元607年建成。奈良东大寺金堂是中国鉴真和尚（公元763年去世）于公元759年建造的。[①]

---

① 原文Kondo of the Todaiji，Nara，指奈良东大寺。鉴真所建为Toshodai-ji，唐招提寺。疑梁先生笔误。——吴焕加注

中国现存最早的木构建筑是山西省五台山佛光寺大殿[1]。它单层七间，斗栱雄大，比例和设计无比地雄健庄严。大殿建于公元857年，在公元845年全国性灭法后数年。佛光寺大殿是唯一留存下来的唐代建筑，而唐代是中国艺术史上的黄金时代。寺内的雕塑、壁画饰带和书法都是当时的作品，这些唐代艺术品聚集在一起，使这座建筑物成为中国独一无二的艺术珍品。

唐朝以后的木构建筑保留的数量逐渐增多。一些很杰出的建筑物可以作为宋代和同时期的辽代与金代的代表。

河北省蓟县[2]独乐寺观音阁建于公元984年。这是一座两层建筑，当中立着一座有十一个头的观音像。两个楼层之间又有一个暗层，实际是三层。在观音阁上，斗栱的作用发挥到极致。

太原附近晋祠的建筑群建于公元1025年，两座主要建筑物都是单层，但主殿为重檐。大同华严寺大殿是一座巨大的单层单檐建筑，建于公元1090年，是中国最大的佛教建筑物之一。许多年后的公元1260年，河北曲阳的北岳庙建成，它的屋顶上部构件经过大量改建，但其下部及外观整体基本未变。

对上述这些建筑物的比较研究表明，斗栱与建筑物整体的比例越来越小。另一共同特点是越往建筑物的两边柱子越高。这一细致的处理使檐口呈现为轻缓的曲线（华严寺大殿是个例外），屋脊也如此，于是建筑物外观变得柔和了。

到了明朝，精巧的处理消失。这个趋势在皇家的纪念性建筑中尤其明显。北平以北40公里的河北省昌平县[3]明朝永乐皇帝陵墓的大殿是突出的例子。它的斗栱退缩到无足轻重的地步，非近观不能看见。虽然明、清两代的个体建筑退步，但北平故宫是宏伟的大尺度布局的佳例，显示了中国人构想和实现大范围规划的才能。紫禁城用大墙包围，面积为3350英尺×2490英尺（1020米×760米），其中有数百座殿堂和居住房屋。它们主要是明、清两代的建筑。紫禁城是一个整体。一条中轴线贯穿紫

---

① 此文发表时南禅寺尚未发现。——编者注

② 今天津市蓟州区。——编者注

③ 今北京市昌平区。——编者注

禁城和围绕它的都城。殿堂、亭、轩和门围着数不清的院子布置，并用廊子连接起来。建筑物立在数层白色大理石台基上。柱子和墙面一般是刷成红色的。斗栱用蓝、绿和金色的复杂图案装饰起来，由此形成冷色的圈带，使檐下更为幽暗，显得檐部挑出益加深远。整个房屋覆在黄色或绿色的琉璃瓦顶之下。中国人对房屋整体所作的颜色处理，其精致与独创性举世无双。

多层木构建筑。因为材料的限制，高层木构建筑很少。北京天坛祈年殿是著名的高大木构建筑。这是一座圆形建筑，立在三层白色大理石基座上，上部为三层蓝色琉璃瓦顶，最高层束成圆锥形。顶尖高于地面108英尺（33米）。

最好的一个多层木构建筑是山西应县木塔，但不那么有名。它建于公元1056年，有五个明层和四个暗层，平面为八角形。木塔的每一层，不论明暗，都有完整的木构架。因此全塔由九个构架累积而成。其中每一构件都起支承作用，没有多余之物。塔顶屋面为八角锥体，最上为铁铸塔刹，最高点距地面215英尺（65米）。虽然早期大多数塔为木塔，但应县木塔是该类型的塔的唯一留存者。

砖石塔。早期木塔大都消失了，留存下来的多是砖塔，也有少数石塔，它们经受了人为的和自然的损害。与一般人的看法相反，中国塔的设计并不是从印度传入的，它们是中国与印度两种文明交会的产物。塔身完全是中国的，印度因素只在塔刹部分可以见到，它来自窣堵坡（stupa），但已大大改变。许多的砖塔或石塔演绎着木塔原型，木塔才是中国传统建筑观念的体现。

中国砖石塔有五大类型：

单层塔。印度的窣堵坡是佛屠遗骸埋葬地的标志，而死去的僧人坟墓窣堵坡就叫“巴高大”（pagoda）[①] 6世纪到12世纪的坟墓窣堵坡大都做成单层小亭子似的建筑，上面有单檐或重檐。山东济南附近的四门塔建于公元544年，是最早的单层塔的例子（它不是坟墓）。更典型的例子是山东长清灵岩寺的慧崇禅师塔墓。

① 今以“塔”对应“巴高大”。——陈志华注

多层塔。多层塔保持中国土生土长多层建筑的许多特点。日本尚有多层木塔屹立至今，中国只保存了此种类型的砖塔。西安附近的香积寺塔，建于公元681年，是最早和最好的例子。那是十三层的方塔，其中十一层保存完好。楼层用叠涩砖檐分划，各层外墙上用浅浮雕显示门洞、窗子之外，尚有简单而精细的浮雕壁柱和额枋，上承大斗。

宋代多八角形塔。墙上的壁柱常被省去。砖檐常由许多斗栱支撑。有些例子，如河北涿县[①]的双塔（约公元1090年），是在砖塔上忠实地复制出木塔的外貌。

密檐塔。密檐塔似乎是单层塔而上面有多重檐口所形成的变体。外观上看，它有一个很高的主层，其上为密密的多重檐口。公元520年建的河南佛教圣地嵩山嵩岳寺塔，十二边形，十五层，是最早的实例。在唐代，这种塔全采用四方形。最杰出的一例是法王寺塔（约公元750年），也在河南嵩山。

9世纪中有了八角塔，到11世纪以后，这已经成了塔的标准形式。从10世纪到12世纪，在中国北方建造了大量的这种塔，檐下用斗栱装饰。最出名的一个例子是北平的天宁寺塔，建于11世纪，经过多次重修。

喇嘛塔（窣堵坡）。通过印度僧人，中国早就知道印度窣堵坡的原貌，但长期未移植于中国。后来，由于喇嘛教的传播，终于经过西藏来到中国建造，经过很大的变形。西藏喇嘛塔一般做成壶形，立在高高的基座上面。公元1260年由忽必烈下令建造的北平妙应寺窣堵坡是最好的一例。后来它的壶状身躯变得细巧了，塔的颈部尤其如此。这个颈部原先像截了一段的锥形，后来渐渐像烟囱。这种后出的西藏式窣堵坡的一个典型例子是北平北海公园里的白塔，建于公元1651年。

金刚宝座塔（Diamond-Based Pagodas）。在一个基座上耸立数个塔，称金刚宝座塔。早在8世纪建造的河北省房山县[②]云居寺塔是这种塔型的先兆。云居寺塔有一个宽阔的低台，上面立着一座大塔和四座小塔。到明代此种形制始臻于成熟。公元1473年建的北平西郊的五塔寺是一个绝好的作品，它使人以多种方式联想起爪哇的婆罗浮屠（Borobudur）。

---

① 今河北省涿州市。——编者注

② 今北京市房山区。——编者注

牌楼。在中国大多数城镇和不少乡村道路上，都可见到称为牌楼的纪念性的大门。虽然牌楼纯粹是中国的建筑，但可以看到与印度桑契的窣堵坡围栏上的门有某种相似之处。中国南方多石牌楼，北方城镇的街道常有华丽的木牌楼。

桥梁。造桥在中国是一种古老的技艺。早期的例子是简单的木桥或是浮桥。直到4世纪中期以后开始用拱券跨过水流。中国桥梁建造最有名的一个例子是河北赵县的大石桥。它是一座敞肩拱桥（在主拱两头桥面以下的三角形部位，又开着小拱洞）。赵州桥的主拱跨度为123英尺（37米）。赵州桥建于中国隋代，是使现代工程师感到惊讶的工程奇迹。

最常见的一种拱桥可以北平马可波罗桥[①]为例有许多桥墩。中国西南部的山区常用悬索桥。福建有许多用长长的石梁和石墩造的桥，有的总长度[②]可达70英尺（20米）。

绘画

作为艺术的绘画，在中国首先作为装饰出现在旗帜、服装、门、墙及其他东西的表面上。早先的帝王们利用这种媒介的审美感染力和权势暗示力得心应手地教化和统治人民。

唐以前的绘画。在汉代，绘画技术已趋成熟，壁画被用来装饰宫殿内部。公元前51年，汉宣帝（公元前73—前49年在位）命令为十一名在降服匈奴过程中立功的大臣和将军画像于麒麟阁内墙上。这件事表明画像在当时已被承认为一种艺术。当时的绘画不是画在墙壁上便是画在绢上。据记载，唐朝宫廷收藏了大批绢画，但实物没有留下来。

朝鲜的乐浪在公元108—313年是中国的一个省的省会。那里的一处坟墓中出土一块有绘画的砖，现藏于美国波士顿美术馆。它让我们看到了当时汉帝国边疆省份的绘画作品。大批带有线刻和平浮雕的石板是汉朝壁画的特点的间接然而有价值的证物。

现存最早的中国画卷被认为是顾恺之（公元344—406年）的作品，现

---

① 即卢沟桥。——陈志华注

② 总长度，原文如此。——陈志华注

在珍藏于伦敦大英博物馆。顾恺之是东晋时的著名画家。那卷画可能是唐代的摹本，题名《女史箴》，画的内容是图解一系列道德箴言。人物用毛笔在绢上画成，线条精确流畅，但不画背景。人物形象和空间的表现在相当程度上保持汉朝画像石的古拙风格，但同时显露出5至6世纪佛教雕塑的主要特征。

唐代的绘画。绘画和别的艺术门类一样，在唐代进入繁盛期。阎立德和阎立本（约公元600—673年）兄弟二人各列一大串唐代大画家名单之首。立德兼作建筑家，立本是更大的画家。阎立本的《历代帝王图卷》现藏波士顿美术馆，其中许多笔意可追溯到顾恺之的画卷中去。

吴道子（约公元700—760年）是最有名的中国画家，他第一个把毛笔的灵活性发挥至极致。他运用深浅不同的波动的线条表现三度空间的效果。摆脱早期线条的僵硬性，表现极为自由。每一个学中国画的学生都知道"吴带当风"之说，后继的画家因而更鲜活地表现运动。吴道子以他自由而纯熟的笔，在画中精妙地画出各式各样的题材，神和人，动物和植物，风景和建筑。据晚唐张彦远《历代名画记》记载，吴道子的壁画作品有三百件之多，大多数已经毁坏了。

在唐代，用壁画装饰寺庙墙壁蔚然成风。《历代名画记》记载了数百幅，其中有佛国净土和地狱，佛陀、菩萨、恶魔及其他神话人物。而这只是对长安和洛阳两个首都的寺庙壁画的记录。在其他城镇和名山圣地还有众多二流画家的作品。在中原省份这些壁画几乎早消失了。但是在丝绸古道上的敦煌石窟是有关边远省份佛教壁画的信息的富源。

到8世纪初，山水从人物画的背景独立出来，将要成为中国画中最高尚的一个品类。李思训（约公元651—716年）和他的儿子李昭道被普遍认为是山水画的解放者，被称为"大小李将军"。他们创立了"北派"或称"李派"山水画，其特点是采用精致而挺拔的线条，鲜艳的青色和绿色，重点的地方加上金或朱红色点。这种画极富装饰性，但稍有呆板之感，细致而辛苦地画出一切细节。当大小李将军在完善他们的风格时，吴道子在大同宫的墙壁上用墨和淡色作画，一天就完成了"嘉陵江三百里山水"。其技法与风格与"二李"作品迥异。

又过了大约半个世纪，诗人画家王维（公元699—759年）被认为是水墨山水画大家。他的作品的特点是自由而大胆，也与“二李”僵化的匠气风格成鲜明对照。王维善于表现雾和水，是成功地描绘大自然气氛的第一人。他被认为是画中有诗，诗中有画。他也有追随者。明代的评论家指出，王维是“南派”山水画的始祖，正如“二李”是“北派”的创立者。

唐代大画家还有曹霸、韩幹（约公元750年），两人以画马著称。周日方和张萱（8世纪晚期）擅长画家庭生活及妇女。宋朝皇帝徽宗（公元1101—1125年在位）临摹的张萱的一个画卷，摹本现藏波士顿美术馆。

五代和宋朝的绘画。在混乱的五代，有一批艺术家风华正茂，他们是宋朝画家的先驱者。荆浩生活于唐末和五代之初，是大山水画家关仝的老师，他对宋代山水画有重大影响。贯休和尚活跃于公元920年前后[①]，擅长人物，尤善画罗汉。徐熙和黄筌是花鸟画家。

这一时期壁画虽不若唐代兴盛，但在北宋仍是常见。少数宋代壁画逃过劫难，留至后世，敦煌石窟有宋代壁画，是边陲的作品。

宋代宫廷画院中聚集了许多著名画家。如山水画家郭熙（约公元1020—1090年），黄筌的儿子，也是花鸟画家的黄居。宋代初年的文人画家有李成和董源（10世纪末），是山水画大家。范宽画山覆有厚厚的植被，河流两旁岩峰峥嵘。米芾（公元1051—1107年）的山水画云雾缭绕，高耸的山顶散落着短、平、宽的墨点，后世画者多有仿效。李龙眠和李公麟（公元1040—1106年）的作品现在西方很著名。他用线条画人和马，极其娴熟流畅，为笔墨技法的最高成就。

北宋末期，徽宗皇帝本人在艺术上有很高的造诣，他追求极端的自然主义。徽宗是艺术的保护人。不过尽管他比先前的君王更重视画院，画院却没有再出现伟大的画家。

南宋的画风仍盛，但佛教绘画退缩到几乎完全不见。其时佛教在其发源地印度近于消失。中国儒家学者无情地攻击佛教。佛教徒中禅宗成为主流，他们虽然不是彻底的偶像破坏者，但注重冥想而不重偶像崇拜。这时佛教画家偏爱的题材多是“月下湖畔的白衣观音”，“沉思中的贤

---

① 据《中国大百科全书·美术卷》，贯休生卒年为832—913年。——陈志华注

者”，或“十六罗汉”之类。这一类作品脱出了早期佛教绘画要求庄严、对称的严格规矩的束缚。

在新理学和禅宗佛教统治之下，山水画成了画家们最喜爱的表现媒介。12世纪末到13世纪初，画院又产生一批著名的山水画家，其中有刘松年、梁楷（约公元1203年）、夏珪（约公元1195—1224年）和马远（约公元1190—1225年）。刘松年的青绿山水超过“二李”。梁楷善用线条画人物，背景中的山水也用线条画。但是南宋时期水墨山水画大家首推夏珪和马远二人。夏珪的《长江万里图》充分表现出他的大胆和力度。马远画作中地平线安排得靠下，更受西方人的赏爱。马远的山水画与夏珪不同，他表现一种静寂精致的情调，如云雾背景中的松树。每个学中国画的学生对此题材都极谙熟。在马远以前，画家总是把看见的东西都收入画内。马远的画只有几处山石和一两株树。构图简洁，细部略省，比包罗万象的作品更接近西方人对于风景画的观念。这深深影响到元代绘画。

元代绘画。年代较短的元朝有很多大画家。赵孟頫（公元1254—1322年）以画人物和马著称，但亦擅长山水，同时又是第一流的书法家。他的最著名的画是《鞍马图》。在元朝避官不仕的知识分子中，钱选（公元1235—约1290年）是著名的花鸟画家。

吴镇（公元1280—1354年）、黄公望（公元1264—1354年）、倪瓒（公元1301—1374年）和王蒙（公元1385年卒）被推崇为元代四大家。他们都是山水画家。吴镇下笔厚重，但富有空间感，他也擅长画竹。与吴镇鲜明对照的是黄公望及倪瓒，此二人很少用渲染，多用枯笔。倪瓒尤其如此，他常画简单的对象以突出他的风格。王蒙风景画浓墨重笔，一笔一画极为工整。

明清绘画。明代离我们不远，留下较多的画作。壁画很少了，但有些留传至今，如北平附近的法海寺就有明代壁画，技艺相当不错。可是鉴赏家和评论者不把那些壁画看作艺术品，他们只把卷轴画看作艺术大家的作品。明代初期士人们努力仿效唐宋的绘画，但他们的作品的气质与唐宋大不相同。山水画家吴伟追学马远，却创立了“浙派”。边文进（边景昭，约公元1430年）和吕纪（约公元1500年）以花鸟画著称，风格接近黄筌和黄居。林良创立一个画派，作花鸟画特别流畅，类似速写。

浙派的最重要的诠释者是戴进（字文进，约公元1430—1450年），本是画院画家，后受人嫉害被逐出画院。像当时所有的人那样，他追从宋代大师，尤重马远，结果却创立了自己的画派，画风简洁清新。

学院派和浙派都渐渐消失了。后者演变成所谓的“文人画”风格。明代文人画的四大代表者是沈周（公元1427—1509年）、唐寅（公元1470—1523年）、文徵明和董其昌（公元1554—1636年）。仇英（约公元1522—1560年）原来学习漆画，是工笔画大师，他的作品细致地忠实地记录下当时日常生活的乐趣。明代画家有一个突出的共同点，即毛笔的运用极为熟练，笔画出不只是一根线或一小片洇墨，还表达出调子力度和精神。明代毛笔的运用达到完美的程度。

清代艺术承继了明代的传统。清初南派山水画的代表是“四王”，他们是王原祁（公元1642—1715年）、王鉴（公元1598—1677年）、王翚（公元1632—1717年）和王时敏（公元1592—1680年）。王时敏和王鉴师法董源和黄公望，是清代画家的先驱。王时敏以粗大笔触闻名。王翚是王时敏的弟子，在运笔上超越乃师。据认为他把南派和北派风格加以融合，他的老师称他为画圣。王原祁是王时敏的孙子，是四王中学问最大者，他最得黄公望的意境。王原祁以淡彩山水画著称。

陈洪绶（公元1599—1652年）创立一种绘画风格，看似无意，实则每笔均精心考虑精心落墨。仿效陈洪绶的人颇多，石涛善画山水及竹，也是一位看似“随意”的画家。这两人在明代末年已经成熟，他们活到清初，由于他们对后人的影响大，陈洪绶与石涛被视作清代画家。

雕塑

雕塑，像建筑一样，在中国也未获得应有的承认，我们知道大画家的名字，但雕塑家都默默无闻。

早期的雕塑。最早的雕塑是在安阳商朝的墓葬中发现的。猫头鹰、老虎和乌龟是常见的雕刻母题，也偶有人的形象。那些大理石作品都是圆雕，有些就是建筑部件。表面装饰同那个时代的青铜器的纹样相同。石雕和青铜器在装饰纹样、基本形体和气质方面是一致的。出土的铜面具有的是饕餮，有的是人形。它们都铸造得很好。

公元前500年前后，青铜器开始以人和动物形体的圆雕做装饰题材。初时人像是正面跪姿，严格按照“正面律”制作。不久，艺术摆脱束缚去表现动作。总的看，人物造型矮而且呆板，而动物造型见出刀凿的运作精准有致，这是基于对自然的准确观察。

汉、三国、六朝。到汉代，雕塑在建筑上的重要性增加了。室内墙壁上有浮雕装饰，这可以从许多汉墓祭室中得到印证。犹如山东嘉祥武氏墓群，人和动物（狮、羊、吐火兽）的圆雕成对地排列在通往墓室、宫庙的大路两旁。山东曲阜的人像非常呆拙，粗糙，模糊一团，只大致有点像人形。而兽像则造型优美，雄壮而有生气。狮子和吐火兽常常有翼（考虑到中国早期建筑不用人像和兽雕保卫大门，这一做法很可能是在与北方和西方蛮族接触中从西亚传来的）。四川发现的汉阙常有鸟、龙、虎的浮雕，它们是装饰雕刻的上品。

南北朝时，佛教盛行，人像雕刻多起来。有一些5世纪的小佛像留传下来。第一批重要的纪念性雕像见于大同云冈，大同是北魏（公元386—535年）第一个首都。云冈石窟是印度石窟的中国翻版。除了一些装饰题材（叶饰、回文饰、念珠，甚至爱奥尼或科林斯柱头）和洞窟的基本形制外，看不出在雕刻上有什么印度或其他非中国的特点。固然有少数典型的印度式佛像，但群体还是中国的。

云冈石窟由皇帝下令于公元452年开始建造，但因首都南迁洛阳，而于公元494年突然停止。云冈的一部分石窟与印度的“支提”（Chaitya）十分相似，中间是圣坛或窣堵坡，建筑与雕塑则基本是中国式的。早期的较大的雕像有的高度超过70英尺（21米），粗壮结实，身上紧裹着有褶的服装。后来佛像变得苗条些，而头及颈部却几乎是圆柱形的。眉毛弯弯，与鼻梁相接。前额宽而平，在太阳穴处突然后折。眼是细长缝，薄唇，永远微笑，下巴尖尖的。这一特征多在同时期的小型铜佛像上见到。衣服不再紧贴，而是披挂在身上，在脚踝处张开，左右对称，衣褶尖挺如刀，像鸟翼似的张开（这并非偶然，这时期中国书法常有尖锋）。佛像组群中有菩萨像，在印度菩萨作公主般打扮，在中国则几乎取消全部装饰，只戴简单的头巾和一个心形项圈，有长长的肩带，穿过在大腿前的环。

公元495年，在洛阳附近的龙门，在伊川河的山岩上开始开凿龙门石窟，情形与大同云冈近似。这里的佛像头部更圆润而较少圆柱形，衣褶不那么尖了，仍然对称，但更流畅，富有高雅的装饰性。有些洞窟的墙面上有浮雕，一面是皇帝像，对面是皇后像，各有随从侍候，表现着最高级的构图。龙门的雕凿工作持续到9世纪后期。

北齐（公元550—557年）统治者笃信佛教而过火。但在其统治的末期，方才开始开凿天龙山石窟，这些石窟里的大部分佛像站立着，头部是浑圆的，额头明显较低，眼睛虽然仍细但比较长，鼻与唇比较饱满。先前时期那种迷人的微笑几乎不见了，衣褶简单，直上直下。

隋与唐的雕塑。隋代立像的腹部独特地挺出。头占全身的比例变小，鼻子和下颚较以前丰满。眼睛仍细，但上眼皮凸出一些，显出其下的眼珠。这微微凸出的眼皮与眉毛下面的弧形平面相交形成柔和的凹沟，这交线像一张弓，重复了眉和眼睛的韵律。嘴变小了，造型精致的双唇使雕像微带笑意。颈子如截去尖端的圆锥体，从胸部突然伸出，与头部生硬相接，颈部中段横一道深深的皱褶。衣服上的衣褶自然，卷边非常精致。如来佛的服饰永远保持朴素，与之相反，菩萨的服饰变得华丽。头巾和项链上嵌着宝石般的装饰。珠链从肩上垂下，间隔地挂着饰物，抵到膝部以下。

中国的雕塑，尤其是佛教雕塑，在唐代直抵顶峰。北魏开始的龙门石窟达到新的高度。在唐帝国版图之内，到处都热情地雕凿佛像。大约在9世纪末，中原的信徒们失去了对石窟的兴趣。敦煌石窟仍在继续，在中国中部，石窟开凿转移到四川，那儿有一些晚唐的石窟。在四川这一活动历经宋、元，延续到明代。

唐初与隋代的风格接近，很难明确区分。到7世纪中期，唐代自己的风格出现了。雕像更加自然主义了。大多数立像呈S形姿势，由一条腿平衡，放松的那条腿的臀部和同侧的肩部略向前倾。头部稍稍偏向另一边。躯体丰满，腰部仍细。菩萨的脸部饱满，眉毛优雅地弯曲，不像前一时期那样过分，很自然地呈弧形勾画出天庭。眉弓下也不再有凹沟。眼睛上皮更宽，眉下的曲面减窄。鼻子稍短，鼻梁稍短也稍低。鼻端与嘴稍近，嘴唇更有表情。发际移下，额头高度稍减。这时期的菩萨像的装饰不那么华丽了。头巾简化，头发在头顶上堆成高髻。服装更合身。仍然戴着珠串，但挂着的饰物减少了。

到8世纪初，出现一种非常人性化的如来佛像。他被雕凿成一个自我满足的、心宽体胖的俗世之人，下巴松弛，看不见颈子，有胖胖凸出的肚子。这是关于在菩提伽叶森林中行的苦行者的不寻常的观念。这样的佛像不多见，但就人体形象的雕凿而言是十分高超的。

唐末，在四川人迹罕至的地区的石窟中出现由新传播的密宗（或密教，意为秘密教派）搞的反映奇幻心理的偶像。不过人和服饰的处理与唐代传统相似。那里，一整片墙只描绘一个题材。同时期在敦煌一再出现的描绘净土的壁画，用堆塑来表现，用单一的构图。这在先前的石窟雕塑从未见过。

唐代雕刻家雕刻动物的技艺特别高超，许多作品藏在唐代帝王陵墓中的地下。欧洲和美国博物馆展出了小件作品。

宋代雕塑。唐朝之后，石造佛像几乎停止了。宋代庙宇中供奉的佛像是木刻的或泥塑的，偶尔也有用铜铸的。只有四川地区的石窟中例外。几乎没有铜佛像能在以后各时期逃避被熔化之祸而流传至今。最有名的例外是河北正定的70英尺（21米）高的铜观音，它由宋太祖（公元960—976年在位）下令铸造。泥塑佛像不计其数。极精美的一组在大同华严寺祭台上。河北蓟县独乐寺十一面泥塑观音像高60英尺（18米），风格十分接近唐代传统，是中国最高大的泥塑佛像。许多宋代木雕佛像流入西方博物馆。

宋代雕塑最突出之点是脸部浑圆，额头比以前宽，短鼻，眉毛弧形不显，眼上皮更宽，嘴唇较厚，口小，笑容几乎消失，颈部处理自然，自胸部伸出，支持头颅，与头胸之间没有分明的界线。

唐朝菩萨那种S形曲线姿势不见了。宋代雕塑虽然并不僵硬，但唐代那种轻松地支持体重并降低放松的那一侧身体的安闲相不是宋代雕刻者所能掌握的。禅宗搞出另一种观音像，她坐在石头上，一脚踏石，一脚垂下。这种复杂的姿势向雕刻家提出了处理身躯和衣褶的新问题。

南宋时期，四川石窟雕刻艺术衰落，尤其是菩萨像，此时日益显现为女身。服装过分华丽，珠宝、装饰太多；姿势僵硬，甚至冷淡，表情空漠。四川最好的作品是大足石刻中少女般的菩萨群像。

元、明、清雕塑。元代，喇嘛教从西藏传入中原，该教派的雕塑匠人也来了，他们影响了明、清的雕塑。他们的塑像大都交腿而坐，胸宽，腰细如蜂，肩方。头部短胖，前额重现全身的韵律。头顶是平的，上面有浓密的螺髻，是如来佛头顶上特有的疙瘩形发式。

明、清两代是中国雕塑史上可悲的时期。这个时期的雕像一没有汉代的粗犷；二没有六朝的古典妩媚；三没有唐代的成熟自信；四没有宋代的洛可可式优雅。雕塑者的技艺蜕变为没有灵气的手工劳动。

云冈石窟中所表现的北魏建筑①

梁思成　林徽因②　刘敦桢③

绪言

二十二年九月间，营造学社同人，趁着到大同测绘辽金遗建华严寺、善化寺等之便，决定附带到云冈去游览，考察数日。

云冈灵严石窟寺，为中国早期佛教史迹壮观。因天然的形势，在绵亘峭立的岩壁上，凿造龛像，建立寺宇，动伟大的工程，如《水经注》漯水条所述“……凿石开山，因岩结构，真容巨壮，世法所希，山堂水殿，烟寺相望，……”；又如《续高僧传》中所描写的“……面别镌像，穷诸巧丽，龛别异状，骇动人神……”；则这灵岩石窟更是后魏艺术之精华——中国美术史上一个极重要时期中难得的大宗实物遗证。

但是或因两个极简单的原因，这云冈石窟的雕刻，除掉其在宗教意义上，频受人民香火，偶遭帝王巡幸礼拜外，十数世纪来直到近三十余年前，在这讲究金石考古学术的中国里，却并未有人注意及之。

我们所疑心的几个简单的原因，第一个浅而易见的，自是地处边僻，

① 本文原载1933年《中国营造学社汇刊》第四卷第三、四期。——孙大章注

② 林徽因（1904—1955年），女，原名徽音，福建省闽侯人。1916年入北京培华女子中学，1920年随父林长民游历欧洲，并入伦敦圣玛利女校读书。1921年回国后复入培华女中读书。1924年留学美国宾夕法尼亚大学美术学院，选修建筑系课程。1927年获美术学士学位，同年入美国耶鲁大学戏剧学院学习舞台美术设计。1928年3月与梁思成在加拿大渥太华结婚。1929年出任东北大学建筑系副教授。1931—1946年在中国营造学社研究中国古建筑。1946年后任清华大学建筑系教授。有关建筑学的主要论著有《论中国建筑之几个特征》《平郊建筑杂志》《清式营造则例》(第一章绪论部分)、《中国建筑史》（辽、宋部分）；主要文学作品有《谁爱这不息的变幻》《笑》《情原》《昼梦》《暝想》等诗篇几十首；散文《窗子以外》《一片阳光》等。天津百花出版社出版有《林徽因文集》（文学卷和建筑卷）。

③ 刘敦桢（1897—1968年），湖南省新宁人。1913年留学日本，1921年毕业于东京高等工业学校建筑科。1925—1931年先后任教于苏州工业专科学校及中央大学。1931—1943年任中国营造学社校理及文献部主任。1943—1968年先后任中央大学教授、建筑系主任、工学院院长。1955年当选为中国科学院技术科学部学部委员。其著作主要有：《苏州古典园林》《刘敦桢文集》（四卷）等。

交通不便。第二个原因，或是因为云冈石窟诸刻中，没有文字。窟外或崖壁上即使有，如《续高僧传》中所称之碑碣，却早已漫没不存痕迹，所以在这偏重碑拓文字的中国金石学界里，便引不起什么注意。第三个原因，是士大夫阶级好排斥异端，如朱彝尊的《云冈石佛记》，即其一例，宜其湮没千余年，不为通儒硕学所称道。

近人中，最早得见石窟，并且认识其在艺术史方面的价值和地位、发表文章、记载其雕饰形状、考据其兴造年代的，当推日人伊东[1]和新会陈援庵先生[2]。此后专家作有统系的调查和详细摄影的，有法人沙畹，(Chavannes)[3]，日人关野贞、小野诸人[4]。各人的论著均以这时期因佛教的传布，中国艺术固有的血脉中，忽然渗杂旺而有力的外来影响，为可重视。且西域所传入的影响，其根苗可远推至希腊古典的渊源，中间经过复杂的途径，迤逦波斯，蔓延印度，更推迁至西域诸族，又由南北两路犍陀罗及西藏以达中国。这种不同文化的交流濡染，为历史上最有趣的现象，而云冈石刻便是这种现象极明晰的实证之一种，自然也就是近代治史者所最珍视的材料了。

根据着云冈诸窟的雕饰花纹的母题（motif）及刻法，佛像的衣褶容貌及姿势〈图1〉，断定中国艺术约莫由这时期起，走入一个新的转变，是毫无问题的。以汉代遗刻中所表现的一切戆直古劲的人物车马花纹〈图2〉，与六朝以还的佛像饰纹和浮雕的草叶、璎珞、飞仙等等相比较，则前后判然不同的倾向，一望而知。仅以刻法而论，前者单简冥顽，后者在质朴中，忽而柔和生动，更是相去悬殊。

但云冈雕刻中，“非中国”的表现甚多：或显明承袭希腊古典宗脉；或繁富地掺杂印度佛教艺术影响。其主要各派元素多是囫囵包并，不难历历辨认出来的。因此又与后魏迁洛以后所建伊阙石窟——即龙门——诸刻〈图3〉，稍不相同。以地点论，洛阳伊阙已是中原文化中心所在；

---

① 伊东忠太：《北清建筑调查报告》，见《建筑杂志》第一八九号。伊东忠太：《支那建筑史》。——作者注

② 陈垣：《山西大同武州山石窟寺记》。——作者注

③ Edouard Chavannes：Mission archeologique dans la chine Scptentrionale.——作者注

④ 小野玄妙：《极东之三大艺术》。——作者注

图1　云冈造像

图2　武梁祠汉代画像

以时间论，魏帝迁洛时，距武州凿窟已经半世纪之久，此期中国本有艺术的风格，得到西域袭入的增益后，更是根深蒂固，一日千里，反将外来势力积渐融化，与本有的精神冶于一炉。

图3 龙门造像

云冈雕刻既然上与汉刻迥异，下与龙门较，又有很大差别，其在中国艺术史中，固自成一特种时期。近来中西人士对于云冈石刻更感兴趣，专诚到那里谒拜鉴赏的，便成为常事，摄影翻印，到处可以看到。同人等初意不过是来大同机会不易，顺便去灵岩开开眼界，瞻仰后魏艺术的重要表现；如果获得一些新的材料，则不妨图录笔记下来，作一种云冈研究补遗。

以前从搜集建筑实物史料方面，我们早就注意到云冈、龙门及天龙山等处石刻上“建筑的”（architectural）价值，所以造像之外，影片中所呈示的各种浮雕花纹及建筑部分(若门楣、栏杆、柱塔等等)，均早已列入我们建筑实物史料的档库。这次来到云冈，我们得以亲目抚摩这些珍罕的建筑实物遗证，同行诸人，不约而同的第一转念，便是作一种关于云冈石窟“建筑的”方面比较详尽的分类报告。

这“建筑的”方面有两种：一是洞本身的布置、构造及年代，与敦煌印度之差别等等，这个倒是比较简单的；一是洞中石刻上所表现的北魏建筑物及建筑部分，这后者却是个大大有意思的研究，也就是本篇所最注重处，亦所以命题者。然后我们当更讨论到云冈飞仙的雕刻，及石刻中所有的雕饰花纹的题材、式样等等，最后当在可能范围内，研究到窟前当时、历来及现在的附属木构部分，以结束本篇。

一 洞名

云冈诸窟，自来调查者各以主观命名，所根据的，多倚赖于传闻，以讹传讹，极不一致。如沙畹书中未将东部四洞列入，仅由中部算起；关野虽然将东部补入，却又遗漏中部西端三洞；至于伊东最早的调查，只限于中部诸洞，把东西二部全体遗漏，虽说时间短促，也未免遗漏太厉害了。

本文所以要先厘定各洞名称，俾下文说明，有所根据。兹依云冈地势分云冈为东、中、西三大部。每部自东迢西，依次排号；小洞无关重要者从略。再将沙畹、关野、小野三人对于同一洞的编号及名称，分行列于底下，以作参考。

表 1

		沙畹命名	关野命名（附中国名称）	小野调查之名称
东部	第一洞		No. 1（东塔洞）	石鼓洞
	第二洞		No. 2（西塔洞）	寒泉洞
	第三洞		No. 3（隋大佛洞）	灵岩寺洞
	第四洞		No. 4	
中部	第一洞	No. 1	No. 5（大佛洞）	阿弥陀佛洞
	第二洞	No. 2	No. 6（大四面佛洞）	释迦佛洞
	第三洞	No. 3	No. 7（西来第一佛洞）	准提阁菩萨洞
	第四洞	No. 4	No. 8（佛籁洞）	佛籁洞
	第五洞	No. 5	No. 9（释迦洞）	阿佛闪洞
	第六洞	No. 6	No. 10（持钵佛洞）	毘庐佛洞
	第七洞	No. 7	No. 11（四面佛洞）	接引佛洞
	第八洞	No. 8	No. 12（椅像洞）	离垢地菩萨洞
	第九洞	No. 9	No. 13（弥勒洞）	文殊菩萨洞
西部	第一洞	No. 16	No. 16（立佛洞）	接引佛洞
	第二洞	No. 17	No. 17（弥勒三尊洞）	阿闪佛洞
	第三洞	No. 18	No. 18（立三佛洞）	阿闪佛洞
	第四洞	No. 19	No. 19（大佛三洞）	宝生佛洞
	第五洞	No. 20	No. 20（大露佛）	白佛耶洞
	第六洞		No. 21（塔洞）	千佛洞

本文仅就建筑与装饰花纹方面研究，凡无重要价值的小洞，如中部西端三洞与西部东端二洞，均不列入，故篇中名称，与沙畹、关野两人的号数不合〈图6〉。此外云冈对岸西小山上，有相传造像工人所凿，自为功德的鲁班窑二小洞，和云冈西七里姑子庙地方，被川水冲毁，仅余石壁残像的尼寺石祇洹舍，均无关重要，不在本文范围以内。

二 洞的平面及其建造年代

云冈诸窟中，只是西部第一到第五洞，平面作椭圆形或杏仁形，与其他各洞不同。关野、常盘合著的《支那佛教史迹》第二集评解，引魏书兴光元年，与五缎大寺为太祖以下五帝铸铜像之例，疑此五洞亦为纪念太祖以下五帝而设，并疑魏书《释老志》所言昙曜开窟五所，即此五洞，其时代在云冈诸洞中为最早。

考魏书《释老志》卷百十四原文："……兴光元年秋，敕有司于五缎大寺内，为太祖以下五帝，铸释迦立像五，各长一丈六尺。……太安初，有师子国胡沙门邪奢遗多、浮陁难提等五人，奉佛像三到京都，皆云备历西域诸国，见佛影迹及肉髻，外国诸王相承，咸遣工匠摹写其容，莫能及难提所造者。去十余步视之炳然，转近转微。又沙勒胡沙门赴京致佛钵，并画像迹。和平初，师贤卒，昙曜代之，更名沙门统。初昙曜以复法之明年，自中山被命赴京，值帝出，见于路，……帝后奉以师礼。昙曜白帝，于京城西武州塞，凿山石壁，开窟五所，镌建佛像各一，高者七十尺，次六十尺。雕饰奇伟，冠于一世。……"

所谓"复法之明年"，自是兴安二年（公元453年），魏文成帝即位的第二年，也就是太武帝崩后第二年。关于此节，有《续高僧传·昙曜传》中一段记载，年月非常清楚："先是太武皇帝太平真君七年，司徒崔皓令帝崇重道士寇谦之，拜为天师，珍敬老氏。虔刘释种，焚毁寺塔。至庚寅年（太平真君十一年），太武感疠疾，方始开悟。帝心既悔，诛夷崔氏。至壬辰年（太平真君十三年亦即安兴元年）太武云崩，子文成立，即起塔寺，搜访经典。毁法七载，三宝还兴；曜慨前陵废，欣今重复……"由太平真君七年毁法，到兴安元年"起塔寺""访经典"的时候，正是前后七年，故有所谓“毁法七载，三宝还兴”的话；那么无疑地“复法之明年”，即是兴安二年了。

所可疑的只是：(1) 到底昙曜是否在“复法之明年”见了文成帝便去开窟；还是到了“和平初，师贤卒”他做了沙门统之后，才“自帝于京城西……开窟五所？”这里前后就有八年的差别，因魏文成帝于兴安二年后改号兴光，一年后又改太安、太安共五年，才改号和平的。(2)《释老志》文中“后帝奉以师礼，曜白帝于京城西……”这里“后”字，亦颇蹊跷。到底这时候，距昙曜初见文成帝时候有多久？见文成帝之年固为兴安二年，他禀明要开窟之年（即使不待他做了沙门统）也可在此后两三年、三四年之中，帝奉以师礼之后！

总而言之，我们所知道的只是昙曜于兴安二年（公元453年）入京见文成帝，到和平初年（公元460年）做了沙门统。至于武州塞五窟，到底是在这八年中的那一年兴造的，则不能断定了。

《释老志》关于开窟事，和兴光元年铸像事的中间，又记载那一节太安初师子国（锡兰）胡沙门难提等奉像到京都事。并且有很恭维难提摹写佛容技术的话。这个令人颇疑心与石窟镌像有相当瓜葛。即不武断地说难提与石窟巨像有直接关系，因难提造像之佳，“视之炳然……，”而猜测他所摹写的一派佛容，必然大大地影响当时佛像的容貌，或是极合理的。云冈诸刻虽多犍驼罗影响，而西部五洞巨像的容貌衣褶，却带极浓厚的中印度气味的。

至于《释老志》，“昙曜开窟五所”的窟，或即是云冈西部的五洞，此说由云冈石窟的平面方面看起来，我们觉得更可以置信。(1) 因为它们的平面配置，自成一统系，且自左至右五洞，适相联贯。(2) 此五洞皆有本尊像及胁持，面貌最富异国情调〈图4〉，与他洞佛像大异。(3) 洞内壁面列无数小龛小佛，雕刻甚浅，没有释迦事迹图。塔与装饰花纹亦甚少，和中部诸洞不同。(4) 洞的平面由不规则的形体，进为有规则之方形或长方形，乃工作自然之进展与要求。因这五洞平面的不规则，故断定其开凿年代必最早。

《支那佛教史迹》第二集评解中，又谓中部第一洞为孝文帝纪念其父献文帝所造，其时代仅次于西部五大洞。因为此洞平面前部，虽有长方

图4 云冈中部第四洞门拱西侧像

形之外室，后部仍为不规则之形体，乃过渡时代最佳之例。这种说法，固甚动听，但文献上无佐证，实不能定谳。

中部第三洞，有太和十三年铭刻；第七洞窗东侧，有太和十九年铭刻及洞内东壁曾由叶恭绰先生发现之太和七年铭刻。文中有“邑义信士女等五十四人……共相劝合为国兴福，敬造石庙形像九十五区及诸菩萨，愿以此福……”等等。其他中部各洞全无考。但就佛容及零星雕刻作风而论，中部偏东诸洞，仍富于异国情调。偏西诸洞，虽洞内因石质风化过甚，形像多经后世修葺，原有精神完全失掉，而洞外崖壁上的刻像，石质较坚硬，刀法伶俐可观，佛貌又每每微长，口角含笑，衣褶流畅精美，渐类龙门诸像。已是较晚期的作风无疑。和平初年到太和七年，已是二十三年，实在不能不算是一个相当的距离。且由第七洞更偏西去的诸洞，由形势论，当是更晚的增辟，年代当又在太和七年后若干年了。

西部五大洞之外，西边无数龛洞（多已在崖面成浅龛）以作风论，大体较后于中部偏东四洞，而又较古于中部偏西诸洞。但亦偶有例外，如西部第六洞的洞口东侧，有太和十九年铭刻，与其东侧小洞，有延昌年间的铭刻。

我们认为最稀奇的是东部未竣工的第三洞。此洞又名灵岩，传为昙曜的译经楼，规模之大，为云冈各洞之最。虽未竣工，但可看出内部佛像之后，原计划似预备凿通，俾可绕行佛后的。外部更在洞顶崖上，凿出独立的塔一对，塔后石壁上，又有小洞一排，为他洞所无。以事实论，颇疑此洞因孝文帝南迁洛阳，在龙门另营石窟，平城（即大同）日就衰落，故此洞工作，半途中辍，但确否尚须考证。以作风论，关野、常盘谓第三洞佛像在北魏与唐之间，疑为隋炀帝纪念其父文帝所建。新海中川合著之《云冈石窟》竟直称为初唐遗物。这两说未免过于武断。事实上，隋唐皆都长安、洛阳，绝无于云冈造大窟之理，史上亦无此先例。且即根据作风来察这东部大洞的三尊巨像的时代，也颇有疑难之处。

我们前边所称，早期异国情调的佛像，面容为肥圆的；其衣纹细薄，贴附于像身（所谓湿褶纹者）；佛体呆板、僵硬，且权衡短促。与他像修长微笑的容貌、斜肩而长身、质实垂重的衣裾褶纹相较起来，显然有大区别。现在这里的三像，事实上虽可信其为云冈最晚的工程，但像貌、衣褶、权衡，反与前者，所谓异国神情者同出一辙，骤反后期风格。

不过在刀法方面观察起来，这三像的各样刻工，又与前面两派不同，独成一格。这点在背光和头饰的上面，尤其显著。

这三像的背光上火焰，极其回绕柔和之能事，与西部古劲挺强者大有差别；胁侍菩萨的头饰则繁富精致（ornate），花纹更柔圆近于唐代气味（论者定其为初唐遗物，或即为此）。佛容上、耳、鼻、手的外廓刻法，亦肥圆避免锐角，项颈上三纹堆叠，更类他处隋代雕像特征。

这样看来，这三像岂为早期所具规模，至后（迁洛前）才去雕饰的，一种特殊情况下遗留的作品？不然，岂太和以后某时期中云冈造像之风暂敛，至孝文帝迁都以前，镌建东部这大洞时，刻像的手法乃大变，一反中部风格，倒去模仿西部五大洞巨像的神气？再不然，即是兴造此洞时，在佛像方面，有指定的印度佛像作模型镌刻。关于这点，文献上既苦无材料帮同消解这种种哑谜。东部未竣工的大洞兴造年代与佛像雕刻时期，到底若何，怕仍成为疑问，不是从前论断者所见得的那么简单“洞未完竣而辍工”。近年偏西次洞又遭凿毁一角，东部这三洞，灾故又何多？

现在就平面及雕刻诸点论，我们可约略地说：西部五大洞建筑年代最早，中部偏东诸大洞次之，西部偏西诸洞又次之。中部偏西各洞及崖壁外大龛再次之。东部在雕刻细工上，则无疑地在最后。

离云冈全部稍远，有最偏东的两塔洞，塔居洞中心，注重于建筑形式方面，瓦檐、斗栱及支柱，均极清晰显明，佛像反模糊无甚特长，年代当与中部诸大洞前后相若；尤其是释迦事迹图，宛似中部第二洞中所有。

就塔洞论，洞中央之塔柱雕大尊佛像者较早，雕楼阁者次之。详下文解释。

三 石窟的源流问题

石窟的制作受佛教之启迪，毫无疑问，但印度Ajanta诸窟之平面〈图5〉，比较复杂，且纵穴甚深，内有支提塔，有柱廊，非我国所有。据Von Le Coq在新疆所调查者〈图5〉，其平面以一室为最普通，亦有二室者。室为方形，较印度之窟简单，但是诸窟的前面用走廊连贯，骤然看去，多数的独立的小窟团结一气，颇觉复杂，这种布置，似乎在中国窟与印度窟之间。

敦煌诸窟，伯希和①书中没有平面图，不得知其详。就像片推测，有二室联结的，有塔柱、四面雕佛像的。室的平面，也是以方形和长方形居多。疑与新疆石窟是属于一个系统，只因没有走廊联络，故更为简单。

云冈中部诸洞，大半都是前后两间。室内以方形和长方形为最普通。当然受敦煌及西域的影响较多，受印度的影响较少。所不可解者，昙曜最初所造的西部五大窟，何以独作椭圆形，杏仁形〈图6〉，其后中部诸洞，始与敦煌等处一致？岂此五洞出自昙曜及其工师独创的意匠？抑或受了敦煌西域以外的影响？在全国石窟尚未经精密调查的今日，这个问题又只得悬起待考了。

① 伯希和（公元1878—1945年），法国东方学家。——作者注

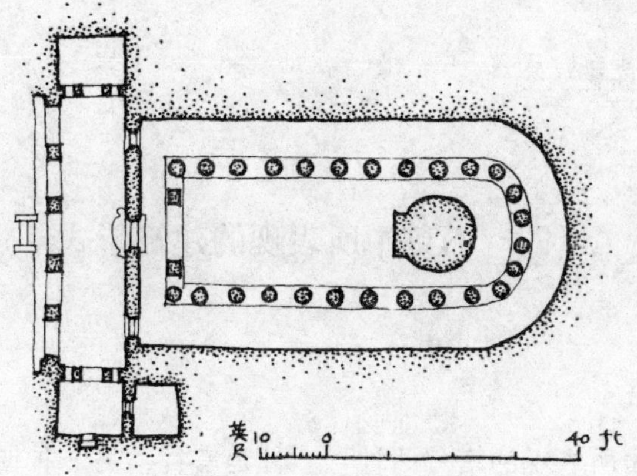

印度 Ajanta 第二十九支提窟平面

(Fergusson)

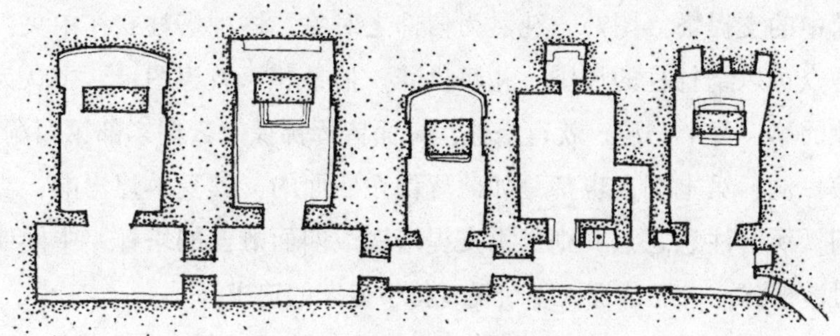

新疆 Kumtura 石窟平面

(Von Le Coq)

图5 阿旃陀和库木吐喇石窟平面

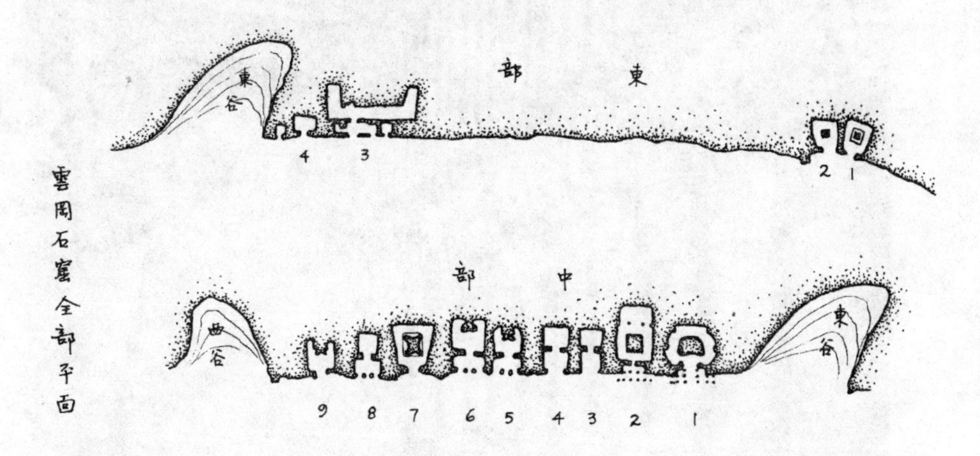

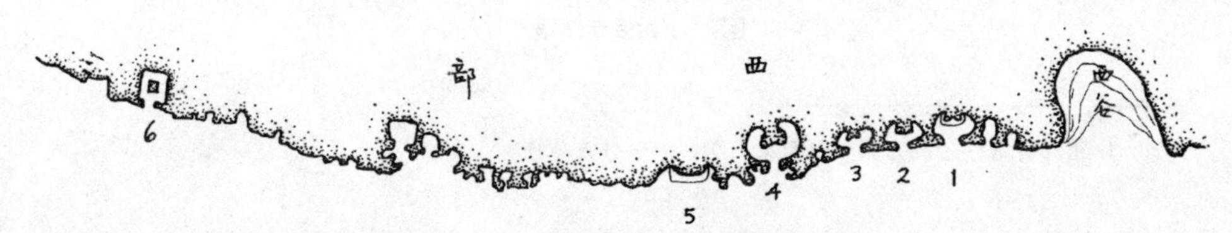

图6 云冈石窟全部平面

四　石刻中所表现的建筑形式

（一）塔

云冈石窟所表现的塔分两种：一种是塔柱，另一种便是壁面上浮雕的塔。

1. 塔柱是个立体实质的石柱，四面镂着佛像，最初塔柱是模仿印度石窟中的支提塔〈图7〉，纯然为信仰之对象。这种塔柱立在中央，为的是僧众可以绕行柱的周围，礼赞供养。伯希和《敦煌图录》中认为北凉建造的第一百十一洞，就有塔柱，每面皆琢佛像。云冈东部第四洞[①]及中部第二洞、第七洞，也都是如此琢像在四面的，其受敦煌影响，当没有疑问。所宜注意之点，则是由支提塔变成四面雕像的塔柱，中间或尚有其过渡形式，未经认识，恐怕仍有待于专家的追求。

图7　Karlê支提塔

① 东部有塔柱之洞为第一洞及第二洞。——孙大章注

稍晚的塔柱，中间佛像缩小，柱全体成小楼阁式的塔，每面镂刻着檐柱、斗栱，当中刻门拱形（有时每面三间或五间）浮雕佛像，即坐在门拱里面。虽然因为连着洞顶，塔本身没有顶部，但底下各层，实可作当时木塔极好的模型。

与云冈石窟同时或更前的木构建筑，我们固未得见，但魏书中有许多建立多层浮屠的记载，且《洛阳伽蓝记》中所描写的木塔，如熙平元年（公元516年）胡太后所建之永宁寺九层浮屠，距云冈开始造窟仅五十余年，木塔营建之术，则已臻极高程度，可见半世纪前，三五层木塔，必已甚普通。至于木造楼阁的历史，根据史料，更无疑地已有相当年代：如《后汉书·陶谦传》说“笮融大起浮屠寺，上累金盘，下为重楼”。而汉刻中，重楼之外，陶质明器中，且有极类塔形的三层小阁，每上一层面阔且递减〈图8〉。故我们可以相信云冈塔柱或浮雕上的层塔，必定是本着当时的木塔而镌刻的，绝非臆造的形式。因此云冈石刻塔，也就可以说是当时木塔的石仿模型了。

属于这种的云冈独立塔柱，共有五处，平面皆方形（《伽蓝记》中木塔亦谓“有四面”）列表如下：

表2

东部第一洞	二层	每层一间〈图 9〉
东部第二洞	三层	每层三间〈图 10〉
中部东山谷中塔洞	五层？	每层？间
西部第六洞	五层	每层五间〈图 11〉
中部第二洞（中间四大佛像四角四塔柱）	九层	每层三间〈图 12〉

上列五例，以西部第六洞的塔柱为最大，保存最好。塔下原有台基，惜大部残毁不能辨认。上边五层重叠的阁，面阔与高度呈递减式，即上层面阔同高度，比下层每次减少，使外观安稳隽秀。这个是中国木塔重要特征之一，不意频频见于北魏石窟雕刻上，可见当时木塔主要形式已是如此，只是平面，似尚限于方形。

日本奈良法隆寺，借高丽东渡僧人监造，建于隋炀帝大业三年（公元607年），间接传中国六朝建筑形制。虽较熙平元年永宁寺塔，晚几一世纪，但因远在外境，形制上亦必守旧，不能如文化中区的迅速精进。法隆寺塔〈图13〉共五层，平面亦是方形；建筑方面已精美成熟，外表玲珑开展。推想在中国本土，先此百余年时，当已有相当可观的木塔建筑无疑。

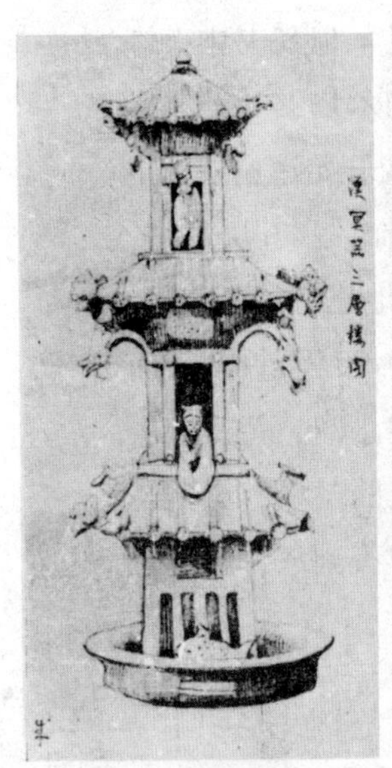

图8　汉明器三层楼阁

图9　云冈东部第一洞二层塔柱

图10　云冈东部第二洞三层塔柱

图11　云冈西部第六洞五层塔柱

图12　云冈中部第二洞九层塔柱

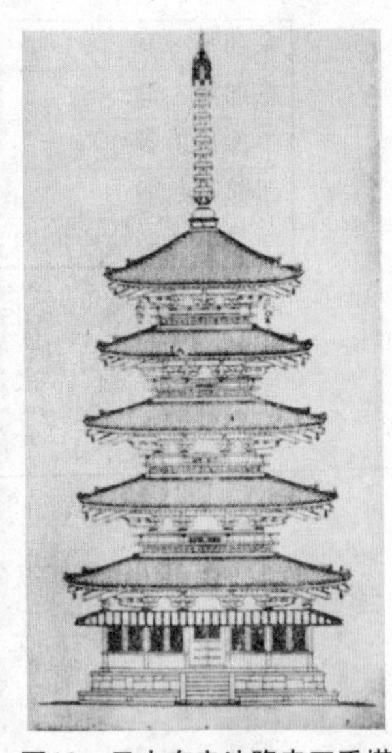

图13　日本奈良法隆寺五重塔

至于建筑主要各部，在塔柱上亦皆镌刻完备，每层的阁所分各间，用八角柱区隔，中雕龛拱及像（龛有圆拱、五边拱两种间杂而用）。柱上部放坐斗，载额枋，额枋上不见平板枋。斗栱仅柱上用一斗三升；补间用“人字栱”。檐椽只一层，断面作圆形，椽到阁的四隅作斜列状，有时檐角亦微微翘起。椽与上部的瓦陇间隔，则上下一致。最上层因须支撑洞的天顶，所以并无似浮雕上所刻的刹柱、相轮等等。除此之外，所表现各部，都是北魏木塔难得的参考物。

又东部第一洞第二洞的塔柱，每层四隅皆有柱，现仅第二洞的尚存一部分。柱断面为方形，微去四角。旧时还有栏杆围绕，可惜全已毁坏。第一洞廊上的天花作方格式，还可以辨识。

中部第二洞的四小塔柱，位于刻大像的塔柱上层四隅。平面亦方形。阁共九层，向上递减至第六层。下六层四隅，有凌空支立的方柱。这四个塔柱因平面小，故檐下比较简单，无一斗三升的斗栱、人字栱及额枋。柱是直接支于檐下，上有大坐斗，如同多立克式柱头（Doric order），更有意思的就是檐下每龛门拱上，左右两旁有伸出两卷瓣的栱头，与奈良法隆寺金堂上“云肘木”（即云形栱）或玉虫厨子柱上的“受肘木”极其相似，唯底下为墙，且无柱故亦无坐斗〈图14〉。

这几个多层的北魏塔型，又有个共有的现象，值得注意的便是底下一层檐部，直接托住上层的阁，中间没有平坐。此点即奈良法隆寺五层塔亦如是。阁前虽有勾栏，却非后来的平座，因其并不伸出阁外，另用斗栱承托着。

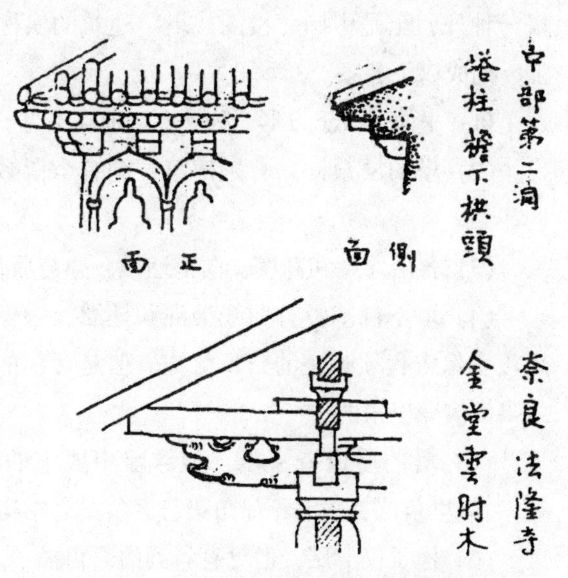

图14　云冈石窟塔柱的栱头与法隆寺的云肘木

2. 浮雕的塔，遍见各洞，种类亦最多。除上层无相轮，仅刻忍冬草纹的，疑为浮雕柱的一种外［伊东因其上有忍冬草，称此种作哥林特式柱（Corinthian order）］，其余列表如下：

表3

一层塔	①上圆下方，有相轮五重〈图15〉。见中部第二洞上层，及中部第九洞。 ②方形，见中部第九洞。
三层塔	平面方形，每层间数不同〈图16〉。 ①见中部第七洞，第一层一间，第二层二间，第三层一间，塔下有方座，脊有合角鸱尾，刹上具相轮五重及宝珠。 ②见中部第八第九洞，每层均一间。 ③见西部第六洞，第一层二间，第二、三层各一间，每层脊有合角鸱尾。 ④见西部第二洞，第一、二层各一间，第三层二间。
五层塔	平面方形。 ①见东部第二洞，此塔有侧脚。 ②见中部第二洞，有台基，各层面阔、高度，均向上递减〈图17〉。 ③见中部第七洞。
七层塔	平面方形〈图18〉。 见中部第七洞，塔下有台座，无枭混及莲瓣。每层之角悬幡，刹上具相轮五层及宝珠。

以上两种的塔，虽表现方法稍不同，但所表示的建筑式样，除圆顶塔一种外，全是中国“楼阁式塔”建筑的实例。现在可以综合它们的特征，列成以下各条。

(1) 平面全限于方形一种，多边形尚不见。

(2) 塔的层数，只有东部第一洞有个偶数的，余全是奇数，与后代同。

(3) 各层面阔和高度，向上递减，亦与后代一致。

(4) 塔下台基没有曲线枭混和莲瓣，颇像敦煌石窟的佛座，疑当时还没有像宋代须弥座的繁褥雕饰。但是后代的枭混曲线，似乎由这种直线枭混演变出来的。

(5) 塔的屋檐皆直檐（但浮雕中殿宇的前檐，有数处已明显的上翘），无里角法，故亦无仔角梁、老角梁之结构。

(6) 椽子仅一层，但已有斜列的翼角椽子。

(7) 东部第二窟之五层塔浮雕，柱上端向内倾斜，大概是后世侧脚之开始。

(8) 塔顶之形状〈图19〉：东部第二洞浮雕五层塔，下有方座。其露盘极像日本奈良法隆寺五重塔，其上忍冬草雕饰，如日本的受花，再上有覆钵，覆钵上刹柱饰，相轮五重顶，冠宝珠。可见法隆寺刹上诸物，俱传自我国，分别只在法隆寺塔刹的覆钵在受花下，云冈的却居受花上。云冈刹上没有水烟，与日本的亦稍不同。相轮之外廓，上小下大（东部第二洞浮雕），中段稍向外膨出。东部第一洞与中部第二洞之浮雕塔，一塔三刹，关野谓为“三宝”之表征，其制为近世所没有。总之根本全个刹，即是一个窣堵坡（stupa）。

(9) 中国楼阁向上递减，顶上加一个窣堵坡，便为中国式的木塔。所以塔虽是佛教象征意义最重的建筑物，传到中土，却中国化了，变成这中印合璧的规模，而在全个结构及外观上中国成分，实又占得多。如果《后汉书·陶谦传》所记载的不是虚伪，此种木塔，在东汉末期，恐怕已经布下种子了。

图15　一层塔

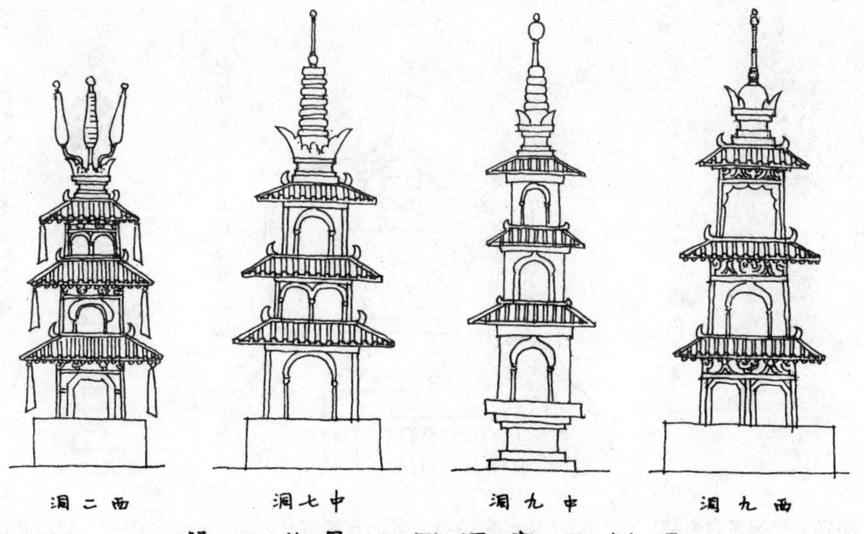

图16　云冈石窟浮雕三层塔四种

图17-1　中部第一洞浮雕五层塔

图17-2　中部第二洞浮雕五层塔

图18　云冈石窟中部第七洞浮雕七层塔

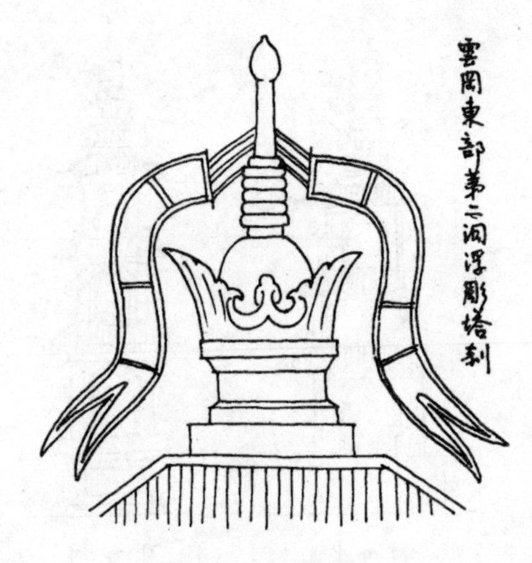

图19-1　云冈东部第二洞浮雕塔刹

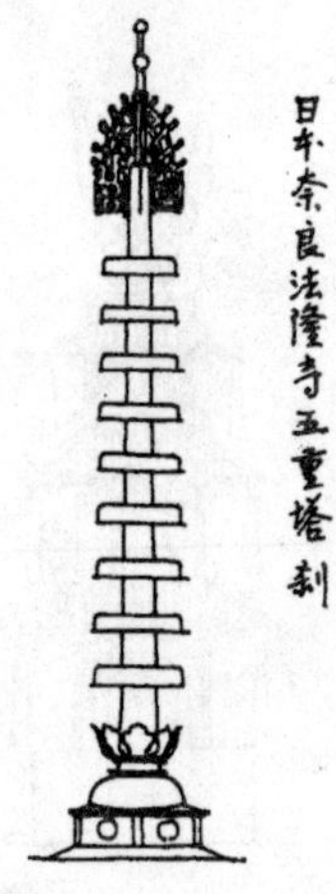

图19-2　日本奈良法隆寺五重塔刹

（二）殿宇

图20　中部第二洞佛迹图

壁上浮雕殿宇共有两种，一种是刻成殿宇正面模型，用每两柱间的空隙，镌刻较深佛龛而居像〈图21，22〉，另一种则是浅刻释迦事迹图中所表现的建筑物〈图20〉。这两种殿宇的规模，虽甚简单，但建筑部分，固颇清晰可观，和浮雕诸塔同样，有许多可供参考的价值，如同檐柱、额枋、斗栱、房基、栏杆、阶级等等。不过前一种既为佛龛的

图21　中部第八洞
东壁浮雕佛殿

图22　中部第八洞
西壁浮雕佛殿

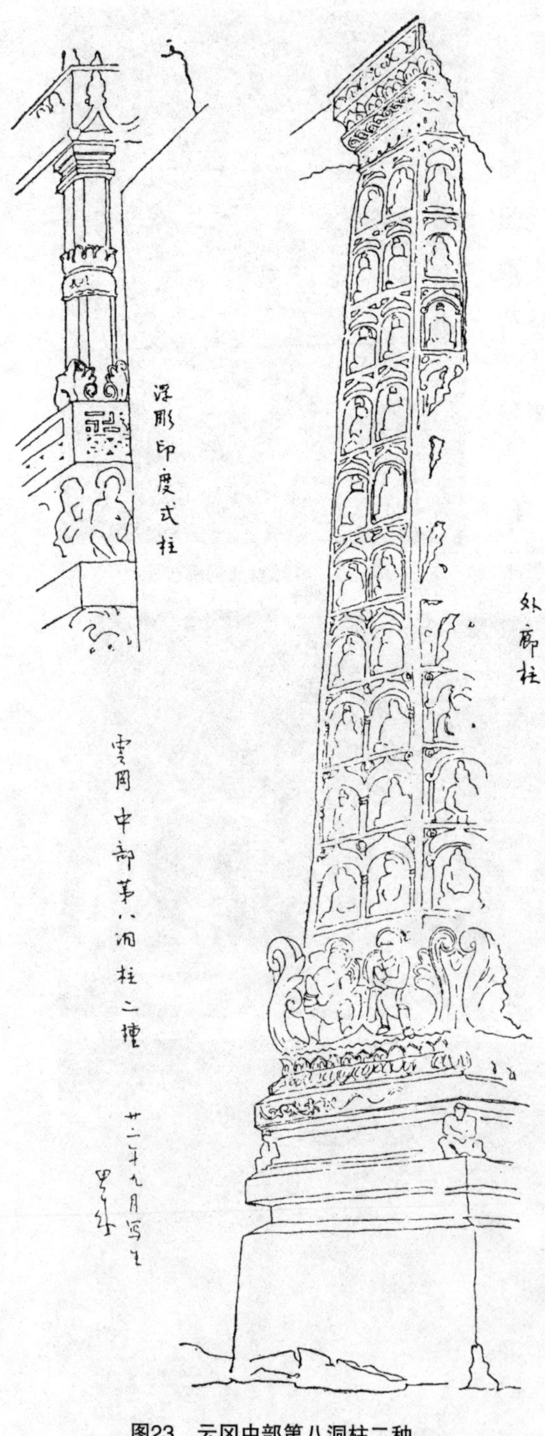

图23 云冈中部第八洞柱二种

外饰，有时竟不是十分忠实的建筑模型，檐下瓦上，多增加非结构的花鸟，后者因在事迹图中，故只是单间的极简单的建筑物，所以两种均不足代表当时的宫室全部的规矩。它们所供给的有价值的实证，故仍在几个建筑部分上（详下文）。

（三）洞口柱廊

洞口因石质风化太甚，残破不堪，石刻建筑结构，多已不能辨认。但中部诸洞有前后两室者，前室多作柱廊，形式类希腊神庙前之茵安提斯（inantis）柱廊之布置。廊作长方形，面阔约倍于进深，前面门口加两根独立大支柱，分全面阔为三间。这种布置，亦见于山西天龙山石窟，唯在比例上，天龙山的廊较为低小，形状极近于木构的支柱及阑额。云冈柱廊最完整的见于中部第八洞〈图23，45〉，柱身则高大无伦。廊内开敞，刻几层主要佛龛。惜外面其余建筑部分，均风化不稍留痕迹，无法考其原状。

五 石刻中所见建筑部分

（一）柱

柱的平面虽说有八角形、方形两种，但方形的，亦皆微去四角，而八角形的，亦非正八角形，只是所去四角稍多，“斜边”几乎等于“正边”而已。

柱础见于中部第八洞的，也作八角形，颇像宋式所谓櫍。柱身下大上小，但未有entasis及卷杀。柱面常有浅刻的花纹，或满琢小佛龛。柱上皆有坐斗，斗下有皿板，与法隆寺同。

柱部分显然得外国影响的，散见各处：如（1）中部第八洞入口的两侧有二大柱，柱下承以台座，略如希腊古典的pedestal，疑是受犍陀罗的影响。（2）中部第八洞柱廊内墙东南转角处，有一八角短柱立于勾栏上面〈图23〉；柱头略像方形小须弥座，柱中段绕以莲瓣雕饰，柱脚下又有忍冬草叶，由四角承托上来。这个柱的外形，极似印度式样，虽然柱头柱身及柱脚的雕饰，严格的全不本着印度花纹。（3）各种希腊柱头〈图24〉：中部第八洞有爱奥尼亚式柱头（Ionic order），极似Temple of Neandria柱头〈图25〉。散见于东部第一洞，中部三、四等洞的，有哥林特式柱头，但全极简单，不能与希腊正规的order相比；且云冈的柱头乃忍冬草大叶，远不如希腊acanthus叶的复杂。（4）东部第四洞

图24 中部第八洞爱奥尼亚及哥林特式柱并万字栏杆

有人形柱，但极粗糙，且大部已毁。（5）中部第二洞龛栱下，有小短柱支托，则又完全作波斯形式，且中部第八洞壁面上，亦有兽形栱与波斯兽形柱头相同〈图26〉。（6）中部某部浮雕柱头，见于印度古石刻〈图27〉。

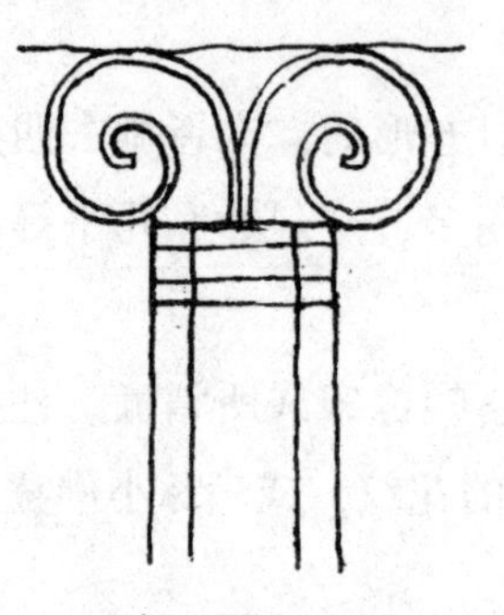

中部第八洞
IONIC式柱

TEMPLE OF NEANDRIA
IONIC 式柱

希腊古 IONIC式柱頭

图25　希腊古爱奥尼亚式柱头

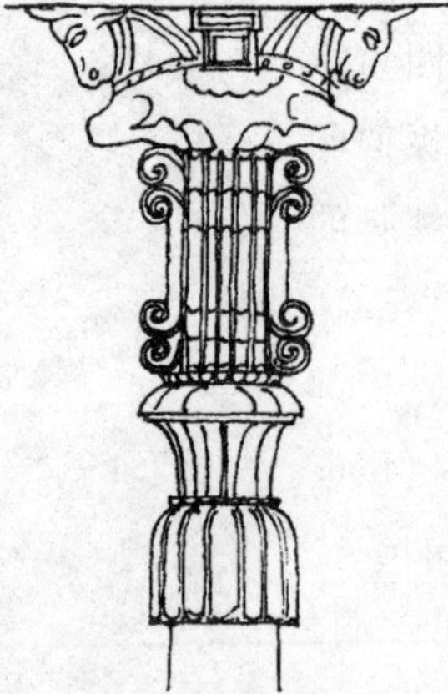

波斯 PERSEPOLIS 獸形柱頭二種

雲岡 中部第八洞
獸形斗栱

波斯式獸形柱頭

图26　波斯式兽形柱头

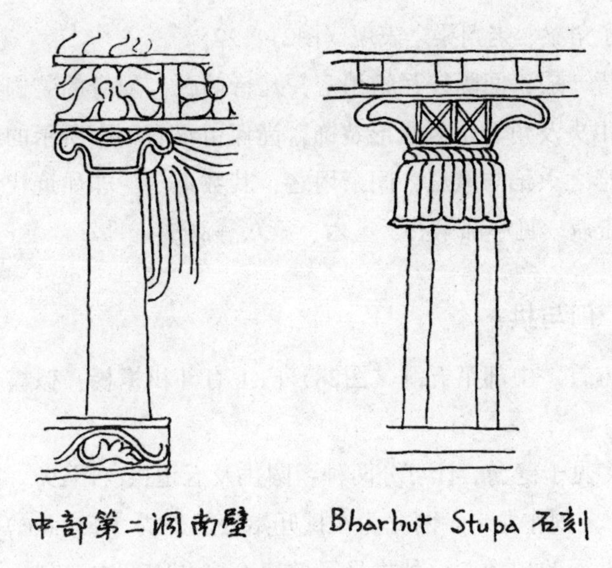

图27 印度“元宝式”柱头

（二）阑额

阑额载于坐斗内，没有平板枋，额亦仅有一层。坐斗与阑额中间有细长替木，见中部第五、第八洞内壁上浮雕的正面殿宇〈图21〉。阑额之上又有坐斗，但较阑额下，柱头坐斗小很多，而与其所承托的斗栱上三个升子斗，大小略同。斗栱承柱头枋，枋则又直接承于椽子底下。

（三）斗栱 〈图21，22及各塔柱图〉

柱头铺作一斗三升放在柱头上之阑额上，栱身颇高，无栱瓣，与天龙山的例不同。升有皿板。

补间，铺作有人字形栱，有皿板，人字之斜边作直线，或尚存古法。

中部第八洞壁面佛龛上的殿宇正面，其柱头铺作的斗栱，外形略似一斗三升，而实际乃刻两兽背面屈膝状，如波斯柱头〈图26〉。

（四）屋顶

一切屋顶全表现四柱式，无歇山、硬山、挑山等。屋角或上翘，或不翘，无子角梁、老角梁之表现〈图21，22〉。

椽子皆一层，间隔较瓦轮稍密，瓦皆筒瓦。屋脊的装饰，正脊两端用鸱尾，中央及角脊用凤凰形装饰，尚保留汉石刻中所示的式样。正脊偶以三角形之火焰与凤凰，间杂用之，其数不一，非如近代，仅于正脊中央放置宝瓶。见中部第五、第六、第八等洞。

（五）门与拱

门皆方首。中部第五洞〈图28〉门上有斗栱檐椽，似模仿木造门罩的结构。

拱门多见于壁龛。计可分两种：圆拱及五边拱〈图29〉。圆拱的内周（introdus）多刻作龙形，两龙头在拱开始处。外周（extrodus）作宝珠形。拱面多雕趺坐的佛像。这种拱见于敦煌石窟及印度古石刻，其印度的来源，甚为明显。所谓五边拱者，即方门抹去上两角；这种拱也许是中国固有。我国古代未有发券方法以前，有圭门圭窦之称；依字义解释，圭者尖首之谓，宜如⌂形，进一步在上面加一边而成⬠，也是演绎程序中可能的事。在敦煌无这种拱龛，但壁画中所画中国式城门，却是这种形式，至少可以证明云冈的五边拱，不是从西域传来的。后世宋代之城门，元之居庸关，都是用这种拱。云冈的五边拱，拱面都分为若干方格，格内多雕飞天；拱下或垂幔帐，或悬璎珞，做佛像的边框。间有少数佛龛，不用拱门，而用垂幛的〈图30〉。

（六）栏杆及踏步

踏步只见于中部第二洞佛迹图内殿宇之前〈图20〉。大都一组置于阶基正中，未见两组、三组之例。阶基上的栏杆，刻作直棂，到踏步处并沿踏步两侧斜下。踏步栏杆下端，没有抱鼓石，与南京栖霞山舍利塔雕刻符合。

中部第八洞有万字栏杆〈图24〉①，与日本法隆寺勾栏一致。这种栏杆是六朝唐宋间最普通的做法，图画见于敦煌壁画中；在蓟县独乐寺、

---

① 万字栏杆即后来通称的“钩片栏杆”，由拐棂与直棂组合成的纹样，较简单。明清以后的万字栏杆是由卍字纹组成的纹样，与此不同。——孙大章注

图28　中部第五洞内门

图29　拱龛及三层塔

图30　垂幛龛

应县佛宫寺塔上则都有实物留存至今。

（七）藻井

石窟顶部，多刻作藻井〈图32，33，34〉，这无疑地也是按照当时木构在石上模仿的。藻井多用“支条”分格，但也有不分格的。藻井装饰的母题，以飞仙及莲花为主，或单用一种，或两者掺杂并用。龙也有用在藻井上的，但不多见〈图35〉。

藻井之分划，依室的形状，颇不一律〈图31〉，较之后世齐整的方

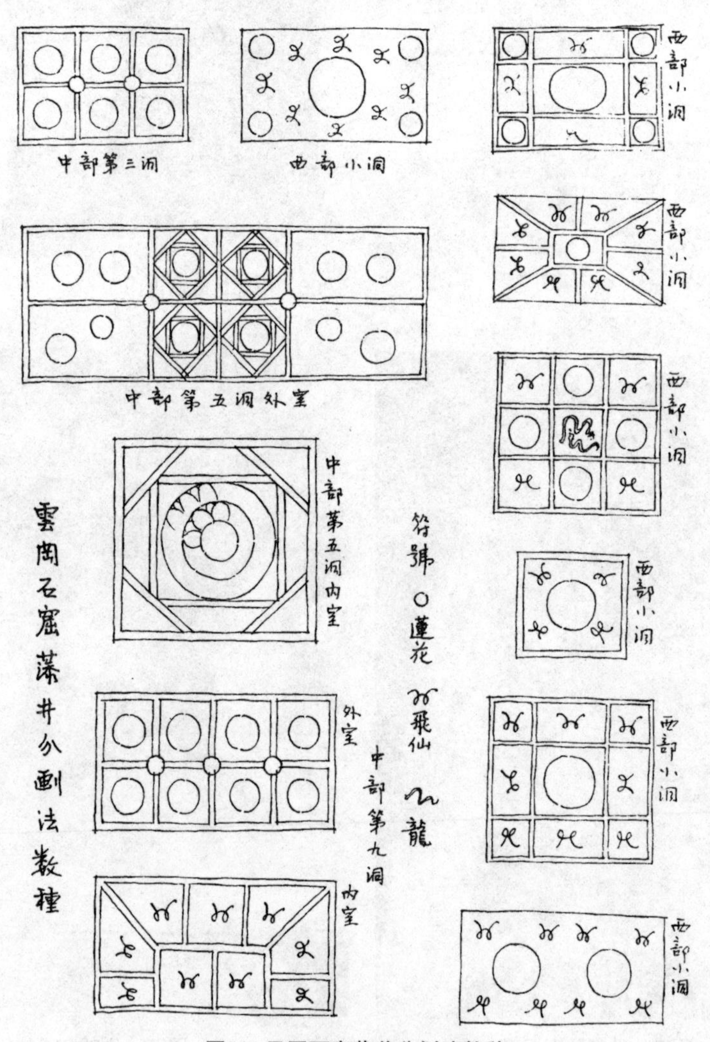

图31 云冈石窟藻井分划法数种

图32　西部某小洞藻井(其一)

图33　西部某小洞藻井(其二)

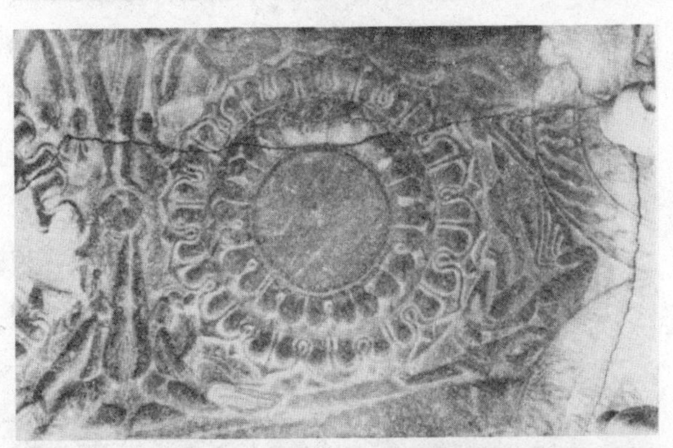
图34　西部某小洞藻井(其三)

图35　中部第八洞龙文藻井

格，趣味丰富得多。斗八之制，亦见于此。

窟顶都是平的，敦煌与天龙山之⌂形天顶，不见于云冈，是值得注意的。

六　石刻的飞仙

洞内外壁画与藻井及佛后背光上，多刻有飞仙，作盘翔飞舞的姿势，窈窕活泼，手中或承日月宝珠，或持乐器，有如基督教艺术中的安琪儿。飞仙的式样虽然甚多，大约可分两种，一种是着印度湿摺的衣裳而露脚的〈图4〉；一种是着短裳曳长裙而不露脚，裙末在脚下缠绕后，复张开飘扬的〈图36〉。两者相较，前者多肥笨而不自然，后者轻灵飘逸，极能表出乘风羽化的韵致，尤其是那开展的裙裾及肩臂上所披的飘带，生动有力，迎风飞舞，给人以回翔浮荡的印象。

从要考研飞仙的来源方面来观察它们，则我们不能不先以汉代石刻中与飞仙相似的神话人物〈图2〉和印度佛教艺术中的飞仙，两相较比着看。结果极明显地看出云冈的露脚、肥笨作跳跃状的飞仙，是本着印度的飞仙模仿出来的无疑，完全与印度飞仙同一趣味。而那后者，长裙飘逸的，有一些并着两腿，望一边曳着腰身，裙末翘起，颇似人鱼，与汉刻中鱼尾托云的神话人物，则又显然同一根源〈图34〉。后者这种屈一膝作猛进姿势的，加以更飘散的裙裾，多脱去人鱼形状，更进一步，成为最生动灵敏的飞仙，我们疑心它们在云冈飞仙雕刻程序中，必为最后、最成熟的作品。

图36　拱面飞仙

天龙山石窟飞仙中之佳丽者，则是本着云冈这种长裙飞舞的，但更增富其衣褶，如腰部的散褶及裤带。肩上飘带，在天龙山的，亦更加曲折回绕，而飞翔姿势，亦愈柔和浪漫。每个飞仙加上衣带彩云，在布置上，常有成一圆形图案者〈图37〉。

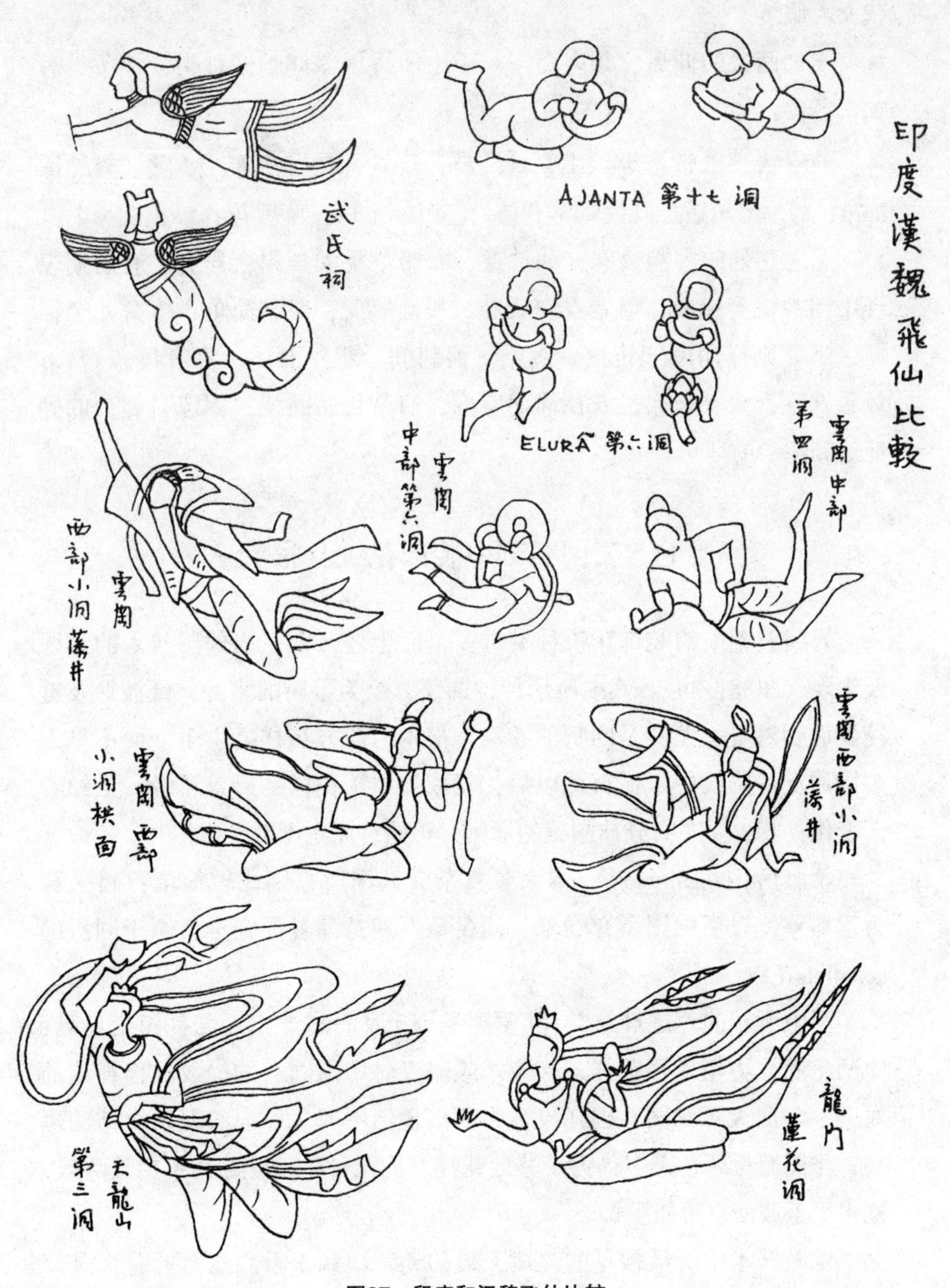

图37　印度和汉魏飞仙比较

曳长裙而不露脚的飞仙，在印度西域佛教艺术中俱无其例，殆亦可注意之点。且此种飞仙的服装，与唐代陶俑美人甚似，疑是直接写真当代女人服装。

飞仙两臂的伸屈，颇多姿态；手中所持乐器亦颇多种类，计所见有如下各件：

鼓▯状，以带系于项上，⌛腰鼓、笛笙、琵琶、筝、♁◸（类外国harp）◺，但无钹。其他则常有持日、月、宝珠，及散花者。

总之飞仙的容貌仪态亦如佛像，有带浓重的异国色彩者，有后期表现中国神情美感者。前者身躯肥胖，权衡短促，服装简单，上身几全袒露，下裳则作印度式短裙，缠结于两腿间，粗陋丑俗。后者体态修长，风致娴雅，短衣长裙，衣褶简而有韵，肩带长而回绕，飘忽自如，的确能达到超尘的理想。

七　云冈石刻中装饰花纹及彩色

云冈石刻中的装饰花纹种类奇多，而十之八九，为外国传入的母题及表现〈图38，39〉。其中所示种种饰纹，全为希腊的来源，经波斯及犍陀罗而输入者，尤其是回折的卷草，根本为西方花样之主干，而不见于中国周汉各饰纹中。但自此以后，竟成为中国花样之最普通者，虽经若干变化，其主要左右分枝回旋的原则，仍始终固定不改。

希腊所谓acanthus叶，本来颇复杂，云冈所见则比较简单；日人称为忍冬草，以后中国所有卷草、西番草、西番莲者，则全本源于回折的acanthus花纹。

图中所示的"连环纹"，其原则是每一环自成一组，与他组交结处，中间空隙，再填入小花样。初望之颇似汉时中国固有的绳纹，但绳纹的原则，与此大不相同，因绳纹多为两根盘结不断。以绳纹复杂交结的本身，作图案母题，不多借力于其他花样。而此种以三叶花为主的连环纹，则多见于波斯、希腊雕饰。

佛教艺术中所最常见的莲瓣，最初无疑根源于希腊水草叶，而又演变而成为莲瓣者。但云冈石刻中所呈示的水草叶，则仍为希腊的本来面

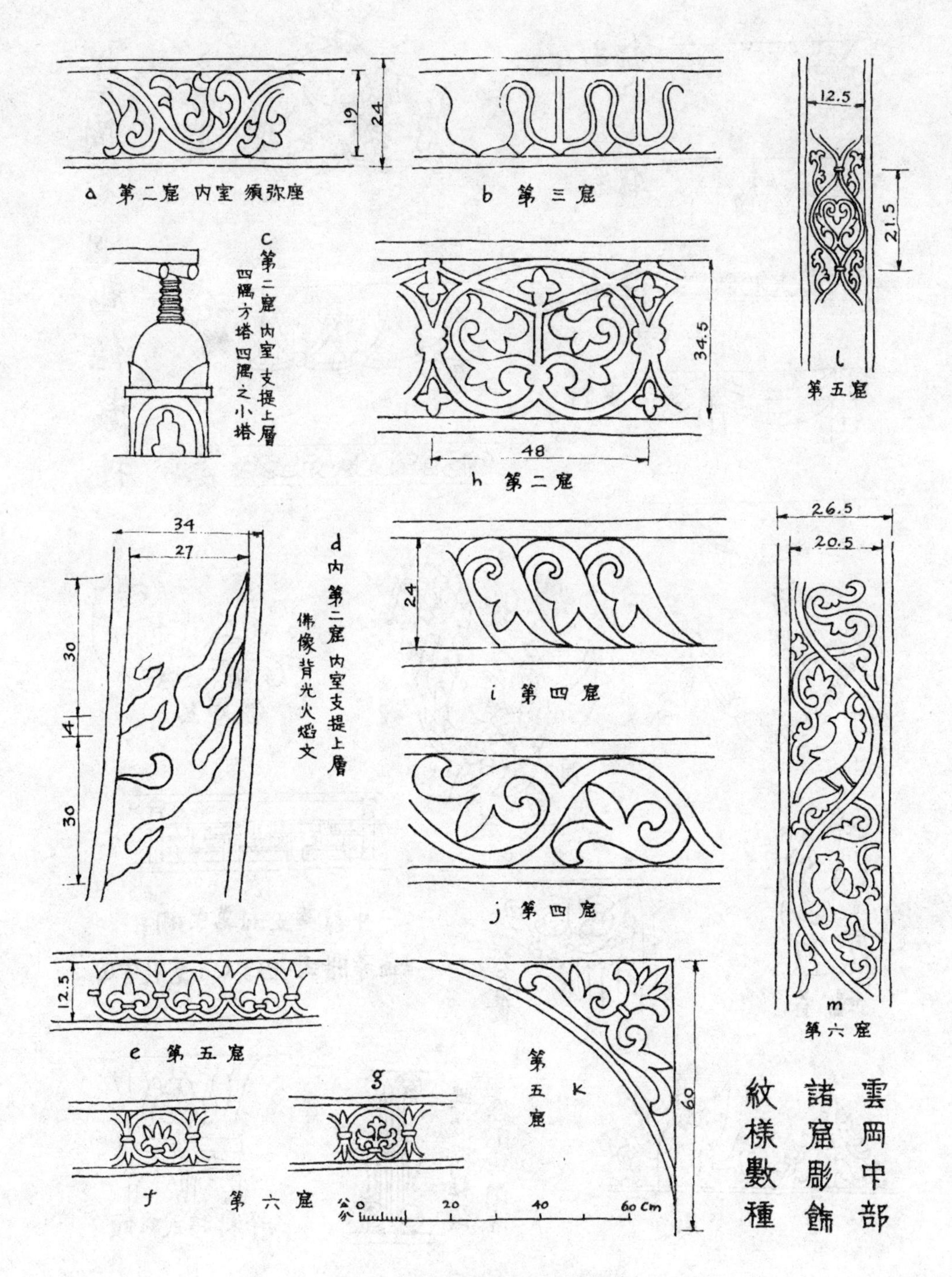

图38 云冈中部诸窟雕饰纹样数种

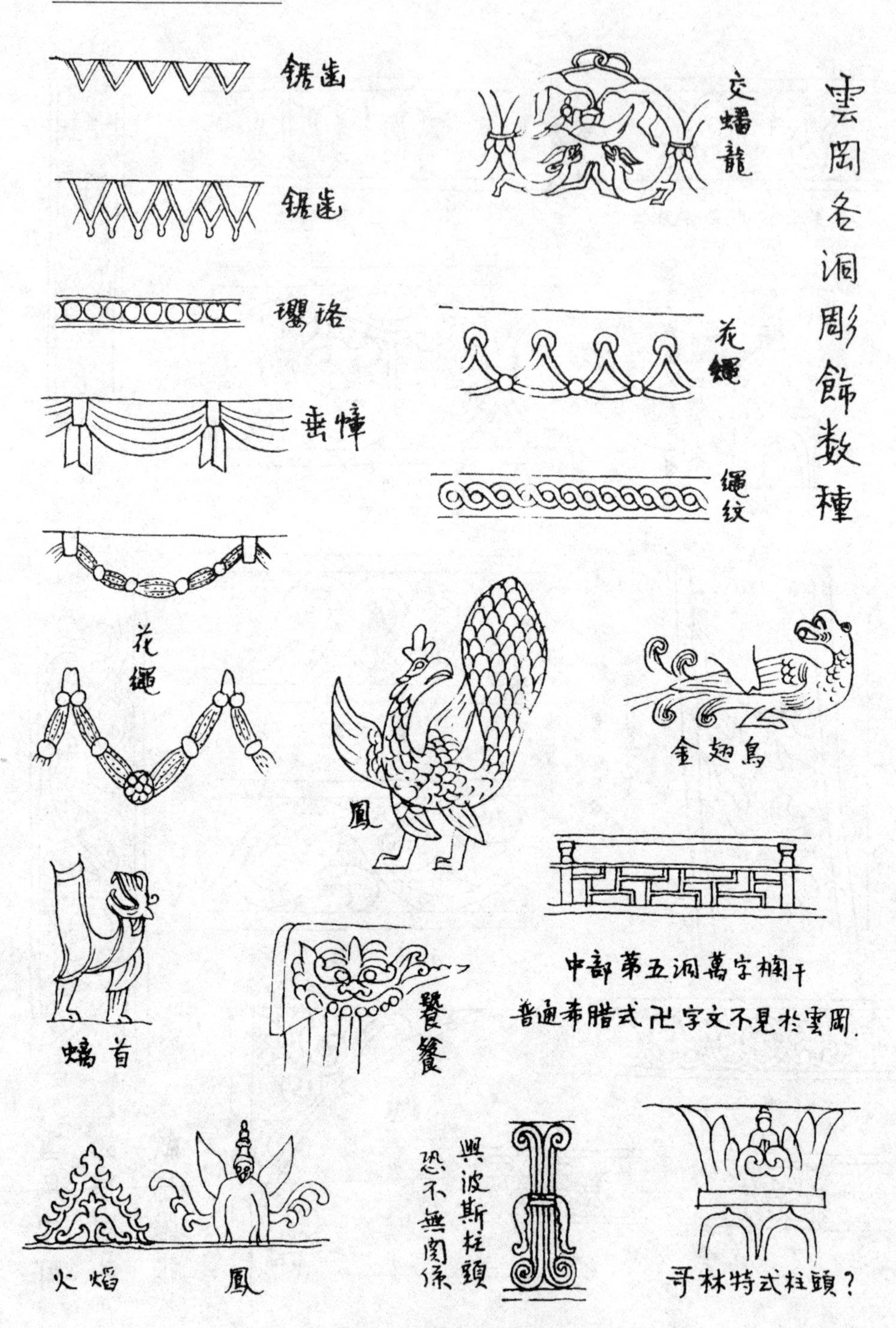

图39 云冈各洞雕饰数种

目，当是由犍陀罗直接输入的装饰。同时佛座上所见的莲瓣，则当是从中印度随佛教所来重要的宗教饰纹，其来历却又起源于希腊水草叶者。中国佛教艺术积渐发达，莲瓣因为带着象征意义，亦更兴盛，种种变化及应用，叠出不穷，而水草叶则几绝无仅有，不再出现了。

其他饰纹如璎珞（beads）、花绳（garlands）及束苇（reeds）等，均为由犍陀罗传入的希腊装饰无疑。但尖齿形之幕沿装饰，则绝非希腊式样，而与波斯锯齿饰或有关系〈图39〉。真正万字纹未见于云冈石刻中，偶有万字勾栏，其回纹与希腊万字，却绝不相同。水波纹亦偶见，当为中国固有影响。

以兽形为母题之雕饰，共有龙、凤、金翅鸟（Caruda）、螭首、正面饕餮、狮子，这些除金翅鸟为中印度传入，狮子带着波斯色彩外，其余皆可说是中国本有的式样，而在刻法上略受西域影响的。

汉石刻砖纹及铜器上所表现的中国固有雕纹，种类不多，最主要的如雷纹、斜线纹、斜方格、斜方万字纹、直线或曲线的水波纹、绳纹、锯齿、乳、箭头叶、半圆弧纹等，此外则多倚赖以鸟兽人物为母题的装饰，如青龙、白虎、饕餮、凤凰、朱雀，及枝柯交纽的树、成列的人物车马、打猎时奔窜的犬鹿兔豕等等。

对汉代或更早的遗物有相当认识者，见到云冈石刻的雕饰，实不能不惊诧北魏时期由外传入崭新花样的数量及势力！盖在花纹方面，西域所传入的式样，实可谓喧宾夺主，从此成为十数世纪以来，中国雕饰的主要渊源。继后唐宋及后代一切装饰花纹，均无疑义地、无例外地由此展进演化而成。

色彩方面最难讨论，因石窟中所施彩画，全是经过后世的重修，伧俗得很。外壁悬崖小洞，因其残缺，大概停止修葺较早，所以现时所留色彩痕迹，当是较古的遗制，但恐怕绝不会是北魏原来面目。佛像多用朱，背光绿地；凸起花纹用红或青或绿〈图40〉。像身有无数小穴，或为后代施色时用以钉布布箔以涂丹青的。

图40　西部第五洞大佛背光装饰

八　窟前的附属建筑

论到石窟寺附属殿宇部分，我们得先承认，无论今日的石窟寺木构部分所给予我们的印象为若何，其布置及结构的规模为若何，欲因此而推断千四百余年前初建时的规制，及历后逐渐增辟建造的程序，是个不可能的事。不过距开窟仅四五十年的文献，如《水经注》里边的记载，应当算是我们考据的最可靠材料，不得不先依其文句，细释而检讨点事实，来作参考。

《水经注》漯水条里，虽无什么详细的描写，但原文简约清晰，亦非夸大之词。“凿石开山，因岩结构。真容巨壮，世法所希。山堂水殿，烟寺相望。林渊锦镜，缀目新眺。”关于云冈巨构，仅这四句简单的描述而已。这四句中，首、次、末三段，句句即是个真实情形的简说。至今除却河流干涸，床沙已见外，这描写仍与事实相符，可见其中第三句“山堂水殿，烟寺相望”当也是即景说事。不过这句意义，亦可作两种解说。一个是：山和堂，水和殿，烟和寺，各各对望着，照此解释，则无疑地有“堂”“殿”和“寺”的建筑存在，且所给的印象，是这些建筑物与自然相照对峙，必有相当壮丽，在云冈全景中，占据重要的位置的。

第二种解说，则是疑心上段“山堂水殿”句，为含着诗意的比喻，称颂自然形势的描写。简单说便是：据山为堂（已是事实），因水为殿的比喻式，描写“山而堂，水而殿”的意思，因为就形势看山崖临水，前面地方颇近迫，如果重视自然方面，则此说倒也逼切写真，但如此则建筑部分已是全景毫末，仅剩烟寺相望的“寺”，而这寺到底有多少是木造工程，则又不可得而知了。

《水经注》里这几段文字所以给我们附属木构殿宇的印象，明显的当然是在第三句上，但严格说第一句里的“因岩结构”，却亦负有相当责任的。观现今清制的木构、殿阁〈图41〉，尤其是由侧面看去，实令人感到“因岩结构”描写得恰当真切之至。这“结构”两字，实有不止限于山岩方面，而有注重于木造的意义蕴在里面。

现在云冈的石佛寺木建殿宇〈图41，42，43〉，只限于中部第一、第

图41 中部第一、第二、第三各洞外部木构正面

图42 中部第二洞外部木构侧面

图43 中部第三洞外部木构

二、第三三大洞前面；山门及关帝庙在第二洞中线上。第一洞、第三洞遂成全寺东西偏院的两阁，而各有其两厢配殿。因岩之天然形势，东西两阁的结构、高度、布置均不同。第二洞洞前正殿高阁共四层，内中留井，周围如廊，沿梯上达于顶层，可平视佛颜。第一洞同之。第三洞则仅三层（洞中佛像亦较小许多），每层有楼廊通第二洞。但因二洞、三洞南北位置之不相同，使楼廊微作曲折，颇增加趣味。此外则第一洞西，有洞门通崖后，洞上有小廊阁。第二洞后崖上，有斗尖亭阁，在全寺的最高处。这些木建殿阁厢庑，依附岩前，左右关联，前后引申，成为一组；绿瓦巍峨，点缀于断崖林木间，遥望颇壮丽。但此寺已是云冈石崖一带现在唯一的木构部分，且完全为清代结构，不见前朝痕迹。近来即此清制楼阁，亦已开始残破，盖断崖前风雨侵凌，固剧于平原各地，木建损毁当亦较速。

关于清以前各时期中云冈木建部分到底若何，在雍正《朔平府志》中记载左云县云冈堡石佛寺古迹一段中，有若干可注意的之点。

《府志》里讲“……规制甚宏，寺原十所；一曰同升，二曰灵光，三曰镇国，四曰护国，五曰崇福，六曰童子，七曰能仁，八曰华岩，九曰天宫，十曰兜率。其中有元载所造石佛二十龛；石窑千孔，佛像万尊。由隋唐历宋元，楼阁层凌，树木蓊郁俨然为一方胜概。……”这里的“寺原十所”的寺，因为明言数目，当然不是指洞而讲。“石佛二十龛”亦与现存诸洞数目相符。唯“元载所造”的“元”，令人颇不解。《雍正通志》同样句，却又稍稍不同，而曰“内有元时石佛二十龛”。这两处恐皆为“元魏时”所误。这十寺既不是以洞为单位计算的，则疑是以其他木构殿宇为单位而命名者。且“楼阁层凌，树木蓊郁”，当时木构不止现今所余三座，亦恰如当日树木蓊郁，与今之秃树枯干，荒凉景象，相形之下，不能同日而语了。

所谓“由隋唐历宋元”之说，当然只是极普通的述其历代相沿下来的意思。以地理论，大同朔平不属于宋，而是辽金地盘，但在时间上固无分别。且在雍正修《府志》时，辽金建筑本可仍然存在的。大同一城之内，辽金木建，至今尚存七八座之多。佛教盛时，如云冈这样重要的宗教中心，亦必有多少建设。所以《府志》中所写的“楼阁层凌”，或许还是辽金前后的遗建，至少我们由这《府志》里，只知道“其山最高处曰云冈，冈上建飞阁三重，阁前有世祖章皇帝（顺治）御书“西来第一山”五字及康熙三十五年西征回銮幸寺赐匾额，而未知其他建造工程。而现今所存之殿阁，则又为乾嘉以后的建筑。

在实物方面，可作参考的材料的，有如下各点：

1. 龙门石窟崖前，并无木建庙宇。

2. 天龙山有一部分有清代木建，另有一部则有石刻门洞；楣、额、支柱，极为整齐。

3. 敦煌石窟前面多有木廊〈图44〉，见于伯希和《敦煌图录》中。前年关于第一百三十洞前廊的年代问题，有伯希和先生与思成通信讨论，登载本刊三卷四期，证明其建造年代为宋太平兴国五年的实物。第一百二十窟A的年代是宋开宝九年，较第一百三十洞又早四年。

4. 云冈西部诸大洞，石质部分已天然剥削过半，地下沙石填高至佛膝或佛腰，洞前布置，石刻或木建，盖早已湮没不可考。

5. 云冈中部第五至第九洞，尚留石刻门洞及支柱的遗痕〈图45〉，约略可辨当时整齐的布置。这几洞岂是与天龙山石刻门洞同一方法，不借力于木造的规制的。

图44　敦煌石窟外部木构

图45　中部第八洞外柱

图46　东部第三洞崖上椽孔

6. 云冈东部第三洞及中部第四洞崖面石上，均见排列的若干栓眼，即凿刻的小方孔〈图46〉，殆为安置木建上的椽子的位置。察其均整排列及每层距离，当推断其为与木构有关系的证据之一。

7. 因云冈悬崖的形势，崖上高原与崖下河流的关系，原上的雨水沿崖而下，佛龛壁面不免频频被水冲毁。崖石崩坏堆积崖下，日久填高，底下原积的残碑断片，反倒受上面沙积的保护，或许有若干仍完整地安眠在地下，甘心作埋没英雄，这理至显，不料我们竟意外地得到一点对于这信心的实证。在我们游览云冈时，正遇中部石佛寺旁边，兴建云冈别墅之盛举，大动土木之后，建筑地上，放着初出土的一对石质柱础〈图47〉，式样奇古，刻法质朴，绝非近代物。不过孤证难成立，云冈岩前建筑问题，唯有等候于将来有程序的科学发掘了。

图47　云冈别墅建筑时出土莲瓣柱础

九 结论

总观以上各项的观察所及，云冈石刻上所表现的建筑、佛像、飞仙及装饰花纹，给我们以下的结论。

云冈石窟所表现的建筑式样，大部为中国固有的方式，并未受外来多少影响，不但如此，且使外来物同化于中国，塔即其例。印度窣堵坡方式，本大异于中国本来所有的建筑，及来到中国，当时仅在楼阁顶上，占一象征及装饰的部分，成为塔刹。至于希腊古典柱头如ĝonid order等虽然偶见，其实只成装饰上偶然变化的点缀，并无影响可说。唯有印度的圆拱（外周作宝珠形的），还比较的重要，但亦只是建筑部分的形式而已。如中部第八洞门廊大柱底下的高pedestal〈图23〉，本亦是西欧古典建筑的特征之一，既已传入中土，本可发达传布，影响及于中国柱础。孰知事实并不如是，隋唐以及后代柱础，均保守石质覆盆等扁圆形式，虽然偶有稍高的筒形〈图47〉，亦未见多用于后世。后来中国的种种基座，则恐全是由台基及须弥座演化出来的，与此种pedestal并无多少关系。

在结构原则上，云冈石刻中的中国建筑，确是明显表示其应用构架原则的。构架上主要部分，如支柱、阑额、斗栱、椽、瓦、檐、脊等，一一均应用如后代；其形式且均为后代同样部分的初型无疑。所以可以证明，在结构根本原则及形式上，中国建筑二千年来保持其独立性，不曾被外来影响所动摇。所谓受印度、希腊影响者，实仅限于装饰、雕刻两方面的。

佛像雕刻，本不是本篇注意所在，故亦不曾详细作比较研究而讨论之。但可就其最浅见的趣味派别及刀法，略为提到。佛像的容貌衣褶，在云冈一区中，有三种最明显的派别。

第一种是带着浓重的中印度色彩的，比较呆板僵定，刻法呈示在模仿方面的努力。佳者虽勇毅有劲，但缺乏任何韵趣；弱者则颇多伧丑。引人兴趣者，单是其古远的年代，而不是美术的本身。

第二种佛容修长，衣褶质实而流畅。弱者质朴庄严，佳者含笑超尘，美有余韵，气魄纯厚，精神栩栩，感人以超人的定，超神的动，艺术之最高成绩，荟萃于一痕一纹之间，任何刀削雕琢，平畅流丽，全不带烟火气。这种创造，纯为汉族本其固有美感趣味，在宗教艺术方面的发展。其精神与汉刻密切关联，与中印度佛像，反疏隔不同旨趣。

飞仙雕刻亦如佛像，有上面所述两大派别：一为模仿，以印度像为模型；一为创造，综合模仿所得经验，与汉族固有趣味及审美倾向，作新的尝试。

这两种时期距离并不甚远，可见汉族艺术家并未奴隶于模仿，而印度犍陀罗刻像雕纹的影响，只作了汉族艺术家发挥天才的引火线。

云冈佛像还有一种，只是东部第三洞三巨像一例。这种佛像雕刻艺术，在精神方面乃大大退步，在技艺方面则加增谙熟繁巧，讲求柔和的曲线，圆滑的表面。这倾向是时代的，还是主刻者个人的，却难断定了。

装饰花纹在云冈所见，中外杂陈，但是外来者，数量超过原有者甚多。观察后代中国所熟见的装饰花纹，则此种外来的影响势力范围极广。殷周秦汉金石上的花纹，始终不能与之抗衡。

云冈石窟乃西域印度佛教艺术大规模侵入中国的实证。但观其结果，在建筑上并未动摇中国基本结构。在雕刻上只强烈地触动了中国雕刻艺术的新创造——其精神、气魄、格调，根本保持着中国固有的，而最后却在装饰花纹上，输给中国以大量的新题材、新变化、新刻法，散布流传直至今日，的确是个值得注意的现象。

汉代的建筑式样与装饰①

鲍　鼎② 刘敦桢 梁思成

在文化史上，前后两汉，是上承殷周以来的传统文化，孳育发达，到中叶以后，始渐渐接受西域和印度等异国趣味的渲染，下启六朝佛教昌盛的先声，这可说是我国固有文化第一次开始转变的一个重要时期。它的建筑和装饰雕刻，恐怕多少也受同样影响，不免接触许多外来的新资料、新题材和新的表现方法。那么两汉建筑的真面目，在我们想象中，究系一种什么形象？其所受外来影响，究至若何程度？尤其是我国建筑的结构原则和结构所产生的外观，是否发生变化？都是值得我们研究的。

欲答解前项问题，第一须明了周秦以来，至前汉初期我国固有建筑的式样，再与汉中叶以后建筑比较研究，然后始有解决希望。不过我国建筑以木植为主要构材，自汉以来，经二千余年气候摧残，和历史上连续不断的人力破坏，不但汉代木建筑渺不可得，就是六朝隋唐的木造物至今③亦未发见。故今日欲彻底解决此问题，在事实上，恐怕绝不可能。但退一步言，我们不问外来影响至何程度，姑先搜集与建筑有关系的直接、间接遗物，对汉代建筑式样和它的装饰，作初步分析，为将来研究的准备，也许是研究过程中不可缺的一种工作。

所谓直接遗物，就是山东、河南、辽宁、四川诸省的汉墓、墓祠、墓阙，和山东方面几种汉墓画像石，及散存各处的汉砖、瓦、石人、石兽和墓内残存壁画等。间接遗物则有铜器、玉器、漆器与陶制的明器多

---

① 本文原载1934年《中国营造学社汇刊》第五卷第二期。——孙大章注

② 鲍鼎（1899—1979年），字祝遐，又名宏爽，湖北赤壁市东州人。1918年毕业于北京高等工业学校机械科。1928年入美国伊利诺伊大学建筑系，1932年获硕士学位。1933年任中央大学教授，1940—1944年兼任建筑系主任。1945年任湖北省武汉城市规划委员会副主任，1947年任武汉大学土木工程系兼职教授。1949年后任武汉市建筑局局长、城市建设委员会副主任。主要著作有《武汉建筑式样》《唐宋塔的初步分析》《从建筑史的角度看建筑风格》等。

③ 至今指作品发表之日。1937年，建于晚唐（公元857年）的佛光寺才被发现。——编者注

种。以上各项证物中所表示的建筑与装饰，因适合其本身制作目的和所用材料性质，致所描绘或镌刻的式样，不尽相同。如陶制明器，为防止制作时弯曲破裂起见，四周多用墙壁包围起来，很少有独立凌空的圆柱或八角柱。但在浮雕历史故事为目的的画像石，便于点缀人物计，不论建筑物的面阔大小，只有左右两端二柱，其间很少有柱，和墙壁隔扇的存在。虽其表现法各有所偏，但我们由此可推测汉代版筑、砖砌及纯粹木造建筑物的大概情形。所以表现方法愈多，我们取材范围，也就更为广泛。

汉代建筑式样，见于画像石、明器、墓砖和其他遗物中的，有住宅、厅堂、亭、楼阁、门楼、阙、望楼、捕鸟塔、墓祠、坟墓、仓、囷、羊舍、猪圈等等。以上各类建筑，依其本身性质和需要条件，形成各种不同的外观，为叙述便利计，先作总括的介绍，然后再讨论各部分特征。其余汉人辞赋中所述的宫苑陵寝，因证物缺乏，只能留作将来讨论资料，本文恕不涉及。

住宅

住宅式样唯一的证据，就是汉墓中发现的明器。大多数系单层建筑，采用极简单长方形平面配置〈图1，2〉。正面辟门。门的位置，或在正中，或偏于左右。门侧开方窗与圆洞，或在门上设横窗一列，饰以菱形窗棂。左右山墙上，设方窗、圆洞，和三角形或桃形的窗。屋顶多用悬山式。

此外比较复杂的住宅，有用曲尺形平面者，系连接二栋长方形的建筑于一处，其余二面绕以围墙全体平面略成方形。图3-2所示，屋正面的门窗上部，有横线二道，似表示阑额的地位。其下有类似实拍栱[1]之物置于墙角与窗门的中间，致窗与门皆成凸字形。屋后诸窗，离地面稍低，排列狭而长的窗洞，每三四洞，上下各有横线一道，联为一组，也许是表示直棂窗的形状，但不能断定。

---

① 此实拍栱疑为替木。——孙大章注

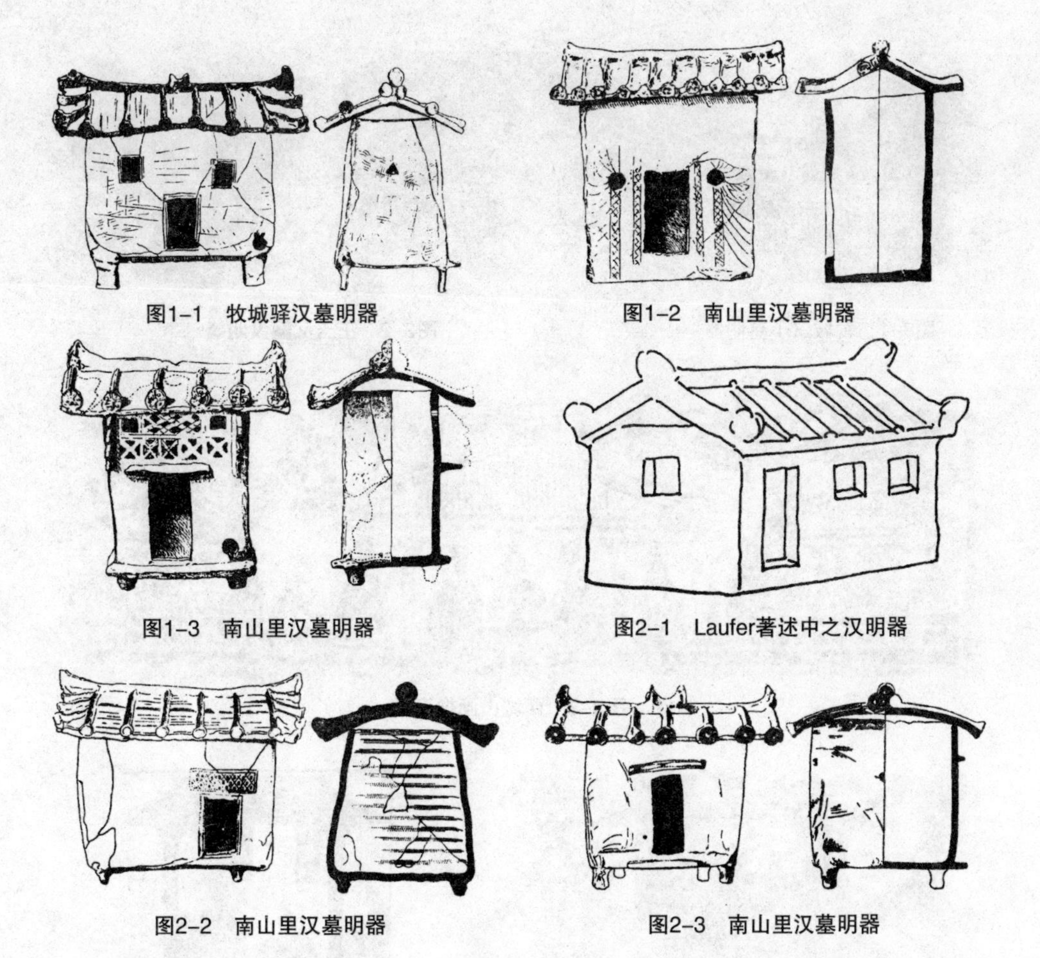
图1-1　牧城驿汉墓明器
图1-2　南山里汉墓明器
图1-3　南山里汉墓明器
图2-1　Laufer著述中之汉明器
图2-2　南山里汉墓明器
图2-3　南山里汉墓明器

厅堂

日本关野贞《支那山东省汉代坟墓表饰》内所载两城山画像石〈图3-3〉，有厅堂一座，单檐四阿，柱上载有斗栱，和武梁祠石刻的手法，大体相同。它的平面据屋顶形状推测之，似亦系长方形。两侧复有对称式重檐建筑各一座，面阔和高度，都比中央厅堂低小，似表示其为附属或陪衬的建筑。

亭

武梁祠石刻中，有仅容一二人、类似亭的单层建筑〈图4-2〉。此外两

图3-1　营城汉子墓明器

图3-2　王玉父藏汉明器

图3-3　两城山画像石

图4-1　武梁祠画像石

图4-2　武梁祠画像石

城山石刻中，亦有亭，下部仿佛用斗栱承托〈图5-1，5-2，5-3〉，其旁又有栏杆和梯，显然非建于平地上。另有一例，则于亭下用三跳普通栱，和硕大无朋的曲栱一层，支持亭与梯的重量；曲栱前部，插柱一枚；柱侧有人乘舟〈图5-4〉；殆系表示水侧亭榭一类的建筑。

图5-1　两城山画像石

图5-2　两城山画像石

图5-3　两城山画像石

图5-4　两城山画像石

楼阁

武梁祠和孝堂山画像石内，有不少二层建筑。图4-1所示者，下层用普通木柱斗栱，上层用栏杆、人形柱和四阿式屋顶。两侧亦有对称式重层建筑，但上下皆仅一柱，是否即为阁道，不得而知。其下层之柱，比楼柱稍高，在腰檐上设斜梯，与楼上层联络，比颜氏乐圃画像石所刻的水平形梯，结构稍为简单。

此外，明器中不乏多层楼阁的例〈图6〉。各层面阔和高度，不一定

图6-1 哈佛大学美术馆藏汉明器

图6-2 彭雪文尼亚大学博物馆藏汉明器

图6-3 叶遐庵先生藏汉明器

较下部缩进或减低，且有上层壁体用斗栱支出，比下层更大的。各层大多数都有平坐，平坐下面或尚有腰檐，用斗栱自下支持，与后代建筑的原则无别，其余斗栱、栏盾、窗、门、瓦饰等，另于下文详部结构内论之。

门楼

劳福（Laufer）著述中所引的汉明器〈图7-1〉，系单层门屋，中央设双合门，两侧立颊的上面，架阑额一层，屋顶则为悬山式[①]，全体外观，与普通住宅无异。重层的门楼，有伦敦不列颠博物馆所藏汉明器残品〈图7-2〉，下层中央辟门，门侧二柱及门上横梁，镂刻极简单的卷草花纹；其上又有挑梁二处，承载腰檐；唯上层中部残缺，只有两侧二方窗和一部分屋顶，不能窥其全豹。再次则为画像石中所刻的汉函谷关东门〈图7-3〉，并列两座式样相同的木造四层建筑于一处。这石在中国绘画史中，是我们所知道最古的一幅透视画；在中国建筑史中，是我们所知道最忠实、最准确的一幅汉代建筑图，实在是最可贵重的史料。楼的下层

① 据图版，疑为庑殿式屋顶。——孙大章注

中央设双合门，上施斗栱及檐；二三两层都是长方形平面，于墙上开方窗，四周有走廊、栏杆和二斗式的斗栱；第四层无廊，只于墙壁上开窗，上覆四阿式屋顶和屋脊上汉人惯用的凤凰。就全体比例言，上层高度和面阔，都比下层低小，足证后代造塔的法则，汉代已经有了。

图7-1　劳福著述中之汉明器

图7-2　不列颠博物馆藏汉明器

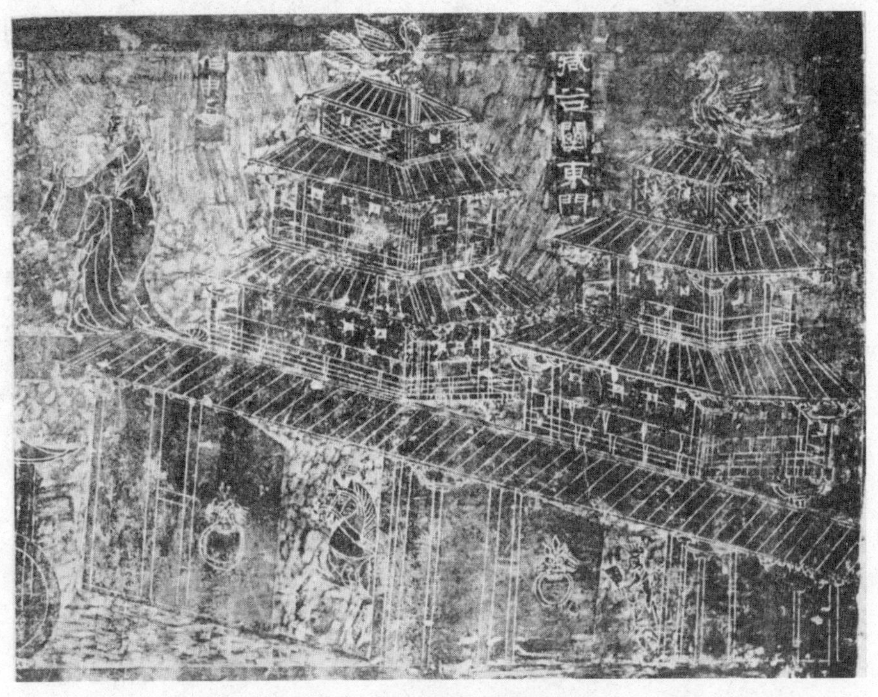

图7-3　波士顿美术馆藏画像石

阙

图8-1所示的建筑，在左右两侧者，式样结构，和现存山东四川二省的汉墓阙，及嵩山启母庙阙，大体一致。唯在阙后面中央，镌刻二层建筑，点缀人物不知是墓祠，抑系寺庙，无由决定。此外汉代墓砖上的浮雕，也有具双观重楼，类似木构的阙。其一，左右双观系单层；中央主要建筑，则于门及腰檐上，用悬山和四阿式屋顶各一层〈图8-2〉。另一例，双观用重层；中央门上，有类似栏盾一类的东西，其上重叠屋檐三层，体制较崇〈图8-2〉。我们由此简单浮雕，可推想汉宫殿陵寝和丞相府所用的阙，在原则上，与明清二代午门，并无极大的差别。

望楼

英国优摩忽拔拉斯（C.Eumorphopoulus）藏《陶录》内所收的汉明器望楼，系上下三层〈图9-2〉，下层与中层之间，有斗栱平坐。中层壁体，比下层特别缩进。至上层，又用斗栱挑出，覆以四阿式屋顶。其全体比例和外观，与前述楼阁式建筑稍异；英国霍浦生（R.L.Hobson）名为望

图8-1　纽约Metropolitan博物馆藏画像石

图8-2
日本东京帝国大学藏汉墓砖

图8-3
霍浦生著述中之汉明器

图9-1
汉明器三层楼阁

图9-2　优摩忽拔拉斯藏《陶录》汉明器

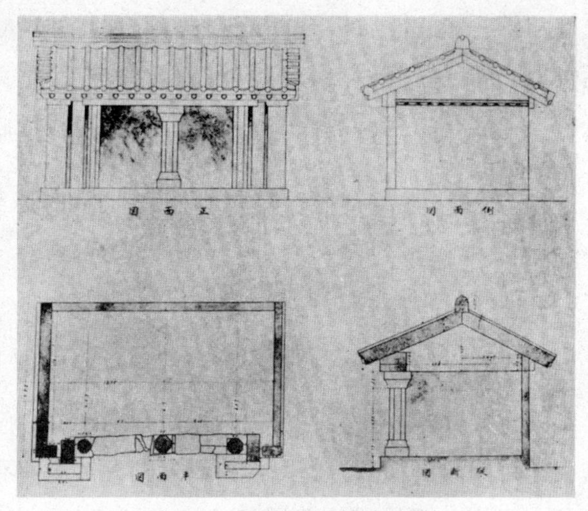

图9-3　孝堂山郭巨祠实测图

楼，似尚无不妥。

捕鸟塔

霍浦生《支那陶瓷器》第一册内所收的捕鸟塔〈图8-3〉下部结构，很像木构的架子，其上二层，皆方形平面，各有平座。各层平座与壁体屋檐等，都是上层比下层缩进少许；其上用四角攒尖的屋顶，和类似刹柱形的装饰。图9-1所示，也是类似的楼阁，而各层构架和门窗的木料，尤其表现得清晰。上两层檐下的角梁式斗栱，与图5-2两城山所出的螭首，显然是同一母题而异其用途的。晋魏以后木塔，如云冈石刻及日本飞鸟时代遗物所见，无疑地是这种多层建筑物的变身，所异者只在塔刹的象征而已。

墓祠

文献上许多汉代墓祠石室，现在只有山东肥城县[①]孝堂山郭巨墓祠一处，巍然存在，为现在我们所知道的汉代实际建筑唯一的例〈图9-3〉。据日本关野贞调查，祠仅一间，平面约为五与三的比例。正面中央，有八角形石柱，分正面入口为二，乃后来不易多睹的结构法。除此以外，汉墓砖上浮刻的阙，二三两层中央有柱〈图8-2〉；明器中，也有正面中央施斗栱，和此性质相同的例〈图6-3〉；可知当时建筑比较自由，不像后世用三间五间……一定不变的法则。此柱两侧，复各有八角柱一，唯无栌斗和础石。屋顶系悬山式；正脊向上微微反曲；脊的两端，比排山外皮挑出少许，各置瓦当一枚，除线条外，并无别种装饰。其余排山、瓦饰、檐椽、连檐等，另详下文。

坟墓

两汉帝后陵墓，现在未经科学的发掘，真状莫明。其余各处发现的小墓，为数虽多，但以全国言，仍系一鳞半爪，绝非今日所能妄加论断。现在知道的简单坟墓，仅用木椁或累砌天然鹅卵石为外墙。再次则有规模稍大，用砖石构成的羡道和墓室。羡道大都南向。坟室的配列方法，极不规则，其数目亦多寡不一。室的平面，或为长方形，或近于方形，或外侧再加套室一层，若走廊形状。室的上部，普通用砖砌成抛物线形的穹隆，也有偶然覆以水平形石板。现在略举数例，以窥大凡〈图10〉，详细的陈述，则非本文所能容纳[②]。

---

① 今山东省肥城市。——编者注

② 解放以来，有关汉墓又发掘出许多实例，地宫除木椁、砖室墓以外，尚有空心砖墓、石室墓、石崖墓等。——孙大章注

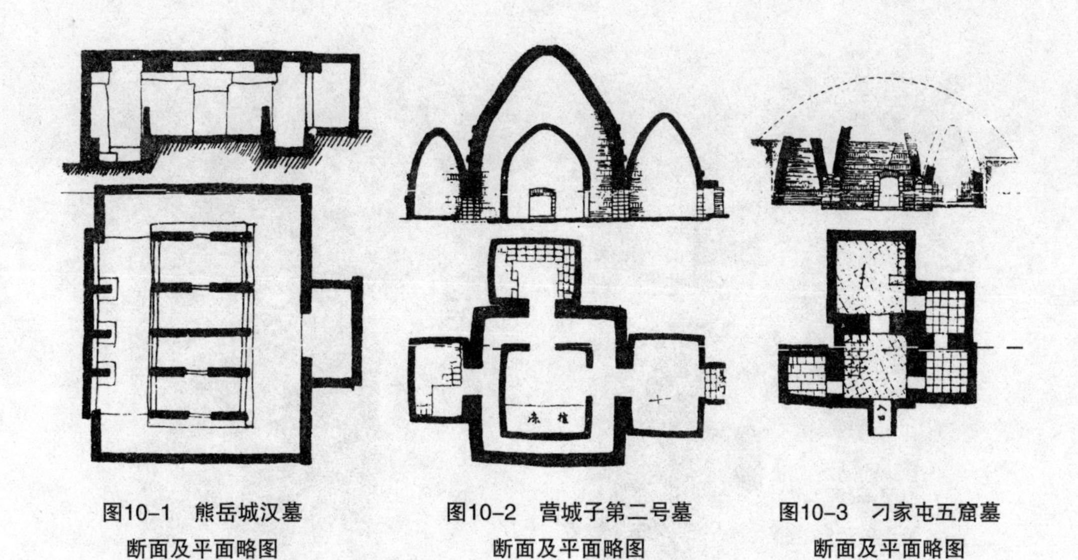

图10–1 熊岳城汉墓断面及平面略图

图10–2 营城子第二号墓断面及平面略图

图10–3 刁家屯五窟墓断面及平面略图

仓

日本滨田耕作所著《支那古明器泥像图说》内，有汉明器仓屋〈图11–1〉，分上下二层。下层设方窗，外侧有梯直达上层。上层有通气孔一处，窗二处。其上为悬山式屋顶。除此以外，最可宝重的，要算山东省立图书馆所藏寿州出土汉明器，平面分为五间；每间有门，门外上下有通长的连楹，两侧又有类似宋式伏兔的东西开小洞，备装门闩之用。其上为四阿式屋顶和类似老虎窗（dormer window）的气楼二处，足窥当时仓屋建筑的大概情形〈图11–2〉。

囷

明器内圆囷的例，大都外观相同，唯屋顶瓦陇的分布有二种。（1）滨田氏前书所载的放射式瓦陇，为数最多。（2）南山里明器用十字交叉的脊，划屋顶为四等分，每等分用筒瓦三陇，略成平行状态与脊相交〈图11–3〉。

羊舍

波士顿美术馆所藏汉明器羊舍〈图12–1〉，系连接二座高低不同的硬

图11-1
日本京都帝国大学藏汉明器

图11-2
日本京都帝国大学藏汉明器

图11-3　山东省立图书馆藏寿州出土汉明器

山建筑为一列，有梯自侧面绕至较高建筑的上部，其余三面，缭以矮墙，畜羊于内。又滨田氏书中，有略近圆形的羊舍，结构比较简单。

猪圈

猪圈有方圆二种，俱见滨田氏前书内。方形者四面具围墙，规模比较宏大〈图12-2〉。其一隅设斜坡，便升降。自坡左右分趋，各有厕所，设于两隅，其下为饲猪场。此法在北方尚可随处发现。

以上就国内外已知证物，依其性质，作极简单的分类介绍。再次，分析汉代建筑的细部结构，讨论其特征如下。

屋顶

屋顶式样、有四阿、悬山、硬山、歇山和四角攒尖五种。几乎现在我们所用的几种普通屋顶，汉代都已经有了。五种中间，在汉代各种画像石、石阙及明器中所看到的，大部分属于四阿和悬山两种；仅明器中有四角攒尖顶〈图8-3〉，及波士顿美术馆所藏汉明器，为硬山顶〈图12-1〉。此外最特别的，就是歇山顶的结构：系于四阿式的上面，再加悬山顶一个。二者之间，成梯级形状，致悬山顶的滴水，直接落于四阿顶的前后檐〈图12-3〉。此种式样，到后来仍然存在：如日本法隆寺玉虫厨子和山西霍县[1]东福昌寺的大殿〈图13-1〉，都是如此。后者似系元代遗物，虽时期较晚，但在平面上，上部悬山顶属于大殿本身，下部一面坡顶则属于殿周围的走廊，可为歇山式屋顶，由悬山与四阿屋顶拼合而成的绝好证物。又汉代屋顶成梯级形的，并不限于歇山，就是四阿式中，也偶然发现〈图12-3〉，可算是一件很奇异的现象。

多层建筑，在前述楼阁门阙中，已经有过两层至四层的例。各层屋顶，或全用悬山，或全用四阿，也有并用两种于一处的〈图8-2〉。我们由此可想象汉宫中各种殿台楼阁中，必有不少复杂而富于变化的重檐建筑物。

---

① 今山西省霍州市。——编者注

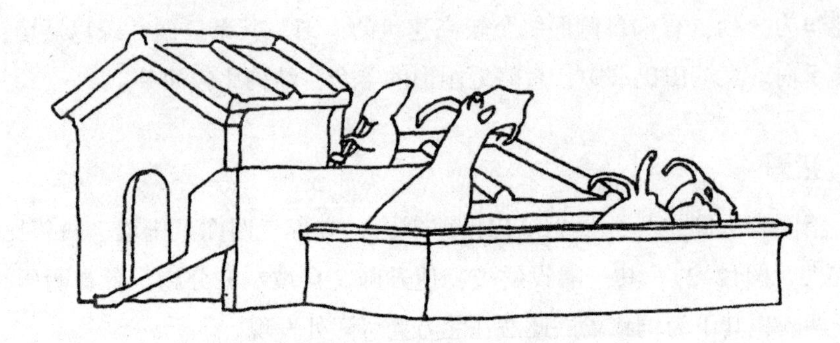

图12-1 波士顿美术馆藏汉明器

图12-2 日本京都帝国大学藏汉明器

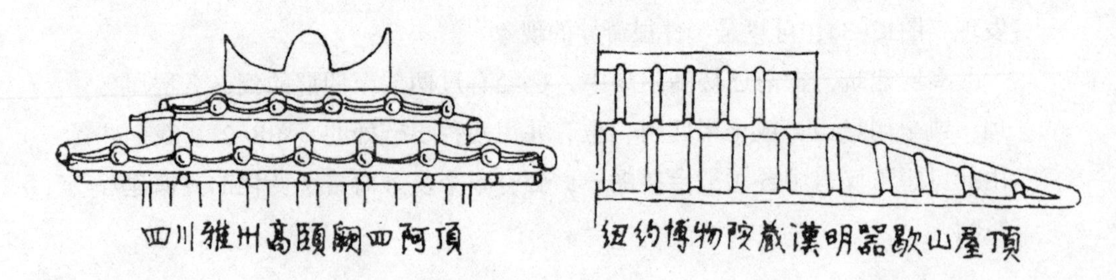

图12-3 汉屋顶

在画像石和明器中看到的屋顶，虽然大多数都是檐端正面成一直线，但其中亦不乏屋角反翘的表示。叶遐庵先生所藏汉明器楼阁，其上层屋檐，有极显著的裹角法〈图6-3〉。其斗栱形状和其他汉代遗物大体一致；并且壁面上所绘飞仙人物，一部分与武梁祠画像石类似，恐怕是汉末的作品。此外明器多层楼阁中，有两个例，〈图8-3，9-1〉，都是屋檐向四角上有极显著的生起。又少数石阙屋顶，亦具有极轻微的弯曲度；如嵩山太室石阙〈图13-2〉的连檐下皮，虽仍是水平直线，但瓦当和滴水，在最末一陇，微微提起，致瓦陇上皮的外轮线，稍呈反翘状态。此种表现法，就是最近发现的定兴县北齐石柱，亦复如此，也许是模仿木造建筑的裹角，而因材料制作不便，成此形状。我们根据以上诸例，虽不能马上断定裹角法已普及于两汉版图之内，但很怀疑此种结构，或者和下述富于地方色彩的蜀柱一样，在当时系某一区域的特有式样，然后慢慢波及全国，所以在同一时期内的遗物，不是每件都能一致。至于裹角法的策源地，现在尚属不明。据德国柏尔士满（E.Boerschmann）教授的主张，此法传播经过，系自南而北，我们虽承认它极有倾听理由，但事实上的证明，恐怕现在为期尚早。

屋顶的切断面，都有很深的出檐。其坡度，据石阙与明器所示的，都很平坦，似乎比《考工记》“瓦屋三分”的坡度更小。画像石所刻的屋顶高低，虽不一律，然除少数例外〈图8-1〉，亦以比较平坦者居多。

至于屋顶的反宇结构始于何时和它的发展经过，现在尚属不明，不过据最近旅顺南山里汉墓内发现的明器多种〈图1-2，1-3〉，已经证明汉班固《西都赋》中描写的“上反宇以盖载，激日景而纳光”，完全属于事实。

近岁辽宁省发掘的汉墓内，有不少明器，具有略似卷棚式的屋顶，和现在北方农村建筑物中，屋背略栱上抹麻刀灰的，大概相同，也是值得注意的。这类农舍式明器，规模都很狭小，恐怕是当时最简单建筑的缩影。其中大多数，都于圆形屋背上面，再加正脊一条〈图1-3，2-2，2-3〉；但也有坡度较低完全没有正脊的例〈图3-1〉。此种屋顶的发生时期，最晚亦在汉代，由此得以证实。

文献上所载宫殿前部天子临轩的“轩”，实际上作何形状，现在全属

图13-1 山西霍县东福昌寺大殿

图13-2 嵩山太室石阙顶(正面)

图13-3 嵩山太室石阙顶(侧面)

不明。唯两城山画像石中，有于檐下再施短檐一层，如雨搭形状〈图5-3〉，是否即为简单化的“轩”，无法断定。

檐端结构，据实例所示，只有圆形椽子一层，并无后代所谓飞檐椽。不过说文有“桷，方椽也”的记载，似当时圆椽以外，必尚有一种方形椽子。椽的排列亦有二种：（1）最普通的与上部瓦陇方向平行；（2）雅州高颐阙的椽子，至翼角成斜列状。椽的空当，在石阙顶上看到的，都很疏朗，至少在椽径两倍以上。最奇怪的，椽的前端，在孝堂山石室，好像已有卷杀的表示〈图9-3〉。它的装饰在文献上本有“璧珰”和“龙首衔铃”一类的记载，据关野贞与村田治郎二人著述，朝鲜乐浪时代，有瓦制椽头装饰数种，或者璧珰一类的东西，在汉代实有其事，并非绝不可能。此外孝堂山石室承受檐椽的小连檐，两端琢有曲线〈图9-3〉，很像宋式三瓣头的前身，也是一桩可注意的事。

正脊形状，要算水平直线的居大多数。向上反曲的只有孝堂山石室、嵩山太室石阙和南山里发掘的汉明器数种〈图1-2，9-3，13-2〉。脊的表面饰以线条和花纹〈图3-3，4-1，9-3〉。脊上则用凤凰和猿、人〈图14-1〉与山字形、博山炉及其他装饰〈图6-2，12-3〉。正脊两端形状，见于画像石和石阙中者〈图14-2〉，种类颇多，但无六朝以后的鸱尾，唯明器中，有仿佛相像的例；如南山里明器中，脊的两端，在侧面重叠瓦当三枚，成品字形，致其正面，向上弯曲，和北魏云冈石窟的鸱尾，颇相类似〈图1-1，1-3，2-3〉。此种重叠瓦当的办法，又见于嵩山太室石阙〈图13-3〉，显然是当时通行结构法的一种。不过鸱尾是否创于汉代，历来赞否不一其说，现在我们根据南山里诸例，对于反对说中最有力的《北史·宇文恺传》“自晋以前，未有鸱尾”，虽尚未获得完全否认它的确证，但最少限度，我们可以说汉代已经有北魏和唐代鸱尾的雏形了。

四阿式屋顶的垂脊式样，在山东两城山画像石中，其前端作尖形，伸出屋檐外甚长〈图5〉。明器中则多用筒瓦，以其前端的瓦当，向上微仰，成二叠或三叠形状〈图6-1，6-2〉。如果后者所示与实状符合，足证后世垂脊和戗脊的结构原则，早已发生于汉代。高颐石阙的垂脊，一部分也是用筒瓦，一部则为矩形切断面，其上覆以薄板；又于垂脊前部，用类似鸱尾的装饰〈图12-3〉。都是讨论汉代脊饰绝好的证据。

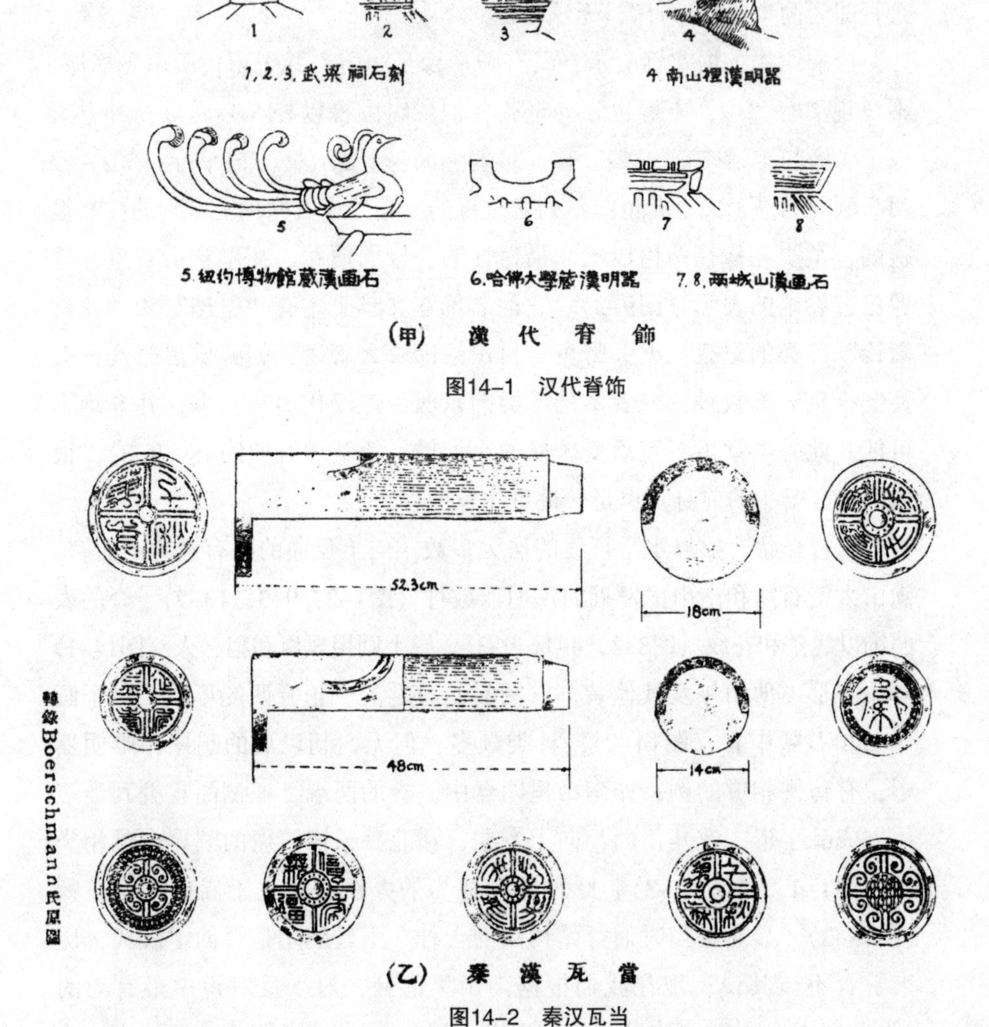

图14-1 汉代脊饰

图14-2 秦汉瓦当

汉代遗物中，有不少悬山顶的两端，具排山结构，也是讨论汉代建筑最有兴趣的问题。排山勾滴的配列法，据现在知道的有二种：(1) 一部分明器和孝堂山石室，都和山面成九十度正角，唯最下一陇列角勾头，成四十五度〈图6–2，9–3〉，和清式山墙上的墀头结构，几乎一致。(2) 南山里明器的排山勾滴，成斜列状〈图1–1，2–2〉。

在多层建筑中，各层屋顶都有博脊和合角吻〈图4–1，7–3〉，当然是随事实要求而产生的结构法。如果《考工记》“殷人重屋”的记载不谬，它的发生时期，或者尚在汉代以前。

汉代的瓦，有筒瓦和板瓦两种。石阙所示，都是二者并用，和后代方法相同。但武梁祠画像石中，在各行板瓦的中间，刻直线三条，〈图4–1〉，很像现在北方通行的“仰瓦灰梗”，用板瓦仰置，中间抹灰一条。瓦当形状，有圆形和半圆形的区别。后者数量较少，疑系周代旧法，到秦汉以后，慢慢归于淘汰。当时瓦上无釉，据何叙甫先生所藏汉瓦当，它的着色方法，下面涂石灰一层为地，其上再涂朱，和近岁发掘燕故都的瓦当一致，可知仍是周代遗法。瓦当上花纹，不外文字和动物、植物三种〈图4–2，23〉，当于装饰一项内，再加讨论。勾滴形状，见于石阙等处的〈图13–2，16–2〉，只将板瓦微微伸出连檐外面，并非下缘突出，所以汉代是否有后世同样的勾滴，尚属疑问。

斗栱

秦以前是否已有斗栱，因实物缺乏，无法证明。及至汉代，文献和实例都能证实木造建筑已确有此种结构法。不过画像石所刻的形体，过于简单，据为推测资料，尚嫌不够，幸尚有少数石阙和明器上的斗栱，可以互相比较研究，也许由此略能知道汉代斗栱结构的一点梗概。

汉代各种遗物中所表示的斗栱式样，大别之，可分为二类。一类同我们后来看到的普通栱同型。一类栱形弯曲，也可以称作“曲栱”。后者内，除山东两城山石刻〈图5–3，5–4〉，略能暗示古代利用天然弯曲木材，来做曲栱外，其余四川诸阙所刻的复杂形体，都是一种装饰作用，在木建筑的结构上，绝无实现的可能性，故以下只讨论第一类栱的结构。

汉代普通型斗栱，和建筑物其他部分的联络关系，在陶制明器中，每自墙壁出华栱，或斜撑，或挑梁，承托栌斗，其上施栱，受平座和屋檐〈图6–1，6–2，8–3，9–2，15〉。在画像石所示的木造建筑，则栌斗直接置于柱〈图7–3，8–1〉或阑额〈图5〉上面，与后世无别。此外四川石阙上所刻的斗栱，在栌斗下面，另用短柱一枚，支于枋上〈图15〉。除高颐、冯焕、沈府君诸阙外，汉代别种遗物中，现在尚未看见同样的例，似乎此法带有地方色彩，当时尚未十分普及。后世斗栱下面用蜀柱的制度，顾名思义，蜀是四川的别称，也许就是受前述短柱的影响，殊未可知。

栌斗的比例，如果画像石和孝堂山石室所表现的有相当权衡〈图9–3，16–2〉斗的长度不用说，就是斗底也大于柱径；当时斗栱的雄大，不难想象。栌斗的欹很高；它的曲线，凹入甚深，可是我们现在所知道的证物中，尚未发现皿板。

栌斗上的栱有三种。最普通的，栱上只有两个散斗，不但冯焕阙如是〈图15〉，就是画像石和明器中，都有不少的例〈图5–1，7–3，8–3〉。也有重复的结构，于二散斗的上面，再各加一栱，栱上仍只用散斗两个〈图7–3〉。此种二斗式的栱，数量较多，好像是当时最通行的方法。虽说到后来归于淘汰，但日本法隆寺玉虫厨子的云形栱，也是二斗式〈图15〉，或者六朝时，朝鲜日本尚保留一部分汉代遗法。其次则如高颐石阙和一部分明器的斗栱，在二散斗中间，加一小长方块，很像自内部挑出来的蚂蚱头〈图6–1，6–2，15〉。我们若将高颐和沈府君二阙的斗栱比较研究〈图15〉，也许这长方块，就是一斗三升的滥觞。再次则为一斗三升斗栱

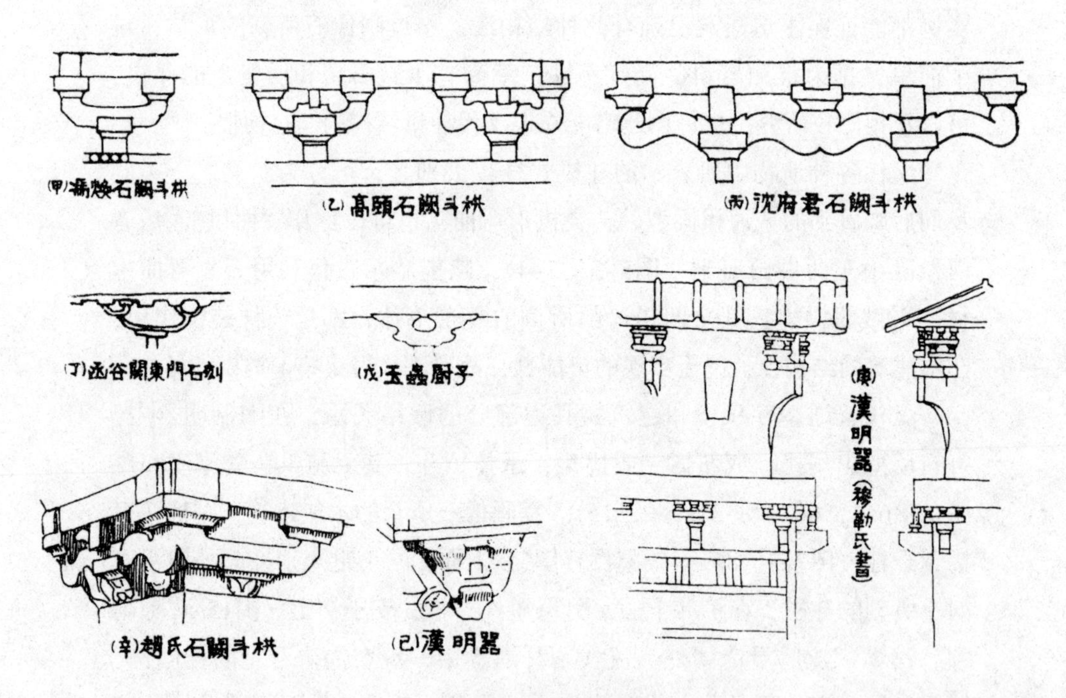

图15　斗栱式样图

〈图8–1〉，它的发生时期，恐怕要比前二种稍晚一点。

汉代栱的形状，有的栱身很高，下缘线和上缘线都用很强韧弯曲的平行线，表示其为原始型利用天然曲木的形状〈图6–2，15〉。有的用近于四十五度的直线斜杀（bevel），似乎就是后世三瓣至五瓣卷杀的前身〈图15〉。有的用海棠曲线，好像两个ovolo连接一处〈图15〉。也有栱的上缘比下缘短〈图6–1〉，致栱两端的下部向外鼓出，略如日本法隆寺金堂斗栱。足窥当时栱的式样十分自由，尚无后世比较划一的现象。

在各种明器中，可以看出斗栱上面用替木的方法，也是一桩很有趣的事〈图6–1，6–2〉。替木的位置和后世一样，施于散斗之上，和平座屋檐之下，纯系一种联络构材。它的长度，当然比栱身稍长。两端的卷杀，有斜杀和近乎圆形两种。

两城山画像石所示木造建筑的斗栱配列，除柱头铺作外，又有补间铺作一朵或两朵〈图5–2〉。如果它所刻的和事实一致，则汉代斗栱，不仅只有柱头铺作一种，不能不算为斗栱发达史中一件重要证物。但此例以外，尚未发现同样证据；我们虽不说“孤证不足信”，但不能不保留最后的判断，静待旁证出现。

以上系就普通型斗栱的正面而言，至于侧面的结构，明器和石阙所示的，都只一跳，唯两城山画像石中有四跳斗栱〈图5–4〉。除下层曲栱外，上面三层，都和唐宋以来正规华栱一样，并且华栱还是偷心造，真是极可宝贵的证据。从前我们想象文献中所载汉代许多伟大建筑物，如果没有三跳以上的华栱，恐怕不容易支持出檐重量，现在依前述的两城山石刻，可以证明此种幻想，和事实不致相差太远。

转角铺作的结构，据穆勒（H.Moeller）所绘汉明器望楼〈图15〉，和优摩忽拔拉斯藏《陶录》的望楼〈图9–2〉，都于平座下，正侧二面近转角处，各出挑梁，上施一斗三升斗栱，并无角栱，也许就是没有转角铺作以前的结构法。其次叶遐庵先生藏汉明器（图6–3〉和穆勒氏书中的望楼上层〈图15〉，在墙角处，挑出一部分壁体，其上置横板，与正侧二面墙身都成四十五度角。板的两端，各施栱二层，承受上层壁体或屋顶下的横枋。比此更简单的，则有霍浦生所述捕鸟塔〈图8–3〉，也自墙角出四十五度的栱，承托平座。以上三例的结构法，都是大同小异，或者此种办法，就是汉代转角铺作的一种，亦未可知。此外赵氏石阙〈图15辛〉所示的虽非真实建筑物，但已暗示角斗下面，用正侧二栱承托的方法，足供参考。

柱及础石

在画像石中看到的柱，很难判断它的断面是圆形或方形，唯汉代墓砖中，有圆形和八角柱二种，表面都镂刻人物和其他花纹〈图16–1〉。实际建筑物的柱，则有孝堂山郭巨祠的八角石柱〈图16–2〉。它的比例十分粗巨：据关野贞著述，柱的高度只有二尺八寸余，直径倒有九寸，柱径和高，约为一与三点一四的比例。柱身上下直径大体相同，并无收分和卷杀。柱的东面，尚残留一部分浮雕，足证三辅黄图“雕楹”之说，不是虚妄。此外武梁祠画像石所刻的各种不同姿势的人形柱〈图4–1〉，有些过于滑稽怪异，当时恐怕未必实有其例，就是后代石刻上，也难找到同样的证物。

柱础形状，武梁祠画像石内有三种〈图16–3〉。其中二种，础石向上凸起，插入柱的下部，虽说略能联络柱与础石，然实在得不偿失。因柱上重量如果超过柱断面所能担任的范围，或上面重量是偏心加重，则柱下部一定破裂发生危险，所以此式到后来渐渐归于淘汰。除此以外，汉墓砖和孝堂山的柱础〈图16–1，16–2〉，完全是一个倒置的栌斗，置于柱下，仿佛与明清二代的柱顶石相类，不过它的欹很高，不像鼓镜，并且欹以下还有一部分方座，露出地面上。

门窗与发券

汉代的门，要算图7–3所示的函谷关东门一图，最为重要。门的位置，在四层建筑的下层中央，具有左右二扉。扉各有铺首和门环，但无门钉。门的两侧，又有腰枋一层和余塞板，足证明清宫殿坛庙的门制，大体已成立于汉代。铺首式样，在英伦敦博物馆所藏汉明器中，亦有同样的刻画〈图17〉，其他汉铜器漆器中，实例更多。如果我们将秦以前的

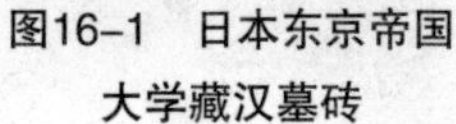

图16-1　日本东京帝国大学藏汉墓砖

图16-2　孝堂山郭巨祠八角石柱

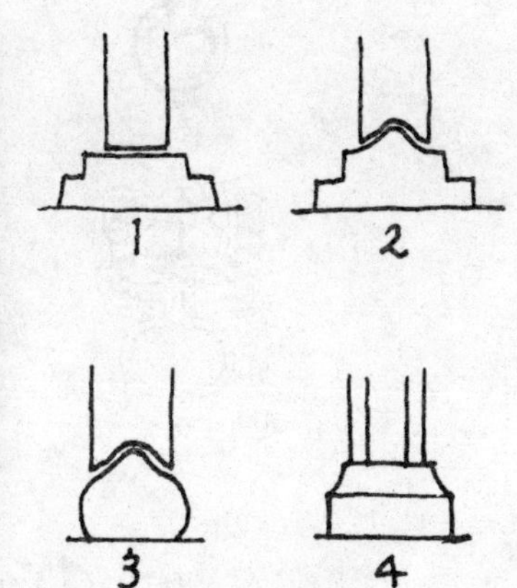

1, 2, 3, 武梁祠石刻
4. 孝堂山郭巨祠

图16-3　汉柱础四种

饕餮纹和以上诸例比例研究，则汉代铺首仍未脱饕餮纹的窠臼，很为明显。

建筑物外部的门，据明器所示，门上有极简单的雨搭〈图1-3，2-3〉，或于门楣上面，再出挑梁，承托短檐，结构比较复杂一点〈图7-2〉。门的形状，普通都是上下同一宽度，不过汉墓中有略似马蹄铁形状〈图18丁〉和上狭下阔，如希腊Erechtheion的门，很为奇怪〈图18丙〉。门上的结构，虽说横梁式（lintel system）占大多数，但其时已有发券方法：如乐浪南山里诸汉墓的羡门〈图18甲〉，及波士顿美术馆所藏汉明器羊舍〈图12-1〉，都用半圆形发券。它的结构法有单券，双券和两券一伏〈图18甲，乙〉数种，足证清代惯用的券伏重叠方法，早已见于汉代。并且南山里羡门上所用的砖，系上大下小，专为发券而制造的楔形砖，令人惊异当时技术的进步。除此以外，营城子汉墓和刁家屯五室墓内，又有弧状发券（segmental arch）〈图10-1，18丙〉，尤以前者形状，近乎平券（flat arch），足证其时发券种类之多。

窗的形状，以长方形为最多，也有方形、三角形和圆形、桃形的小

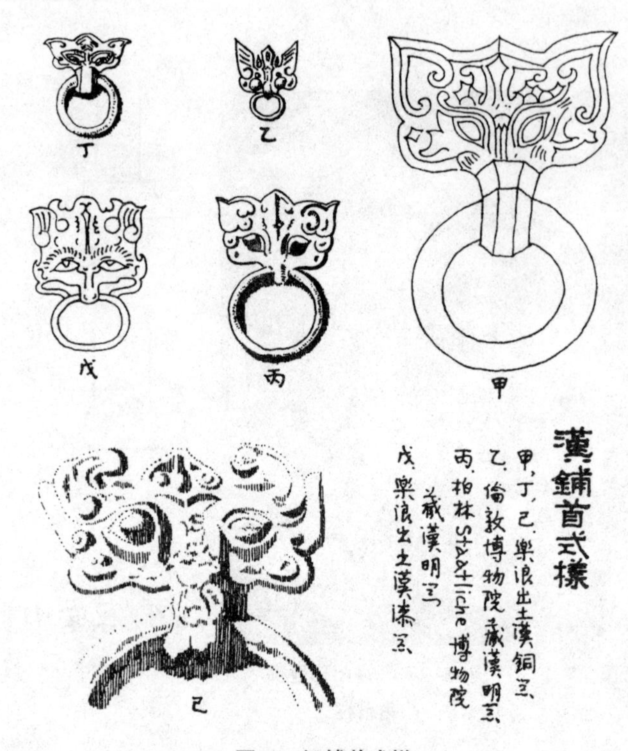

图17　汉铺首式样

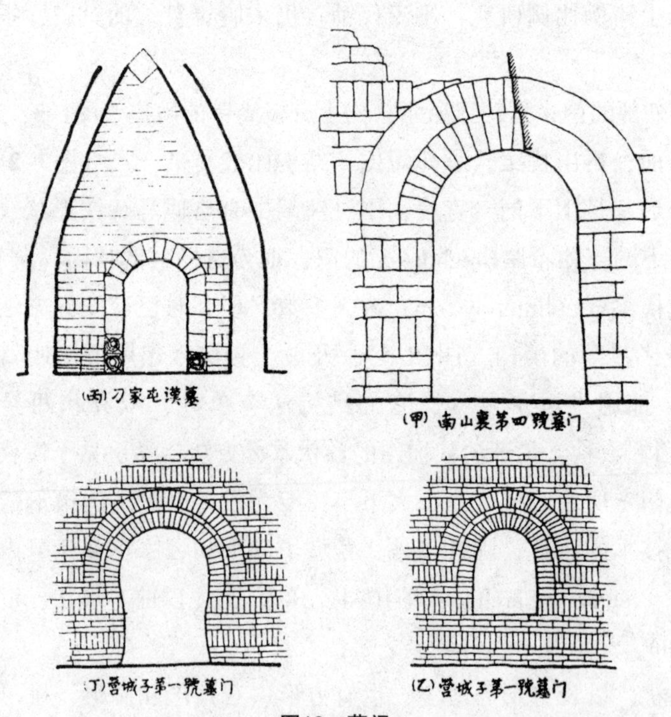

图18　墓门

窗。窗棂种类，最普通的要算斜方格，次为十字交叉形〈图1–3〉。类似直棂窗的虽有一例，但不能断定〈图3–2〉。窗棂的装置，明器中，有些装在墙壁外侧〈图6–1，6–2〉，是否和实际情形符合，现在无法证明。

平座及栏杆

画像石和明器中的楼阁，差不多各层都有栏杆。其中半数栏杆设于平座的上面〈图6，7–3，8–3，9–2〉，唯平座下或直接与腰檐衔接，或另用斗栱承托，极不一律。在大体上，后世平座结构的原则，汉代已经有了。

栏杆式样，最普通的，寻杖下面，在各蜀柱中间，再施横木一条或二条〈图6–1，8–1，8–3，9–2〉。其交接点往往加以圆形装饰，类似巨钉。两城山画像石所示的〈图5–4〉，横线数目过多，恐怕是板的表示。此外也有用套环形〈图6–2〉和鸟类〈图6–3〉及其他装饰花纹〈图4–1〉。其中和北魏以来的勾栏比较接近的，当推画像石内的两城山石刻与函谷关东门二例〈图5–1，7–3〉，都在寻杖下用短柱，其下盆唇和地栿的中间，复用蜀柱和横木，甚类云冈石窟中的料子蜀柱勾栏。所不同的，只是上下二层柱的位置，未能一致。也许后世的勾栏，就是由它改进而成。

台基

中国建筑因屋顶过大，全靠下部的台基来作衬托，故台基功用和屋顶一样重要。古籍上所载尧堂高三尺，周天子之堂高九尺，虽不可考，然周末燕故都的台基，现在尚留存多处，伟大非凡，足证周末以降，筑台的风气盛极一时。汉未央宫前殿台基〈图19〉，据说是截切龙首山而成，现存残址最高处约高十四公尺，证以张衡西京赋“重轩三阶”，此崇峻的台基，当时或分上中下三层，也是事所应有。它的面阔约百公尺，进深约十公尺，虽比记载上东西五十丈（约合一百一十五公尺）南北十五丈（约合三十三公尺半）略小，但千余年风雨剥蚀和人力破坏的结果，尚能保留上述尺寸，则其最初规模，异常宏大，可以想见。

小规模建筑的阶基，当以两城山画像石〈图3–3〉，所刻的最为明了。其结构先于地面上，立间柱。柱与柱之间，有水平横线数条，也许是表示砖缝的意义。其上加阶条石，表面上刻有花纹。此种办法，与日本法隆寺诸建筑对照，在原则上可云完全一致。所差的，只间柱下面无地栿，和柱与柱之间用石板二事而已。此外孝堂山石室也有简单阶基，具见前图，不再及。

图19–1 未央宫前殿遗址

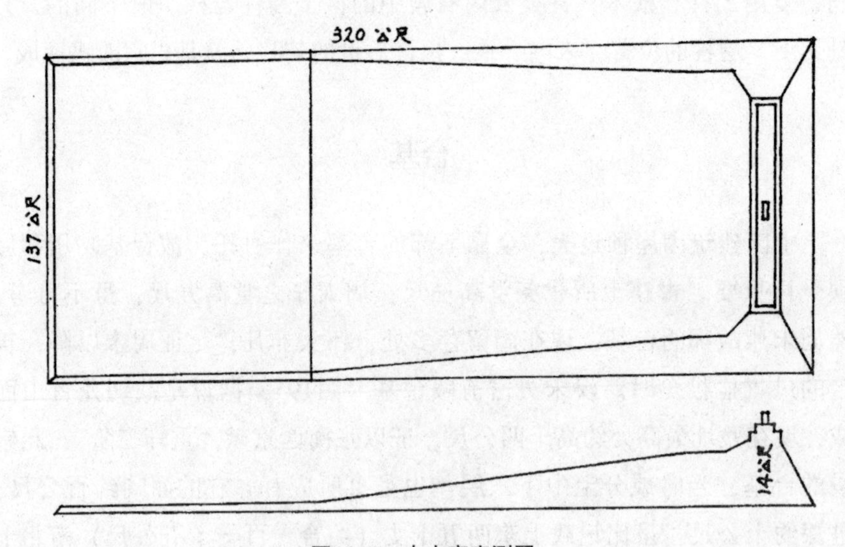

图19–2 未央宫实测图

墙壁穹隆

汉代墙壁结构，现在可据为参考的，只有乐浪和南山里等处汉墓中的砖墙。普通砌法，用一层顺砌层（stretching course）的横砖和一层直砖，交互叠砌。也有用二层或三层横砖，与一层直砖合砌，横砖中，最少必有一层用露头砖层（heading course），比前法稍为复杂〈图18〉。墓室上的圆顶切断面，近于抛物线形；或仅用横砖，或用横砖和直砖合砌，都是外侧稍高，逐渐向内挑出，其性质介乎枕梁（cobelling）和发券二者之间〈图10，18〉。至顶，覆以水平层之砖，或以方砖斜嵌于顶穴内。

汉代的砖，有普通砖、发券砖、地砖和坟墓内的空心砖数种。发券砖见前。普通砖修砌墙壁时，用石灰与否，殊不一律，除此以外，亦可以之铺地。专门用于铺地的砖，大抵都是方形。空心砖，也有制为柱梁各种形状，大概为防止墓内潮湿，和烧造时火力易于熟透的缘故而特制的，故取空心的方法。

文献上所载墙面上的壁带列钱等，现在尚属不明。不过前述各种砖的表面，有不少的例，都浮刻人物、禽、兽、建筑物，及文字铭刻和各种几何形花纹，可见汉代的砖，不仅是一种主要结构材料，并且还具有装饰的使命。墙上壁画，如刁家屯和牧城驿诸汉墓，不问其为普通砖或浮雕砖，都先涂石灰一层，其上再施彩画。

装饰雕刻

汉石阙和画像石内所表现的建筑装饰实在有限；但装饰题材见于其他美术工艺品者，甚为广泛，苟能综合研究，亦能略窥汉代建筑装饰的一斑。

最近二十年来，日人在朝鲜发掘汉乐浪郡的遗迹，和辽宁省南山里、营城子、牧城驿、熊岳城等处的汉墓，对于汉代建筑装饰，获得不少证据。就中乐浪郡为前汉武帝时平定朝鲜后所置四郡之一，其郡治遗址在今平壤大同江左岸，附近有不少汉墓。据发掘出土的古物年代铭记，包括汉昭帝始元二年（公元前85年），至汉明帝永平十二年（公元69年），不独可供建筑装饰的参考，并可窥汉中叶文化的大概情形。遗物中最可宝贵的，当推漆器上描绘的花纹，很细密纤丽，并且生动流畅，足证当时绘画技术的精进。花纹中有不少云气纹、藻纹和龙、凤、人物等。据《西京杂记》载董贤宅“柱壁皆画云气花卉”，及昭阳殿“椽桷皆刻作龙蛇，萦绕其间”，则当时建筑物柱壁、椽桷上所施的彩画和雕刻，与漆器上描绘的花纹，实具有密切关系。又前举各种铺首〈图17〉，在石刻与明器上见到的，完全和铜器上的铺首一致。我们由此知道汉代美术工艺品所表现的纹样，纵非全部，必有一部分与当时建筑装饰相同。以下就现在知道的材料，分为自然物纹样和人事纹样二类。

（一）自然物纹样

汉代自然物纹样中，有云气纹、云龙纹、藻纹和动物纹样中的龙、凤、虎、朱雀、玄武等。云龙纹样，如武梁祠画像石所刻的〈图20〉，气魄雄伟，强劲有力，为汉代艺术中极可珍贵的作品。乐浪出土汉漆器的云气纹和藻纹，则以画法纤丽与线条活跃见胜〈图21-1，21-2〉，但也有构图描线近乎图案化的〈图21-3，21-4〉。又大同江出土的金错筒〈图22〉，表面满刻人物、禽兽和龙凤之属，奔驰飞跃，都很自然；其间更点缀山岳云气，互相综错，成一幅很繁密的神秘画图。

汉代自然物纹样中属于动物一类的，以四神和龙凤最为普通。除见于石刻〈图13-3〉、明器〈图6-2〉、瓦当〈图23〉、地砖、墓砖〈图24〉和漆器〈图25-1，25-2〉等外，乐浪古墓的玄宫内亦有四神壁画，都是描线生动，如《西京杂记》所云“鳞甲分明，见者莫不兢栗”。此外画像石和瓦当上的各种动物，种类甚多，大都构图比较简单，而生动的特征仍然如一。

汉代自然物纹样中，尚有一特点，就是植物类纹样已逐渐发达，除前述藻纹外，尚有莲华、葡萄、卷草、蕨纹和树木等等。莲华用于藻井，即王延寿《鲁灵光殿赋》所称的“圆渊方井，倒植莲渠”，现在虽无实例证明，但可以南北朝石窟内的藻井雕刻推之，相去当不很远。葡萄纹多见于铜镜。卷草纹完全和希腊涡卷形装饰（acanthus scroll）相同的，

图20　武梁祠画像石

图21-1　乐浪出土汉漆器云气纹

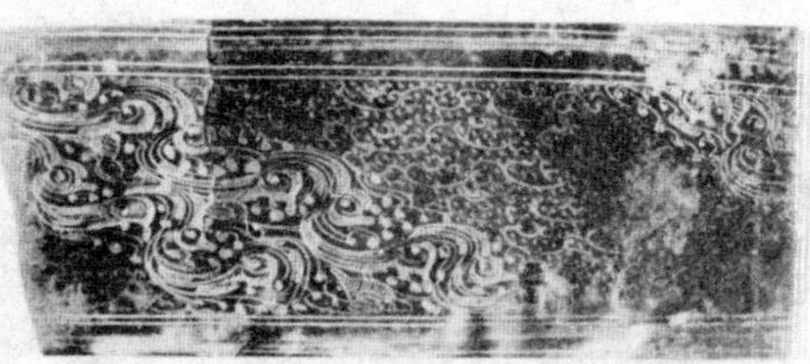

图21-2　乐浪出土汉漆器云气纹

图21-3　乐浪出土汉漆器云气纹

图21-4　高句丽古坟壁画

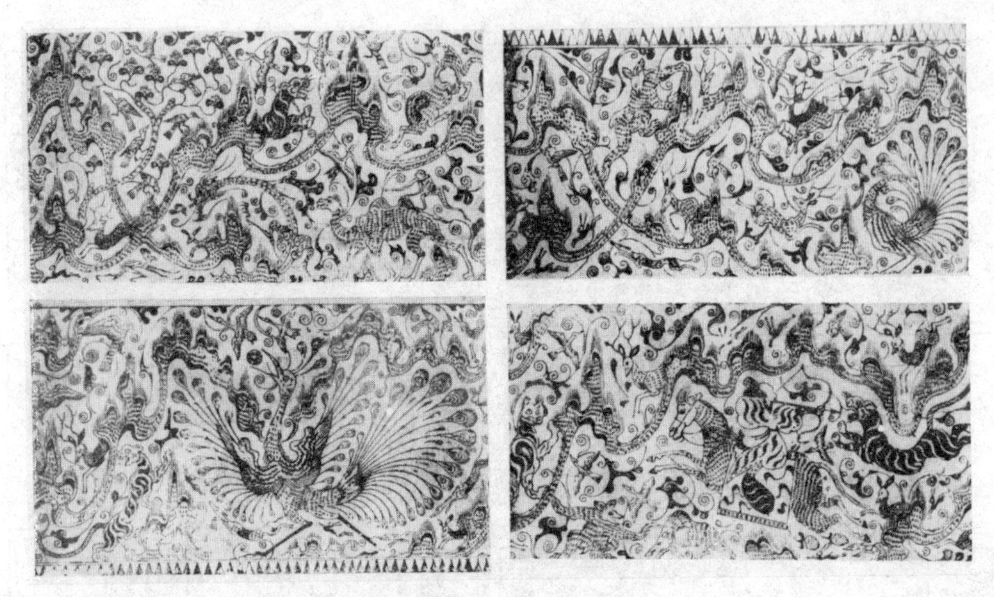

图22　朝鲜大同江出土金错筒

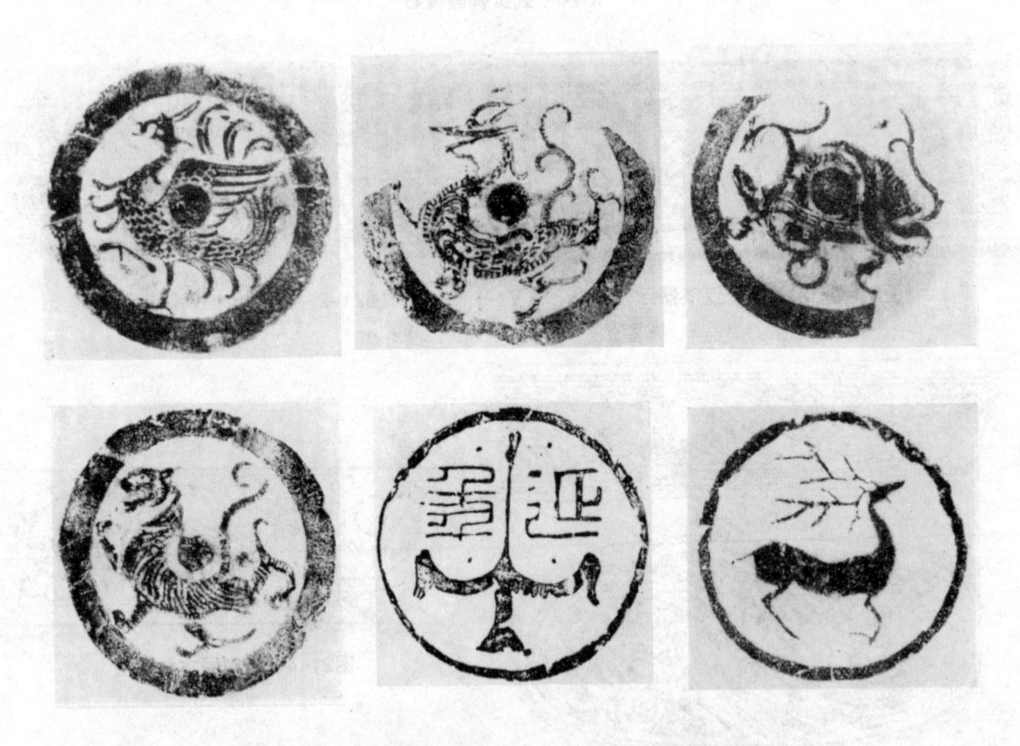

图23　瓦当（依次为朱雀、青龙、玄武、白虎、雁、鹿）

图24-1　日本东京帝国大学藏汉墓砖

图24-2　汉地砖

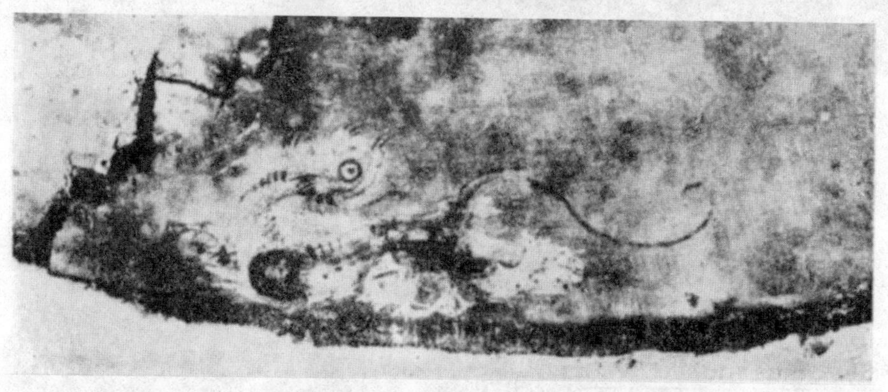

图25-1　乐浪出土汉漆器云龙

图25-2　乐浪出土汉漆器云龙

图25-3　武梁祠植物纹样

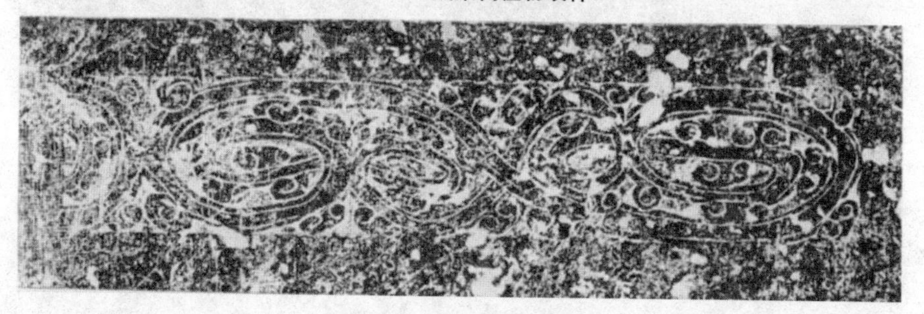

图25-4　孝堂山植物纹样

尚未发现，尤以石刻中所示者，不能算为卷草〈图26-1〉，但白怀德（W.C.wbite）在洛阳发掘的周末韩君墓，其中已有类似卷草的纹样；乐浪出土漆器中，则更有比较接近的例〈图26-2〉。此二种花纹，在汉以前，都未发现过，其中葡萄一项，自西域输入，见诸记载，可说完全受西方的影响。蕨纹亦见于韩君墓出土的铜器，在汉代则多用于瓦当〈图26-3〉，到后来变体甚多，几乎成为一种图案式的花纹〈图14〉。至于瓦当和石刻中所表现的少数树木，构图都很古拙，不能与生动活泼的人物比较，可见当时运用此类题材尚未达到圆熟的程度。

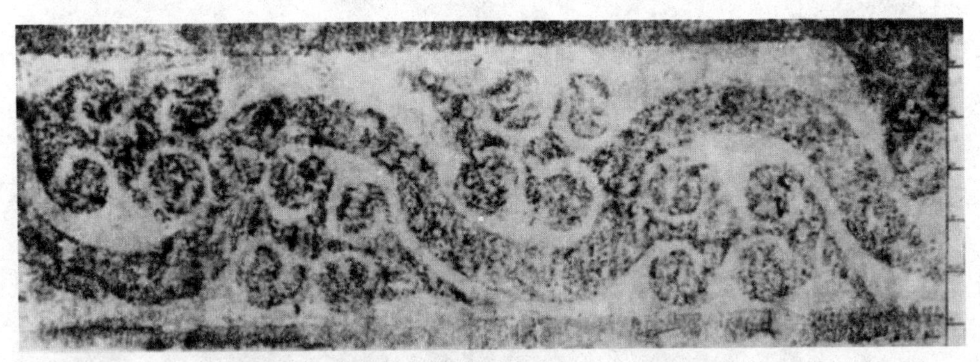

图26-1　汉桓帝永兴元年孔庙置守庙石卒史碑花纹

图26-2　乐浪出土漆器卷草纹

图26-3　乐浪出土蕨纹瓦当

（二）人事纹样

汉代人事纹样中，属于文字一类的，大多数用于砖瓦铭刻〈图14〉。在周代遗物中，很少看见此种办法，似系蹈袭秦代遗习。关于历史、传说、风习一类的雕刻，在当时可称盛极一时；现在留存的武梁祠、孝堂山、两城山画像石，无不属于此类。就中以武梁祠所刻最为丰富精美，首屈一指。其题材内容自历史事迹，下至神仙、列女、孝子、刺客、战争、燕饮、舞乐、庖厨、狩猎、农耕等，应有尽有；而人物描刻，能以简劲、生动、饱满见长，处处表出活跃情状，不愧为汉代艺术的代表作品〈图20〉。

人事纹样内，尤足注意者，就是秦以前盛行的雷纹，到汉代渐渐归于淘汰，而代以各种简单线条所组织的几何花纹〈图27〉。此项花纹，种类甚多，且互相掺和变化，愈演愈繁，不能一一列举。现在姑就原则上，分为锯齿纹、波纹、菱纹等十余种。山纹多见于铜器，其用于建筑方面的，往往不加琢饰，成一种简单锯齿纹。波纹见于武梁祠石刻，但因材料制作不便，远不及漆器上所绘的流畅美丽。菱纹、折带纹、箭状纹、连钱纹、S纹等，多用于墓砖，亦偶见于石阙；其中S纹已见于周末韩君墓。绳纹见于武氏阙。连珠纹见于冯焕阙。套环纹见于明器。垂幛纹见于嵩山太室阙。雷纹偶用于墓砖，但其施于铜器上者，颇富变化，且有类似云纹形状的。

汉代装饰中，除前述二类纹样外，尚留存少数立体雕刻：如霍去病的石马，和南阳宗资墓的天禄辟邪石兽，嵩山太室及曲阜鲁王墓的石人，四川高颐墓和山东武梁祠的石狮等，制作都很古朴〈图28〉。最好的例，无如高颐墓石狮，昂首挺胸，后部微微耸起，完全是一种力的表示。现存南京附近六朝诸墓的石兽，均系由此所蜕化。

综合以上各点，我们对于汉代建筑的真面目，虽不能作彻底的认识，但多少也可得到一种约略的印象。在此种印象中去寻求汉代建筑所受外来的影响，当然不能作具体的结论，但也可以提出数种论点，供大家研究。

1. 汉代遗物所示的屋顶、瓦饰、斗栱、柱、梁、门、窗、发券、栏

1. 山纹　2. 锯齿纹　3、4、5. 武梁祠菱纹　6. 武氏阙波纹
7. 汉墓砖列巅纹　8. 铜箭纹　9. 汉镜直线纹　10. 武氏阙绳纹
11. 冯焕阙连珠纹　12、13. 太室阙及汉墓垂幛纹
14、15. 汉墓砖及铜器雷纹　16. 汉墓砖S纹
17. 汉明器套环纹　18. 汉墓砖折带纹

图27　汉代的几何花纹

图28-1　嵩山太室庙前石人

图28-2　四川雅安高颐墓石狮

杆，台阶、砖墙和高层建筑的比例，在原则上，一部分与唐宋以来，至明清的建筑，并无极大的差别；并且一部分显然表示其为后代建筑由此改进的祖先。故自汉至清，在结构和外观上，似乎一贯相承，并未因外来影响，发生很大的变化。

2. 在装饰纹样方面，汉以前惯用的雷纹已渐归于淘汰，而代以各种简单线条组成的几何形纹样，但寻不出甚深的外来色彩。植物纹样汉时似已萌芽，是否完全受外来影响，未敢断言，但葡萄纹无疑地非我国装饰上所固有。

3. 发券和穹隆二种结构，是否受西方影响，现在尚属不明。

4. 在后世中国建筑中，占有极重要位置的佛塔，尤其是晋、魏、南北朝的四角木塔，其肇源于汉代“捕鸟塔”一类的多层建筑，是无可疑的。

以上仅就笔者所知有限的资料，作初步尝试的推测，挂一漏万，自知难免，甚望读者赐予指正，俾获得补充和修改的机会。

敦煌壁画中所见的中国古代建筑①

敦煌文物研究所在北京举行的展览是目前爱国主义教育中一个重要的环节。通过这个展览，通过敦煌辉煌的艺术遗产，我们从形象方面看到了的不只是我们的祖先在一段一千年的长时期在艺术方面伟大惊人的成就，而且看到了古代社会文化的许多方面。敦煌的壁画还告诉了我们，中华文化之形成是由许多民族共同努力创造的果实。在那里，我们看到了许多今天中国的少数民族的祖先对于中华文化的不容否认、不可磨灭的贡献。敦煌的壁画还告诉了我们，在当时，这些壁画是服务于广大人民的（虽然是为当时广大人民的宗教迷信），而且是人民的匠师们所绘画的——敦煌的壁画没有个别画师的署名。在题材方面，若不是天真地表现一个理想的净土，就是忠实地描画出生活的现实，再不然是坦率地装饰一片墙壁上主题间留下的空隙。敦煌壁画中找不出强调个人、脱离群众，以抒写文人胸襟为主的山水画。在敦煌窟壁上劳动的画师们都是熟悉人民的生活的、大众化的艺术家。通过他们的线条和彩色，他们把千年前社会生活的各方面的状态，以及他们许多的幻想，都最忠实地——虽然通过宗教题材——给我们保存下来。敦煌千佛洞的壁画不唯是伟大的艺术遗产，而且是中国文化史中一份无比珍贵、无比丰富的资料宝藏。关于北魏至宋元一千年间的生活习惯，如舟车、农作、服装、舞乐等等方面；绘画中和装饰图案中的传统，如布局、取材、线条、设色等等的作风和演变方面；建筑的类型、布局、结构、雕饰、彩画方面，都可由

---

① 关于唐以前建筑的概括性论述，梁思成先生曾写过两篇文章。第一篇是《我们所知道的唐代佛寺与宫殿》，发表在1932年出版的《中国营造学社汇刊》第三卷第一期。第二篇即本文，发表在1951年出版的《文物参考资料》第二卷第五期。本文后出，包括了前文的内容并有所发展，时代也扩大到北朝至宋初，所以在文集中收入了这一篇。萧默对此文提了些建设性意见。有关敦煌壁画的图片全部由敦煌文物研究所供稿，孙儒僩临摹，李贞伯、祁铎摄影。文中有关窟檐的插图是文物保护科技研究所供稿。——傅熹年注

敦煌石窟取得无限量的珍贵资料。

中国建筑属于中唐以前的实物，现存的绝大部分都是砖石佛塔。我们对于木构的殿堂房舍的知识十分贫乏，最古的只到五台山佛光寺公元857年建造的正殿一个孤例[①]，而敦煌壁画中却有从北魏至元数以千计的、或大或小的、各型各类各式各样的建筑图，无异为中国建筑史填补了空白的一章。它们是次于实物的最好的、最忠实的、最可贵的资料。不但如此，更重要的是这些壁画说明了：在从印度经由西域输入的佛教思想普遍的浪潮下，中国全国各地的劳动人民中的工艺和建筑的匠师们，在佛教艺术初兴、全盛，以至渐渐衰落的一千年间，从没有被外来的样式所诱惑、所动摇，而是富有自信心地运用他们的智巧，灵活地应用富于适应性的中国自己的建筑体系来适合于新的需求。伟大的建筑匠师们，在这一千年间，从本国的技术知识、艺术传统所创造出来的辉煌成绩，更证明了中国建筑的优越特点。许多灿烂成绩，在中原一千年间，时起时伏、断断续续的无数战争中，在自然界的侵蚀中，在几次“毁法”“灭法”的反宗教禁令中，乃至在后世“信男善女”的重修重建中，已几乎全部毁灭，只余绝少数的鳞爪片段。若是没有敦煌壁画中这么忠实的建筑图样，则我们现在绝难对于那时期的建筑得到任何全貌的，即使只是外表的认识。敦煌壁画给了我们充分的资料，不但充实了我们得自云冈、天龙山、响堂山等石窟的对于魏、齐、隋建筑的一知半解，且衔接着更古更少的汉晋诸阙和墓室给我们补充资料；下面也正好与我们所知的唐末宋初实物可以互相参证；供给我们一系列建筑式样在演变过程中的实例。它们填补了中国建筑史中重要的一章，它们为我们对中国建筑传统的知识接上一个不可缺少的环节。

所长常书鸿先生命作者撰稿介绍敦煌的建筑。作者兴奋地接受了这任务，等到执笔在手，才感觉到自己的鲁莽，太不量力，没有估计到我所缺乏的条件。现在只好努力做一次抛砖的尝试。

---

① 此文写在1951年年初，那时五台县南禅寺大殿、芮城五龙庙正殿、平顺天台庵大殿等唐代建筑尚未发现，佛光寺是唯一已发现的唐代建筑。——傅熹年注

我们所已经知道的中国建筑的主要特征

在讨论敦煌所见的建筑之先，我必须先简略地叙述一下中国建筑传统的特征。

至迟在公元前一千四五百年，中国建筑已肯定地形成了它的独特的系统。在个别建筑物的结构上，它是由三个主要部分组成的，即台基、屋身和屋顶。台基多用砖石砌成，但亦偶用木构。屋身立在台基之上，先立木柱，柱上安置梁和枋以承屋顶。屋顶多覆以瓦，但最初是用茅茸的。在较大、较重要的建筑物中，柱与梁相交接处多用斗栱为过渡部分。屋身的立柱及梁枋构成房屋的骨架，承托上面的重量；柱与柱之间，可按需要条件，或砌墙壁，或装门窗，或完全开敞（如凉亭），灵活的分配。

至于一所住宅、官署、宫殿或寺院，都是由若干座个别的主要建筑物，如殿堂、厅舍、楼阁等，配合上附属建筑物，如厢耳、廊庑、院门、围墙等，周绕联系，中留空地为庭院，或若干相连的庭院。

这种庭院最初的形成无疑地是以保卫为主要目的的。这同一目的的表现由一所住宅贯彻到一整个城邑。随着政治组织的发展，在城邑之内，统治阶级能用军队或“警察”的武力镇压人民，实行所谓“法治”，于是在城邑之内，庭院的防御性逐渐减少，只借以隔别内外，区划公私（敦煌壁画为这发展的步骤提供了演变中的例证）。例如汉代的未央宫、建章宫等，本身就是一个城，内分若干庭院；至宋以后，“宫”已缩小，相当于小组的庭院，位于皇宫之内，本身不必再有自己的防御设备了。北京的紫禁城，内分若干的“宫”，就是宋以后宫内有宫的一个沿革例子。在其他古代文化中，也都曾有过防御性的庭院，如在埃及、巴比伦、希腊、罗马就都有过。但在中国，我们掌握了庭院部署的优点，扬弃了它的防御性的布置，而保留它的美丽廊庑内心的宁静，能供给居住者庭内“户外生活”的特长，保存利用至今。

数千年来，中国建筑的平面部署，除去少数因情形特殊而产生的例外外，莫不这样以若干座木构骨架的建筑物联系而成庭院。这个中国建筑的最基本特征同样的应用于宗教建筑和非宗教建筑。我们由于敦煌壁画得见佛教初期时情形，可以确说宗教的和非宗教的建筑在中国自始就没有根本的区别。究其所以，大概有两个主要原因。第一是因为功用使然。佛教不像基督教或回教，很少有经常数十、百人集体祈祷或听讲的仪式。佛教是供养佛像的，是佛的“住宅”，这与古希腊罗马的神庙相似。其次是因为最初的佛寺是由官署或住宅改建的。汉朝的官署多称“寺”。传说佛教初入中国后第一所佛寺是白马寺，因西域白马驮经来，初止鸿胪寺，遂将官署的鸿胪寺改名而成宗教的白马寺。以后为佛教用的建筑都称寺，就是袭用了汉代官署之名。《洛阳伽蓝记》所载：建中寺“本是阉官司空刘腾宅。……以前厅为佛殿，后堂为讲室”；“愿会寺，中书舍人王翊拾宅所立也”等捨宅建寺的记载，不胜枚举。佛寺、官署与住宅的建筑，在佛教初入时基本上没有区别，可以互相通用；一直到今天，大致仍然如此。

几件关于魏唐木构建筑形象的重要参考资料

我们对于唐末五代以上木构建筑形象方面的知识是异常贫乏的。最古的图像只有春秋铜器上极少见的一些图画。到了汉代，亦仅赖现存不多的石阙、石室和出土的明器、漆器。晋、魏、齐、隋，主要是靠云冈、天龙山、南北响堂山诸石窟的窟檐和浮雕，和朝鲜汉江流域的几处陵墓，如所谓“天王地神冢”“双楹冢”等。到了唐代，砖塔虽渐多，但是如云冈、天龙山、响堂诸山的窟檐却没有了，所赖主要史料就是敦煌壁画。壁画之外，仅有一座公元857年的佛殿和少数散见的资料，可供参考，作比较研究之用。

敦煌壁画中，建筑是最常见题材之一种，因建筑物最常用作变相和各种故事画的背景。在中唐以后最典型的净土变中，背景多由辉煌华丽的楼阁亭台[1]组成。在较早的壁画，如魏隋诸窟狭长横幅的故事画，以及

① 此类题材、在60年代以前多称之为“西方净土变”。70年代以后重加考证，凡壁画两侧附有“十六观”壁画的，均为“观无量寿经变”。现说明于此，对正文即不加改动，以存其真。——傅熹年注

图1 北魏宁懋墓石室

中唐以后净土变两旁的小方格里的故事画中，所画建筑较为简单，但大多是描画当时生活与建筑的关系的，供给我们另一方面可贵的资料。

与敦煌这类较简单的建筑可作比较的最好的一例是美国波士顿美术馆藏物，洛阳出土的北魏宁懋墓石室〈图1〉。按宁懋墓志，这石室是公元529年所建。在石室的四面墙上，都刻出木构架的形状，上有筒瓦屋顶；墙面内外都有阴刻的“壁画”，亦有同样式的房屋。檐下有显著的人字形斗栱。这些特征都与敦煌壁画所见简单建筑物极为相似。

属于盛唐时代的一件罕贵参考资料是西安慈恩寺大雁塔西面门楣石上阴刻的佛殿图〈图2〉。图中柱、枋、斗栱、台基、椽檐、屋瓦以及两侧的迴廊，都用极精确的线条画出。大雁塔建于唐武则天长安年间（公元701—704年）以门楣石在工程上难以移动的位置和图中所画佛殿的样

图2 西安唐大雁塔门楣石画佛像

式来推测（与后代建筑和日本奈良时代的实物相比较），门楣石当是八世纪初原物。由这幅图中，我们可以得到比敦煌大多数变相图又早约二百年的比较研究资料。

唐末木构实物，我们所知只有一处。1937年6月，中国营造学社的一个调查队，是以第六一窟的“五台山图”作为“旅行指南”，在南台外豆村附近“发现”了至今仍是国内已知的唯一的唐朝木建筑——佛光寺（图签称“大佛光之寺”）的正殿〈图3〉。在那里，我们不唯找到了一座唐代木构，而且殿内还有唐代的塑像、壁画和题字。唐代的书、画、塑、建，四种艺术，荟粹一殿，据作者所知，至今还是仅此一例。当时我们研究佛光寺、敦煌壁画是我们比较对照的主要资料；现在反过来以敦煌为主题，则佛光寺正殿又是我们不可缺少的对照资料了。

在“发现”佛光寺唐代佛殿以前，我们对于唐代及以前木构建筑在形象方面的认识，除去日本现存几处飞鸟时代（公元552—645年），奈良时代（公元645—784年），平安前期（公元784—950年）模仿隋唐式的建筑外，唯一的资料就是敦煌壁画。自从国内佛光寺佛殿之“发现”，我们才确实地得到了一个唐末罕贵的实例。但是因为它只是一座屹立在后世改变了的建筑环境中孤独的佛殿，它虽使我们看见了唐代大木结构和细节处理的手法，而要了解唐代建筑形象的全貌，则还得依赖敦煌壁画所供给的丰富资料。

图3　五台山佛光寺正殿

更因为佛光寺正殿建于公元857年，与敦煌最大多数的净土变相属于同一时代。我们把它与壁画中所描画的建筑对照，可以知道画中建筑物是忠实描写，才得以证明壁画中资料

图4 重庆大足北崖阿弥陀净土变摩崖大龛

之重要和可靠的程度。

四川大足县[①]北崖佛湾公元895年的唐末阿弥陀净土变摩崖大龛〈图4〉以及乐山、夹江等县千佛崖所见许多较小的净土变摩崖龛也是与敦煌壁画及其建筑可作比较研究的宝贵资料。在这些龛中，我们看见了与敦煌壁画变相图完全相同的布局。在佛像背后，都表现出殿阁廊庑的背景，前面则有层层栏杆。这种石刻上“立体化”的壁画，因为表现了同一题材的立体，便可做研究敦煌壁画中建筑物的极好参考。

文献中的唐代建筑类型

其次可供参考的资料是古籍中的记载。从资料比较丰富的，如张彦远《历代名画记》、段成式《酉阳杂俎·寺塔记》、郭若虚《图画见闻志》等书中，我们也可以得到许多关于唐代佛寺和壁画与建筑关系的资料。由这三部书中，我们可以找到的建筑类型颇多，如院、殿、堂、塔、阁、楼、中三门、廊等。这些类型的建筑的形象，由敦煌壁画中可以清楚地看见。我们也得以知道，这一切的建筑物都可以有，而且大多有壁画。画的位置，不唯在墙壁上，简直是无处不可以画，题材也非常广泛。如门外两边、殿内、廊下、殿窗间、塔内、门扇上、叉手下、柱上、檐额及至障日板，勾栏，都可以画。题材则有佛、菩萨、各种的净土变、本行变、神鬼、山水、水族、孔雀、龙、凤、辟邪，乃至如尉迟乙僧在长安奉恩寺所画的《本国（于阗）王及诸亲族次》，洛阳昭成寺杨廷光所画

① 今重庆市大足区。——编者注

的《西域图记》等。由此得知，在古代建筑中，不唯普遍的饰以壁画，而且壁画的位置和题材都是没有限制的。

上述各项形象的和文字的资料，都是我们研究敦煌壁画中所描画的建筑和若干窟外残存的窟檐的重要旁证。

此外无数辽、宋、金、元的建筑和宋《营造法式》一书都是我们所要用作比较的后代资料。

敦煌壁画中所见的建筑类型和建造情形

前面三节所提到的都是在敦煌以外我们对于中国建筑传统所能得到的知识，现在让我们集中注意到敦煌所能供给我们的资料上，看看我们可以得到的认识有一些什么？它们又都有怎样的价值。

从敦煌壁画中所见的建筑图中，在庭院之部署方面，建筑类型方面，和建造情形方面，可得如下的各种：

（一）院的部署

中国建筑的特征不仅在个别建筑物的结构和样式，同等重要的特征也在它的平面配置。上文已说过，以若干建筑物周绕而成庭院是中国建筑的特征，即中国建筑平面配置的特征。这种庭院大多有一道中轴线(大多南北向)，主要建筑安置在此线上，左右以次要建筑物对称均齐的配置。直至今日，中国的建筑，大至北京明清故宫，乃至整个的北京城，小至一所住宅，都还保持着这特征。

敦煌第六十一窟左方第四画〈图5〉上部所画大伽蓝，共三院，中央一院较大，左右各一院较小，每院各有自己的院墙围护。第一四六窟和

图5　六十一窟壁画三院伽蓝

第二〇五窟也有相似的画，虽然也是三院，但不个别自立四面围墙，而在中央大院两旁各附加三面围墙而成两个附属的庭院。

位置在这类庭院中央的是主要的殿堂。庭院四周绕以迴廊；廊的外柱间为墙堵，所以迴廊同时又是院的外墙。在正面外墙的正中是一层、二层的门或门楼，一间或三间。正殿之后也有类似门或后殿一类的建筑物，与前面门相称。正殿前左右迴廊之中，有时亦有左右两门，亦多作两层楼。外墙的四角多有两层的角楼。一般的庭院四角建楼的布置，至少在形式上还保存着古代防御性的遗风。但这种部署在宋元以后已甚少，仅曲阜孔庙和沈阳北陵尚保存此式。

第六十一窟“五台山图”有伽蓝六十余处，绝大多数都是同样的配置，其中“南台之顶”，正殿之前，左有三重塔，右有重楼，与日本奈良的法隆寺（公元七世纪）的平面配置极相似。日本的建筑史家认为这种配置是南朝的特征，非北方所有，我们在此有了强有力的反证，证明这种配置在北方也同样的使用。

至于平民住宅平面的配置，在许多变相图两侧的小画幅中可以窥见。其中所表现的虽然多是宫殿或住宅的片段，一角或一部分，院内往往画住者的日常生活，其配置基本上与佛寺院落的分配大略相似。

在各种变相图中，中央部分所画的建筑背景也是正殿居中，其后多有后殿，两侧有廊，廊又折而向前，左右有重层的楼阁，就是上述各庭院的内部景象。这种布局的画，数在数十幅以上，应是当时宫殿或佛寺最通常的配置，所以有如此普遍的表现。

在印度阿占陀窟寺壁画中所见布局，多以尘世生活为主，而在背景中高处有佛陀或菩萨出现，与敦煌以佛像堂皇中坐者相反。汉画像石中很多以西王母居中，坐在楼阁之内，左右双阙对峙，乃至夹以树木的画面，与敦煌净土变相基本上是同样的布局，使我们不能不想到敦煌壁画的净土〈图6〉原来还是王母瑶池的嫡系子孙。其实他们都只是人间宏丽的宫殿的缩影而已。

图6　敦煌一七二窟壁画的净土变[①]

（二）个别建筑物的类型

如殿堂、层楼、角楼、门、阙、廊、塔、台、墙、城墙、桥等。

殿堂　佛殿、正殿、厅堂都归这类。殿堂是围墙以内主要或次要的建筑物。平面多作长方形，较长的一面多半是三间或五间。变相图中中央主要的殿堂多数不画墙壁。偶有画墙的，则墙只在左右两端，而在中间前面当心间开门，次间开窗，与现在一般的办法相似。在旁边次要的图中所画较小的房舍，墙的使用则较多见。魏隋诸窟所见殿堂房舍，无论在结构上或形式上，都与洛阳宁懋石室极相似。

层楼　汉画像石和出土的汉明器已使我们知道中国多层楼屋源始之古远。敦煌壁画中，层楼已成了典型的建筑物。无论正殿、配殿、中三门，乃至迴廊、角楼都有两层乃至三层的。层楼的每层都是由中国建筑的基本三部分——台基、屋身、屋顶——垒叠而成的：上层的台基采取了“平坐”的形式，除最上一层的屋顶外，各层的屋顶都采取了“腰檐”的形式；每层平坐的周围都绕以栏杆。城门上也有层楼，以城门为基，其上层与层楼的上层完全相同。

① 近年敦煌文物研究所考定此图为“观无量寿经变”，但所示仍是“人间宏丽的宫殿的缩影”。——傅熹年注

图7 六十一窟八角重楼

壁画中最特别的重楼是第六十一窟右壁如来净土变佛像背后的八角二层楼〈图7〉。楼的台基平面和屋檐平面都由许多弧线构成。所有的柱、枋、屋脊、檐口等无不是曲线。整座建筑物中，除去栏杆的望柱和蜀柱外，仿佛没有一条直线。屋角翘起，与敦煌所有的建筑不同。屋檐之下似用幔帐张护。这座奇特的建筑物可能是用中国的传统木构架，求其取得印度窣堵坡的形式。这个奇异的结构，一方面可以表示古代匠师对于传统坚决的自信心，大胆地运用无穷的智巧来处理新问题，一方面也可以看出中国传统木构架的高度适应性。这种建筑结构因其通常不被采用，可以证明它只是一种尝试。效果并不令人满意。

角楼　在庭院围墙的四角和城墙的四角都有角楼。庭院的角楼与一般的层楼形制完全相同。城墙的角楼以城墙为基，上层与层楼的上层完全一样。

大门　壁画中建筑的大门，即《历代名画记》所称中三门、三门或大三门，与今日中国建筑中的大门一样，占着同样的位置，而成一座主要的建筑物。大门的平面也是长方形，面宽一至三间，在纵中线的柱间安设门扇。大门也有砖石的台基，有石阶或斜道可以升降，有些且绕以栏杆。大门也有两层的，由《历代名画记》“兴唐寺三门楼下吴（道子）画神”一类的记载和日本奈良法隆寺中门实物可以证明。

阙　在敦煌北魏诸窟中，阙是常见的画题，如二五四窟〈图8〉，主要建筑之旁，有状似阙的建筑物，二五四窟壁上有阙形的壁龛。阙身之旁，还有子阙。两阙之间，架有屋檐。阙是汉代宫殿、庙宇、陵墓前路

图8 二五四窟（魏）阙形壁龛

旁分立的成对建筑物，是汉画像石中所常见。实物则有山东、四川、西康①十余处汉墓和崖墓摩崖存在。但两阙之间没有屋檐，合乎“阙者阙也”之义。与敦煌所见略异。到了隋唐以后，阙的原有类型已不复见于中国建筑中。在南京齐梁诸陵中，阙的位置让给了神道石柱，后来可能化身为华表，如天安门前所见；它已由建筑物变为建筑性的雕刻品。它另一方向之发展，就成为后世的牌楼。敦煌所见是很好的一个过渡样式的例证。而在壁画中可以看出，阙在北魏的领域内还是常见的类型。

廊 廊在中国建筑群之组成中几乎是不可缺少的构成单位。它的位置与结构，充足的光线使它成为最理想的“画廊”，因此无数名师都在廊上画壁，提高了廊在建筑群中的地位。由建筑的观点上，廊是狭长的联系性建筑，也用木构架，上面覆以屋顶；向外的一面，柱与柱之间做墙，间亦开窗；向里一面则完全开敞着。廊多沿着建筑群的最外围的里面，由一座主要建筑物到另一座建筑物之间联系着周绕一圈，所以廊的外墙往往就是建筑群的外墙。它是雨雪天的交通道。在举行隆重仪式时，它也是最理想的排列仪仗侍卫的地方。后来许多寺庙在庙会节日时，它又是摊贩市场，如宋代汴梁（开封）的大相国寺便是。

塔 古代建筑实物中，现存最多的是佛塔。它是古建筑研究中材料最丰富的类型。塔的观念虽然是纯粹由印度输入的，但在中国建筑中，它却是一个在中国原有的基础上，结合外来因素，适合存在条件而创造

① 指四川雅安高颐阙，当时雅安属西康，后并入四川省。——傅熹年注

出来的民族形式建筑的最卓越的实例。

关于佛塔最早的文献，当推《后汉书·陶谦传》中丹阳郡人笮融“大起浮屠，上累金盘，下为重楼”的记载（《三国志·吴志·刘繇传》略同）。“重楼”是汉明器中所常见，被称为“望仙楼”“捕鸟塔”一类的平面方形的多层木构建筑，“金盘”就是印度窣堵坡上的刹，所以它是基本上以中国原有的“重楼”加上印度输入的“金盘”结合而成的。由敦煌壁画中和日本现存的许多实例中可以证明。

为了使塔能长久存在，砖石就渐渐代替了木材而成为后世建塔的主要材料。从塔本身的性质和对于它能长久屹立的要求上说，这种材料之更改是发展的、进步的。所以现存的佛塔几乎全部是砖造或石造的。其中有少数以砖石为主，而加以木檐木廊，如苏州虎丘塔、罗汉院双塔，杭州六和塔、保俶塔和已坍塌了的雷峰塔等宋塔都属于这类。也有下半几层是砖造而上半几层是木造的，唯一的实例是河北正定县天宁寺的宋代“木塔”。国内现存全部木构的佛塔仅有察哈尔应县佛宫寺的辽代木塔一处[①]。然而砖石塔在外表形式上仍多模仿木塔形式，所以我们必须先了解木塔。

敦煌壁画中所见的佛塔〈图9〉，可分为下列六种：木塔有单层木塔和多层木塔；砖石塔有窣堵坡式塔、单层砖石塔和多层砖石塔；还有木石合用塔。至于后世常见的密檐塔（如北京天宁寺塔）则不见于敦煌壁画中。

1. 单层木塔。壁画中很多四方〈图10〉或八角或圆形的单层木建筑，或平面等边多角或圆形的小殿，即建筑术语所谓“中心式”建筑。这些建筑顶上都有刹，再证以现存若干单层塔（详下文），所以将它们归于塔类。七十六窟壁画中有三座这种单层方形木塔，形式略似北京故宫中和殿，也似随处可见的无数方亭。台基多作成须弥座，前有阶，上有栏杆。方塔每面（图中只见一面）三间，当心间稍阔，开门；次间稍窄，开窗。柱上有斗栱。檐椽两重。屋顶是“四角攒尖”，尖上立刹；刹顶有链四道，系于四角。二三七号窟所见，不画门窗，内画如来、多宝二佛并肩

① 即山西应县佛宫寺释迦塔。在作者撰文时应县属于察哈尔省。——傅熹年注

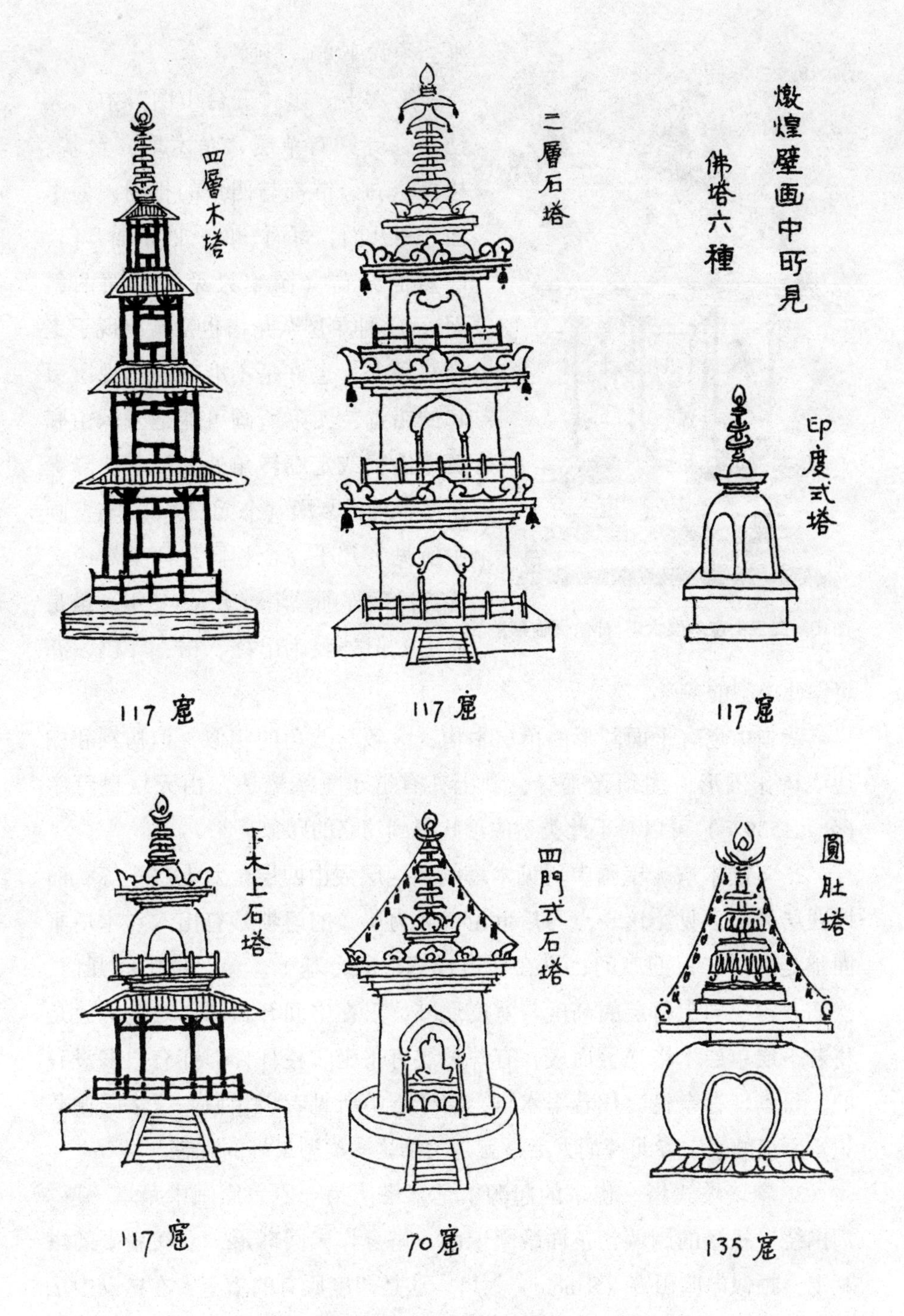

图9　敦煌壁画中所见佛塔六种

图10　二三七窟单层木塔(孙儒僩临摹)

坐，须弥座亦画彩画。

第六十一窟“五台山图”中，大法华之寺则有单层八角木塔，台基、栏杆、刹、链都与四角的相同，但平面八角八面，每面一间，四正面开门，四斜面开窗（图中只见一正面两斜面）。这种单层八角塔也常常出现于走廊瓦顶上（也许是不准确的透视所引起的错觉，实际所画可能是表示由廊后露出）或走廊转角处。日本法隆寺东院木构的梦殿（公元739年）与壁画中所见者几乎完全相同。河南嵩山会善寺净藏禅师墓塔（公元745年）虽是砖造，但外表砌出柱、枋、斗栱，亦可作此类型的参考。

壁画中也有平面圆形的单层木构，大致与八角的相似，但枋额和檐边线皆作圆形。屋顶无垂脊，刹上亦有链子垂系檐边。由天坛皇穹宇（公元1539年）可以对于此类型的形状得到约略的印象。

2. 多层木塔。壁画中所见木塔颇多，层数由四层至六七层不等，而以四层为最多见，这一点与后世用奇数为层数的习惯颇有出入。木塔平面都是方形，每面三间，立在砖造或石造的台基上。第一层中间开门，次间开窗，向上每层的高度与宽度递减，仅在中间开窗。塔之全部就是将若干层单层木塔垒叠而成，有些每层有平坐和栏杆，但亦有很多没有的。日本现存奈良时代若干木塔，与壁画中所见者极相似。《洛阳伽蓝记》所记的永宁寺北魏胡太后塔就是关于这一类型最好的文献。

3. 窣堵坡式塔。佛塔的起源本是墓塔。第一四六窟画中墓塔一座，周围绕以极矮的围墙，正面敞阙无门。塔身作半圆球形，立在扁平的塔基上，颇似印度山齐（Sanchi）大塔。这是印度原有的塔型，在壁画中虽有，但比较少见。较常见的一式则改变了印度的半圆球形原状，将塔身加高如钟形，而且将塔上的刹在比例上加大。佛教由印度输入中国，到了西陲的敦煌，而窣堵坡已如此罕见，而在现存实物中，除五台山佛光寺所谓“刘知远墓”一处大概是唐末或五代的孤例外，更未发现任何实例，实在是可异的现象。佛教虽在中国思想界引起了划时代的变化，但在建筑样式和结构方面，它的影响则极为微渺。建筑是在实践中累积起来的劳动经验，任何变化必须由存在的物质条件和基础上发展，不会凭空而有所改变，由此可以得到最有力的证明。

4. 单层砖石塔。平面正方形，立在正方或圆的台基上，四面都有券门，券面作火焰形，门内有佛像。檐部用叠涩出檐——即每层砖或石较下一层挑出少许而成檐。檐边及四角有“山花蕉叶”——即翘起的叶形雕饰。顶上有半圆球形的“覆钵”，钵上立刹。自刹有链下垂，系于四角。现存实物中历代砖石的单层塔颇多，其中大多是墓塔。最大最古的一座是山东历城县神通寺所谓“四门塔”（公元544年）[①]。这一类型见于壁画中者甚多。

5. 多层砖石塔。壁画中有将单层砖石塔垒叠而成的多层砖石塔。上几层都有平坐和栏杆；每层檐角且有铃。近似这类型的实物颇多，而完全相同的实例则还未曾见过。例如长安慈恩寺大雁塔（公元701—704年）、兴教寺玄奘塔（公元669年）都近似这类型，但外表都用砖砌作柱、枋、斗栱形状。

6. 木石混合塔。壁画中有下层是木构而上层是窣堵坡的混合结构。按形状推测，像是以身高的窣堵坡，在下部的周围建造木廊，而在上面将窣堵坡露出者。国内现存实物中则无此例。

敦煌壁画中所见的佛塔，除去单层木构的“梦殿”式一例外，平面没有八角形的。国内现存佛塔，唐及以前者（除净藏禅师墓塔一孤例外）也没有八角形的；自辽宋以后，八角形才成了佛塔的标准平面。由壁画中更可以证明八角塔是第十世纪中叶以后的产物。

台〈图11，12〉　壁画中有一种高耸的建筑类型，下部或以砖石包砌成极高的台基，如一座孤立的城楼；或在普通台基上，立木柱为高基，

① 近年修缮四门塔，发现石刻铭文，证明塔建于隋大业七年，即公元611年。作者撰文时铭文尚未发现，仅据塔内造像上东魏武定二年纪年铭暂推定为公元544年建。——傅熹年注

图11　二一七窟(1)台

图12　二一七窟净土变中之台
(孙儒僩临摹)

上作平坐，平坐上建殿堂。因未能确定它的名称，姑暂称之曰台。按壁画所见重楼，下层柱上都有檐，檐瓦以上再安平坐。但这一类型的台，则下层柱上无檐，而直接安设平坐，周有栏杆，因而使人推测，台下不作居住之用。美国华盛顿付理尔美术馆[①]所藏赃物，从平原省[②]磁县南响堂山石窟盗去的隋代石刻，有与此同样的木平坐台〈图13〉。

由古籍中得知，台是中国古代极通常的建筑类型，但后世已少见。由敦煌壁画中这种常见的类型推测，古代的台也许就是这样，或者其中一种是这样的。至如北京的团城，河北安平县圣姑庙（公元1309年），都在高台上建立成组的建筑群，也许也是台之另一种。

围墙　上文已叙述过迴廊是兼作围墙之用的，多因廊柱木构架而造墙，壁画中也有砖砌的围墙，但较少见。若干住宅前，用木栅做围墙的也见于壁画中。

城　中国古代的城邑虽至明代才普遍用砖包砌城墙，但由敦煌壁画

① 馆方自译中文名为佛利尔美术馆（Freer Gallery of Art）。——傅熹年注

② 五十年代初磁县属平原省，后平原省建制撤销，磁县划归河北省。——傅熹年注

中认识，用砖包砌的城在唐以前已有。壁画中所见的城很多，多是方形，在两面或正中有城门楼。壁画中所画建筑物，比例大多忠实，唯有城墙，显然有特别强调高度的倾向，以致城门极为高狭。楼基内外都比城墙略厚，下大上小，收分显著〈图14〉。楼基上安平坐斗栱，上建楼身。楼身大多广五间，深三间。平坐周围有栏杆围绕。柱上檐下都有斗栱，屋顶多用歇山（即九脊）顶。城门洞狭而高，不发券而成梯形。不久以前拆毁的泰安岱庙金代大门尚作此式。城门亦有不作梯形，亦不发券，而用木过梁的。梁分上下二层，两层之间用斗栱一朵，如四川彭山县①许多汉崖墓门上所见。至于城门门扇上的门钉、铺首、角叶都与今天所用者相同。城墙上亦多有腰墙和垛口。至如后世常见的瓮城和敌台，则不见于壁画中。

角楼是壁画中所画每一座城角所必有。壁画中寺院的围墙都必有角楼，城墙更必如此。由此可见，在平面配置上，由一个院落以至一座城

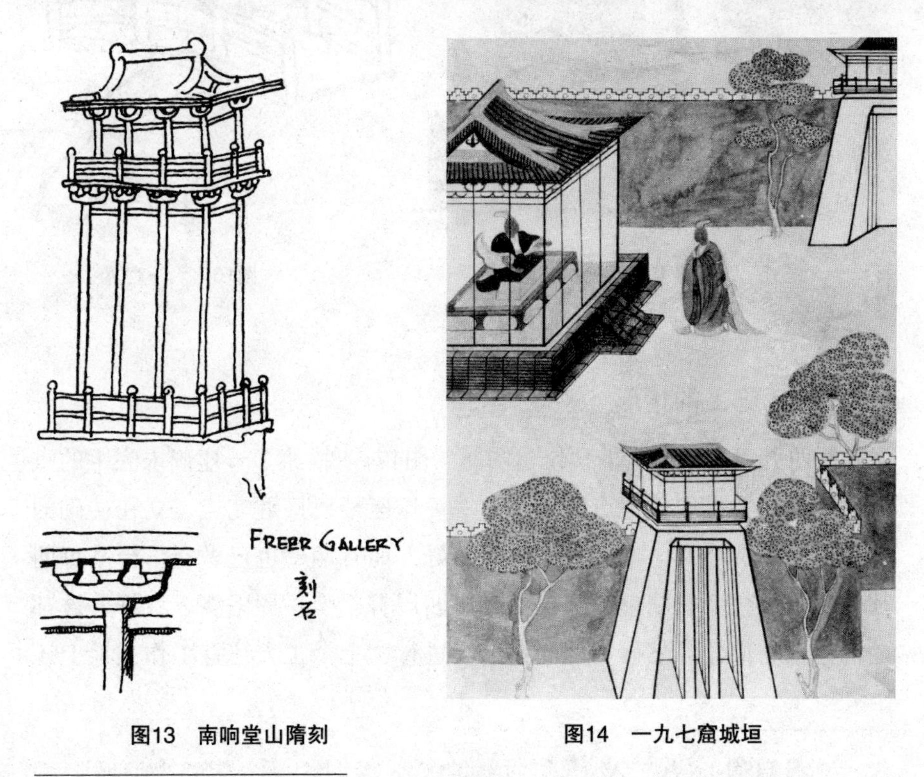

图13　南响堂山隋刻　　　　图14　一九七窟城垣

① 今四川省眉山市彭山区。——编者注

邑，基本原则是一样而且一贯的。这还显示着古代防御性的遗制。现存明清墙角楼，平面多作曲尺形，随着城墙转角。敦煌壁画所见则比较简单，结构与上文所述城门楼相同而比城门楼略为矮小。

壁画中最奇特的一座城是第二一七窟所见〈图15〉。这座城显然是西域景色。城门和城内的房屋显然都是发券构成的，由各城门和城内房屋的半圆形顶以及房屋两面的券门可以看出。

桥 壁画中多处发现，全是木造，桥面微微拱起，两旁护以栏杆。这种桥在日本今日仍极常见〈图16〉。

图15 二一七窟所画的西域城

图16 六一窟桥

（三）施工的情形

四四五窟北壁盛唐的“修建图”〈图17〉[①]描绘了一座尚未完工的重楼，使我们得见唐代建造情形和方法。这座楼已接近完成。立在砖砌的台基上的两层楼身，木构骨架已树立好，而且墙壁也已做完。台基每面都有台阶；柱上有简单的斗栱；上层四周有平坐；周围绕以栏杆。这都是已完工的部分。然而工程尚在继续进行，七个工人还在工作，地上还

① 此图在1951年“敦煌文物展览会”上展出时题为“修建图”。后经敦煌文物研究所进一步考证，确定这是“弥勒下生经变”中的“拆屋图”。——傅熹年注

放着许多木料和瓦。下层的檐正在准备铺瓦，四个泥瓦工正在向檐上输送材料：两人运泥，地面的一人将泥兜子系在绳上，檐上的一人向上收绳提上去；另两人运瓦，一人爬上梯子递砖上去，一人在檐上接收。其余三个工人，两人在檐上，一人在地上，正在将木料运上去，上层梁架已安置妥当，但还未安椽子。这梁架是壁画中楼阁所用最典型的歇山顶的梁架。图中可以看出四角的角梁，大角梁的尾后交代在平梁梁头上；大角梁前段上面安着仔角梁，微微向上翘起，与今日做法完全相同。与后世不同之点在平梁以上的处理方法。由汉朱鲔石室、日本法隆寺迴廊以至佛光寺大殿，我们都看见平梁之上安放作人字形对倚的“叉手”，与平梁合成三角形的构架。至五代前后，三角形之内出现了直立的“侏儒柱”，其后侏儒柱逐渐加大，叉手日渐缩小，至明初而叉手完全消失，只用侏儒柱。此图中所见，既非侏儒柱，亦非叉手，却是一个驼峰，峰上安置一个斗，以承托脊檩。但是驼峰事实上是一个实心的叉手，由常见魏隋以及中唐的人字形补间斗栱之逐步演变成以驼峰承托补间斗栱的程序中可以证明。这里用驼峰而不用叉手，大约是因为建筑物太小之故。

二九六窟隋代壁画中有一幅建筑施工图〈图18〉：六个只穿短裤的工人正在修建一座砖塔。在台基上已筑起了一层塔身；两个工人在上面正开始筑第二层；其余四人则在向上运砖。

这两幅都是极罕贵的图画。通过它们，我们在千余年后的今天，对于当时建筑工人劳动的情形以及施工的方法程序还可以得到一个活生生的印象。

图17　四四五窟修建图

图18　二九六窟建塔图

敦煌窟檐的建筑

敦煌四百余窟室，差不多窟外都曾有木构的檐廊。现存者虽寥寥无几，但由每个窟门崖上的洞看来，很可以想见当时每窟一檐廊，而以悬空的阁道相连属的盛况。

在印度，如阿占陀、卡尔里、埃罗拉等地最古的佛教石窟；在新疆，佛教由印度传入中国的路线上，如库车、吐鲁番和其他地区的石窟；在内地，如云冈、天龙山、响堂山诸石窟都有窟檐。那些地方的窟檐都是从山崖石凿出的，他们都将当时当地的建筑忠实地在石崖上雕出。我们须特别提出的是中原的几处。其中最大最古的云冈石窟（公元450—500年间），向外一面虽然已风化侵蚀，内部却尚完整。如中部第五、第六、第八窟[①]窟檐都是三间两柱；柱作八角形，下有须弥座，上有大斗。又如第八窟内前室东西两壁上的三间殿形龛，也可借作对照，而得到窟檐原状的印象。天龙山齐隋诸窟的檐廊都极忠实而且准确地雕出当时柱、枋、斗栱。齐窟用八角柱，隋窟有用圆柱的。其上崖壁有横列的小圆孔，是檐椽的遗迹。天龙山的窟檐是最纯粹的中国式的。响堂山的窟檐基本上

① 这指旧的云岗洞窟编号。位置图见梁思成、林徽因、刘敦桢著《云冈石窟中所表现的北魏建筑》插图6。载《中国营造学社汇刊》第四卷第三、四期，第184页。——傅熹年注

是中国样式，柱、枋、斗栱俱全。上面更有刻出的檐，椽子和筒瓦都精确地雕出。可是柱则完全是印度样式的八角束莲柱。柱头有覆莲瓣；柱脚有仰莲瓣；柱中有由联珠箍环发出的仰覆莲瓣；柱础是一个坐狮，将柱子承驮在背上。

我们所知道的由印度到中原一切佛窟的廊檐都是即就崖石雕出的，而敦煌的窟檐则全部木构，安插在崖石上。因为敦煌鸣沙山的石质是含有卵石的水成岩，松软之中，夹杂着坚硬的卵石，不宜于雕刻。因此，敦煌的窟檐必须木构，加在崖面。附带可以在此一说：以同一原因，窟内的造像都是泥塑，壁上也不似其他诸窟之用浮雕，而用壁画。假使敦煌石质坚硬，适于雕刻，则这数以千计、时间亘延千年的壁画可能不会产生；这几座木檐也不存在。由今日看来，千佛洞地址之选择实在是我们绘画史上的大幸事。

由敦煌仅存的唐末五代宋初的几处窟檐上，我们看见了梁架结构之灵活应用。在削壁上的窟檐以窟为“殿身”，窟檐倚着崖壁，如“腰檐”的做法。窟檐仅有一列檐柱，柱上的梁尾则插到崖石里去。屋顶则倚在崖边成“一面坡”顶。窟口外削壁上不便另作台基，故凿崖为平台，檐柱就立在、卧在崖石上的地栿上，由崖壁更出挑梁以承阁道，在高处联系窟与窟间的交通。在这些窟檐中我们看见了大木的实例，门、窗、墙壁和彩画。在大木结构的基本方法上，我们并没有看到什么特殊的做法，它们仍保持着纯粹的中国传统。门窗和墙壁的做法，都先在两柱之间安置横木（上下槛）、直木（左右立颊），将门或窗的位置留出，其余的面积——上槛之上、下槛之下、左颊之左、右颊之右的面积——则做成墙壁，与壁画中所见者完全相同。

一九六号窟外残存的檐廊可能是敦煌窟檐中最古的一个。以窟的年代推测，檐可能与窟同属晚唐。这处窟檐现在仅存柱、枋和门窗的槛框；上部檐顶已荡然无存，只余下部的木构骨架〈图19〉。

四二七窟〈图20〉、四三七窟、四四四窟、四三一窟〈图21〉诸窟都有比较完整的窟檐。这几处窟檐都建于宋初。根据梁下的题字，四二七窟檐建于宋开宝三年（公元970年）。四四四窟檐建于开宝九年（公元976年）；四三一窟檐建于太平兴国五年（公元980年）；四三七窟檐，由形制

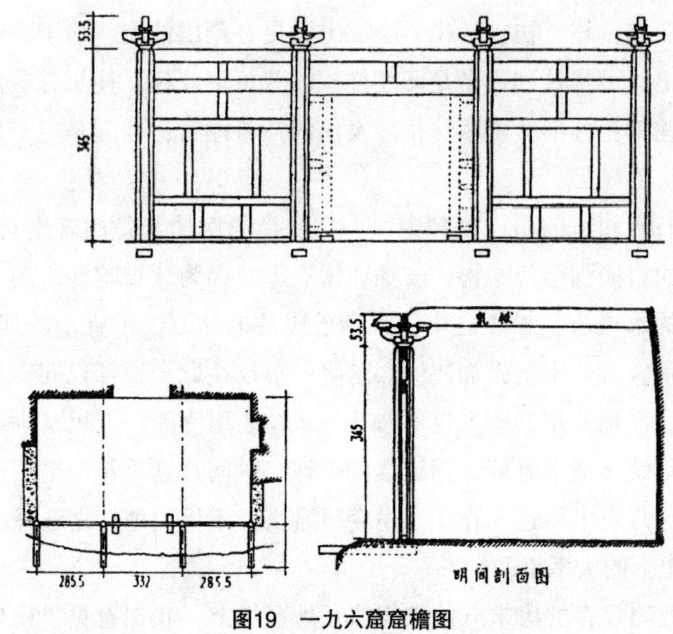

图19 一九六窟窟檐图

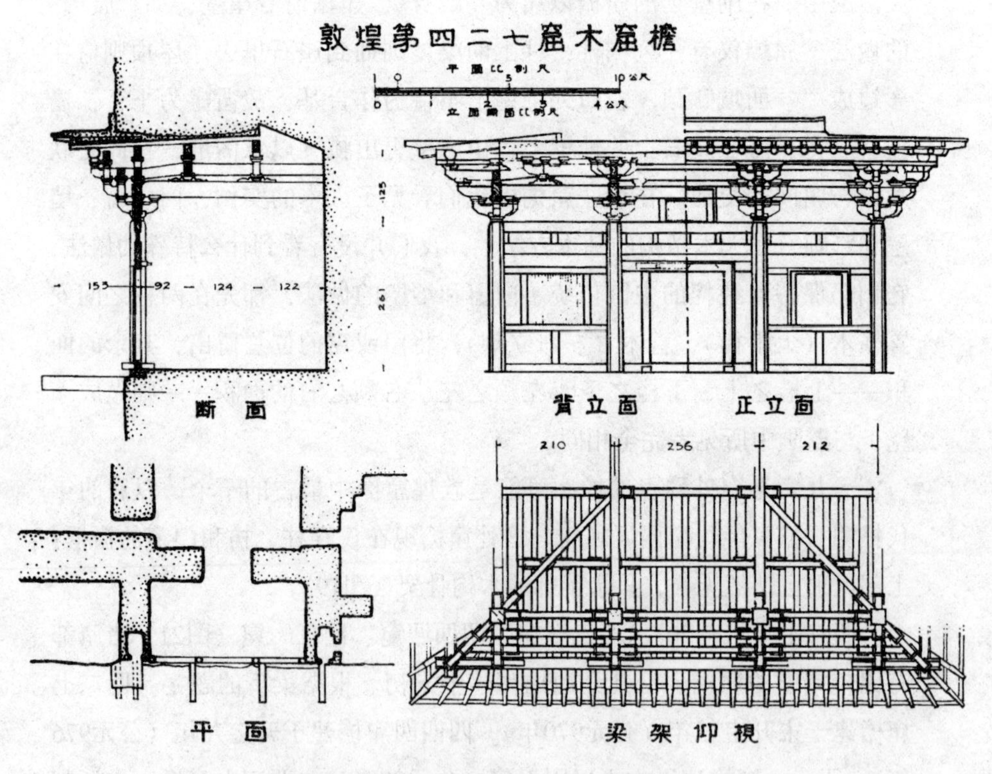

图20 四二七窟木窟檐平面及内立面图

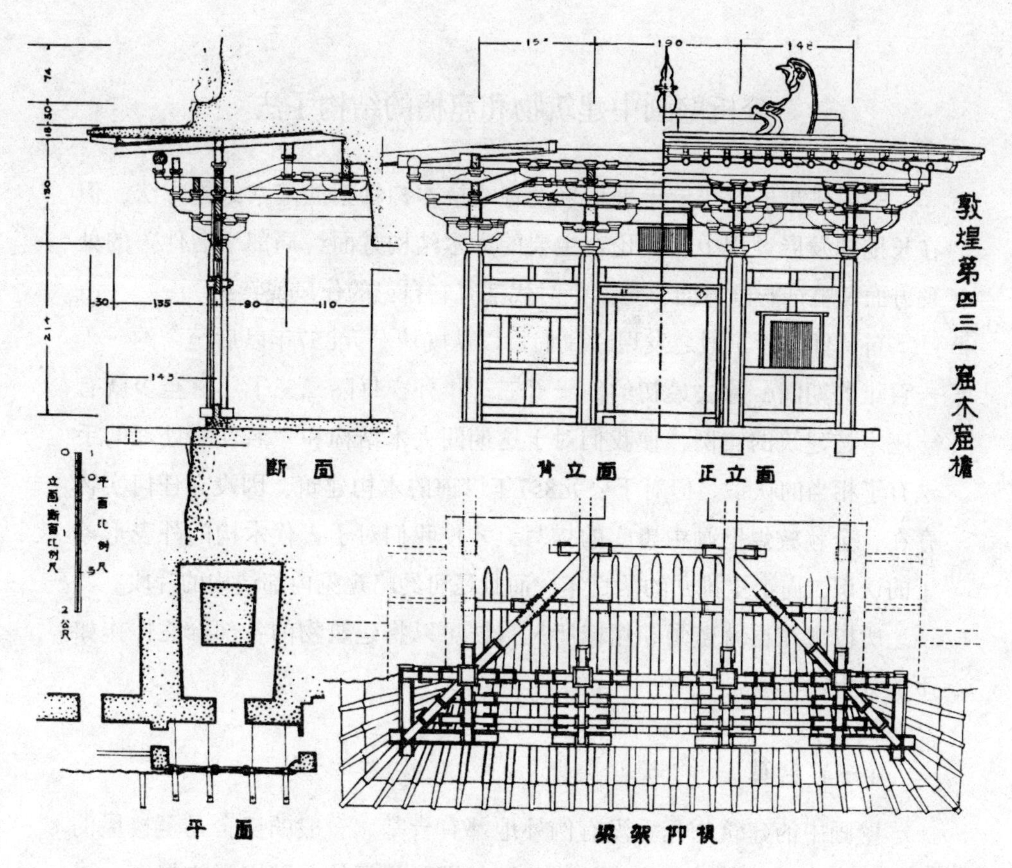

图21 四三一窟木窟檐图①

推测，也是这期间所建。

以上五处窟檐都广三间，用四柱；深一间，用椽两架。檐廊立在窟门之外，每柱上都有斗栱；斗栱上用梁（乳栿）一道，梁尾插窟外石壁。檐廊前面当心间开门，两次间开窗。多数都有彩画。窟檐之前，更在崖边凿孔安插挑梁，敷设悬空的阁道，由一窟通到旁边的窟。

除去五台山佛光寺正殿（公元857年）外，这几处窟檐是国内现存最古的木构建筑。我们认为他们无比罕贵是理之当然。

① 关于窟檐部分的图稿已散失，本文中所用一九六、四二七、四三一三窟的窟檐图（即图19、20、21）是由“文物保护科技研究所”提供的，与原图略异，仅供读者参考。——林洙注

分析壁画中建筑物和窟檐的结构手法

中国建筑虽然数千年来从来没有改换木构骨架的基本结构方法，但在长期的发展过程中，无论在主要的大木结构方面，局部“名件”的处理方面和雕饰彩画方面，每一个时代都有它自己的作风或特相。

自从佛光寺正殿之发现，我们得以从晚唐公元857年以后至今约一千一百年的期间，除去最初的约一百三十年外，每隔二三十年，至少就有一座木构建筑的实例，使我们对于这期间大木结构和“名件”处理的手法有了相当的认识。但对于公元857年以前的木构建筑，因没有任何实物存在，全赖敦煌壁画中忠实的描写，才使我们对于古代木构的外表形象上的认识，向上更推回约四百年，而且还可约略窥见内部结构的片段。

所以现在再就壁画和窟檐所见，便可以将建筑物的各部分逐件作如下的分析：

（一）台基

壁画中的建筑物几乎没有例外地都有台基。一般的房舍乃至楼屋的台基大多用朴素的砖包砌。较为华丽的殿堂楼阁的台基则雕饰繁富：最下层是覆莲瓣的龟脚，龟脚上立矮柱，上安压栏石，将台基陡面分为方格，格内饰以团花。这种台基在形制上介乎汉画像石和汉石阙实物所见的台基与希腊、印度式的须弥座之间，而基本上是中国原有的做法。若干石塔（白色、不画砖缝纹）则用石台基，多做成叠涩须弥座或莲瓣须弥座，“希腊印度”作风较为浓厚。台基平面多随上面建筑物平面的轮廓，但亦有方塔而用圆基的。台基在适当的部位多有台阶或坡道（礓𥕢或辇道）与地面联系。沿着台基的四周敷设散水砖，一如今日的做法。

临水建筑的台基往往就是水边的泊岸，做法与台基相同，亦有用矮柱将陡面分为方格的。更有在水中立柱，上安斗栱、梁枋，上面铺板的。临水的一面，上面更用栏杆围护。

（二）柱

壁画中的柱显得十分修长，大雁塔门楣石也如此，可能是绘画中强调高度，减少柱在画幅中的阻碍使然。由佛光寺正殿、一九六号窟檐以及宋诸窟檐的柱看来，唐宋实物的柱，在比例上，柱高都是等于柱径的十倍，这是木柱最合理的比例。壁画中的柱则高有至柱径之十六七倍者，显然与实况颇有出入。

壁画中的柱都是圆柱，而窟檐的柱一律都是八角柱。历代实物中如四川彭山县汉崖墓、云冈窟壁的三间殿和窟门的石柱（公元450—500年）、天龙山齐隋诸石窟（公元六世纪末七世纪初）、嵩山嵩岳寺塔（公元520年）、嵩山会善寺净藏墓塔（公元745年）等都用八角柱，以后则圆柱成为典型；至北宋末年，嵩山少林寺初祖庵（公元1125年）的八角柱已成了罕见的例外。敦煌窟檐之一律用八角柱，也许还保存着中原的“古风”。

窟檐的柱另一特征就是上下同样粗细，不“卷杀”（即上小下大，轮廓成缓和的曲线）如他处元以前实物，也不如明清的“收分”（上小下大，轮廓是直线）。在上述的古例中，彭山崖墓和云冈所见是有显著的收分的。嵩岳寺塔和净藏墓塔则上下同大，不收不杀，与窟檐柱相同。柱头部分则急剧地卷杀削小，其卷杀的轮廓不似通常所见那样圆和，而是棱角分明地折角斜收。

关于柱础，壁画中有素覆盆与覆莲两种〈图22〉。窟檐柱则立在地栿上，放在崖石上，不另做柱础。

（三）阑额及枋

壁画及大雁塔门楣石所见，阑额（即柱头与柱头之间左右联系的枋，清代称额枋）都是双层的。阑额很小，上下两层之间有短柱联系。在窟檐实物中，阑额的断面

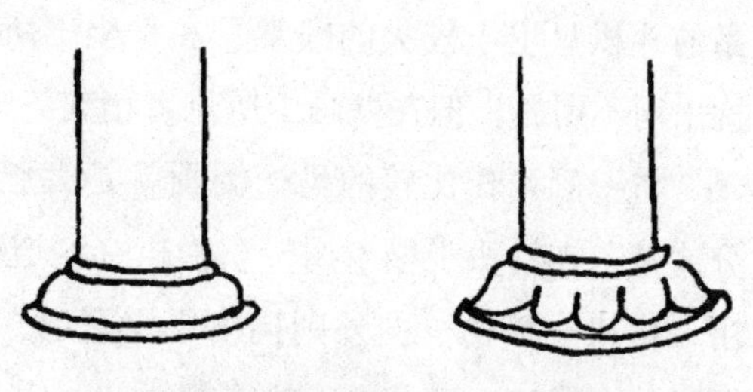

图22　敦煌壁画中所见两种柱础

竟比斗栱上的“材”还小（详下文），其他所有唐宋实例中，阑额都大于材，到元明清为尤甚，所以这个罕有的特征是值得我们注意的（下文分析斗栱时当再阐述此点）。窟檐也用双层阑额，如壁画中所见，但在佛光寺正殿以及辽宋金元实例中，则以断面较大的单层阑额为最典型。明清以后，则又复用双层，但上下两层大小不同，称“大额枋”“小额枋”；大小额枋之间用“垫板”填塞，与唐代作风完全异趣。

（四）斗栱

斗栱是中国建筑构架中，在柱头上用斗形的木块“斗”和臂形的横木“栱”交叠而成的一组结构单位，把上面平置的梁或枋上的荷载逐渐集中而转递到直立的柱上的过渡部分。它是中国建筑体系所独具的特征，它的肇源古远，到汉代的陵墓建筑中已臻成熟而成为必具的部分。它的发展，由简到繁，逐渐发挥它结构的功能，又逐渐沦落而至过分强调其装饰性的长期赓继的过程是中国建筑数千年沿革中认识各时代特征时最显著的“指时针”。所以我们在研究敦煌壁画和窟檐时，斗栱是一个重要的题目。

铺作分类 “铺作”是宋《营造法式》中专指一朵斗栱由几件何种的斗和栱配合而成一朵的专门名称。由壁画中我们可以看见四至五类的铺作：“一斗三升”铺作，用一个大斗，上面安一道横栱（泥道栱），栱上又安三个小斗，以承托檐槫，直接位置在柱头上；用在两柱间阑额上的人字形“补间铺作”（即不在柱头上而在一间中间的铺作）。以上两种用于较小的房屋上。由柱头大斗上用一层或两层栱向外挑出（华栱），上面更挑出一层至三层斜向下出尖如鸟喙的昂；与此同式但不在柱头上而经由人字形栱或驼峰或一根简单的矮柱放在阑额上的补间铺作。这种出昂的斗栱只用于较大的殿堂。在平坐下所用的铺作，可能只用华栱向外挑出而不用昂，但在壁画中所见者稍欠清晰。

与壁画可作比较的另一幅画就是大雁塔门楣石。这石上斗栱画得十分清楚。在柱头上横着用一层横栱（泥道栱）一层枋（柱头枋），上面再用一横栱一横枋。向外则挑出华栱两层，逐层向外加长，第二层头上安横栱（令栱）一道，以承挑檐槫。补间用人字形铺作，其上再用矮柱。

至于实物，则净藏禅师墓塔柱头用一斗三升，补间用人字形铺作。与壁画中所见小建筑完全相同。佛光寺正殿柱头用挑出两栱两昂（双杪双下昂）的铺作，补间铺作则仅挑出两栱（双杪）。

敦煌窟檐中，一九六号窟檐已残破难以看出原有的铺作。四二七窟和四三一窟窟檐则都挑出三层华栱（三杪），下两层栱头下都安横栱，上面各承一横枋；第三层栱头不用栱，而用替木（只有下半的栱）承托挑檐檩。华栱的后尾，第一层向后挑出；第二层就是伸插到崖壁里的梁（乳栿），事实上是将梁头做成第二层华栱；第三层后尾弯曲斜向上，交搭在乳栿上所承托的二梁（劄牵）上；其交搭处也用斗栱联系。斗栱的高度约为柱高之五分之二，通高之三分之一。此外，北魏的二五四窟内壁上也有简单的木斗栱以承窟顶雕出的檩。

材与栔　“材”是断面与栱的断面的高度和宽度相等的木材的通称，至迟自公元1100年《营造法式》刊行以后，它即已确定为中国建筑的一个度量单位——权衡比例的单位。“栔”是上下两层枋之间或栱与栱之间因用斗垫托而留出的空隙的高度。建筑物中每一部分的权衡比例都是以材及栔或材的分数而定的。例如柱径是一材一栔，梁高两材等。栱的长度也与材有一定的比例。

这两座檐窟中，用材并不标准化。无论是栱或枋，越往上则越小。材的高与宽之比也不如后世之定为三与二，而略有出入。佛光寺正殿以及中原其他辽宋木构在这一点上已一律标准化，而敦煌窟檐则如此“自由”，是别处所未曾见的。因为材之不标准化，所以栔的大小亦随同发生变化了。因此，作者不拟在此作进一步的比较分析以赘读者。

斗和栱　斗和栱的详细样式，在壁画中虽无法看出，在窟檐中则得到又一种罕有的实例。现存汉魏唐辽宋金元实物的斗的下半，上大下小的斜收部分，即《营造法式》称为“欹”的部分，其面莫不微凹，即所谓“䫜”，䫜面是微弯入的。一九六窟窟檐的斗欹就是如此做法。明清两代的欹则一律不䫜，欹的斜面是平的。四二七、四三一等宋初窟檐的斗，欹面即不䫜，又不平，而是上半段急促地斜收，下半段垂直；也可以说不用曲面䫜而用两个钝角相交的平面代替了䫜。也就是说，䫜面线不是继续的曲线而是折角的直线。二五四窟内北魏的斗也用此法，但不甚显著。

这种“卷杀”的方法在我们已知的所有实例中都没有见过。

窟檐的栱也表现了同样硬朗的作风。在一九六窟、二五四窟和他处所见任何时代的栱头，都用三“瓣”至五“瓣”或用不分瓣的曲线，卷杀成流畅缓和的抛物线形，但敦煌宋初诸窟檐的栱头则一律只用两瓣卷杀，棱角分明，与斗欹的折角卷杀表现了一致的格调。

昂 窟檐没有用昂。壁画变相图中，中间的大殿莫不用昂，只能看出昂的层数，双昂三昂不等。昂嘴用平面斜杀至尖，昂面不如宋中叶以后的微䫜，这种做法与唐辽宋初实物所见相同。

（五）梁

在少数变相图中，可以看见由檐柱到内柱上的乳栿和由角檐柱到内角柱上的角栿。“修建图”中约略可以看出大梁。窟檐中的梁主要的是乳栿和它上面的劄牵。乳栿的梁头（外端）都斫割成第二层挑出的华栱，因而梁同斗栱便构成为不可分离、互相结合的结构部分；梁与柱交接点的剪力借第一层栱而减小。劄牵之下也用斗、栱和驼峰将荷载传递到乳栿上，这些过渡的斗栱同时也与上面承托屋椽的檩子交结成为不可分离的结构。角柱上第二层角栱的后尾就成为角栿，其后尾与乳栿相交。

在“修建图”中，梁上用简单的梯形驼峰，上安大斗以承脊檩。据我们所知，宋以后实物都在最上一层梁（平梁）上树立侏儒柱（清代称金瓜柱）以承脊檩。宋元在侏儒柱的两旁用斜倚的叉手支撑。汉魏隋唐则不用侏儒柱而只用巨大的叉手互相倚撑，如汉朱鲔石室，朝鲜平安南道顺川郡北仓面的“天王地神冢”（公元五世纪），日本奈良法隆寺迴廊（公元六世纪）乃至佛光寺正殿（公元857年）都不用侏儒柱而只用叉手。辽及宋初结构中侏儒柱已出现，却甚矮小，是名实相称的侏儒，叉手仍甚大。以后叉手逐渐瘦小，而侏儒柱逐渐长大，终于在元明之际完全夺取了叉手的地位，使它在建筑中绝迹。因此我们往往可以由一座建筑中侏儒柱和叉手的大小有无而推定其约略年代。至于驼峰，它原是缩小而实心的叉手，使用驼峰就是使用叉手。“修建图”中所见正表示出那座重楼是一座不很大的建筑物。

（六）檐椽

壁画中所有建筑物都在檐下画出椽子，并且大多画出两层。其中比较清楚的并可以看出下层是圆椽，上层（飞椽）是方椽，飞椽且卷杀使外端较小。靠近屋角处，椽子的方向且逐渐斜展成“翼角”，如今日的做法。大雁塔门楣石上所见尤为清楚。

窟檐椽子翼角斜展。椽子出檐长度（自柱中线至椽头）为柱高之半以上，通高之三分之一强。如此深阔出檐是宋以前的特征，呈现豪放的风格；宋以后逐渐减浅，至清代的檐已呈紧促之状。

（七）屋顶

壁画中所见屋顶有四阿（清代称庑殿）、歇山（九脊）及攒尖三种，而以歇山为最多。此外尚有迴廊上长列的屋顶。后世常见的硬山或悬山顶，在壁画中没有见到。但由汉墓石室的结构上和明器中，我们已肯定地知道后两种屋顶自古已有。

一个长久令人不解的是檐角翘飞的问题。在汉石阙和明器上，在云冈窟壁三间殿上，在大雁塔门楣石和敦煌壁画中，檐口线都是直的。但日本法隆寺、唐招提寺金堂（公元759年唐僧鉴真建）、佛光寺正殿（公元857年）和四川大足摩崖净土变（公元895年前后）的檐角都是翘起的。由“修建图”和四三一窟檐〈图21〉实物看，大角梁上有仔角梁，仔角梁微翘起。敦煌壁画檐口何以不翘起，颇令人不解。以所画其他部分的忠实性推论，绝不是画师的疏忽（而且不能人人都疏忽），所以令人推想直线檐口可能是当时当地的特征。若然，则翘起的仔角梁又完全失去结构意义了。

瓦　壁画所见屋顶都用瓦铺盖，所用是筒瓦，大雁塔门楣石中描画尤为清晰。琉璃瓦在唐时已少量使用。至于窟檐是否用瓦盖顶，很难确定；现状仅用灰背墁抹。

关于屋顶瓦饰，壁画表现颇为清楚。脊上和脊端施用雕饰，由汉至今两千余年，基本上没有大改变。正脊和垂脊都适当地把屋顶上最易开始渗漏的线上予以掩盖并加以强调，使脊瓦的重量足以保持本身固定的位置。在正脊与垂脊的相交点上，即正脊的两端，用鸱尾着重地指出；垂脊的下端也予以适当地结束。

按宋《营造法式》的规定，脊是用瓦叠垒而成的，明清以后才肯定地有分段预制的脊件（在目前我们所已调查的实物中，还未能得到足够的资料，以肯定预制的脊瓦件出现的年代）。壁画中隐约可见分段的线条，假使唐末五代已有此做法，则《营造法式》中何以竟只字未提，颇令人疑惑不解。

辽宋以后实物的鸱尾已变成鸱吻，下半作成龙头，张嘴衔脊。壁画中所见则尚是尾状有鳍的，名实相符的鸱尾；十八窟所见最为清晰〈图23〉，大雁塔门楣石所见亦大致相同。四三一窟檐尚有倚崖塑造的正脊和鸱吻，它的轮廓虽尚保持唐式，但下部已张嘴衔脊，上端亦作鱼尾形，样式至为特殊，是我们所见唯一孤例。

壁画殿堂正脊当中，多有莲蕾形或火焰形的宝珠，窟檐所见亦同。

壁画中的垂脊大多用短圆柱予以结束，柱头作莲蕾形，与正脊中的宝珠互相呼应。

塔顶的攒尖垂脊聚集点上立刹，大多数先做须弥座，座边缘及角上出山花蕉叶，中置覆钵，钵上立刹杆，上置相轮（宝盘）三层或五层。刹尖则有仰月和宝珠。在仰月之下，有链垂系檐角，链上挂着许多的铃（铎）。

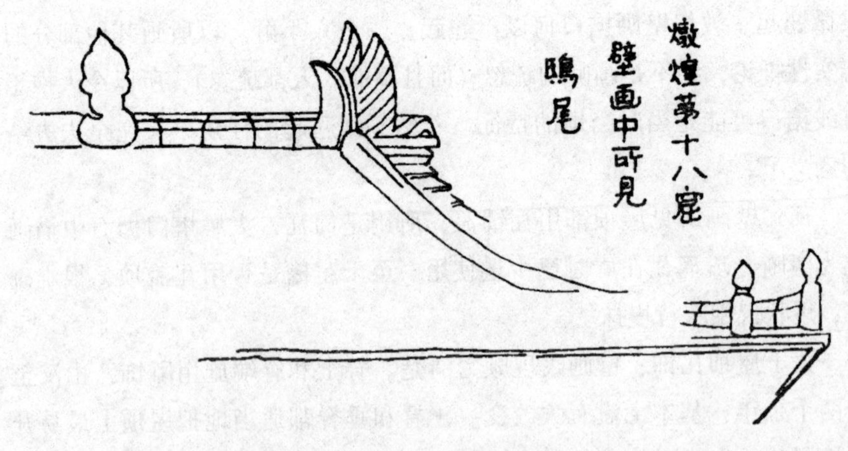

图23 敦煌第十八窟壁画中所见鸱尾

（八）门窗及墙

因为木构架的性质，门、窗和墙都是就两柱间的空档处理，予以堵塞或开敞的办法。上文已经讨论过，门、窗和墙的做法都先在两柱间安横木和直木，按需要留出大小适当的空档则用墙壁堵塞，或留作门或窗。

在不留门窗的地位，则两柱间完全用墙堵塞。按壁画所见，墙可能是用竹篾或木条抹灰的（但敦煌没有竹）。窟檐左右两角柱与崖壁间则用土砖墙。

在窟檐中，做门的方法是在两柱之间，地栿之上，先安木门砧，即承托门轴的木块，其上安门槛。门槛与阑额之间，按门的宽度，树立左右门颊。门额（窟檐所见亦即下层阑额）上有两小长方孔，是原来穿插门簪的孔。原有的门簪和依赖门簪而得固定在门额背面以接受门轴上端的鸡栖木，都已失去。这一切做法都与今日通用的完全相同。

门额之上，门颊之左右，在表面上更突出九十度弧面的线道一条，弧面向里，作为门的外周线，是他处所罕见的做法。

窟檐的门扇都已不存在。在壁画中只有少数将门扇画出，如二一七窟砖台下的门扇，则有门钉，铺首（并环）和角叶的表示。

窟檐左右次间开窗的做法，则在阑额之下少许和距地面上约80厘米处安窗额及腰串（即窗的上下槛），窗额与腰串之间树立左右立颊，留出约方55厘米的方窗。窗孔内用垂直平行的方棂竖立（方棂棱角向前，棂面斜向），即所谓直棂窗[①]。窗额之上及腰串之下，当中立心柱（矮柱）一根，以与阑额及地栿联系。壁画中所见窗大都如此；许多实物中，直至今日西南各省的房屋中，这还是一种最常见的做法。

（九）栏杆

净土变相中台基、平坐和台阶的周缘都有栏杆〈图24〉，大多数都在最下层卧放地栿；转角处立望柱；望柱之间，每隔若干距离立蜀柱一根，

---

① 直棂窗是统称。宋式又分破子棂窗和版棂窗两种。括弧内所述“棱角向前，棂面余向”者是破子棂窗，是直棂窗中的一种。——傅熹年注

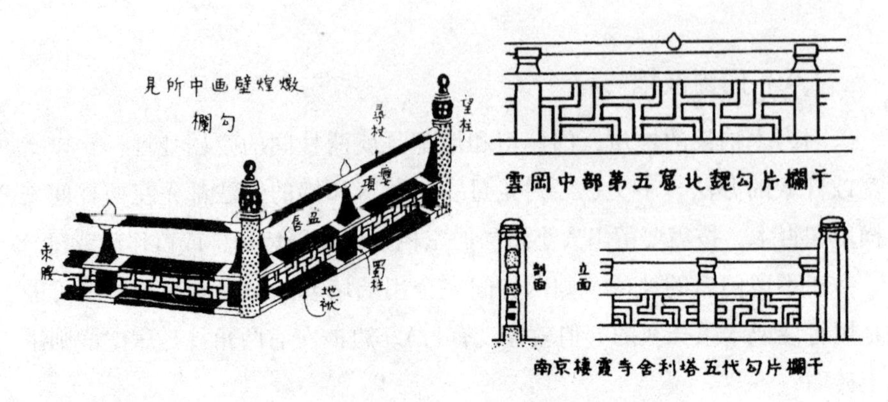

图24　敦煌壁画中栏杆与北魏、五代栏杆形式

其上半收杀。在蜀柱之中段横安盆唇，蜀柱顶上承托寻杖。盆唇与地栿之间，用L字纹互相勾搭，做成所谓“钩片栏杆”，这是元明以后所不复用，而在自南北朝至五代宋初的五六百年间所最常用的栏杆纹样。从云冈石窟以至蓟县独乐寺观音阁（公元984年）、大同华严寺薄伽教藏内的壁藏（公元1038年）都有此式。但壁画中望柱头上和蜀柱与寻杖相接处都有宝珠，所有横直料相接处都画作浅色，可能是表示用铜片包镶的样式，都是后世所未见。

（十）窟檐的彩画

窟檐的彩画是作者认为窟檐中最可珍贵的部分。

油饰彩画本是利用保护木材而使用的涂料，加以处理而取得装饰效果的。它是建筑物抵御自然界破坏力的“第一道防线”，是建筑物中首先损坏的部分。因此，我们对于年代较古的木构的知识，以彩画方面为最贫乏。

古代的彩画，使我们能得到清楚的认识，给予我们明确印象的，最古只到明中叶（公元1444年）所建的北京智化寺。更古的虽有一些辽代建筑，如辽宁义县奉国寺大殿（公元1020年建）、山西大同华严寺薄伽教藏（公元1038年建），然而前者则已黝暗失色，后者又经后世重装乃至部分窜改，不能给我们以原来的印象。即使如宋《营造法式》（公元1100年初次刊印）那样相当精确的术书，也因原图仅用墨线注明颜色，再经后世流传本辗转抄摹走样，难以制成准确的图式。罕贵的敦煌窟檐却为我们保存下宋初的彩画，也使我们的知识由十五世纪中叶推上了五百年。敦煌以壁画引起我们的爱好；彩画也正是“壁画”之一种，值得我们深切的注意。

概括地说，窟檐的彩画，木构部分以朱红为主，而在结构的重要关键上用以青绿为主的图案，使各构材在结构上的机能适当地得到强调。

柱头上和柱的中段以束莲花纹为饰。在云冈石窟（公元五世纪后半），平原省磁县响堂山石窟（公元六世纪末）以及若干佛塔上，如五台山佛光寺祖师塔（公元六世纪）等，都有浮雕的束莲，这是犍陀罗输入的影响，在木建筑实物中所见不多，窟檐彩画所见是唯一的例子。这“束莲”并非真正的莲瓣，而是以一道连珠的红环，夹以青绿的边线，上下两面伸出以青绿为缘、红色为心的瓣。在柱头上，则连珠在顶，只有下面出瓣，成为所谓“覆莲”的柱头花纹。后代虽有普遍彩画的柱，但没有这样在中腰画彩画的；而柱头则多改用“束锦”——一个织锦纹的箍子。

这同一个束莲纹彩画也用于门额、窗额和立颊的中段和次间下层的阑额、窗额和腰串与柱交接处。

柱头主要的阑额以连珠压边，内面全部画斜角棱纹。棱纹以整个棱形的左右尖角衔接，上下钝角至边，成“一整二破”的布局。居中的整棱以青地红心和粉地绿心者相间，两侧的半棱则以绿地粉心和粉地青心者相对。这整个图案与《营造法式》至明清两朝在阑额两端先画箍头，再将内部分为几段，并以青绿为主要颜色的作风完全异趣。

当心间门以上的阑额与柱头枋之间的小窗则在红地上画相错的绿色红心棱形花；小窗的上额（即柱头枋在小窗上的一段）则画龟文锦，以青色宽线画六方格，“一整二破”，以粉色为地，以绿心的红花和绿心的青花相间排列〈图25〉。

斗栱上的彩画亦极别致。今日常见的明清以后彩画多以青绿色和墨线沿着斗和栱的轮廓用平行线饰画。窟檐所见则大致以绿色的斗和红地杂色花的栱相配合；但第一层横栱（泥道栱）上的两斗和三层挑出的华栱的狭面则以白色为主。全部主要的色调是红色，略似《营造法式》所谓“解绿结华装”的样式。

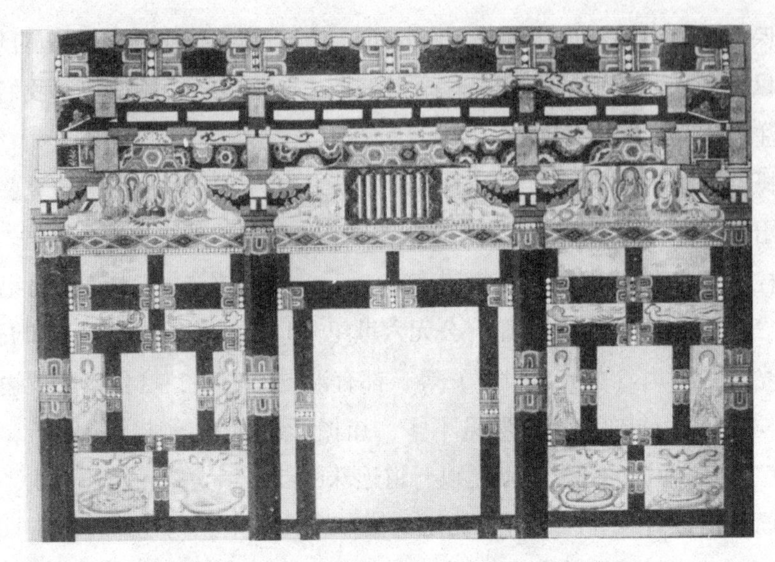

图25 四三一窟窟檐内部彩画(孙儒僩临摹)

栱面均以红色为地。泥道栱面，沿着栱的上下两缘，用青绿两色的边，而各伸出四片卷叶的奇特花纹相对；一半上青下绿，对面一半上绿下青。其余的栱面则在红地上以半个团窠的杂色花上下相错。三层华栱（挑出的栱）的狭面（向前的面）则在白色地上，在卷杀的部分用赭色画一“工”字纹。

绿色的斗一律用单纯的绿色，没有边缘。白色的斗则在白色上密布的红色麻点。

第二层横栱（慢栱）以上的一道柱头枋则上下缘用红色宽边，中间白地，而用宽的红色分为细长横格，呈现似上下两层横材中间以矮柱间格的形状。

所有木构材之间的壁面一律为白粉墙，因年代久远，已成醇熟的淡土黄色，与木材上的红白青绿成了极和谐的反衬。

窟檐内部的梁架椽檩也都有彩画。沿着梁身棱角的边缘有边线，边线以内所画疑似宋所称的海石榴华。椽子两端及中腰，如柱一样，画束莲。颜色亦以红为主，青绿为花。椽与椽间望板上画卷草或佛像。

窟檐的彩画所引起我们的反应，首先是惊奇之感。因为它与明清以后所常见的，在阑额以上以青绿为主，以下差不多单纯地用红色的系统和风格完全异趣。这里由地栿至檐下，则是一贯地以红色为主，而在结构重点上用青绿花饰，并且这是窟檐彩画的主要特征。

我们对于彩画的认识，如上文所说，自明中叶以上即极为贫乏。实物既少，且经窜改，文献不足证，幸喜敦煌窟檐，使我们的知识向上推远了五百年。在这一点上，窟檐彩画是重要无比的。

敦煌壁画中未能将建筑彩画详细表现出来，大多只能表现木构部分的红色和粉墙的白色。但如一四六窟则相当清晰。柱的中上段，阑额和柱头枋上、拱上，都在红地上画彩画。补间铺作下的驼峰主要是青绿色。昂嘴上面白色。椽子及檐口的连檐和瓦口板红色［这些颜色是在照相中按深（红）浅（青绿）推测的］。与窟檐所见也大概是一致的。

结论

通过敦煌壁画和窟檐，我们得以对于由北魏至宋初五个世纪期间的社会文化一个极重要的方面——居住的情形——得到了一个相当明确的印象。因实物不复存在，假使没有这些壁画，我们对于当时的建筑将无从认识，即使实物存在，我们仍难以知道当时如何使用这些房屋。壁画虽只是当时建筑的缩影，它却附带地描写了当时的生活状况。

在这些壁画中，我们认识了十余种建筑类型；我们看出了建筑组群的平面配置；我们更清楚地看到了当时建筑的结构特征和各构材之相互关系及其处理的手法，因此我们认识了当时建筑的主要作风和格调。我们还看见了正在施工中的建筑过程中之一些阶段。这是多么难得的资料！

由窟檐的实例上，我们一方面看到了传统的木构骨架的保持，另一方面却看到了极为罕贵的细节的运用，尤其是斗栱的特殊手法。更为难得的是当时的彩画的作风。

这些壁画和窟檐告诉我们：中国建筑所具有最优良的本质就是它的高度适应性。我们建筑的两个主要特征，骨架结构法和以若干个别建筑物联合组成的庭院部署，都是可以作任何巧妙的配合而能接受灵活处理的。古代的匠师们掌握了这两种优点而尽量发挥使用，而画师们又把它给我们描画下来。尤其重要的是，这些壁画告诉了我们，古代匠师对于自己的建筑传统的信心，虽在与外来文化思想接触的最前线，他们在五百年的长期间，始终以主人翁的态度迎接外来的“宾客”。既没有失掉自主的能动性，也没有畏缩保守，即使如塔那样全新的观念，以那样肯定的形式传入中国，但是中国建筑匠师竟能应用中国的民族形式，来处理这个宗教建筑的新类型，而为中国人民创造了民族化、大众化的各种奇塔耸立在中国的土地上。这是我们的祖先给我们留下的特别卓越而有意义的榜样，这是对于今日中国的建筑师们——他们的子孙——的一种挑战。

近百年来，帝国主义的侵略者以喧宾夺主的态度，在我国的城镇乃至村落中，以建筑的体形为我们留下了许多显著的创痕。用他们的民族手法、思想体系强迫着我们放弃我们原有的文化传统和民族工艺，无论是建筑师或人民大众，在对于建筑的思想，到今天便积下了不少帝国主义的毒素，正待我们坚决地来肃清。我们过去屈服于他们的暴力，接受了他们的建筑体系来代替自己的，因此我们传统的中国建筑有一些被毁坏了，有一些停留在不适用的技术中而不得提高。我们今天要问自己：我们有没有肃清这些遗毒的自信心？我们能否在不断改变中的生活方式和材料技术的条件下，再从民族传统的老基础上发展出我们的新建筑来？这个问题是严重的，它是我们文化建设的考验，只靠少数技术人员是不可能达到这目的的。全中国要住房子的、要用房子的人民——即全中国的每一个人——也必须向这方面努力，他们必须要求建筑师们，且督促着建筑师们，在行动上，在有体有形的建筑物上，发扬我们爱国主义的精神。中国人民的新文学、新美术、新音乐、新舞蹈，早已摆脱了资本主义帝国主义的羁绊，正踏上蓬勃的、发展的、新的道路，我们的建筑更不能因为这任务的艰巨而自甘落后。让我们立刻反抗建筑思想上崇洋恐洋的迫害，解放自己，来肃清那些余毒，急起直追，与文学、美术、音乐、舞蹈并肩前进！

最后，作者愿借这机会向在沙漠中艰苦工作的敦煌文物研究所同志们致无限的敬意！

《中国古代建筑史》(六稿)绪论①

中国位于亚洲大陆东南部，面积约960万平方公里，是一个土地广阔、资源丰富、多民族、人口众多、历史悠久、具有丰富文化传统的国家。中国有约四千年的有文字记载的历史；而中国建筑的历史发展过程，不言而喻，当然要比史书记录的年代更古远得多了。从文化的曙光初放的时代起一直到今天，中国的建筑如同中华民族和中国文化的其他方面一样一脉相承，从来没有间断过地发展着。

在这片广阔的土地上，不同地区的自然条件有着巨大的差别。从地形上来看，总的是山地多，平原少；西部地势高，东部渐渐低下。但是，其中又有悬殊的起伏：有世界最高的西藏高原和世界最低的新疆吐鲁番盆地；有峭壁深谷构成的横断山脉，有千里无涯的华北平原和蒙古、新疆高原；西北地区有圹无人烟的沙漠，东南一带又多河流如织的水乡；西南和东北有密茂的森林和广阔的草原，华北一带是黄土平原。由西向东三条主要河流——黄河、扬子江、珠江——和贯通南北的大运河，润育着这辽阔的土地。

从气候方面来看，从南中国海到蒙古和西伯利亚的边境，南北将近四千公里，包括亚热带、温带和亚寒带。东南方多雨，西北和北方干旱。内陆高原地区，一年之内，甚至一日之内，寒暑剧变，而沿海地区则温差较小。新疆、内蒙古沙漠地区和华北黄土平原地区，受到每年春季季节风的影响，东南沿海各省又须提防夏秋来袭的台风。显然，不同地区的建筑，都必须适应当地特有的气候情况。

从中国传统沿用的“土木之功”这一词句作为一切建造工程的概括名称可以看出，土和木是中国建筑自古以来采用的主要材料。这是由于中国文化的发祥地黄河流域，在古代有密茂的森林，有取之不尽的木材，

① 此文写于1964年7月。手稿存原建筑工程部建筑科学研究院档案。——左川注

而黄土的本质又是适宜于用多种方法（包括经过挖掘的天然土质的洞穴、晒坯、版筑以及后来烧制成的砖、瓦等）建造房屋。这两种材料之参合运用对于中国建筑在材料、技术、形式等等传统之形成是有重要影响的。至于山区，各种石料被广泛采用。西南的贵州省有很多用石柱石板建造的房屋。在森林山区，如古代在甘肃或陕西一带，《诗经》里就说当时的西戎“在其板屋”；今天云南西部，民居多采用井干式结构；长江以南，竹木房屋很多。由于广大地区自然条件和就地取得的材料之不同，就使得中国建筑在一个总的、统一的民族性之下又派生出丰富多彩的地方性。

古生物学者和考古学者的发掘和发现给我们揭示了中华民族的起源。北京周口店著名的“北京猿人”的遗址说明五十万年前，我们的远祖已经在这地区居住。学者们肯定了周口店十万年前的山顶洞人和广西柳江的“柳江人”、四川资阳的“资阳人”、广西来宾的“麒麟山人”都已属于原始蒙古人种类型或已具有原始蒙古人种的特征。后三者都可能是旧石器时代晚期初叶的人类。

近年来，全国各地发现的旧石器时代遗址已有二百处以上，而新石器时代遗址则在三千处以上。在发掘工作比较多的黄河流域，仰韶、龙山等文化典型遗址已经揭示了中国母系氏族公社发展期和父系氏族公社时期的基本面貌。至于发掘还不很多的长江流域、东南沿海以及东北、西北、西南等地区原始文化的面貌和分布情况也已有了不同程度的认识。这些都是今天的中华民族的远祖和中国文化孕育形成时代的遗址，其中包括例如西安半坡村的仰韶文化时期（公元前5000—前3000年）的房屋和聚落遗址。尔后几千年光辉灿烂的中国文化，包括中国建筑在内，作为它的一个重要的组成部分，就是从这些谦逊、质朴而茁壮的萌芽发扬壮大而成长起来的。这一切有力地说明了中国历史发展的悠久的连续性。

按照中国史籍中的古代传说，夏代（约公元前2070—前1600年）以前是没有阶级、没有剥削的社会。夏朝的创造者禹以后则是财产私有、王位世袭的阶级社会。夏代正处于我国历史上由原始公社逐渐进入阶级社会的阶段。历史传说当时中国遭受空前的大水灾，禹“卑宫室，致费于沟淢”。

这启示当时的建筑和治水工程，可能已达到一定的水平。考古学者们认为，河南省的许多龙山文化遗址和郑州洛达庙类型的文化遗址可能就与夏朝的年代相当。河南、陕西的若干龙山文化遗址中曾发现了当时的房屋和聚落的遗址。这些房屋，在布局、材料、结构方面都是很原始的，和仰韶文化的原始建筑基本上没有重大的区别。显然，这些遗址并不代表当时最高的建筑水平。

中国的奴隶社会，到商朝（公元前1600年建立，至公元前1300年改称殷，公元前1046年灭亡）无疑地已经确立了，一直到周朝（公元前1046—前256年）的“春秋”时期（公元前770—前476年），也就是孔夫子的时期，奴隶社会才逐渐瓦解，开始进入封建社会。青铜器之使用和新的生产关系使得商殷时代的农业生产水平较之以前任何时期都有着显著的提高，从而促使手工业脱离农业而独立，并且促使技艺水平迅速提高。虽然当时青铜还是贵重金属，在农业生产中占主要地位的仍然是那些比较原始的，像马克思所说，在强使奴隶进行劳动的情况下必然使用的“……最粗糙最笨重，并且就因为笨重，所以不易损坏的工具——石制农具”，但在手工业技艺的生产，包括建造房屋这样的工艺性工作中，青铜工具之使用却起着巨大的作用。因此虽然商代早期居住遗址还是和仰韶、龙山文化的居住遗址基本上相同；但到了殷末，当青铜器已大量铸造的时代，建筑的规模和水平，如殷墟所见的宫殿和墓葬遗址所显示，都有了极大的发展，并且青铜也已用作建筑材料，如殷墟宫殿的柱础即是一例。我们还可以从殷墟宫殿遗址台基上行列整齐的柱础和烬余的木柱脚得出结论，中国后代典型木柱梁框架结构系统到了殷代已经基本形成了。

由于生产力的发展和阶级矛盾日益尖锐，都市及有关的防御设施也逐渐形成、发展起来。安阳围绕宫殿遗址的一段壕沟和郑州的一段夯土墙（有人认为是城墙）等，就是一些例证。

从这时代起，奴隶制度国家的政治、经济日益发展，各种手工业和建筑技术不断提高。社会阶级和等级的差别逐渐固定成制度，宫殿、住宅乃至城邑的大小制度也不例外。春秋时期有些贵族的建筑在规模上或者装饰、色彩上逾越等级，就受到孔子的谴责。这说明在从殷到春秋的十个世纪中，建筑不但在工程、材料、结构上有了很大的提高，而且它的艺术性已越来越显著了。

这时期的文献中，出现了“中国”和“四夷”之类的名词。上面提到《诗经》中“在其板屋”的西戎就是一例。这说明到了周朝，在中华民族的形成的漫长的历史岁月中，汉民族的主干地位已经确立。在尔后的三千年中，汉族和它的外围各民族，经过不断的接触、斗争、交流、融合，逐渐成长成为今天的汉族。中国的建筑，作为中国文化的一个重要组成部分，很自然地、主要地也是汉民族的建筑。但同时也必须明确，在它的整个历史发展过程中，整个中国文化，包括中国建筑在内，也是在不断吸收各民族的以及外国的影响而形成的。同时，汉民族的文化和建筑也不断地影响外围各民族乃至邻国。这种相互影响，一直到今天也没有间断过。

周朝末年的战国时期（公元前403—249年①），中国开始进入封建社会。这一个半世纪的期间是中国历史发展过程中的一个重要转折点：社会、政治、经济、文化都发生了巨大变化。公元前594年鲁国“初税亩”的史实标志着封建制度之开始。一千年的奴隶制到这时期已经崩溃瓦解。铁器之使用为生产力带来巨大发展。周初数以百计的小封邦，经过七百年的兼并，到战国时期已成为七国。又经过一个半世纪的不断的战争，终于在公元前221年，由秦始皇完成了统一中国的大业，在中国历史上出现了第一个中央集权的统一大帝国，成为以后一直到1911年的二千一百六十年间②（虽然其间曾经出现过若干次比较短期的分裂的局面）的国家机构的组织形式。

春秋、战国时期，亦即中国由奴隶社会转入封建社会的时期，出现了一个中国文化空前活跃的时代，出现了大量的思想家，形成许多学派，许多著作一直流传到今天。老子、孔子、墨子、庄子、孟子等，都是这时期最杰出的思想家。相应地在技术、艺术方面也空前繁荣。思想家们往往爱用工程技术方面的比喻来阐明他们的政治、哲学理论。中国最古

---

① 原文如此，应为公元前249年。——编者注

② 原文如此，疑为2132年间。——左川注

的数学书《周髀算经》也是这时期的产物。墨子就有许多有关数学、物理以及军事工程的论述。这时期的巧匠鲁班、王尔已成为著名人物。一直到最近，鲁班还被中国的工匠们奉为匠作craftmanship之神。

由于兼并而形成的七国，比起过去零散的小封邦，在政治上、经济上以及技术力量上，都雄厚得多了。七国都在自己的首都营建宫殿。春秋时期开始形成的一些城市，到了战国时期获得了很大的发展。例如齐国（今山东省）的临淄，人口就有七万户（约三四十万人?），街道上"肩摩毂击"。类似的城市不在少数。显然，各国的建筑已形成了不同的形式和风格，因此秦始皇每灭一国，就"写仿其宫室，作之咸阳北阪上"。

统一的大帝国为建筑的发展创造了空前的有利条件。首都咸阳不但建造了规模空前、辉煌华丽的宫殿，而且在咸阳二百里之内，修建二百七十处离宫别馆。从规划构图的角度上，"表南山之颠以为阙"，利用数十公里外的天然地形组织到构图中来。这样"超尺度"的构图观点正是这个伟大帝国的气魄的反映。战国时代各国所筑的长城，在北方边境的各段也在统一后连续起来了。

秦帝国的寿命并不长。秦始皇死后，立刻爆发了中国历史上的第一次农民革命，推翻了秦皇朝。公元前206年①建立伟大的汉朝。前后持续了四百余年。公元220年，中国又分裂成三国（历史上称"三国时代"），至公元265年重新统一。

汉朝是中国封建文化的第一个高潮时期。新兴的封建制度已经确立，持续了几百年的战争已经结束，强大的中央政权已经建立，经济、文化得到巨大的发展。汉朝的军事力量也日益强大，遏止了北方的匈奴的南侵，开拓了通向中亚细亚的交通线，促进了东西贸易和文化的交流。这一切都为建筑的发展创造了极有利的条件。

根据史籍和考古学家发掘的遗址证明，汉的首都长安和皇宫都是规模巨大、庄严华丽的。虽然留存到今天的实物仅有少数的石室、石阙和大量的崖墓、砖墓，已经可以看到汉代建筑所达到的水平。通过这些砖石建筑

---

① 公元前206年为秦灭之时间，汉朝于公元前202年建立。——编者注

还精确地反映了当时木结构的形式和石刻的高度水平，以及当时在制砖的工艺上和产量上的巨大提高和发展。从一些墓葬中的壁画和出土的铜器、玉器、陶器、漆器、陶俑、明器等还可以看到当时工艺、绘画、雕塑的高超成就。

从历史发展的过程看来，汉朝是一个经济、文化的高潮，秦朝正是它的“序曲”，而三国是它的“尾声”。今天中国的骨干民族——汉族——的名称，就是从这个朝代而得名的。

公元265年建立的晋朝只暂时统一了中国。统治阶级内部矛盾和西北游牧民族的入侵以及各地的农民起义使得中国又一次陷入战乱分裂的状态。鲜卑族在北方建立了强大的魏朝，迫使汉族统治者于318年退到长江以南，形成南北对峙的局面，一直到公元581年才重新统一为隋朝。

这是一个充满了阶级矛盾和民族矛盾，生产力受到严重破坏的时期；但也是汉民族经过与外围民族三个世纪的接触中，吸收了新血液而进一步融合的时期。从公元304至439年之间，除汉族外，五个外围民族先后在中国建立了十六个国家。其中唯有鲜卑族在北方建立了长期的巩固的政权——魏朝。在那动荡的岁月里，人民的生活是痛苦的，甚至那些统治者自身的生命也没有保障。今天的胜利者明天就可能成为俘虏、奴隶。人们只能把幸福的幻想寄托在另一个世界。因此，在汉朝由印度传入中国的佛教到了第四世纪得到广泛的传播。统治阶级也发现它是一件麻痹人民斗争意志、巩固统治政权的有效政治工具，予以大力提倡。

在那样的政治、社会、经济情况下，佛教之传播对于中国建筑带来了巨大影响。中国原有的建筑体系已经成熟了。当时的匠师为了满足佛教的需要，就运用传统的结构和布局的方法，创造了许多宏伟庄严的寺塔。这些新的类型大大地丰富了中国古代的城市面貌和生活。原来城市里只有宫殿衙署和贵族府第之类的大型高质建筑，仅供统治阶级享受使用，现在却增加了许多巍峨的佛殿和高耸的佛塔，而且对广大人民是开放的。佛教建筑还带动了雕塑、绘画的发展。历史记载南朝的首都建康（今南京）有“四百八十寺”，北魏首都洛阳有一千多个佛寺，其中永宁寺木塔高达“一千尺”。许多著名的雕塑家和画家都在佛寺里塑造了佛像，画了壁画。许多西方的装饰花纹也用到传统的中国建筑上来。这一切说明当时佛教对于中国人民的生活、文化、艺术和建筑的影响是巨大的。这时期遗留下来的实物主要是从新疆一直到山东半岛上无数的石窟寺、一些墓葬和极少数的砖石塔。

尽管南北朝留存下来的实物（除石窟寺外）很少，但是从文献记载中可以看到木结构已达到极高水平，从中国现存最古的砖塔——公元520年建，高约40米的嵩岳寺塔以及南京附近的一些陵墓可以看到，当时砖的生产有了巨大发展，技术和艺术方面都达到很高的水平；石刻方面的艺术水平更为中国美术史中写下辉煌的一章。从这些遗物也可以看出，尽管佛教的教义在中国人民的精神生活方面带来很大影响，但是中国的建筑（在结构上和形式上）、绘画、雕刻（主要是佛像）基本上还是沿着古来的传统形式和手法向前发展。这一点在建筑上尤为明显。

公元581年建立的隋朝重新统一了中国。三个半世纪的分裂战乱的局面结束了。比较安定的政治统一局面和土地的重新分配带来了经济繁荣。隋朝选择了长安作为它的首都，并在汉长安故址之东规划了新城——大兴城，修建了规模不大的宫殿；此外还开凿了由长江通到淮河、黄河的大运河。但是37年之后，在公元618年，隋皇朝就为唐朝所代替。中国历史上辉煌灿烂的一个朝代开始了。

新的政权除了分配土地、恢复农业生产外，官办手工业和民间手工业都有巨大发展，质量更加提高。地方行业组织促进了国内和国外贸易。许多内陆和沿海城市空前繁荣起来。国际贸易和文化交流丰富了中国的物质和精神生活。到印度研究佛教教义的高僧玄奘就是这时期的人。著名诗人李白、杜甫，画家吴道子，雕刻家杨惠之等也都是这时代的人。唐朝是中国封建社会经济、文化突出发展的时期。唐代的中国也是当时世界上最强大，经济、文化最发达的国家。

作为政治、经济、文化的综合的反映，唐代的建筑也出现了突出的高峰，在隋大兴城的基础上，当时世界上最大的、规划最完善的都城——长安，建造起来了。近年来对于城墙和宫殿遗址的发掘证明了文献中所记载的宏伟规模和富丽的建筑。这时期遗留下来大量石窟寺、为数不少的砖塔、许多陵墓以及少数的木构殿堂和石桥都说明无论在技术或艺术方面都已达到完全成熟的阶段。

第八世纪中叶以后由于中央政权的腐化削弱，被剥削压迫的农民不断起义和地方掌握军权的官吏的叛乱，这个伟大的朝代走上了没落、瓦解、崩溃的道路，终于在公元906年灭亡。在尔后短短的半个世纪中，中国又陷入“五代十国”的分裂状态，直至公元960年，由于宋朝的建立而重新统一。

历史仿佛重演了一遍。战国为秦的统一打下基础，短暂的秦朝成了辉煌的汉朝的序曲，而三国是它的尾声。同样地，南北朝为隋的统一打下基础，短暂的隋朝成了伟大的唐朝的序曲，而以五代作为尾声而结束。假使说汉是中国封建文化的青春时期，那么，唐就是它全盛的壮年时期了。

宋朝从建国之初就受到北方日益强大起来的契丹族的威胁。契丹族建立的辽朝，占有东北、内蒙古以及黄河以北的一部分土地；羌族的西夏也占据了内蒙古西部地区，和宋朝形成一百多年对峙的局势。后起的女真族的金朝在公元1125年灭了辽朝，把汉族的宋朝赶到扬子江以南，历史上称之为南宋。中国再度出现了南北对峙的形势。公元1227年、1234年和1276年蒙古人先后灭了西夏、金和南宋。中国在蒙古族元朝的统治下重新统一了。

北宋、南宋前后三百余年的期间是中国历史上又一个民族矛盾十分尖锐的时期。北宋时期，对峙的局势比较稳定。唐中叶以后发展起来的商业有了很大发展，促进了城市繁荣。五代末期，汴梁——后来宋的首都——已经成为一个重要的商业城。沿海一些城市也由于对外贸易而兴盛起来。手工业的分工越来越细致。矿冶业占着重要地位。火药和活版印刷也是这时期的发明创造。千余年来在城市之内又用高墙封闭的住宅坊里以及贸易必须在集中的市场进行的制度被打破了。分散的商店冲破了坊里的围墙，沿街开设起来；茶楼、酒店、旅馆、剧院也出现了。城市生活活跃丰富起来了。这就为宋朝的城市带来了崭新的面貌。

在百余年比较稳定的政治局面以及日趋繁荣的经济条件下，民间建筑出现了上述的新类型，统治阶级更大建其宫殿、苑囿、府第、庙宇。这些建筑之中，唯有佛寺、道观还有留存到今天的；除了个别殿堂和佛塔外，还有若干相当完整的组群。这时期的政治形势也反映在建筑上：北方辽朝统治地区的建筑更多地保留了唐代淳朴雄厚的风格，而南方宋朝统治地区的建筑则开始向轻巧华丽的方向发展。从这时期的遗物中，我们开始看出明显的地方风格。

从殷墟遗址中已经显示出来的木梁柱框架结构的建筑体系，到了唐代无疑地已经采用了标准化、定型化的设计施工方法。但是到了宋朝才给后世留下一部有关这方面的工程技术专著。北宋末叶（公元1103年）出版的《营造法式》是当时的皇室建筑师李诫编修的一部国家建筑规范。从这部书里可以看到当时已采用了模数制，按照封建制度的等级订定建筑等级，材料、施工都有定额；尤其是以引起后世钦佩的是从整座房屋到每一构件的详细规定和做法都是将整体和个别构件的材料、结构、美观等因素综合考虑制订的。《营造法式》是中国古代有关建筑的最重要的一部专著。

蒙古人建立的元朝虽以征服者的姿态统治了全中国的汉族和其他民族的一个世纪，但是各族人民在共同反抗阶级压迫和共同劳动的斗争中，进一步相互融合，政治、经济、文化上的关系更加密切了。边疆地区的落后经济得到了开发和提高。元代初年，战后的农业生产得到恢复。社会经济开始恢复繁荣。对外贸易和商业的发展，使南方许多城市保持了南宋以来的繁荣。泉州是当时的主要海港。

蒙古族的统治者充分地利用了宗教作为巩固他们的政权的政治工具。佛教、道教、伊斯兰教、基督教等都得到了统治者的保护和提倡。其中佛教和喇嘛教（佛教中的一个宗派）在元代占有特殊地位。西藏地区政教合一的统治正是在元朝统治下建立起来的。喇嘛寺庙因而也有了普遍的修建。西藏式的瓶形塔也是蒙古人从西藏介绍到中原地区的。元朝的统治者利用从中亚和中原地区俘虏的各族有技艺的工匠（事实上是工奴）兴办了各种官办手工业，使中国的工艺美术增加了许多外来因素。但元朝的建筑主要是由汉族工匠继承宋、金的传统建造的。

元朝对中国建筑的最重要的贡献是大都城——今北京城的前身——的规划和建造。如同隋唐的长安一样，大都在它自己的时代，是世界上规模最大、规划最完善的城市，它就是马可·波罗以无限敬佩的心情所记述的XANBALUC[①]。它在很大程度上体现了《考工记》中所描绘的“王者

① 疑为笔误，应是Cambaluc。Cambaluc是当时外国人对大都（现北京）的称呼。——编者注

之都”的理想。后来明清两朝的北京，以及今天中华人民共和国的首都，就是在它的基础上改建、扩建的。

元朝修建的佛寺、佛塔、道观，留存到今天的为数不小。由于蒙古族是一个游牧民族，原来没有固定的建筑，所以在他们的统治下，中国建筑还是沿着汉族几千年的传统发展。在许多寺、观中还保存了不少壁画和塑像。它们和倪瓒、黄公望、赵孟頫等人的绘画，和关汉卿等人的剧本、小说具体地说明，即使在当时那样种族歧视的外族统治下，中国传统文化仍以它的旺盛的生命力向前发展着。

汉族农民的起义驱逐了蒙古统治者，于公元1368年建立了明朝。由于新兴的统治阶级出身于农民的汉族，民族尊严的重新建立和阶级矛盾有所缓和，都有力地推动了生产发展。明朝的统治者先建都于南京，十五世纪初迁都北京。迁都以后，社会经济就进入一个全面发展时期。商业和手工业的发达以及人口的增加，促进了城市建筑的发展与建筑技艺的提高。砖、琉璃、玻璃等烧制工业有了很大发展。元代完成的南北大运河第一次使得有可能由遥远的四川、西康等地将高贵的木材——例如楠木之类，运来供应北京建筑的需要。在蒙古统治奴役下的工奴获得了解放，他们的创造性得到发挥。南京、北京的先后建设，促使大批工匠的南北调动和经验交流。这一切都为明代建筑之发展创造了有利条件。今天的北京城和它的故宫（其中还有相当部分的明代原建筑），以及各地许多府第、庙宇、民居为后世留下许多明代建筑的优秀范例。

十六世纪初叶以后，统治阶级的日益腐朽和系派的争权夺利，已使明的统治岌岌可危。同时，东北兴起的满洲族日益强大。农民起义推翻了明朝的统治，但革命果实却落入乘虚而入的满洲统治者手中。公元1644年，胜利的满洲人建立了中国历史上最后一个封建皇朝——清朝。

明朝建立的时代正是欧洲资本主义开始的时代。当北京的皇宫建成的时候，Brunelleschi①正在开始兴建Firenze②大教堂的穹隆顶。资本主义发展的影响到中国来了。葡萄牙人于1535年在澳门建立了在中国领土上的

① 文艺复兴初期意大利著名建筑师伯鲁乃列斯基。——左川注

② 佛罗伦萨。——左川注

第一块外国殖民地。欧洲的自然科学以及欧洲的建筑也开始输入到中国来了。当然，建筑的影响，是需要更多的接触和很长的时间才能发生的。

清朝的统治持续了267年，于1911年为中国的第一个资产阶级民主革命所推翻。这是一个变化剧烈的朝代。

在和俄国的彼得大帝约略同时的康熙皇帝的统治下，中国今天的版图大致开拓奠定了。从黑龙江、蒙古一直到海南岛，从帕米尔高原、喜马拉雅山，一直到太平洋岸，于中居住着汉、满、蒙、藏、维吾尔等五十多个民族，都已统一到大清帝国里来了。

和元朝蒙古族的统治者不同，清朝的满洲族统治者对于各民族采取了比较平等待遇的政策。在继承了中国（亦即汉族）传统的国家机构的组织形式和制度下，各族人民基本上都享有参加国家考试从而在政府中担任任何官职的权利。各民族都被允许保持他们自己的文字和风俗习惯。满族统治者取得了各民族统治阶级的合作和支持，使帝国的统一完整始终保持下来，为经济、文化、科学、艺术、技术的发展创造了良好条件。尽管如此，总的说来，统治民族和被统治民族之间，统治阶级和被统治阶级之间毕竟存在着根本的不可调和的矛盾。十八世纪中叶以后，各地各族农牧民的起义此起彼伏，到十九世纪中叶中英鸦片战争以后，不久就爆发了声势浩大的太平天国革命。仅仅是由于英、美帝国主义的干涉，才使这个朝代免于倾覆。1840年以后，中国便转入了半封建半殖民地时代。本篇的叙述也到此为下限。

在以后的七十年间，帝国主义国家竞向中国侵略，各地不断爆发反帝反封建的起义，终于在1911年，资产阶级民主革命爆发，结束了中国历史上的最后一个封建皇朝。

清朝的统治者除了在血统上是满洲族外，在生活习惯和文化方面(除了服装之外)，事实上已完全和汉族一样。清朝的政府机构和国家考试制度等，基本上还是明朝的继续。相应地，在建筑的发展过程中，明清两朝也基本上是一样，没有显著的差别。

在这五百余年间，手工业和商业得到不断的发展。丝织业、烧瓷业等都达到极高的水平。资本主义的萌芽已经露头。到了十八世纪，甚至出现了盐商分区包办全国食盐的供销、包纳盐税的垄断资本集团，并且形成政治势力。十六世纪以后开始的远洋国际贸易促进了澳门、广州、宁波、上海等沿海城市的繁荣。随着欧洲商人东来的传教士——最初是耶稣会士（Jesuits）——也带来了欧洲的宗教和科学、技术。这一切都在默默地影响着中国古老的封建制度和经济、文化。在建筑方面，虽然在十八世纪的圆明园中首次出现由郎世宁（Castilignone）、王致和（Attiret）等设计、专供皇帝玩赏的巴洛克式（Baroque）组群，但是欧洲建筑以它的完全陌生的结构技术和新奇的形式对于中国城市面貌的冲击，还是1840年以后的事。

这五百余年间留存下来的建筑类型比过去更多了；留存下来的实物更是遍及全国各地。明清两朝留下来许多完整的城市、宫殿、府第、住宅、陵墓、庙宇、园林、商店、作坊、桥梁等等。

明清的建筑，特别是在城市的规划、组群的布局、木梁柱框架的结构体系方面，是几千年传统的继续和发展。城市的规划，特别是首都北京的规划和皇宫的总体布局，都显示了中华民族和封建帝国的雄伟气概。但是在木构架的结构方面，若干过去曾经起着巨大作用的结构，例如斗栱之运用，有了明显的退化，几乎沦为纯粹的装饰；但这也正是当时工匠们明确要求框架的进一步简化的合理的发展。这类的变化就必然影响到建筑物的形象，和宋朝以前的建筑有着明显的区别。

尽管木框架结构是中国建筑主要的，并且是它所最独特的结构方法，但是砖石建筑也在这期间获得巨大发展。十六世纪以后建造的许多砖拱殿堂以及遍布山西、陕西一带的砖拱民居，和过去砖只用于佛塔、陵墓等纪念性建筑的情况相比，不但反映了砖的生产的巨大发展，同时也反映了用砖技术的提高。

虽然从历史文献中我们知道造园的艺术到汉朝就已很发达，但是元朝、宋朝，更不用说以前的朝代，都没有给后世留下任何实例。但是明清两朝留下的园林，从皇帝的苑囿到私人的小园都不少。如同中国的建筑一样，中国园林也是自成一个独特的体系的，观赏性的小型建筑在中国园林中占有重要位置。中国园林和中国山水画有着不可分割的联系。我们甚至可以说：中国园林就是一幅幅立体的中国山水画。这就是中国园林最基本的特点。园林艺术是中国文化遗产中一颗明珠。十八世纪以后，它对欧洲的园林设计曾发生了一定的影响。

1840年以后，中国的社会发生了根本性的变化。它的政治、经济、文化、科学、艺术都受到来自西方的猛烈冲击，建筑当然也不能除外。这一切我们将在《中国近代建筑》篇中叙述。

上文已经阐明，中国建筑是从中国文化萌芽时代起就一脉相承，从来没有间断过地发展到今天的。从发展的过程上说，必然先有个体房屋，然后有组群，然后有城市；必然从所掌握的建筑材料，先满足适用的要求，然后才考虑满足观感上的要求；必然先解决结构上的问题，然后才解决装饰加工的问题。从殷墟宫殿遗址，作为后世中国建筑体系的基本特征的最早的、“胚胎”时代的例证开始，在约三千五百年的发展过程中，这些特征就一个个、一步步地形成、成长，并在不断的实践中丰富发展起来了。在这漫长的但一脉相承、持续不断的发展过程中，中国的传统建筑形成了以下一些最突出的特征。

（一）框架结构

在个体房屋的结构方面，采用木柱木梁构成的框架结构，承托上部一切荷载。无论内墙外墙，都不承担结构荷载。“墙倒房不塌”这句古老的谚语最概括地指出了中国传统结构体系的最主要的特征。这种框架结构，如同现代的框架结构一样，必然在平面上形成棋盘形的结构网；在网格线上，亦即在柱与柱之间，可以按需要安砌（或不安砌）墙壁或门窗。这就赋建筑物以极大的灵活性，可以做成四面通风，有顶无墙的凉亭，也可以做成密封的仓库。不同位置的墙壁可以做成不同的厚度。因此，运用这种结构就可以使房屋在从亚热带到亚寒带的不同气候下满足生活和生产所提出的千变万化的功能要求。

上面的荷载，无论是楼板或屋顶，都通过由立柱承托的横梁转递到立柱上。如果是屋顶，就在梁上重叠若干层逐层长度递减的小梁，各层梁端安置槫条，槫上再安椽子，以构成屋面的斜坡；如果是多层房屋，就将同样的框架层层叠垒上去。可能到了宋朝以后，才开始用高贯两三层的长柱修建多层房屋。

一般的房屋，从简朴的民居到巍峨的殿堂，都把这框架立在台基上。台基有高有低，有单层有多层，按房屋在功能上和观感上的要求而定。

台基、按柱高形成的屋身和上面的屋顶往往是中国传统建筑构成的三个主要部分。

当然这些都是一般的特征。必须指出，与框架结构同时发展的也有用砖石墙承重的结构，也有砖拱、石拱的结构，在雨量小的地区也有大量平顶房屋，也有由于功能的需要而不做台基的房屋。这是必须同时说明的。

（二）斗栱

中国木框架结构中最突出的一点是一般殿堂檐下非常显著的、富有装饰效果的、一束束的斗栱。斗栱是中国框架结构体系中减少横梁与立柱交接点上的剪力的特有的部件（element），用若干梯形（trabizoidal）木块——斗（ДОУ）[①]和弓形长木块——栱（ГУН）[②]层叠装配而成。斗栱既用于梁头之下以承托梁，也用于檐下将檐挑出。跨度或者出檐的深度越大，则重叠的层数越多。古代的匠师很早就发现了斗栱的装饰效果，因此往往也以层数之多少以表示建筑物的重要性。但是明清以后，由于结构简化，将梁的宽度加大到比柱径还大，而将梁直接放在柱上，因此斗栱的结构作用几乎完全消失，比例上大大地缩小，变成了几乎是纯粹的装饰品。

（三）模数

斗栱在中国建筑中的重要还在于自古以来就以栱的宽度作为建筑设计各构件比例的模数。宋朝的《营造法式》和清朝的《工部工程做法则例》都是这样规定的，同时还按照房屋的大小和重要性规定八种或九种尺寸的栱，从而订出了分等级的模数制。

（四）标准构件和装配式施工

木材框架结构是装配而成的，因此就要求构件的标准化。这又很自

① 为斗的俄文音注。——左川注

② 为栱的俄文音注。——左川注

然地要求尺寸、比例的模数化。传说金人破了宋的汴梁，就把宫殿拆卸，运到燕京（今天的北京）重新装配起来，成为金的皇宫的一部分。这正是由于这个结构体系的这一特征才有可能的。

（五）富有装饰性的屋顶

中国古代的匠师很早就发现了利用屋顶以取得艺术效果的可能性。《诗经》里就有“作庙翼翼”之句。三千年前的诗人就这样歌颂祖庙舒展如翼的屋顶。到了汉朝，后世的五种屋顶——四面坡的庑殿顶，四面、六面、八面坡或圆形的攒尖顶两面坡但两山墙与屋面齐的硬山顶，两面坡而屋面挑出到山墙之外的悬山顶，以及上半是悬山而下半是四面坡的歇山顶——就已经具备了。可能在南北朝，屋面已经做成弯曲面。檐角也已经翘起，使屋顶呈现轻巧活泼的形象。结构关键的屋脊、脊端都予以强调，加上适当的雕饰。檐口的瓦也得到装饰性的处理。宋代以后，又大量采用琉璃瓦，为屋顶加上颜色和光泽，成为中国建筑最突出的特征之一。

（六）色彩

从世界各民族的建筑看来，中国古代的匠师可能是最敢于使用颜色、最善于使用颜色的了。这一特征无疑地是和以木材为主要构材的结构体系分不开的。桐油和漆很早就已被采用。战国墓葬中出土的漆器的高超技术艺术水平说明，在那时候以前，油漆的使用已有了一定的传统。春秋时期已经有用丹红柱子的祖庙；梁架或者斗栱上已有彩画。历史文献和历代诗歌中描绘或者歌颂灿烂的建筑色彩的更是多不胜数。宋朝和清朝的“规范”里对于油饰、彩画的制度、等级、图案、做法都有所规定。中国古代的匠师早已明确了油漆的保护性能和装饰性的统一的可能性而予以充分发挥。

积累了千余年的经验，到了明朝以后，就已经大致总结成为下列原则：房屋的主体部分，亦即经常可以得到日照的部分，一般用暖色，尤其爱用朱红色；檐下阴影部分，则用蓝绿相配的冷色。这样就更强调了阳光的温暖和阴影的阴凉，形成悦目的对比。朱红色门窗部分和蓝绿色檐下部分往往还加上丝丝的金线和点点的金点，蓝绿之间也间以少数红点，使得彩画图案更加活泼，增强了装饰效果。一些重要的纪念性建筑，如宫殿、坛、庙等，上面再加上黄色、绿色或蓝色的光辉的琉璃瓦，下面再衬托上一层乃至三层的雪白的汉白玉台基和栏杆，尤其是在华北平原秋高气爽、万里无云的蔚蓝天空下，它们的色彩效果是无比动人的。

这样使用强烈对照的原色（primal colours）在很大程度也是自然环境所使然。在平坦广阔的华北黄土平原地区，冬季的自然景色是惨淡严酷的。在那样的自然环境中，这样的色彩就为建筑物带来活泼和生趣。可能由于同一原因，在南方地区，终年青绿，四季开花，建筑物的色彩就比较淡雅，没有必要和大自然争妍斗艳，多用白粉墙和深赭色木梁柱对比，尤其是在炎热的夏天，强烈的颜色会使人烦躁，而淡雅的色调却可增加清凉感。

（七）庭院式的组群

从古代文献、绘画一直到全国各地存在的实例看来，除了极贫苦的农民住宅外，中国每一所住宅、宫殿、衙署、庙宇等等都是由若干座个体建筑和一些迴廊、围墙之类环绕成一个个庭院而组成的。一个庭院不能满足需要时，可以多数庭院组成。一般地多将庭院前后连串起来，通过前院到达后院。这是封建社会“长幼有序，内外有别”的思想意识的产物。越是主要人物或者需要和外界隔绝的人物（如贵族家庭的青年妇女）就住在离外门越远的庭院里。这就形成一院又一院层层深入的空间组织。自古以来就有人讥讽“侯门深似海”，但也有宋朝女诗人李清照“庭院深深深几许？”这样意味深长的描绘。这种种对于庭院的概念正说明它是中国建筑中一个突出的特征。

这种庭院一般都是依据一根前后轴线组成的。比较重要的建筑都安置在轴线上，次要房屋在它的前面左右两侧对峙，形成一条次要的横轴线。它们之间再用迴廊、围墙之类连接起来，形成正方形或长方形的院子。不同性质的建筑，庭院可作不同的用途。在住宅中，日暖风和的时候，它等于一个“户外起居室”。在手工业作坊里，它就是工作坊。在皇宫里，它是陈列仪仗队摆威风的场所。在寺庙里，如同欧洲教堂前的广场那样，它往往是小商贩摆摊的市场。庭院在中国人民生活中的作用是不容忽视的。

这样由庭院组成的组群，在艺术效果上和欧洲建筑有着一些根本的区别。一般地说，一座欧洲建筑，如同欧洲的画一样，是可以一览无遗的；而中国的任何一处建筑，都像一幅中国的手卷画。手卷画必须一段段地逐渐展开看过去，不可能同时全部看到。走进一所中国房屋，也只能从一个庭院走进另一个庭院，必须全部走完才能全部看完。北京的故宫就是这方面最卓越的范例，由天安门进去，每通过一道门，进入另一庭院，由庭院的这一头走到那一头，一院院、一步步景色都在幻变。凡是到过北京的人，没有不从中得到深切的感受的。

（八）有规划的城市

从古以来，中国人就喜欢按规划修建城市。《诗经》里就有一段详细描写殷末周初时，周的一个部落怎样由山上迁移到山下平原，如何规划，如何组织人力，如何建造，建造起来如何美丽的生动的诗章[①]。汉朝人编写的《周礼·考工记》里描写了一个王国首都的理想的规划。隋唐的长安、元的大都、明清的北京这样大的城市，以及历代无数的中小城市，大多数是按预拟的规划建造的。

从城市结构的基本原则说，每一所住宅或衙署、庙宇等等都是一个个用墙围起来的“小城”。在唐朝以及以前，若干所这样的住宅等等合成一个“坊”，又用墙围起来。“坊”内有十字街道，四面在墙上开门。一个“坊”也是一个中等大小的“城”。若干个“坊”合起来，用棋盘形的干道网隔开，然后用一道高厚的城墙围起来，就是“城市”。当然，在首都的规划中，最重要最大的“坊”就是皇宫。皇宫总是位于城的正中，以皇宫的轴线为城市的轴线，一切街道网和坊的布置都须从属于皇宫。北京就是以一条长达8公里的中轴线为依据而规划、建造的。

宋以后，坊一级的“小城”虽已废除，但是这一基本原则还是指导着所有城市的规划。

---

① 见《诗经·大雅·绵》。——左川注

当然，在地形不许可的条件下，城市的规划就须更多地服从于自然条件。

（九）山水画式的园林

虽然在房屋的周围种植一些树木花草，布置一片水面是人类共同的爱好，但是中国的园林却有它特殊的风格。总的说来，可以归纳为中国山水画式的园林。历代的诗人画家都以祖国的山水为题，尽情歌颂。宋朝以后，山水画就已成为主要题材。这些山水画之中，一般都把自然界的一些现象予以概括、强调，甚至夸大，将某些特征突出。中国的传统园林一般都是这种风格的“三度空间的山水画”。因此，中国的园林和大自然的实际有一定的距离，但又是“自然的”，而不像意大利花园那样强加剪裁使之“图案化”的。玲珑小巧的建筑物在中国园林中占有重要位置，巧妙地组织到山水之间。和一般建筑布局相反，园林中绝少采用轴线，而多自由随意的变。曲折深邃是中国人对园林的要求，这一点在长江下游地区的一些私家园林尤为突出。

园林艺术在中国建筑中占有重要位置。它的特征是应该予以特别指出的。

这篇《绪论》概括地介绍了中国的地理、气候、建筑材料和它们对建筑的影响；介绍了中国的民族、民族关系以及汉民族之形成及其在各民族中的地位；叙述了中国社会的发展和各历史阶段中政治、经济、文化的发展和建筑发展的关系；扼要介绍了中国建筑的几个最主要的特征。希望这会有助于读者对以下各章的了解。

中国的佛教建筑

提要

这是为信仰佛教的外国读者写的一篇简要历史叙述，将佛教建筑在中国发展的全部过程做了概括性的介绍。

文中首先分析了佛教建筑最初开始的历史和社会根源，然后阐述了两晋、南北朝时代佛教传播的社会、政治因素，以及由此而来的寺、塔建筑活动的情况；分析了佛教建筑对中国古代城市面貌和城市人民生活所带来的巨大影响，并说明即使像寺塔这样的纯粹的精神建筑也是脱离不了当时当地的政治、经济、社会环境所造成的条件的。

文章从石窟寺的建筑开始，叙述了敦煌、云冈、龙门、天龙山、响堂山等石窟，分析了它们的印度来源和到了中国以后怎样创造性地发展成为中国式的石窟寺。文中着重指出了这些石窟造像所受到帝国主义文化强盗的掠夺、破坏，并呼吁一切拥有丰富文化遗产的民族、国家提高警惕。

接着，文章介绍了从晚唐的南禅寺、佛光寺等一直到清代的若干座个别殿、阁和辽、宋、金、元、明、清的若干佛寺组群，除了在它们的总体布局、结构和艺术手法方面扼要地分析外，还分析了其中有些建筑所受到当时政治、经济和民族因素的影响。

佛塔是作为一个突出的建筑类型而加以阐述的。文章叙述了“塔”由印度传入后如何结合中国原有的高层木结构而创造一个新的类型以及在其后千余年间的发展，许多新的塔型的产生。由木塔转变为砖石塔的过程，当时的新材料、新技术对于塔的结构、形式和风格的影响也作了扼要的分析。文章里还追溯了蒙古、西藏，古代的契丹、女真等民族对于佛塔类型和艺术处理上的贡献。最后以北京灵光寺佛牙塔为例，说明了中国共产党的宗教政策的英明、正确。在若干重要建筑的叙述中，还特别指出党和政府对文物建筑的关怀、爱护。

文章的结束语着重指出佛教建筑，作为我国文化遗产的一部分，对于新中国建筑的发展，也将有很大的一份贡献。

佛教之传入和最初的佛教建筑

佛教是在公元一世纪左右，从印度经过现在的巴基斯坦、阿富汗而传入中国的。在大约两千年的期间，佛教对于中国人民（这里指的主要是汉族人民）的思想、文化，以及物质生活都发生了很大的影响。这一切在中国的建筑上都有所反映，并且集中地表现在中国的佛教建筑上。

佛教传入中国的时候，中国文化，仅仅按照已经有文字的纪录来说，就已经有了将近两千余年的历史。作为物质文化的一部分，中国建筑的历史实际上比有文字纪录的历史要长若干倍。估计从石器时代开始，经过可能达到一两万年的长时间，一直到佛教传入中国时，中国的匠师已经积累了极其丰富的经验。在工程结构方面，形成了一套有高度科学性的结构方向；在建筑的艺术处理方面，也形成了一套特殊风格的手法，成为一个独特的建筑体系。那就是今天一般被称作中国建筑的这样一个建筑体系。在这些建筑之中，有住宅、宫殿、衙署、作坊、仓库等等，也有为满足各种精神需要的特殊建筑，如中国传统祭祀天地和五谷之神的坛庙，拜祖先的家庙，模拟神仙世界的仙山楼阁，迎接从云端下来的仙人的高台等等。中国的佛教建筑就是在这样一个历史基础上发展起来的。

相传在公元67年，天竺高僧迦叶摩腾等来到当时中国的首都洛阳。当时的政府把一个宫署鸿胪寺，作为他们的招待所。“寺”本是汉朝的一种官署的名称，但是从此以后，它就成为中国佛教寺院的专称了。按照历史记载，当时的中国皇帝下命令为这些天竺高僧特别建造一些房屋，并且以为他们驮着经卷来中国的白马命名，叫作“白马寺”。到今天，凡是到洛阳的善男信女或是游客，没有不到白马寺去看一看这个中国佛教的苗圃的。

公元200年前后，在中国历史上伟大的汉朝已经进入土崩瓦解的历史时期，在长江下游的丹阳郡（今天的南京一带），有一个官吏笮融，“大起浮屠，上累金盘，下为重楼，又堂阁周回，可容三千许人，作黄金涂像，衣以锦采”（见《后汉书·陶谦传》）。这是中国历史的文字记载中比较具体地叙述一个佛寺的最早的文献。从建筑的角度来看，值得注意的是它的巨大的规模，可以容纳三千多人。更引起我们注意的就是那个上累金盘的重楼。完全可以肯定，所谓“上累金盘”，就是用金属做的刹；它本身就是印度窣堵坡（塔）的缩影或模型。所谓“重楼”，就是在汉朝，例如在司马迁的著名《史记》中所提到的汉武帝建造来迎接神仙的，那种多层的木构高楼。在原来中国的一种宗教用的高楼之上，根据当时从概念上对于印度窣堵坡的理解，加上一个刹，最早的中国式的佛塔就这样诞生了。我们可以看见在当时的历史条件下，在人民的精神生活所提出的要求下，一个传统的中国建筑类型，加上了一些外来的新的因素，就为一个新的要求——佛教服务了。

佛教之广泛传播和寺塔之普遍兴建

从笮融建造他的佛寺的时候起，在以后大约四个世纪的期间，中国的社会、政治、经济陷入了一个极端混乱的时期。从辽东（今天中国的东北地区），从蒙古，从新疆，许多经济文化比较落后的部落或民族，纷纷企图侵入当时经济、文化比较先进的，生活比较优裕安定的汉族地区。中国的北部，就是从黄河流域一直到万里长城一带，变成了一个广阔的战场。在这个战场上进行着汉族和各个外围民族的战争，也进行着那些外围民族之间为了争夺汉族的土地和财富的战争，也进行着被压迫的人民对于他们的残暴的、不管是本族的或者外族的统治者的反抗战争。在这种情况下，广大人民的生活是非常痛苦的。他们的劳动成果不是被战争完全破坏，就是被外来的征服者或是本民族的残暴的统治者所掠夺，生活没有保障。就是在这些统治者之间，在战争的威胁下，他们自己也感到他们的政权，甚至于他们自己的生命，也没有保障。在苦难中对于统治者心怀不满的人民也对他们的残暴的统治者进行反抗。总之，社会秩序是很不安定的。在这种情况下，在困苦绝望中的人民在佛教里找到了安慰。同样的，当时汉族以及外围民族的统治者，在他们那种今天是一个胜利者，明天就可能变成了一个战争俘虏，沦为奴隶的无保障的生活中，也在佛教中看见了一个不仅仅在短短几十年之间的生命，同时他们还看到佛教的传播对于他们安定社会秩序的努力也起了很大的作用。在广大人民向往着摆脱苦难的要求下，在统治者的提倡下，佛教就在中国传播起来了。在公元第四世纪，佛教已经传播到全中国。

在公元400年前后，中国的高僧法显就到印度去求法，回来写了著名的《佛国记》。在他的《佛国记》里，他也描写了一些印度的著名佛像以及著名的寺塔的建筑。法显从印度回到中国之后，对于中国佛教寺院的建筑，具体地发生了什么影响，由于今天已经没有具体的实物存在，我们不知其详，不过可以肯定地说是发生了一定的影响的。在这个时期，很多中国皇帝都成为佛教的虔诚信徒。在公元419年，晋朝的一个皇帝，按历史记载，铸造了一尊十六尺高的青铜镀金的佛像，由他亲自送到瓦棺寺。在第六世纪前半，有一位皇帝就多次把自己的身体施舍在庙里。后来唐朝著名的诗人杜牧，在他的一首诗中就有“南朝四百八十寺”这样一个名句。这说明在当时中国的首都建康（今天的南京），佛教建筑的活动是十分活跃的。与此同时，统治着中国北方的，由北方下来的鲜卑族拓跋氏皇帝，在他们的首都洛阳，也建造了一千三百个佛寺。其中一个著名的佛塔，永宁寺的塔，一座巨大的木结构，据说有九层高，从地面到刹尖高一千尺，在一百里以外（约五十公里）就可以看见。虽然这种尺寸肯定的是夸大了的，不过它的高度也必然是惊人的。我们可以说，像永宁寺塔这样的木塔，就是笮融的那个“上累金盘，下为重楼”那一种塔所发展到的一个极高的阶段。遗憾的是，这种木塔今天在中国已经没有一个存在。我们要感谢日本人民，在他们的美丽的国土上，还保存下来像奈良法隆寺五重塔那种类型以及一些相当完整的佛寺组群。日本的这些木塔虽然在年代上略晚几十年乃至一二百年，但是由于这种塔型是由中国经由朝鲜传播到日本去的，所以从日本现存的一些飞鸟、白凤时代的木塔上，我们多少可以看到中国南北朝时代木塔的形象。此外，在敦煌的壁画里，在云冈石窟的浮雕里，以及云冈少数窟内的支提塔里，也可以看见这些形象。用日本的实物和中国这些间接的资料对比，我们可以肯定地说，中国初期的佛塔，大概就是这种结构和形象。

在整个佛寺布局和殿堂的结构方面，同样的，我们也只能从敦煌的壁画以及少数在日本的文物建筑中推测。从这些资料看来，我们可以说，中国佛寺的布局在公元第四第五世纪已经基本上定型了。总的说来，佛寺的布局，基本上是采取了中国传统世俗建筑的院落式布局方法。一般地说，从山门（即寺院外面的正门）起，在一根南北轴线上，每隔一定距离，就布置一座座殿堂，周围用廊庑以及一些楼阁把它们围绕起来。这些殿堂的尺寸、规模，一般地是随同它们的重要性而逐步加强，往往到了第三或第四个殿堂才是庙宇的主要建筑——大雄宝殿。大雄宝殿的后面，在规模比较大的寺院里可能还有些建筑。这些殿堂和周围的廊庑楼阁等就把一座寺院划为层层深入、引人入胜的院落。在最早的佛寺建筑中，佛塔的位置往往是在佛寺的中轴线上的，有时在山门之外，有时在山门以内。但是后来佛塔就大多数不放在中轴线上而建立在佛寺的附近，甚至相当距离的地方。

中国佛寺的这种院落式的布局是有它的历史和社会根源的。除了它一般地采取了中国传统的院落布局之外，还因为在历史上最初的佛寺就是按照汉朝的官署的布局建造的。我们可以推测，既然用寺这样一个官署的名称改做佛教寺院的名称，那么，在形式上佛教的寺很可能也在很大程度上采用了汉朝官署的寺的形式。另一方面，在南北朝的历史记载中，除了许多人，从皇帝到一般的老百姓，舍身入寺之外，还有许多贵族官吏和富有的人家，还舍宅为寺，把他们的住宅府第施舍给他们所信仰的宗教。这样，有很多佛寺原来就是一所由许多院落组成的住宅。由于这两个原因，佛寺在它以后两千年的发展过程中，一般都采取了这种世俗建筑的院落形式，加以发展，而成为中国佛教布局的一个特征。

佛寺的建筑给中国古代的城市面貌带来很大的变化。可以想象，在没有佛寺以前，在中国古代的城市里，主要的大型建筑只有皇帝的宫殿、贵族的府第以及行政衙署。这些建筑对于广大人民都是警卫森严的禁地，在形象上，和广大人民的比较矮小的住宅形成了鲜明的对比。可以想象，旧的城市轮廓面貌是比较单调的。但是，有了佛教建筑之后，在中国古代的城市里，除了那些宫殿、府第、衙署之外，也出现了巍峨的殿堂，甚至于比宫殿还高得多的佛塔。这些佛教建筑丰富了城市人民的生活，因为广大人民可以进去礼佛、焚香，可以在广阔的庭院里休息交际，可以到佛塔上面瞭望。可以说，尽管这些佛寺是宗教建筑，它们却起了后代公共建筑的作用。同时，这些佛寺也起了促进贸易的作用，因为古代中国的佛寺也同古代的希腊神庙、基督教教堂前的广场一样，成了劳动人民交换他们产品和生活用品的市集。另一方面，这些佛教建筑不仅大大丰富了城市的面貌，而且在原野山林之中，我们可以说，佛教建筑丰富了整个中国的风景线。有许多著名的佛教寺院都是选择在著名风景区建造起来的。原来美好的风景区，有了这些寺塔，就更加美丽幽雅。它本身除了宣扬佛法之外，同时也吸引了游人特别是许多诗人画家，为无数的诗人画家提供了创作的灵感。诗人画家的创作反过来又使这些寺塔在人民的生活中引起了深厚的感情。总的说来，单纯从佛教建筑这一个角度来看，佛教以及它的建筑对于中国文化，对于中国的艺术创作，对于中国人民的精神生活，都有巨大的影响，巨大的贡献。

文献中的早期佛教建筑

在两千年的发展过程中，中国的佛教建筑，经过一代代经验的积累，不断地发展，不断地丰富起来，给我们留下了很多珍贵的遗产。在不同的地区、不同的时代，由于不同的社会的需要，不同的技术科学上的进步，佛教建筑也同其他建筑一样，产生了许多不同的结构布局和不同的形式、风格。

从敦煌的壁画里，我们看到，从北魏到唐（从第五世纪到十世纪）这五百年间，佛寺的布局一般都采取了上面所说的庭院式的布局。但是，建造一所佛寺毕竟需要大量的人力、物力、财力，因此，规模比较大、工料比较好、艺术水平比较高的佛教建筑，大多数是在社会比较安定、经济力量比较雄厚的时候建筑的。佛寺的建造地点，虽然在后代有许多是有意识地选择远离城市的山林之中，但总的看来，佛寺的建筑无论从它的地点来说，或者是从它的建造规模来说，大多数还是在人口集中的城市里，或者是沿着贸易交通的孔道上。除了上文所提到的建康的“南朝四百八十寺”以及洛阳的一千三百多寺之外，在唐朝长安（今天的西安）城里的一百一十个坊中，每一个坊里至少有一个以上的佛寺，甚至于有一个佛寺而占用整个一坊的土地的（如大兴善寺就占靖善坊一坊之地）。这些佛寺里除造像外大部分都有塔、有壁画。这些壁画和造像大多是当时著名的艺术家的作品。中国古代一部著名的美术史《历代名画记》里所提到的名画以及著名雕刻，绝大部分是在长安、洛阳的佛寺里的。在此以前，例如在号称有高一千尺的木塔的洛阳，也因为它有大量的佛寺而使北魏的一位作家杨衒之给后代留下了《洛阳伽蓝记》这样一本书。又如著名的敦煌千佛洞就位置在戈壁大沙漠的边缘上。敦煌的位置可以和十九世纪以后的上海相比拟，戈壁沙漠像太平洋一样，隔开了也联系了东西的交通。敦煌是走上沙漠以前的最后一个城市，也是由西域到中国来的人越过了沙漠以后的第一个城市。就是因为这样，经济、政治的战略位置，其中包括文化交通孔道上的战略位置，才使得中国第一个佛教石窟寺在敦煌凿造起来。这一切说明尽管宗教建筑从某一个意义上来说，是一种纯粹的精神建筑，但是它的发展是脱离不了当时当地的政治、经济、社会环境所造成的条件的。

最古的遗物——石窟寺

现在我们设想从西方来的行旅越过了沙漠到了敦煌，从那里开始，我们很快地把中国两千年来的一些主要的佛教史迹游览一下。

敦煌千佛崖的石窟寺〈图1〉是中国现存最古的佛教文物。现存的大约六百个石窟是从公元366年开始到公元十三世纪将近一千年的长时间中陆续开凿出来的。其中现存的最古的几个石窟是属于第五世纪的。这些石窟是以印度阿旃陀、加利等石窟为蓝本而模仿建造的。首先由于自然条件的限制，敦煌千佛崖没有像印度一些石窟那样坚实的石崖，而是比较松软的砂卵石冲积层，不可能进行细致的雕刻。因此在建筑方面，在开凿出来的石窟里面和外面，必须加上必要的木结构以及墙壁上的粉刷。墙壁上不能进行浮雕，只能在抹灰的窟壁上画壁画或作少量的泥塑浮雕。因此，敦煌千佛崖的佛像也无例外地是用泥塑的，或者是在开凿出来的

图1 敦煌千佛崖石窟寺的外景

粗糙的石胎模上加工塑造的。在这些壁画里，古代的画家给我们留下了许多当时佛教寺塔的形象，也留下了当时人民宗教生活和世俗生活的画谱。

其次，在今天山西省大同城外的云冈堡，我们可以看到中国内地最古的石窟群。在长约一公里的石崖上，北魏的雕刻家们在短短的五十年间（大约从公元450—500年）开凿了大约两打大小不同的石窟和为数甚多的小壁龛。其中最大的一座佛像，由于它的巨大的尺寸，就不得不在外面建造木结构的窟廊。但是，大多数的石窟却采用了在崖内凿出一间间窟室的形式，其中有些分为内外两室，前室的外面就利用山崖的石头刻成窟廊的形式。内室的中部一般多有一个可以绕着行道的塔柱或雕刻着佛像的中心柱。我们可以从云冈的石窟看到印度石窟这一概念到了中国以后，在形式上已经起了很大的变化。例如印度的支提窟平面都是马蹄形的，内部周围有列柱。但在中国，它的平面都是正方或长方形的，而用丰富的浮雕代替了印度所用的列柱。印度所用的圆形的窣堵坡也被方形的中国式的塔所代替。此外，在浮雕上还刻出了许多当时的中国建筑形象，例如当时各种形式的塔、殿、堂等等。浮雕里所表现的建筑，例如太子出游四门的城门，就完全是中国式的城门了。乃至于佛像、菩萨像的衣饰，尽管雕刻家努力使它符合佛经的以及当时印度佛像雕刻的样式，但是不可避免地有许多细节是按当时中国的服装来处理的。值得注意的是，在石窟建筑的处理上和浮雕描绘的建筑上，我们看到了许多从西方传来的装饰母题。例如佛像下的须弥座、卷草、哥林斯式①的柱头、伊奥尼克②的柱头，和希腊的雉尾和箭头极其相似的莲瓣装饰以及那些联珠璎珞等等，都是中国原有的艺术里面未曾看见过的。这许多装饰母题经过一千多年的吸收、改变、丰富、发展，今天已经完全变成中国的雕饰题材了。

在公元500年前后，北方鲜卑族的拓跋氏统治着半个中国，取得了比较坚固的政治局面，就从山西的大同迁都到河南的洛阳，建立他们的新首都。同时也在洛阳城南的十二公里的伊水边上选择了一片石质坚硬的石灰石山崖，开凿了著名的龙门石窟。我们推测在大同的五十年间，云冈石窟已成了北魏首都郊外一个不可缺少的部分，在政治上、宗教上具有重要的意义，所以在洛阳，同样的一个石窟，就必须尽快地开凿出来。洛阳石窟不像云冈石窟那样采用了大量的建筑形式，而着重在佛像雕刻上。尽管如此，龙门石窟的内部还是有不少的建筑艺术处理的。在这里，我们不能不以愤怒的心情提到，在著名的宾阳洞里两幅精美绝伦的叫作“帝后礼佛图”的浮雕，在过去反动统治时期已经被近代的万达尔（Vandals）——美国的文化强盗敲成碎块，运到纽约的都市博物馆里去了。

在河北省磁县的响堂山，也有一组第六世纪的石窟组群〈图2〉。这一组群表现了独特的风格。在这里我们看到了印度建筑形式和中国建筑形式是非常和谐的，但有些也不很和谐的结合。印度的火焰式的门头装

图2　河北磁县南响堂山北齐石窟

① 今译科林斯。——左川注

② 今译爱奥尼克。——左川注

饰在这里大量地使用。印度式的束莲柱也是这里所常看见的。山西太原附近的天龙山也属于第六世纪，在石窟的建筑处理上就完全采用了中国木结构的形式。从这些实例看来，我们可以得出这样一个结论：石窟这一概念是从印度来的，可是到了中国以后，逐渐地它就采取了中国广大人民所喜闻乐见的传统形式，但同时也吸收了印度和西方的许多母题和艺术处理手法。佛教的石窟遍布全中国，我们不能在这里细述了。

在上面所提到的这些石窟中，我们往往可以看到令人十分愤慨的一些现象。在云冈、龙门，除了像宾阳洞的"帝后礼佛图"那样整片的浮雕或整座的雕像被盗窃之外，像在天龙山，现在就没有一座佛像存在。这些东西都被帝国主义的文化强盗勾结着中国的反动军阀、官僚、奸商，用各种盗窃欺骗的手段运到他们的富丽堂皇的所谓博物馆里去了。斯坦因①、怕希和②在敦煌盗窃了大量的经卷。云冈、龙门无数的佛头，都被陈列在帝国主义的许多博物馆里。帝国主义文化强盗这种掠夺盗窃行为是必须制止的，是不可饶恕的，是我们每一个有丰富文化遗产的民族国家所必须警惕提防的。

唐代以来的佛寺组群和殿堂

前面已经说到，中国的佛寺建筑是由若干个殿堂、廊庑、楼阁等等联合起来组成的，因为每一所佛寺就是一个建筑组群。在这种组群里除了举行各种宗教仪式的部分以外，往往还附有僧侣居住和讲经修道的部分。这种完整的组群中，现存的都是比较后期的，一般都是十三、十四世纪以后的。因此，在这以前的木构佛寺，我们只能看到一些不完整的，或是经过历代改建的组群。

在中国木结构的佛教建筑中，现在最古的是山西五台山的南禅寺，它是公元782年建成的，虽然规模不大。它是中国现存最古的一座木构建筑。具有重大历史意义的是离南禅寺不远的佛光寺大殿〈图3〉，它是公

① 斯坦因（1862—1943年），英籍匈牙利人，考古学家。——作者注

② 今译伯希和（1878—1945年），法国东方学家。——作者注

元857年建造的，是一座七间的佛殿，一千一百年来还完整地保存着。佛光寺位置在五台山的西面山坡上，因此这个佛寺的朝向不是用中国传统的面朝南的方向，而是向西的。沿着山势，从山门起，一进一进的建筑就着山坡地形逐渐建到山坡上去。大殿就在组群最后也是最高的地点。据历史记载，在第九世纪初期，在它的地点上，曾经建造了一座三层七间的弥勒大阁，高九十五尺，里边有佛、菩萨、天王像七十二尊。但是在公元845年，由于佛教和道教在宫廷里斗争的结果，道教获胜，当时的皇帝下诏毁坏全国所有的佛教寺院，并且强迫数以几十万计的僧尼还俗。这座弥勒大阁在建成后仅仅三十多年，就在这样一次宗教政治斗争中被毁坏了。这个皇帝死了以后，他的皇叔，一个虔诚的佛教徒登位了，立即下诏废除禁止佛教的命令，许多被毁的佛教寺院，又重新建立起来。现存的佛光寺大殿，就是在这样的历史条件下重建的。但是它已经不是一座三层的大阁，而仅仅是一层的佛殿了。这个殿是当时在长安的一个妇人为了纪念在三十年前被杀掉的一个太监而建造的。这个妇人和太监的名字都写在大殿大梁的下面和大殿面前的一座经幢上。这些历史事实再一次说明宗教建筑也是和当时的政治、经济的发展分不开的。在这一座建筑中，我们看到了从古代发展下来已经到了艺术上、技术上高度成熟的一座木建筑。在这座建筑中，大量采用了中国传统的斗栱结构，充分发挥了这个结构部分的高度装饰性而取得了结构与装饰的统一。在内部，所有的大梁都是微微拱起的，中国所称作月梁的形式。这样微微拱起的梁既符合力学荷载的要求，再加上些少的艺术加工，就呈现了极其优美柔和而

图3　五台山佛光寺大殿

有力的形式。在这座殿里，同时还保存下来第九世纪中叶的三十几尊佛像、同时期的墨迹以及一小幅的壁画，再加上佛殿建筑的本身，唐朝的四种艺术就集中在这一座佛寺中保存下来。应该说，它是中国建筑遗产中最可珍贵的无价之宝。

遗憾的是，佛光寺的组群已经不是唐朝第九世纪原来的组群了。现在在大殿后还存在着一座第六或第七世纪的六角小砖塔；大殿的前右方，在山坡较低的地方，还存在着一座十三世纪的文殊殿。此外，佛光寺仅存的其他少数建筑都是十九世纪以后重建的，都是些规模既小、质量也不高的房屋，都是和尚居住和杂用的房屋。现在中华人民共和国文化部已经公布佛光寺大殿作为中国古代木建筑中第一个国家保护的重要的文物。解放以来，人民政府已经对这座大殿进行了妥善的修缮。

按照年代的顺序来说，其次最古的木建筑就是北京正东约九十公里蓟县的独乐寺。在这个组群里现在还保存着两座建筑：前面是一座结构精巧的山门，山门之内就是一座高大巍峨的观音阁〈图4〉。这两座建筑都是公元984年建筑的。观音阁是一座外表上两层实际上三层的木结构。它是环绕着一尊高约十六米的十一面观音的泥塑像建造起来的。因此，二层和三层的楼板，中央部分都留出一个空井，让这尊高大的塑像，由地面层穿过上面两层，竖立在当中。这样在第二层，瞻拜者就可以达到观音的下垂的右手的高度；到第三层，他们就可以站在菩萨胸部的高度，抬起头来瞻仰观音菩萨慈祥的面孔和举起的左手，令人感到这一尊巨像，尽管那样的大，可是十分亲切。同时从地面上通过两层的楼井向上看，观音的像又是那样高大雄

图4　蓟县独乐寺观音阁

伟。在这一点上，当时的匠师在处理瞻拜者和菩萨像的关系上，应该说是非常成功的。

在结构上，这座三层大阁灵巧地运用了中国传统木结构的方法，那就是木材框架结构的方法，把一层层的框架叠架上去。第一层的框架，运用它的斗栱，构成了下层的屋檐，中层的斗栱构成了上层的平座（挑台），上层的斗栱构成了整座建筑的上檐。在结构方法上，基本上就是把佛光寺大殿的框架三层重叠起来。在艺术风格上也保持了唐朝那一种雄厚的风格。

在十八世纪时，这个寺被当时的皇帝用作行宫，作为他长途旅行时休息之用。因此，原来的组群已经经过大规模的改建，所余的只是山门和观音阁两座古建筑了。

在中国现存较古的佛教寺院中，可以在河北正定隆兴寺和山西大同善化寺这两个组群中看到一些比较完整的形象。正定隆兴寺是公元971年开始建造的。由最前面的山门到最后面的大悲阁，原来一共有九座主要建筑〈图5〉。尽管今天其中已经有两座完全坍塌，主要的大悲阁也在

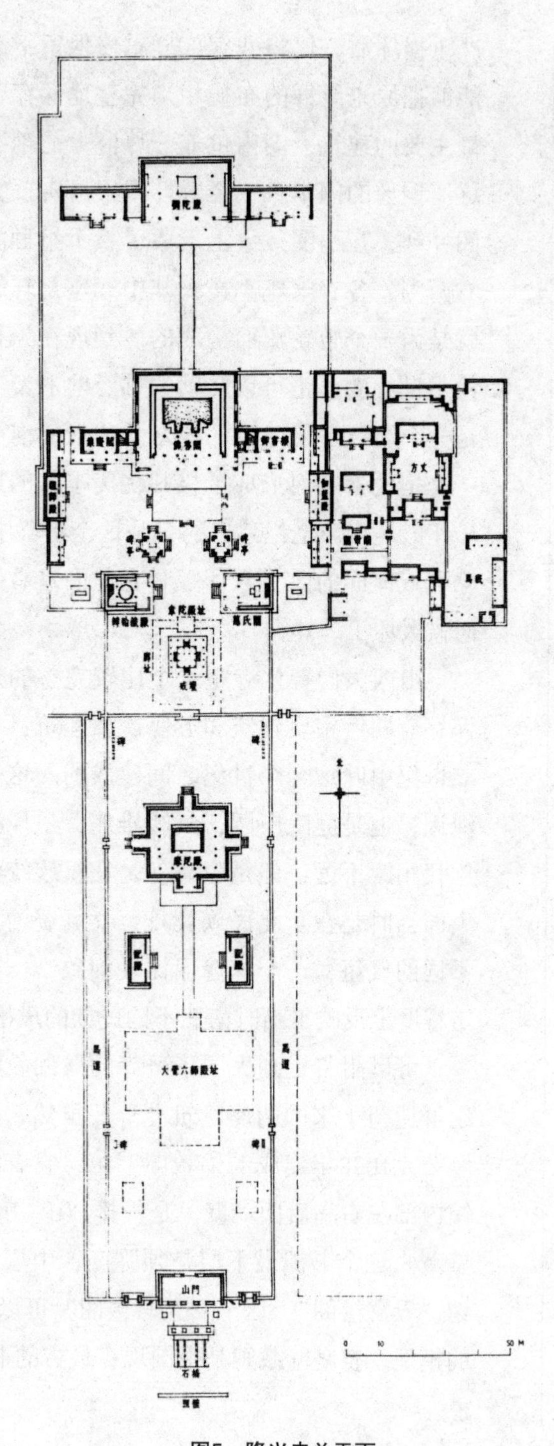

图5　隆兴寺总平面

严重损坏后，仅将残存部分重修保留下来，改变了原来的面貌，但是还能够把原来组群的布局相当完整地保存下来。在这个组群中，大悲阁是最主要的建筑，阁内供养一尊巨大的千手观音铜立像。可惜原来环绕着这座铜像的阁本身已经毁坏得很厉害。大悲阁的左右两侧各有一楼，楼阁并列，在构图效果上形成了整个组群的最高峰。大悲阁前面庭院的左右两侧，各有一座小楼，其中一座是转轮藏殿〈图6〉，整座小楼的设计就是为一个转轮藏而构成的。到现在为止，这个转轮藏是中国现存唯一第十世纪的真正可以转动的佛经的书架〈图7〉。与大悲阁相对在轴线上是一个十八世纪建造的戒坛。戒坛的前面有一座平面正方形、每面突出一个抱厦，从而形成了极其优美丰富的屋顶轮廓线的摩尼殿〈图8〉。这一座殿是十一世纪建造的，是这个组群中除戒坛外年代最晚的一座建筑。摩尼殿前面的大觉六师殿和它前面左右侧的钟楼鼓楼则不幸在不知什么时候毁坏了。

山西大同善化寺是一个比较完整的辽金时代的组群〈图9〉。现在还保存着四座主要建筑和五座次要建筑；全部是在公元十一世纪中叶到十二世纪中叶这一个世纪之间建成的。这个组群规模不如正定隆兴寺那样深邃，但是庭院广阔，气魄雄伟，呈现很不相同的气氛。这个组群虽然年代相距不远，但是隆兴寺是在汉族统治之下建造的，而善化寺所在的大同当时是在东北民族契丹、女真统治下的。这两个组群所呈现的迥然不同的气氛，一个深邃而比较细致，一个广阔而比较豪放，很可能在一定程度上反映了当时南北不同民族的风格。

可以附带提到大同华严寺的薄伽教藏。它是原来规模宏大的华严寺组群遗留下来的两座建筑之一，虽然它是其中较小的一座，可是作为一座公元1038年建成的佛教图书馆，它有特殊重要的意义。靠着这座图书馆内部左右和后面墙壁，是一排“U”字形排列的制作精巧的藏经的书橱壁藏。这个书橱最下层是须弥座，中层是有门的书橱主体，上面做成所谓“天宫楼阁”。这个“天宫楼阁”可以说是当时木建筑的一个精美准确的模型。整座壁藏则是中国现存最古的书橱（参见华北古建筑）。

图6　转轮藏殿

图7　我国仅存的一个能转动的佛经架

图8　摩尼殿

图9　大同善化寺鸟瞰

在山西洪赵县的霍山，有两个蒙古统治时代建造的组群广胜寺。这两个组群是一个寺院的两部分，一部分在山上叫作上寺，一部分在山下叫作下寺。上寺和下寺由于地形的不同而呈现不同的轮廓线。上寺位置在霍山最南端的尾峰上，利用南北向的山脊作为寺的轴线。因此轴线就不是一根直线而随着山脊略有曲折。在组群的最南端，也就是在山末最南端的一个小山峰上建造了一座高大的琉璃塔。尽管这座琉璃塔是十五世纪建成的，却为十四世纪的整个组群起了画龙点睛的作用〈图10〉。下寺的规模比较小，可以说是上寺的附属组群。在这两个组群中，结构上大量地采用了蒙古统治时代所常用的圆木作结构，并且用了巨大的斜昂，构成类似近代的桁架的结构。这种结构只在蒙古统治时期短短的一百年间，昙花一现地使用过，在这以前和以后都没有看见。广胜寺原来藏有稀世的珍本金版的藏经。在抗日战争时期，日本侵略者曾经企图抢劫这部藏经。现在人民政府国务院副总理薄一波当时为了保卫这部藏经，曾经率领八路军部队在寺的附近和日本侵略军展开了激烈的战斗，胜利地为祖国人民保卫住了这部珍贵的文化遗产。

图10 上广胜寺琉璃塔

十四世纪末叶以后，那就是说明、清两朝的佛寺，现在在中国保存下来的很多，只能按照不同的地区和当时不同的要求，举几个典型。

首先是所谓敕建的寺院，亦即皇帝下命令所建造的寺院。这种寺院一般的规模都很大，无论在什么地区，大多按照政府规定的规范（亦即北京的规范）设计建造。例如现在北京中国佛教协会所在的广济寺，就是一个很好的例子。这个寺位置在城市中心的热闹区，占用的土地面积在一定程度上受到限制，但是还是有完整的层层院落。山门面临热闹的大街，门内有一个广阔的可以停车马的前院。这种前院，在一个封建帝国的首都，是贵族和高级官吏、富有的商人等等，特别是他们的眷属，到寺里烧香礼佛所必需的。面临前院和山门相对的是一座天王殿，殿内有四尊天王像：他们不仅是东西南北四面天的保卫者，并且是寺院的保卫者。在天王殿的前面，在前院的两侧是钟楼和鼓楼。每天按照寺院生活的日程按时鸣钟击鼓。天王殿的后面，是寺内的主要建筑大雄宝殿。它的后面是圆通宝殿。前一座供奉的是三世佛，后一座供奉的是观音菩萨。最后是一座两层的藏经阁。在很长的一个时期内著名的佛牙就供奉在这座阁上。从天王殿一直到藏经阁的两旁是一系列的配殿和廊庑，把整个组群环绕起来，同时也把几个院落划分出来。由于地势比较局促，广济寺的庭院虽然不十分广阔，可是仍然开朗幽雅，十分适宜于修身养性，陶冶性灵。在这方面，建筑师的处理是十分成功的。在这个组群的右侧，另外还有几个院落，是方丈僧侣居住的地区，现在也是中国佛教协会会址所在。这个组群原来是十七世纪建造的，后来曾经部分烧毁，又经修复。在中华人民共和国成立以后，人民政府对广济寺又进行了一次大规模的重修，面貌已经焕然一新，成为中国佛教徒活动的主要中心了。

在北京郊外西山的碧云寺是敕建寺院的另一典型。由于自然环境不同，建筑处理的手法和市区佛寺的处理手法也就很不相同了。碧云寺所在的地点是北京西郊西山的一个风景点。这里有甘洌的泉水，有密茂的柏林，有起伏的山坡，有巉岩的山石。因此，碧云寺的殿堂廊庑的布局就必须结合地形，并且把这些泉水、岩石、树木组织到它的布局中来。沿着山坡在不同的高度上坐落一座座的殿堂以及不同标高的院落。在这个组群中可以突出地提到三点：一个是田字形的五百罗汉殿，这里边有五百座富有幽默感的罗汉像，把人带进了佛门那种自由自在的境界。罗汉堂的田字形平面部署尽管是一个很规则的平面，可是给人带来了一种迂回曲折，难以捉摸，无意中会遗漏了一部分，或是不自觉地又会重游一趟的那一种错觉。另一个突出点是组群的最高峰，汉白玉砌成金刚宝座塔。从远处望去，在密茂的丛林中，这座屹立的白石塔指出了寺的位置，把远处的游人或香客引导到山下山门所在，让人意外地发现呈现在眼前的这一座幽雅的佛寺。关于这座塔，在另一段中将比较详细地叙述，在这里就不必细谈了。另一个突出点，是以泉水为中心的庭园。在这里有明澈如镜的放生池，有涓涓流水，在密茂的松柏林下，可以消除任何人的一身火气，令人进入一个清凉的境界。总的说来，这个组群是在山林优美地区建造佛寺的一个典型。浙江杭州的灵隐寺以及江西庐山很多著名的寺院，都有相同的效果。

中国南方地区，由于自然条件特别是气候原因，佛寺的建筑就和北方的特别是敕建的佛寺在部署上或是在风格上就有很大的区别。例如四川峨眉山许多著名的寺院，都建造在坡度相当陡峭的山坡上。在这里气候比较温和而多雨，山上林木茂盛，因此我们所见到的是一个个沿着山坡一层比一层高，全部用木料建造的佛寺组群。由于天气比较温暖，所以寺庙的建筑就很少用雄厚的砖石墙而大量利用山上的木材做成板壁。院落本身也由于山地陡坡的限制而比较局促。但是，只要走出寺门，就是广阔无边的茂林，或是重叠起伏的山峦，或目极千里的远景，因此寺内局促的感觉也不妨碍着寺作为一个整体的开阔感了。峨眉山下的报国寺、半山的万年寺、山顶的接引殿等都是属于这个类型。

在十四世纪末或十五世纪初，在中国佛寺的建筑中初次出现了发券的砖结构的殿堂，一般被称作无梁殿，例如山西太原永祚寺〈图11〉，山西五台山的显庆寺，江苏苏州的开元寺，南京的灵谷寺、宝华山等。这种的结构都是用一个纵主券和若干个横券相交，或是用若干个并列的横券而其间用若干次要的纵券相交贯通。这种发券的建筑在西方是很普通的，但在中国，虽然匠师们在建造陵墓和佛塔中已经运用了一千多年的发券，却是到十四、十五世纪之交才这样运用到地面可以居住或使用的结构上来。在外表形式的处理上，当时的工匠用砖模仿木结构的形式，砌出柱梁、斗栱、檐椽等等。这种做法本来是砖塔上所常用的，把它用到殿堂上来，可以说又创造了佛教殿堂的一个新的类型。在太原永祚寺，除了大雄宝殿之外，还和东西配殿构成一个组群。一般说来，这种结构方法还是没有普遍地推广，实物还是比较少的。

有必要叙述一下满族的清朝（公元1644—1911年）时期中修建的一些喇嘛寺，如北京的雍和宫，承德的“外八庙”等。

图11　太原永祚寺

喇嘛教是在元朝蒙古统治时期（十三世纪后半和十四世纪）由西藏传入汉族地区的，满清皇朝中，西藏和北京的中央政权的关系进一步的密切，西藏的统治者接受了中央政权封赐的达赖和班禅的称号。这种关系的进一步密切也在建筑上反映出来。在北京城的北面修建了东黄寺和西黄寺两个组群。东黄寺是达赖喇嘛到北京时的行宫，西黄寺则是给班禅喇嘛的。可惜在本世纪的前半[①]，在反动统治和日本帝国主义侵略时期，这两个组群都被破坏无遗了。因此在北京，我们只能举雍和宫为例。

雍和宫是清朝第三代皇帝将他做王子时的王府施舍出来改建的，于公元1735年完成，是北京城内最大的喇嘛寺。庙前有巨大的广场和三个牌坊，山门以内中轴线上序列着六座主要建筑。这些建筑都是用传统的汉族手法建造的。其中法轮殿平面接近正方形、屋顶有三道平行的屋脊。中间的一脊较高，上面中央建一座“亭子”，前后两脊较低，各建两座“亭子”，形成了在下文将要叙述的金刚宝座塔的“五塔”形状，而这种塔却是在十五世纪由西藏传到北京的。

① 指20世纪前半叶。——编者注

图12 雍和宫绥成殿飞桥

组群的最后一进是绥成殿，与左右并列的两阁各以飞桥相连〈图12〉。这种布局是中国建筑中比较罕见的。但其来源并不是西藏而是汉族的古老传统。

雍和宫最高大的建筑物是万福阁，阁内是一尊高达20米弥勒佛像。

河北省承德是清朝皇帝避暑的地方，建有避暑山庄（离宫）。在避暑山庄的东北的丘陵地带，从公元1713年至1870年之间陆续建造了十一座大型喇嘛寺组群，其中八处至今还存在，称为“外八庙”。这些组群都建造在山坡上，背山面水，充分利用了地形，形成了丰富的轮廓线。在这些建筑中，有模仿新疆维吾尔族形式的，有完全西藏式的，也有以汉族形式为主而带有西藏风趣的〈图13〉。

上面只举出了少数突出的著名佛寺组群，但这并不意味着中国的佛教建筑仅仅就是这种大型佛寺。事实是，数以万计的佛寺，可能到十万以上的大大小小佛寺遍布全中国。大的如上所述，小的只有一个正殿两个配殿，和一般小住宅差不多。这些无数的佛寺中各有不同的地方风格，其中也有极优秀的作品。从佛寺的数字和分布上看来，也可以看到佛教对于中国人民生活的历史性影响。但在这里不能详细叙述了。

图13 外八庙西藏式建筑

佛塔

在中国的佛教建筑中，佛塔是值得作为一个特殊的类型而加以阐述的。从笮融建造他的金盘重楼起，在将近两千年的长期间，凡是规模较大的寺院组群中，往往也包括一座或若干座塔。经过长期的发展，中国历代的匠师创作出许多不同的塔型，大量佛塔遍布全国，成为一份极其丰富的遗产。

前面已经说到，中国初期的佛塔都是木材建造的，但是由于木材本身容易焚毁，特别是佛塔本身的高度，再加上上面金属的塔刹，容易诱导落雷，所以木塔的寿命一般都是很短的。再加上香火失慎或是战争的破坏，如何取得佛塔的永久性问题，早已受到古代的高僧信士和工匠们的注意了。

在公元520年，我们看到了对于这个问题的第一个答案，那就是河南嵩山嵩岳寺塔，中国现存最古的一座砖塔〈图14〉。在它以前及和它同时的木塔，平面都是四方形的，并且是一层层地加叠上去的。这座塔却一反传统形式，平面作十二角形，在一座很高的塔基上，加上一座很高的塔身，再上去就是十四层很密的檐。这种形式是和过去三百年来传统的木结构形式毫无相似之处的。虽然没有文献可证，但是我们可以大胆肯定地说它是模仿印度的一些塔型的。从这座塔上的许多雕饰部分看，例如

图14　嵩山嵩岳寺砖塔

以莲瓣为柱头和柱础的八角柱，以狮子为题做成的佛龛，火焰形的券面等，印度的装饰母题是非常明显的。但是更重要的是它创造了一座不怕雷火的永久性的佛塔。虽然在这以前五百年间，砖已经被相当普遍地用在建筑上，但是像这座塔这样全部用砖结构而且达到将近四十公尺的高度，它所反映的不仅仅是古代匠师在用砖的技术上极大地提高，而且反映砖的生产极大的发展。从这座塔上我们看到社会生活需要和思想意识提出的要求，就向建筑提出了新的课题。当生产力和匠师的技术达到一定水平的时候，就可以产生新的方法和形式来满足这种要求。在结构上，这座佛塔由顶到底内部是空的，是像今天我们砌一座烟囱那样砌上去的。内部的楼板和扶梯都是用木头建造的。从这一现象看，说明当时的匠师在技术上还受到了一定的局限。从艺术方面看，这座砖塔的轮廓线是异常优美流畅的。这条轮廓线正是几何学上的抛物线形。这不仅说明当时的匠师已经掌握了高水平的几何知识，而且在建造过程中能够准确地把它砌出来。从佛塔的发展史看来，嵩山嵩岳寺塔，如同佛光寺大雄宝殿在木结构的殿堂中那样，是一件很珍贵的遗产。

从这个时候起，以后将近五百年的期间是一个木塔和砖塔并存的时期。例如北魏的洛阳、唐的长安，所有数量众多的塔，绝大部分都是木材建造的，但是砖塔的数量的比重在这五百年间，就逐渐增加；到了公元第十世纪以后，木塔就成为极其稀罕的东西了。

伟大的唐朝（公元618—906年）给后代留下了相当数量的砖塔。在这些砖塔之中，有两种主要的类型：一种是像古代的木塔那样一层一层垒上去的，我们可以叫这一种作“多层塔”；另一种是像嵩岳寺塔那样，在一个高大的塔身上承托着多层密檐的，我们可以叫这一种作“密檐塔”。此外，还有一种次要的塔型，那就是作为和尚坟墓的单层的墓塔。令人注意的是，所有唐代的塔，除了一个例外，平面全部是正方形的。嵩岳寺塔十二角形的平面，在以后两千年间再也没有出现了。我们可以推测，这种四方形的平面是佛塔由诞生到成熟型的发展过程中，广大的善男信女在概念上已经接受了四方形的多层木塔作为塔的标准形式，因此佛塔的平面必须是四方的，否则它就不像一个塔了。而且在塔的表面处理上也必须把木结构的柱梁、斗栱表现出来，因此唐朝的多层砖塔，例如西安的大雁塔〈图15〉(公元701—704年)、香积寺塔〈图16〉(公元681年)、兴教寺玄奘塔〈图17〉(公元669年)等都属于这个类型。显然，由于砖的材料本身以及用砖技术的限制，斗栱和檐椽部分是大大地简化了。另一类型，密檐塔在唐代也采用正方形的平面。这种塔一般的不用柱梁、斗栱等表面装饰，完全以它们的轮廓线取得艺术效果。其中杰出的例子，有嵩山永泰寺和法王寺〈图18〉的两座塔，虽然准确年代无可考，但都是第八世

图15　大雁塔

图16　香积寺塔

图17　玄奘塔

纪的东西。这一塔型在中国相当普遍，远到西南云南的昆明、大理也有唐代的密檐砖塔。例如昆明的慧光寺塔，大理的崇圣寺塔〈图19〉，都是杰出的例子。但是最重要的应该说是西安荐福寺的小雁塔。它和慈恩寺的多层的大雁塔，已经成为西安城市轮廓线的不可缺少的构成因素了。

在唐代诸塔之中，我们应该特别提到慈恩寺的大雁塔。它是唐代高僧玄奘法师从印度回到中国以后，在翻译他由印度带回的经卷的时候，特别建造起来为保存印度带来的梵文原本用的。因此这座塔在中国的佛教史中就有特殊意义。

在所有这些塔中，内部的楼板扶梯也同前一个时代一样，是用木材建造的。显然这已经成了一个问题，到了十世纪以后才得到了解决。在唐代的砌塔中，还有为数众多的高僧墓塔，除了极少数如玄奘塔那样是多层塔以外，全部都是单层正方形的小塔，其中许多是用石料建造的。例如山东长清灵岩寺的慧崇塔〈图20〉（第七世纪前半建造的）就是一个典型的例子。这种塔一般有两层重檐，顶上有砖或石制的刹，高度一般不超过四或五公尺。但是在唐代墓塔中，有一个孤例，那就是嵩山会善寺的净藏塔〈图21〉（公元745年)。它的平面是八角形的；表面上用砖砌出柱梁、斗栱和门窗等。这座单层的小小的八角形砖塔，可以被认为是后来八角塔的始祖。

第十世纪中叶以后，砖塔已经成为绝大多数，木塔已经寥若晨星了。从这时候起，在佛塔的形式上和结构上都发生了巨大的变化。二百年以前净藏塔上一度出现的八角形平面，到这时候，突然变成了佛塔的标准平面形式了。这个平面形式的突然改变，原因何在，中国的佛教史家和建筑史家还没有找着令人满意的解释。这一现象是很值得研究的。在技术上，五百年来木楼板、木扶梯的问题也得到了解决。宋朝以后的塔再不是像烟囱那样砌上去了，而是在塔的内部用各种角度和相互交错的筒形券的方法，把内部的楼梯、楼板，塔内的龛室等同时砌成一个整体，消灭了过去五百年来外部用砖结构，内部用木结构的缺点。塔身更加坚固了。

第十世纪中叶以后，更发展出丰富多彩的佛塔类型，虽然基本上还是以多层塔和密檐塔两个类型为主，但是不同的地区还创造出不同的地

图18　法王寺塔

图19　云南崇圣寺塔

图20　灵岩寺慧崇塔

图21　会善寺净藏塔

方风格。而且兄弟民族对于塔的类型的创造也有不少的贡献。

在黄河、淮河流域，当时属于汉族的宋朝统治的地区，主要的是八角形的多层塔。这些塔一般地都没有模仿木结构的雕饰，仅有少数砌出斗栱模样。例如山东长清灵岩寺壁支塔〈图22〉，位置在泰山北部的风景区。虽然用斗栱承托塔檐，也用斗栱承托平座，但总的说来，模仿木结构的部分仅此而已。这座塔的准确年代无可考，从形式上判断应当是十世纪末或是十一世纪初的建筑。

另一个例子是河北定县开元寺的砖塔〈图23〉，平面也是八角形，高十一层。它的内部如同灵岩寺塔一样，都是用筒形券把楼梯、走廊、龛室砌出来的。这座塔建于公元1055年，是这时期华北广大地区最典型的塔型。这座佛塔建造的动机是很有趣的。当时的定县正在汉人的宋地区和契丹人的辽地区的分界线上，多年来宋辽都在进行着继续不断或断而复起的战争。因此宋朝的汉族军官就利用开元寺建造了这样一座国境线上的佛塔，作为瞭望敌军形势的瞭望台。因此到今天当地的居民还叫这座塔做“料敌塔”。

与料敌塔约略同时的河南开封祐国寺塔〈图24〉（公元1041—1048年），从建筑材料的发展上说，具有一定的历史地位。在这座瘦而高的十三层砖塔上，全部使用琉璃面砖。这些面砖一共有二十八种标准块。运用这些标准面砖可以砌出墙面、门窗、柱梁、斗栱等等。这在材料技术方面在当时是一个伟大的创造。这些面砖是深赭色的，呈现铁锈的颜色，因此这座塔一般被叫作“铁塔”。当然，这种面砖不是突然出现的，在这样运用以前，必然曾经经过相当的发展过程。在开封的繁塔〈图25〉（公元977年）上我们已经看到一座用标准面砖处理塔面装饰的砖塔。虽然在这里只用了一种模子压出佛像的面砖和做“花边”用的面砖。然而我们已经看到用标准面砖来处理砖塔外形的开始了。在这里应该附带指出，繁塔的平面是六角形的，是在八角形平面发展的同时一种派生的类型。河南济源延庆寺塔（公元1036年）也属于这一类型。

与此同时，在长江流域，虽然同样在汉族统治之下，虽然佛塔的平面也都已经改用八角形，并且也是多层塔的形式，但是风格却迥然不同。在这一地区，特别是在长江下游一带，砖石塔在材料和结构方法的许可

图22　长清灵岩寺壁支塔

图23　定县开元寺砖塔

图24　开封祐国寺铁塔

图25　开封繁塔

下，尽量地模仿木结构的形式。最早的例子，我们可以举杭州灵隐寺大雄宝殿前的所谓双塔〈图26〉。这对塔事实上是用石料雕出来的塔的模型，高九层，实际高度不过十米左右。这一对塔是公元960年建造的。塔身的八个角上都刻出圆柱，上面刻出梁、斗栱、檐、瓦等等，完全和木结构的形式一样。这是这个地区这一塔型最早的例子。

这一类型的塔，在长江下游还保存着不少。它们都是用砖砌成的，内部也用砖砌出楼梯、走廊、龛室等。无论外部内部墙面的处理，都用砖砌出木构的形式；不过屋檐椽和平座部分往往也掺杂用些木料。砖砌部分全部抹灰，用彩色粉刷，给人的印象几乎同木结构没有差别。但是由于檐椽是木结构的，因此后代大多损坏。这种塔最典型的例子，就是苏州虎丘云岩寺塔。它的损坏后的形象也是最典型的。

苏州报恩寺塔、杭州六和塔和保俶塔都属于这一类型。但由于后代修理方法不同，就呈现了完全不同的三种形象。报恩寺塔是用后代（清朝）造檐的方式把檐补上的。因此可以说它最接近塔的原型，但是檐角飞翘比十世纪的制度翘得更高，所以乍看的形象是十七八世纪的风格多于十世纪的风格。六和塔本来是一座七层塔，在十九世纪末年，当时的善男信女，在原塔身之外给它罩上了一层木结构的外衣，便做成十三层的模样。因此它就呈现一种肥而矮，但处理上又很纤弱的不和谐的形象。保俶塔连斗栱部分都损坏掉了。在二十世纪二十年代修理的时候，就把一个类似八角柱型的塔身略加修补保存下来。因此，这三个塔虽然原来本是同一类型的，现在却变成三种完全不同的样子。

这一类型的塔保存得比较完整的是苏州罗汉院的双塔〈图27〉。这一对塔规模不大，高度由地到刹顶也不过二十米，斗栱和檐瓦都比较完整地保存下来，给我们留下了这类塔型比较完整的形象。罗汉院双塔是公元982年建成的。

从第十世纪开始，北方的契丹族就逐步向南侵入，后来女真族又灭了契丹的统治者，先后建立了辽、金两朝，继续向南方扩展。到了十二世纪二十年代，这两个北方民族就已经占有了长江以北的半个中国，和汉族统治的宋朝把中国分成南北两半。在这些北方民族统治的地区，佛塔虽然也都采取了八角形平面，但风格又和南方的塔很不相同。

图26 杭州灵隐寺双塔

图27 罗汉院双塔

在这里有必要特别叙述一下中国现存的一座唯一的木塔〈图28〉。山西应县佛宫寺释迦塔，是公元1056年在契丹族统治之下建造的，由地面到刹尖高66米。塔高五层，加上上面四层每层下面的平座暗层，实际上是一座九层累架的木框架结构，全部用传统的柱、梁、斗栱层层叠上而建成的。除了塔基和第一层的墙壁是用砖石以及顶上的刹是锻铁之外，全部都是木材。每一层的檐和平座都由斗栱承托。由下而上，由于每层的高度逐减，每层的宽度也逐渐收缩，特别是由于八角形的平面，为内部梁尾的交叉点造成相当复杂的结构问题。但是十一世纪中叶的伟大的不知名建筑师却运用了五十多种不同的斗栱圆满地解决了这一复杂问题。后代的香客献给这座塔的一块匾上写着“鬼斧神工”[①]四个字来歌颂这座神妙的结构是丝毫没有夸大的。在九百年的长期间，这座金属刹木结构的佛塔竟得幸免于雷电的破坏，一直保存到今天。它的木结构的稳固性是经过长时间考验的。在国民党反动派统治时期的一次内战中和在抗日期间，这座塔曾经受到一些轻微的损害。但在人民政府成立以后，这座

① 此匾已毁掉，现所见匾上书“峻极神功”四字。——编者注

图28 应县佛宫寺释迦木塔

图29 涿县双塔之一

塔立即受到保护。除了加固修缮外，并设置了避雷设施。它将作为中国匠师在木结构上辉煌成就的典范，在今后若干世纪内，屹立在这个山西北部的平原上。

除了这个唯一的木塔之外，这时期中国北方保存到今天的佛塔全部都是砖造的。公元1090年前后建造的河北涿县双塔〈图29〉，是模仿应县木塔的形式的砖塔。这两座塔外表的处理上全部用砖砌出柱、梁、斗栱、檐、椽，但是由于材料本身的限制，出檐就比较短促，整个轮廓线就是一个砖结构形式。此外，塔上每层八面中的四面所开的门是券门，因此，尽管它们是模仿木结构的，但是没有失去砖结构的特征。从应县木塔和涿县双塔的对比来看，我们可以明显地看到建筑材料对于建筑形式的影响。但另一方面也看到，材料的影响却没有影响到木塔和砖塔的共同风格。

在这时期，从现在河北省中部以北一直到辽宁、热河等地区出现了一个新的塔型，那就是平面八角形，忠实地模仿木结构的密檐塔。上面已经提到，中国现存最古的砖塔就是嵩山嵩岳寺等第六世纪前半的密檐塔。在唐代，密檐塔采用了四方形的平面，它们都是用叠涩出檐的。并且在唐代塔身上也没有砌出木结构的形式。但到了第十世纪，在这个契丹族统治的地区，匠师们却在八角平面上用木结构的柱梁和斗栱处理了塔身的外表，上面一层层的密檐，也全部用砖砌的斗栱承托，创造了一个崭新的塔型。1083年建造的北京天宁寺塔就是其中一个最杰出的典范〈图30〉。令人注意的事实是，在河北省中部以南，在这时期，在广大的中国土地上，在汉族统治的地区，并没有这种塔型。而在北方在契丹族统治地区却为数甚多。我们从这一现象可以得出结论说，这一塔型是契丹族对于中国建筑的一个伟大贡献。同样的，像涿县双塔那种形式的仿木结构多层塔也应该说是在契丹族统治下的匠师们的重要贡献。

涿县双塔的类型在后代建造不多，但是天宁寺塔的类型却成为后代中国北部塔型中一个最常见的样式。

此外，我们还有必要转回到更南方在汉族统治下的福建和四川看几个比较少见的例子。在福建泉州市的一对石塔〈图31〉，是在公元十三世

图30　北京天宁寺塔

图31　泉州石塔

图32 洛阳白马寺塔

纪三四十年代建造的。它们都是八角五层的塔，全部用石料构成，但是在石料的使用上不是传统的运用压砌的方法，而是把石料完全当作木材处理，用石头的柱、梁、斗栱、檐、椽等构成一座塔。按照近代技术科学对于材料力学的理解，这种结构是极不合理的。值得我们惊讶的是，七百年来，这两座塔依然屹立无恙，这是工程界一个罕见的现象。

此外，在四川宜宾县的白塔（公元1102—1109年）和洛阳的白马寺塔〈图32〉（公元十二世纪后半），是两座保存了唐朝风格的正方形密檐砖塔。

从第十到十三世纪末年之间，中国的佛塔已经演变、发展、创造出许许多多的类型。虽然基本上还是属于多层和密檐这两类，但是整体和细节的处理却是十分多样化的，不可能在这里详细介绍了。

十三世纪中叶以后，在汉族居住的地区出现了西藏式的瓶形塔。在这里我们再一次看见了外围民族对于以汉族为主的中国文化的贡献。特别值得指出的是西藏塔型是由蒙古族介绍到汉族地区来的。当时蒙古族在成吉思汗以及他的孙子忽必烈汗的领导下，正在企图征服全世界。忽必烈是一个伟大的战略家和政治家，他自己是崇奉佛教的。在征服中国的过程中，他只进兵到长江以北，然后从中国的西北部征服了现在的青海和昌都地区，然后沿着长江东下，最后消灭了汉族统治的南宋，并且定都于现在的北京，命名为大都。他这种迂回战略，通过藏族地区，也就带来了藏族的文化和匠师，带来了喇嘛教。因此在公元1271年在北京城里，在一座辽塔的旧基上出现了一座高度在70公尺以上的西藏瓶形塔〈图33〉。一直到今天，它还是北京城市轮廓线上一个极其突出的标志。

从这以后，在中国全国各地出现了这一类型的塔。例如山西五台山塔院寺塔〈图34〉（公元1577年），北京北海公园白塔（公元1651年），可以说都是北京这座白塔的子孙。这类塔型到了清朝，那就是十七世纪中叶以后，在中国各地出现的更多，在这方面也反映了当时的满族统治者对于汉族、蒙古族、藏族等民族的民族政策的一个方面。

在一个曾经出家做和尚的农民的领导下，汉族人民经过长期间的战斗，在公元1368年把蒙古族的政权摧毁了。整个中国又回到汉族的统治之下，建立了明朝。公元1644年，东北的满洲族又征服了汉族政权，1911年中国又摧毁了满族政权，建立了一个共和国。在这三个朝代中，在全国各地新建了无数的佛寺和佛塔。中国现存的佛塔大部分是属于这个时期的。在传统的塔型方面，一般地说来没有什么特殊地创造，绝大部分的塔都属于多层这一类型。在这五百多年之间，木结构建筑的斗栱比例和屋檐的深度都相对的缩小了，木结构的这种倾向也在砖塔上反映出来。因此，在这个时期从比例上说，塔身的每一层和斗栱塔檐对比就显得高些；反过来斗栱塔檐就显得像塔身上一围周纤细的环带，在总的轮廓线上和十四世纪以前的塔，有很大的区别。例如山西太原永祚寺的双塔〈图35〉（十六世纪末期）就是典型的例子。此外，北京玉泉山塔（十八世纪）也是一个典范。

在八角密檐塔方面，虽然这期间建造的也为数不少，但大多数是不很大的高僧的墓塔。重要的例子只有一个，那就是北京八里庄慈寿寺塔。这个塔是公元1578年建成的，在形式上它完全模仿第十世纪末年的天宁寺塔；但是从建筑处理的细节上看却完全用的是明朝的制度。

山西洪赵县广胜寺的飞虹塔〈图10〉，值得作为一个突出的范例提出。前面我们已经提到河南开封第十世纪中叶的全部用赭色琉璃面砖的所谓“铁塔”。在这里我们第一次看见了一座在砖塔上大量镶砌彩色琉璃面砖作为建筑装饰的佛塔。这座八角形的塔共高十三层，高度在40米以上。每层塔身的柱、梁、斗栱、檐、椽等等都用琉璃砖瓦嵌砌。砖墙壁上也镶嵌了大量的琉璃佛像和装饰花纹，外观至为华丽。塔的轮廓线不是像其他的塔向上每层逐渐增加缩小的尺度而呈现曲线型，而是直线的，因此呈现一个八角锥体型，显得有一点生硬。塔内最下层供极大的释迦

图33 北京妙应寺白塔

图34 五台山塔院寺塔

图35 太原永祚寺双塔

座像一尊，以上各层事实上是实心的，但内部有梯可达塔的上部。这座塔是在公元1417年兴建的，但琉璃面砖上多有公元1515年的标志。由此看来，这座塔由动工到完成可能经历了一个世纪的时间。

现在在北京颐和园、玉泉山和香山一带还有几座清朝（大约属于十八世纪）的琉璃塔。在使用琉璃方面就不是和砖壁并用，而是全部用琉璃的。其中颐和园和玉泉山的塔，都是很小的，只能说是一座大塔的模型。

在十五世纪后半，在中国的土地上又出现了一种新的塔型。这是藏族人民对于中国建筑的又一重要贡献。在十五世纪前半，西藏喇嘛班迪达来到北京，贡献了一尊金佛像。当时的皇帝为它建了一个寺。到公元1473年，皇帝下诏在寺内按照中印度的形式建了一座金刚宝座塔——北京正觉寺〈图36〉。在一个长方形的高台上，建立五座塔。这五座塔是正方形平面的密檐塔。我们推测，这座塔是模仿佛陀伽耶的部署而设计的。在云南昆明妙湛寺也有一座金刚宝座塔，比北京的这一座略早十年，从年代上说是中国现存最早的一座金刚宝座塔。昆明的这座塔比北京的这一座规模小得多，上面的五个塔都是西藏式的瓶形塔。从昆明这座塔上也可以看到这一塔型传入中国的来龙去脉了。

图36　北京正觉寺金刚宝座塔

现存最大的一座金刚宝座塔在北京西山碧云寺〈图37〉，在上文已经提到。碧云寺塔上面不是五座而是七座塔，其中五座是密檐塔，两座是喇嘛式的瓶形塔，是公元1747年建成的。在1929年这座塔被改用为中国民族革命的先行者孙中山博士的衣冠冢。在满洲族统治期间，这

图37 碧云寺金刚宝座塔

一类型的塔还在许多地方建造起来。其中还应该提到北京黄寺的金刚宝座塔〈图38〉，是班禅三世[①]的墓塔（公元1779年入寂），全部是用白色大理石砌成的，雕刻异常精美。由于金色宝顶和它下面垂下两片巨大的塔耳，因此呈现了非常特殊的形象，形成了它独有的风格。值得指出的是，在这一宝座上，正中主塔是一座喇嘛式瓶形塔，而四角的小塔却采用汉族传统的八角塔的形式，在比例上也相对地显得很小，从而更突出了主塔的重要性。

在这五百多年期间，在中国的土地上，还出现了另外一种塔，在形式上和佛塔没有区别，但它是一种非宗教的塔，也可以说是一种儒教的塔——假使我们也可以说儒教是一种宗教的话。它是在过去科举时代为了祈求本地的文人能够在国家考试中及第，作为一种能够发生巫术力量的纪念性建筑物而建造的。这种塔虽然不是佛教塔，但作为一个类型，它是以佛塔为蓝本而建造的。从这里也可以看到佛教以及佛教建筑对于中国人民生活的影响。

到了十九世纪以后，中国建造的佛塔是越来越少了。然而在1960年，在中华人民共和国成立了十年以后，在人民中国首都附近的西山灵光寺，

① 应为班禅六世。——编者注

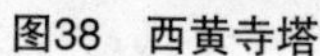

图38　西黄寺塔

图39　北京佛牙舍利塔

又建起了一座新的佛塔〈图39〉。这座佛塔是由人民政府为了佛教徒们供奉著名的佛牙而建造的。在这里有必要追述一下这座塔的前身的命运。在灵光寺西面原来有一座辽朝建造的砖塔，但在1900年英、法、德、意、奥、俄、日、美八个帝国主义的侵略联军占领了当时大清帝国的首都北京，那座十一世纪的塔被毁坏了。残破的塔基在这个北京近郊的风景区供人凭吊，历六十年之久。现在全中国的佛教徒以无比兴奋的心情看到了这座新塔的涌现。塔的位置，距离残留的塔基约一百米。在形式上虽然还是参照原塔的形象，但是新中国的建筑师在佛教徒的建议下，采用了近代的钢筋混凝土结构，建成这座八角十三层、高十五米的密檐塔。在内部空间的利用和文物的保存方法上都有了新的创造，是在传统的基础上革新、创造的一个很好的典型。塔顶上金光灿烂的塔刹是按照1957年赵朴初居士从锡兰得到的一座小铜塔的形式塑造的。在这座塔上体现了在中国共产党和人民政府的领导下伟大的信仰自由的宗教政策。它将作为一个辉煌灿烂的标志在今后几十个世纪中屹立在北京近郊的这个风景区里。可以附带提到，旧塔的残基也由人民政府很好地保存下来作为历史中两个时代的鲜明对比。

佛教建筑是我们一份珍贵的文化遗产

在中国人民过去两千年的历史中，佛教在他们的生活中发生了巨大的影响。在思想意识方面，许多佛教教义已经成为传统的中国哲学的一部分。在语言、文字、诗词、绘画、雕刻和日用工艺品中，到处都可以看到佛教的影响。这一深刻的广泛的影响更具体地从建筑中表现出来。从建筑的历史观点说来，我们应该感谢佛教给中国的建筑带来了一个新的类型。虽然说最早的佛寺是按照世俗建筑的形式，或者就是用世俗原有的建筑来满足佛教的宗教生活的需要的。但是反过来佛教建筑又给中国的世俗建筑提供了一些新的部署和处理方法。在两千年的发展过程中，佛教建筑和世俗建筑彼此影响，也促进了中国建筑的发展。另一方面，佛教建筑的出现，在古代的城市中，在很大的程度上改变了当时的城市面貌，丰富了当时人民的生活。在这一点上，不仅城市如此，在广大的中国土地上，在山林深处，在河流岸边乃至在广阔的原野上，佛寺不但丰富了中国的风景，不但给信徒提供了修养的环境，也给广大人民从文学家、诗人、画家，一直到简朴善良的农民，提供了幽雅的休息地方。佛教对于中国文化的贡献是巨大的。上面所提到的塔、寺更是一份丰富多彩极其可贵的遗产。像一颗颗灿烂宝石一样，它们点缀着中国的锦绣河山。无论在铁路上、公路上、水路上，我们都可以不时地看见处处突出的一个塔尖和在下面衬托着它的寺院殿堂，或是近处巍峨的高耸云霄的塔影。这些已经成为中国风景轮廓线上一个最突出的特征了。

在我们日常生活所用的家具、装饰等等小品中，我们也可以看到，由于佛教传入中国而带来的许多装饰纹样。

进入十九世纪以后，新建佛寺的活动就越来越少了，反映着佛教在中国已经逐渐衰退，原有的寺院已足够为数还是不少的佛教徒的宗教生活的要求。但是不少的寺院也逐渐颓圮被破坏了。1949年中华人民共和国成立以后，人民政府坚决贯彻了中国共产党的宗教政策和民族政策，使宗教信仰自由得到了真正的保证；一个多世纪以来失修的寺塔，也由人民政府选择其中为佛教徒的宗教生活所需要的以及具有重大文化、历史、艺术价值的，予以史无前例的科学的、慎重的重修，使它们作为民族的珍贵遗产长久地屹立在人民自己的土地上。

今天中国人民正在建造他们新的城市和农村。中国的建筑师们得到了史无前例地发展他们的才能的机会，新的材料技术给他们提供了在创作上更大的可能性。他们在运用新材料、新技术的时候绝不会忘记一个民族的新建筑，作为一个民族文化的一部分，必须是从他们的旧文化、旧建筑的基础上发展而来的。在这个旧建筑的珍贵传统中，佛教以及佛教建筑也有很大的一份贡献。

华北古建调查报告[①]

过去九年间，我参加的中国营造学社经常派出野外考察小分队，由一名资深研究人员带队，在乡间探觅古代遗迹。这种考察每年两次，每次为时两到三个月。我们的最终目标是编撰一部中国建筑的历史，过去的学者们实未涉足这一课题。典籍中的材料寥寥无几，我们必须去搜寻实际遗例。

迄今为止，我们到过十五个省，二百多个县，研究过两千余处遗迹。作为技术研究部门的主管，我得以亲临这些遗迹中的大多数。我们的目标尚遥不可期，但是我们发现了一些极重要的材料，或许普通读者也会对之深感兴趣。

任凭自然与人类肆意毁坏的中国木建筑

欧洲建筑主要取材于石料，与此不同，中国建筑是木构的，这种材料极易受损。纵有砖石建筑，亦以砖或石材模仿木建筑的结构形式。因而，学生的首要任务便是熟悉木构体系。就像研习欧洲建筑之前必先研习维诺拉一样[②]。同样，在野外考察时，学生必将主要精力集中于木结构上。他实际上是在与时间赛跑，因为这些建筑无时无刻不在遭受着难以挽回的损害。在较保守的城镇里，新潮激发了少数人的奇思异想，努力对某个“老式的”建筑进行所谓的“现代化”，原先的杰作随之毁于愚

---

① 本文是梁思成为外国读者写的英文稿，写于1940年，未曾发表。另据费正清夫人费慰梅女士所著《梁思成与林徽因》一书第11章的注释，费慰梅亦保存有本文打字稿，并注明该文1940年写于昆明（Wilma Fairbank:《Liang and Lin》University of Pennsylvania Press，Philadephia，1994.p.199）。本文的部分内容后来整理成《中国最古老的木构建筑》及《五座中国古塔》两篇文章，分别发表于英文《亚洲杂志》1941年7月号和8月号，见本书。——林鹤、李道增注

② Vignola，意大利建筑师，五柱式建筑的创造者。——林鹤、李道增注

妄。最先蒙受如此无情蹂躏的，总是精致的窗牖、雕工俊极的门屏等物件。我们罕有机会心满意足地找到一件真正的珍品，宁静美丽，未经自然和人类的损伤。一炷香上飞溅的火星，也会把整座寺宇化为灰烬。

此外还有日本侵略战争的威胁，它是如此不请自来，例证了人类的残忍和毁灭性。日本军阀全然不知珍爱与保存古迹，尽管照理说他们的国民也应该和我们一样，对我们古老的文化特别地热爱与敬重，因为这也是他们自己的文化的源泉。早在1931年、1932年，日军的炮声一天近似一天，我的旅行就多次被迫蓦然中止。显然，我们还能在华北工作的时日有限了。我们决定，抓紧最后的机会，竭尽全力考察这个地区。近三年半来，当时这令人难过的预感已成惨痛的事实。目前，营造学社的机构迁至中国西南边陲，北方的土地遭受着敌军铁蹄的践踏，我们的怀念和关注与日俱增，曾经在那里进行过的野外考察的记忆愈发鲜活而亲切。

我们的旅行

一年四季，出行之前都要在图书馆里认真进行前期研究。根据史书、地方志和佛教典籍，我们选列地点目录，盼望在那里有所发现。考察分队在野外旅行中就依此目录寻访。必须找到与验明目录上的每一条，并对尚存者进行测绘和拍照。

旅行中的寻获和发现极多，其趣味与意义各有千秋。时常，我们从文学典籍中读到某个古代遗迹的精妙景致，但满怀期望的千里朝拜只找到一堆荒墟，或许尚余零星瓦片和雕石柱础聊充慰藉。

我们的旅途本身同样是心情沉浮不可期的探险。身体的苦楚被视作当然，我们常在无比迷人而快乐的难忘经历中锐感快意。旅途常像古怪的、拖长了的野餐，遇到滑稽而惨痛的麻烦时，既惶急无比，又乐不可支。

不比耗费巨资的考古探险队、追踪狮虎的猎人，抑或任何热带与极地的科学探险队，我们的旅途中仪器奇缺。除了测绘和摄影的仪器以外，我们的行囊里，最常见的装备多由队员们根据经验，在家自行设计改装而成。像电工包似的旅行背包，就是我们最心爱的宝贝，登上一座建筑物任何部位的高处工作时都可以背着它，里面什么都可以装，从一团绳子，到可以变成一根刚硬的长钓竿状的伸缩竿。我们遵奉《爱丽丝漫游仙境》里著名的白骑士的哲学，深信在急难中万物皆有用，于是不惜离开马背，以便多运些装备。

日复一日，我们扎营、举炊和食宿的条件悬殊，交通方式亦全无定式，从最古旧离奇的，到比较现代普通的，无奇不有，而我们最看重的莫过于形形色色奇特的、颠簸的老式汽车。

除建筑而外，我们常会不期而遇有趣的艺术品或民族用品——各地的手工艺品、偏僻小镇的古戏、奇异的风俗、五光十色的集市，诸如此类——但是，由于胶卷匮乏，我难得随心所欲地拍摄这些东西。我的多数行程都有我的妻子相伴，她也是一名建筑师。此外她更是作家，深爱戏剧艺术。因此，她比我更会转移注意力，热切地坚持不惜代价地拍摄某些主题。归程之后，我总是庆幸获得了这些珍贵照片，其中的景色与建筑原本可能被忽略。但是，途中遇到的许多趣物、趣事无法逐一细述。限于篇幅，在此我只能从我们的探索与研究当中，信手拈来若干最精彩的部分作一说明。

北平的皇宫

很自然，我最早从北平的皇宫开始进行“野外考察”，营造学社的办公室就妥帖地安置在其中一角的院落里。然而，测绘整个宫殿群的完整计划直至若干年后方得施行。由于西方世界已经熟知了故宫，而且我们的“发现”主要是技术性的，在此不作详论。

蓟县观音阁

由城墙拱卫着的蓟县去北平东约五十英里[1]。1932年春，我首次目睹

[1] 本文中“英里”“英尺”等度量单位据原文均为英制，但根据梁思成中文著作比较，应为中国度量单位“里”“尺”。下同。——林鹤、李道增注

此地的一座木构，其比例迥异于满族宫殿，后者建造时所依据的主要是公元1733年敕令发布的一整套“法式”。那次难忘的旅程是我第一次体验远离主要交通干线，远离北平和上海这类大都市。如果是在美国，老式的福特T型车早就只能卖作废铁了，而在北平和小城之间，它还被用作定期的——毋宁说是不定期的——交通工具。出北平东门数英里以外，我们来到了箭杆河。河水的宽度在旱季萎缩至不足三十英尺。但是，细沙的河床大约宽达一英里半。乘船渡过主流以后，汽车陷入松软的地面寸步难行。我们这些旅客只得帮着把这辆老破车推过整个河床，同时引擎轰鸣，后轮疯转，把细河沙掀得我们满眼满鼻。此后尚有其他崎岖路段，我们不得不反复地从汽车里跳上跳下。五十英里的路程耗时三个小时不止。但那真是刺激有趣。那时我尚懵然不知，今后数年我会习于这样的奔波且安之若素。

观音阁与塑像

我此行的目标是独乐寺的观音阁。它高耸于城墙之上，遐迩可见。远观时益觉其活力与祥和。那是我首次看见一座真正古趣盎然的建筑〈图1，2〉。

观音阁建于公元984年。彼时宋朝初立，而此地尚为凶悍的辽人所踞。观音阁分两层，其间夹有平座一层。中国建筑用独有的结构体系“斗栱”支撑出檐，在此为一系列巨大而简洁的双下昂。其下支柱中段微

图1　蓟县独乐寺观音阁远眺

图2　观音阁

凸，顶上是深远的屋檐。环绕上层的平座同样由这种“斗栱”支撑。于是，它们构成了三条基本上是结构性的饰带。这些与后世的直柱、细小密集的斗栱形成了鲜明对照。凡熟悉敦煌石窟中唐代壁画者，均感觉它与那些壁画中的殿宇惊人地相似。

观音阁中有一庞大泥塑，为高达六十英尺的十一面观音。靠上的两层阁板只得在中央留出空腔，在像股及像胸的高度上形成展廊状空间。这是迄今中国已知的现存最大泥塑像〈图3，4〉。

顺便提及，这座观音阁和它前面的山门〈图5〉——我最早的两个发现——在营造学社的记录中长期保持为最古的木构，且其年代记录一直未被打破，直到1937年7月初我偶遇一座唐代建筑；数日后，现正进行的中日战争就爆发了。

图3 观音仰视

图4 十一面观音

图5 观音阁山门

一座七十英尺高的铜像

精彩的隆兴寺位于北平—汉口铁路线上的正定。这处寺宇建于6世纪，在以往十三个世纪里，它曾相继经历过多次的倾圮与重建。群殿之间，几座宋代（公元960—1127年）的建筑至今犹存。一个天主教的传教团住在这群古建筑旁，上世纪[①]时哥特式天主教堂赫然拔地而起，替代了一度坐落于此的乾隆皇帝的行宫。

隆兴寺最醒目处是它巨大的四十二臂青铜观音像〈图6〉，约七十英尺高，立于雕工精美的大理石宝座上。其上原覆有一座三层阁，曾在18世纪大举修葺过，但目前已复倾颓，阁上部消失得无影无踪，露天而立的菩萨像上，四十只“多余的手臂”都不见了。

图6　正定隆兴寺观音铜像

庙中一座石碑记载了铸造铜像的传奇[②]。宋朝的开国之君太祖皇帝在一次征战中驾临正定，欲拜谒此处著名的铜像，据说该像高达四十英尺。太祖是一个虔诚的佛教徒，听说铜像已于几年前被毁，他深感痛心。此后，庙后菜园“常放赤光一道时人皆见”。随即“天降云雨于五台山北冲刷下枋栏约及千余条于颊龙河[③]内一条大木前面拦住”，停在了正定。狂热

① 指19世纪。——编者注

② 清王昶辑，《金石萃编》，卷一百二十三，宋一，“正定府龙兴寺铸铜像记，乾德元年五月”。——林鹤、李道增注

③ 此处原文Fu-t’o River，据《金石萃编》记载碑文应为颊龙河。——林鹤、李道增注

的信徒得出的结论是，“五台山文殊菩萨送下木植来与镇府大悲菩萨盖阁也!”

皇帝见此奇迹龙颜大悦，敕令新铸铜像。宣派八作司十将及铸钱监内差负责建阁铸像。下军三千人工役于阁下。

碑上记载亦提及，“留六尺深海子自方四十尺，海子内栽七条熟铁柱，……海子内生铁铸满六尺”。菩萨像的设计“三度画相仪进呈方得圆满”。铸造分七段而成。完工后的塑像“举高七十三尺”。工程“至开宝四年七月二十日下手修铸”（公元971年)，但是完工的日期在石碑上未见提及。

我们上次探访此地时，犹见三层阁的零星遗构，混于后世修葺部分之间。后来，虔诚而愚妄的住持“翻新”了观音像。我所心爱的铜绿被覆以一层艳丽的原色油漆，菩萨像变成了丑陋不堪的巨偶。见此唯有自我开解，油漆不耐光阴，也许熬不过一个世纪！为遮蔽这座装点一新的神像，建造了一座佛龛，高度类于梵蒂冈的大松球龛。

1937年秋，正定遭日军猛烈炮轰，随即沦陷。塑像的命运存疑。

图7 正定“华塔”

“华塔”

正定城内另有四塔。其中一座金代砖塔“华塔”，得名于其繁复外形〈图7〉。其平面呈八角形，四正面辟门，四隅面各附以六角形单层子塔。抹灰外墙模仿木构建筑的柱、梁与斗栱。塔尖装饰丰富，有高浮雕的大象、狮子和小型的单层窣堵坡。印度的窣堵坡和中国式宝塔浑然融合为一，有点不伦不类，但并不太坏，它集中体现了“五塔”的组合方式。日后的所有旅程再也未曾遇见类似的建筑。它是中国建筑保存下来的一个孤例。

6世纪的开拱桥

青铜巨像所在的正定县城外，去城西南四十英里许，是中国古迹中最惊人的桥梁工程作品，赵县的“大石桥”①。我不是通过精研典籍，而是由一首妇孺皆知的民歌指引，发现了这座精妙绝伦的桥梁。我以为它只是又一座在中国俯拾皆是的普通拱桥。但是，它的单拱跨度将近一百二十英尺，两端各有两个比较小的空撞券②〈图8，9〉。面对此桥，几乎不敢相信自己的眼睛。它完全相仿于当代工程里所谓的“开拱桥”！

如此建造方法直至本世纪③方才普遍运用于西方，尽管法国曾在14世纪出现过一个例子。但是，这座中国桥建于隋代之初，公元591年至599年之间。一本考古典籍记载，其中一个桥墩上一度镌刻着建桥者李春的签名，后为时光剥蚀。但我们依旧可以看见自唐（公元618—906年）以降心怀崇敬的无数过客的名号。有一段铭文引用了唐时一位中书令的话，特地提及了两端非凡的小券和建桥者的名字。中国古代很少会有建筑师或工匠得获荣名，因此这样特地的提及多少可以证实，这座桥的造法与式样不是沿袭当时的定式，而是天才的独创。

虽已历时十三个半世纪，这高贵的建筑物看去犹如最新型的超级摩登桥梁。若非上面那些不同年代的铭记，它极其古老的年代简直令人难以置信。据我所知，它是中国尚存最古老的桥梁。

同一县城里尚有另外一座桥，设计相仿而尺寸远逊，名为“小石桥”。建于女真族的金朝（12世纪末），由一名女真人褒钱而建造。它显然是“大石桥”的摹本。即以那时论，它也比法国的单拱桥提早百年不止。

---

① 作者的一篇文章《中国古代的开拱桥》于1938年2月与3月发表于《铅笔尖》上。——作者注

② 梁著《中国建筑史》中称“空撞券”，现通称敞肩拱。——林鹤、李道增注

③ 指20世纪。——编者注

图8　赵县的大石桥

图9　大石桥的空撞券

古老的"中原"河南省

河南省在中国向以"中原"闻名，几千年来，它是中国文明与文化的中心。得天下关键处即在中原，乃兵家必争之地。中国历史上，大多数重要战役都在这个著名的舞台上演。早在基督教兴起之前一个世纪，河南的重镇、历朝故都洛阳，就建起了中国的第一座寺庙。溯河上行至河南群山间，我们发现了一些最恢宏的佛教遗迹。

中国最古老的砖塔

古老的嵩岳禅寺位于登封县[1]的中岳嵩山里。殿宇之间，最不凡的宝塔卓然而立。它建于公元523年，是中国目前现存最古老的砖塔〈图10〉。

寺宇原为北魏孝明帝的夏季别墅，当时正是第一次兴佛时期，为孝明帝的母亲即皇太后禳病而建此塔。此后一千四百年里，它为她带来绵绵至福。凸肚形塔身外廓略如现代的炮弹壳形，既秀丽又雄浑。它的平面独特，呈十二角形，与当时常见的正方形平面、后世的八角形平面都不同。

塔身有十五层，也是一个罕见的特点。阶基之上，矗立着高耸的首层塔身，其上有十五层出檐或称屋檐。虽然人们把它看成是十五层，但是这样的屋顶设计也许叫作一层塔身、十五层出檐更加恰当。首层塔身各隅立多边形倚柱一根，柱头垂莲饰〈图11，12〉。四正面砌圆券门，其拱背形似莲瓣，在起拱线处以涡形图案收束。其余八面俱有佛龛，状如单层、四门、方形平面的四门塔。无疑龛内原有佛像，现早已荡然无存。建筑母题确切无误地显示出印度的影响。大塔的总体构图是日后中国普通佛塔外形之祖。

图10　嵩岳寺砖塔

① 今河南省登封市。——编者注

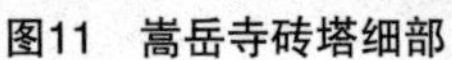

图11　嵩岳寺砖塔细部

图12　嵩岳寺砖塔细部

古观星台[①]

去嵩山不远，告成镇有中国少数古观星台之一。这处周公测景台〈图13〉为元代（公元1280—1376年）郭守敬所建。

在水平面上立起一根垂直的立表，通过测量日影可以算出太阳年的

图13　周公测景台

① 梁著《中国建筑史》中称“观星台”，即今之观象台。——林鹤、李道增注

确切时间。建此台的目的是立起高达四十元尺[①]的立表。此台北侧，有一直漕。圭面长一二八元尺，为一长条石或石台，上有通长水渠，注水其中则可获完美的水平面。台顶有一小屋，为后世加建，与其原本用途毫无关系。除此而外，这座观星台完全符合《元史·天文志》中的描述。

这座珍贵的遗迹形似城门，立于广阔平坦的原野上。1936年，蒋介石总司令下令修复，营造学社担任了技术监理。

中国的两千年皇城西安

西安是陕西省的省会，古代的“长安”。从公元前1132年[②]至公元906年，中国的皇都几乎毫无间断地设在此地。尤其毗邻西安一带，该省的历史遗迹极其丰富。每个朝代的开国君主都视此都城为必得之物，因此它罕有机会逃脱战祸；每逢改朝换代，它似乎理所当然地要遭受灭顶之灾。因而，后人已经见不到任何有年代可考的木构建筑。然而尚存无数有历史意义的残迹，如更早期的汉代宫殿与陵墓的废墟等，当令研习建筑历史的学生深感兴趣。

方圆一千五百英里的陵墓区

在丰富的历史遗址当中，周、汉、唐诸代的陵墓值得一提。它们位于西安的西侧，咸阳、兴平和武功县境内，在方圆达三四十英里的区域，隆起无数庞然土堆。这些帝王、公主、文臣武将的陵墓陆续建于以往两千年。其平面多为方形，立面多为梯形，像似巨型石室坟墓。可以确知有些墓主是历史上某个人物，但是大多数陵墓的主人尚待考证。

最有趣的一座陵墓属于汉代远征匈奴的征服者——大将军霍去病(公元前2世纪)。在他身后，汉武帝敕令建陵如祁连山形，他曾在那里赢得最伟大的胜利。这是唯一饰以岩石的陵墓。在此发现的几件花岗岩石

① 一元尺约合23.9厘米或$9\frac{7}{16}$英寸。——作者注

② 周朝定都镐京（今西安）的时间应为公元前1046年。——编者注

图14　霍去病墓石雕马踏匈奴

雕，描摹着这位武士的征战生涯。最著名的一件是"马踏匈奴"〈图14〉，已经介绍给了西方世界。最近的挖掘又有新的发现。看来雕刻家善于利用大石材的天然形状，以此雕作栩栩如生的人像，出奇地相似于史前巨石碑。而对动物，艺术家的认识似乎更加深刻且有所不同，例如大环眼的牛像所体现的。

图15　神道侧立的马和军民侍役

距霍去病墓约十五英里外，是唐代的武后之父那顾盼自雄的陵墓。神道两侧俱为麒麟、狮子、马和军民侍役〈图15〉。此类布置亦见于后世皇家陵墓。唐代的雄浑和工艺无与伦比。但是此地的雕像似觉对动物缺乏认识，逊于汉代的动物雕刻。

中国最伟大的僧人与朝圣者玄奘的纪念碑

西安四外，无数唐代佛教遗迹遍布乡间。其中以大雁塔和小雁塔最为著名。它们耸立在广袤的原野上，去城南二英里许，彼此相距二英里许。它们均建于唐代，以大雁塔略早亦更重要。它矗立在慈恩寺中，古人建之以收藏佛经。

公元652年，玄奘大和尚首建五层塔。据说，大师朝印度十九年[1]，归国后获皇帝敕令建此塔，收藏他带回的经书。破土动工的那一天，他把第一铲土撒在自己的肩上，绕场三周，喃喃祝祷。不幸的是，此塔刚刚建成，就罹于战祸，在公元701年至705年间得以重建，并且建作十层。现存塔为七层〈图16〉。

图16　西安大雁塔

塔平面作正方形。通体砖构，每层外壁均有扁柱和阑额，饰以精细的浮雕和出檐。大雁塔的总体轮廓在中国其他地方不太常见。与常见的凸肚形秀丽外形不同，它的上方诸层以强硬的斜线收分。它的形象明确而庄严，是对伟大的朝圣者及学者最恰当的纪念。

中国的圣地

山东省在周朝时是齐国和鲁国，后来成了孔夫子的故乡。今曲阜城内有圣人庙。也许举世再无另一建筑工程能够夸口其历史更为久远。孔夫子逝于公元前479年，一些门生在他身后维持乃师的居处如其生前状况，在此定时拜祭。三间屋的简朴住处在后世逐渐演变为尊严的象征。自汉代以降，一件国家大事就是，不仅要有序地维护圣地，而且要将圣人的后裔封为世袭贵族“公”。两千年来，孔庙日益扩大、日渐复杂，直至今日，它覆盖了曲阜城墙内三分之一的区域。

在孔庙建筑群中有无数石碑，记录了孔府和孔庙自汉而今发生的大

① 据史书记载应为十七年，详见《五座中国古塔》一文之脚注。——王世仁注

图17 孔庙书楼

事。然现存建筑物中，最古老的碑亭，其纪年亦只及女真族的金代（公元1195年）。楼宇多建于明弘治年间（约公元1500年），最重要的代表是奎文阁，或称“书楼”〈图17〉。祭祀孔夫子巨像处为大成殿，它的大理石雕刻石柱美丽精致，西方人因此熟悉了它〈图18，19〉。而在研习中国建筑历史的学生目中，这座建于公元1730年的大殿并没有独到的意义，除非作为实施1733年“法式”的佳例。

殿内享祀者除孔夫子外，尚有七十二门徒“配享”在侧。大成殿前，于天井两侧厢房供奉大量灵位，其上神主均为两千年间的硕儒或良臣。历年历代，由皇帝敕令庄严地批准这些人选。一位儒者身后的哀荣莫过于此。

左跨院内大殿祭祀孔夫子上五代先祖，右跨院内祭祀夫子考妣。大成殿后设一殿专供其妻。孔庙建筑群另有其他多种仪式功能。整个建筑群前面，层层天井与重门使得孔庙的入口无比醒目。

作为一个整体，孔庙出色地例证了中国规划思想，而且，在世界历史上，可能亦无他处能与它的持续发展相提并论。

图18 曲阜孔庙的大成殿

图19 大成殿雕龙石柱

1935年，中国政府计划再次大规模修缮孔庙，我有幸入选为负责修缮的建筑师。但是，日军开始入侵华北，计划被迫搁置。如今，曲阜城和孔庙一起落入了日军掌中。现由民国政府授职“祀圣高级专员”的圣人七十七世孙、衍圣公孔德成飞去了重庆，他恪守先祖尽忠国家的教诲，不愿落入日本人手中，成为政治工具。

一座小石塔：类中最古之一例

孔庙而外，山东省另有一些有趣的遗迹。位于济南南部三十英里外的群山之间，至要而罕为人知的一座单层小石塔，即为神通寺的四门塔〈图20〉。我们沿山间石径愉快地奔波终日，当令的山花和初夏的馥郁气息令人愉快，遥望天边连绵的山形起伏不定，在东岳泰山背后，我们来到了一处人迹罕至之地。

小石塔内一尊石像的纪年为公元544年，因此这是中国同类宝塔中最古老的一座。初一看去，其短拙令人误认它为一座方亭，中立方墩，四面辟有拱券门道。顶为退台式方锥形，上有攒尖宝刹，基本上是印度式窣堵坡的缩影。

我根据对大量中国塔的研究得知，中国宝塔有趣地组合了中国原有的多层楼阁，而以印度窣堵坡踞乎其上。神通寺的四门塔是这种结合最早、最简单的例子，应该占据中国宝塔发展史中最突出的地位。

图20　神通寺四门塔

四门塔立身的石壁俯视深谷，上有若干唐代造像，维护至善。罕有刻像状况不佳。早年的斧凿线条尚深刻清晰，与一千二百年前刻工方完时并无二致。它们属唐代最高的雕刻成就之列。在益都、临朐、济南及山东他处，尚存隋唐时期的窟崖石刻。但我在此只能一笔带过。

佛教石窟造像

中国崖壁间的佛教石窟造像是中国艺术里最重要的一章，惜乎襄日为国人所忽视。古人的方志和游记对此类遗迹常一笔带过，儒者有时竟至于轻藐以对。佛教造像，或毋宁说任何种类的雕塑，从未被国人目为艺术，士大夫辈不齿为此花费心思。直到近年，国人才开始发现这些遗迹之伟大，并且还雕塑艺术以应有的重视。

云冈石窟

关心中国雕塑艺术的人，或以云冈为最令人激动之地。它位于武周河岸，去大同十英里许。1935年，铁路局由北平通汽车至大同，旅行者辄易于抵此北魏国都（公元386—534年）。但是，我的头几次探访尚在此前的骡车年代里。接近云冈的时候，艰涩的车行不得不颠簸于一里又一里犬牙交错的倾斜石面上。这种经历终生难忘。

垂直的砂石质崖壁高约一百五十英尺，一英里长，被无数石窟和佛龛镂空，里面有数以千计的佛教诸神之像。其中，五座巨型塑像高约七十英尺，为履及北平和云冈的旅客所熟知。崖壁脚下的村落目前约有人口二百。一些石窟竟至于被村民占据，成为方便现成的居家。但是，依据旧时记载，我们很容易想见当日寺宇居鼎盛时何其宏伟壮丽。

我们第一次探访期间，在庙里住了几天。我们极其沮丧地发现，连最简单的食物亦无处可觅。最终，我们用了半打大头钉，从派驻此地的一支小部队的排长手里换得几盎司芝麻油和两棵卷心菜！

云冈石窟始建于北魏文成帝时期（公元454年）[1]。石刻群像是中国

① 此处原文“孝武帝”（Hsiao-wu-ti），然梁著《中国建筑史》等各处均为“文成帝”，疑为当年笔误，据诸本改。——林鹤、李道增注

图21 云冈石窟中仿印度支提塔的中国塔

早期佛教艺术最重要的遗例。石崖表面随机散布石窟与佛龛。上自帝王下至庶民，均可随意各择尺寸位置，凿龛造像为至爱祝祷。云冈的造像活动持续了半个世纪，至公元494年魏室南迁定都洛阳时，方兀然中止。

云冈的石窟有若干庞大卓异者。有些带有前廊。窟殿中心通常有一中央塔柱，是印度支提塔的中式翻版，为中国石窟模仿的蓝本〈图21〉。我们在此发现了“希腊—佛教”的元素相互掺杂。有些柱上坐斗甚至如同爱奥尼式卷纹的柱头，而中国本土的斗栱灵活地变形为波斯“双牛”的兽形柱头母题〈图22，23〉。然建筑物大体仍为中式。我们从这些

图22 云冈石窟某些佛龛的装饰母题

图23 云冈石窟的装饰元素

石窟里采得北魏木构建筑的大量资料，这段时期迄今尚无实际遗例。中国各地后世出现了大量石窟，除了太原附近的天龙山石窟以外，无一如早期石窟般具有如此丰富的建筑处理细节。

龙门石窟

在研习中国雕塑者目中，洛阳南面十英里的龙门石窟当与云冈石窟同等重要。当北魏鲜卑族从大同迁都至此时，造像艺术亦随之而来。伊河两岸连绵的石灰石崖壁为雕刻作品之上佳基址。造像活动始于公元495年，持续时间逾二百五十年而不止。

早期石窟造像具有和云冈相似的古雅感觉——主要形式为圆雕。雕像的表情异常静谧而迷人。近年来，这些雕像遭到古董商的恶意毁坏，最杰出的作品流落到了欧美的博物馆中。

龙门最不朽的雕像群成于武后时，即公元676年开凿卢舍那龛〈图24〉。据一处铭文记载，皇后陛下颁旨所有宫人捐献“脂粉钱”为基金，雕刻八十英尺高的坐佛、胁侍尊者、菩萨及金刚神王。群像原覆以面阔九楹的木构寺阁，惜早已不存。但崖上龛壁处尚有卯孔和凹槽历历在目，明确指示出屋顶刻槽的位置和许多梁楣的位置。

与云冈不同，逾百龛壁上铭文无数，记录了功德主的名字与捐献日期，便于确认大多数雕像的年代。然而，从建筑考古的角度来看，龙门石窟的重要性远逊于云冈石窟。

除龙门石窟以外，河南境内尚有其他早期石窟，较大者有磁县、浚

图24　龙门卢舍那龛

县及巩县[1]各处。作为组群，其规模与重要性都不如龙门石窟和云冈石窟。

天龙山石窟

山西首府太原西北四十英里许，有天龙山石窟，它为研究北齐与北魏的建筑提供了许多珍贵资料。云冈石窟和龙门石窟开凿于岸边崖壁，而天龙山石窟则高踞于群山之上的旱地。这里的组群相对较小，统共仅约二十窟。最大的佛像高约三十英尺，与云冈或龙门的巨像相比，简直像是侏儒〈图25〉。其他诸窟的塑像多为真人尺寸。它们代表着中国雕塑史上造诣高超的一段时期。不幸的是，除最大的一尊而外，几乎所有塑像都被无情地凿下，流落于古董商手中。失窃的残片现在散见于世界各地的博物馆里。其中一些在纽约的温思罗普藏品中为人称羡，另外若干照例落入了某些日本私人收藏家之手。

这些石窟在建筑意义上极其重要。其中一些前有柱廊，极为忠实地模仿当时的木构建筑〈图26〉。尽管只有立面，我们从中不仅大致认识到了总体组合的思路，甚至于还认识到了具体的比例和细部的阴影。

图25　天龙山佛像

图26　天龙山石窟柱廊

① 今河南省巩义市。——编者注

木质古构的富饶温床山西省

山西省东倚太行山，西、南临壮丽的黄河，北有长城和蒙古沙漠拱卫，因此有宋（公元960年）以来一直远离战祸，而其他省份却于改朝换代之际反复地在层层焦土之上重建新城。直至1937年秋日军入侵，山西安享太平几近千年。于是这富饶的温床孕育了大量的木质古构。在1931年至1937年之间，我六度赴晋，三次访晋北，其余三次访晋中与晋南。

几乎在每座小城镇里，或在群山之间，总会遇到一些外貌古旧的楼宇、佛寺或道观，其年代早至12、13世纪或更久远。正是在山西省，在我们赴太原中途，位于榆次附近离火车铁轨不到二十码处，一座小建筑与我们不期而遇。它极为匀称，纪年为公元1008年，是迄今已知第三古老的木构建筑[①]〈图27〉；在太谷，三座宋、金时期的庙宇保存完好；祭祀清泉圣母的花园寺庙晋祠，建于公元1023年至1031年间，是最美丽的并垣名胜；奇特的小建筑如俯瞰汾河的灵石民房，地基为高达一百英尺的挡土墙；汾阳附近大路边，铸铁佛像趺坐于灵岩寺堂皇残址的瓦砾间〈图28〉；如此等等不一而足。我不可能逐一讲述在山西省的所有重要发

图27　榆次永寿寺雨花宫

① 即永寿寺雨华宫。——林鹤、李道增注

图28　神佛蒙受人间伤痛

现，只能挑选一些最出色的例子。

11世纪早期的薄伽教藏

大同之盛名不仅得之于云冈伟大的北魏石窟，亦得之于城中辽（公元937—1125年）、金（公元1125—1234年）时期的寺宇。上下华严寺原为一体，占地辽阔，楼阁有上百之数。然近千年内，大多庙产逐渐为世俗用途所蚕食。从此薄伽教藏〈图29〉彻底脱离上寺，开始以下寺而知名；它是一座特别有趣的建筑。建殿意在收藏佛经，沿大殿三面墙上置壁柜式经橱藏之。这些经橱极罕见，橱顶有微缩楼阁以象征天宫〈图30〉。殿心大坛上为中国最精美的泥塑佛像群之一。三本尊趺坐于宝座，胁侍尊者、菩萨〈图31〉、金刚护卫。这组群像外形秀丽，色泽柔美黯淡，逃脱了中国古老造像的常例，未遭后世“翻新”之厄。在一根梁下用墨汁写有建殿年代，为公元1038年。这种做法是中国旧例，而此年代亦为至今尚存的极少数早期纪年之一。

图29　大同华严寺薄伽教藏

图30　薄伽教藏经橱上的装饰天宫

图31　薄伽教藏内一尊微笑的菩萨

中国唯一的木塔

应县去大同西五十英里许，靠近长城向内的沿线处。这个小镇的盐碱地令它饱尝穷困之苦，镇上仅见几百家土坯房、十余株树木。值得它自夸的是，这里有中国现存的唯一木塔〈图32〉。

通汽车的大路距小镇最近处约二十五英里，旅客须从那里换乘骡车，忍受六个小时的颠簸。我到镇西五英里外时，正是落日时辰。前方几乎笔直的道路尽头，兀然间看见暗紫色天光下远远闪烁着的珍宝：红白相间的宝塔映照着金色的夕阳，掩映在远山之上。这座五层的宝塔从四周原野上拔地而起，高约二百英尺，天晴时分从二十英里外就能看见。

图32　应县木塔

我进入城垣时天色已黑。塔身如黑色巨人般笼罩全镇。但顶层南侧犹见一丝光亮，自一片漆黑中透出一个亮点。后来我发现，那是“长明灯”，自九百年前日日夜夜地亮到如今。

宝塔建于公元1056年。平面作八角形，通身木构，将五个单层的中国建筑层层相叠为五层。首层重檐承以巨大的斗栱，类似蓟县观音阁的形式〈图33〉。其上四层均环有平座及出檐，各以斗栱支撑。每层

图33　应县木塔的斗栱

四正面辟门，另外四面俱作板条抹灰墙，饰以尊者和菩萨的画像。

底层的八角形佛殿中央为释迦牟尼的巨型泥塑，而以上诸层各有不同的佛像，多有胁侍尊者及菩萨。

木塔顶部结以一个精致的锻铁攒尖顶，以八条铁链系于顶层屋角。一个晴朗的午后，我专心致志地在塔尖测量和拍摄，未曾注意头顶的云层迅速地合拢了。随即一声惊雷突然在身边爆响。我大吃一惊，险些在高出地面二百英尺的上空松开手中冰凉的铁链。我与此相仿的唯一历险是，没有依例听见空袭警报，日军的飞机在我家四周投下了几枚二百五十磅的炸弹，其中最近的一枚仅在二十英尺外。

这座木塔如此见宠于自然界，已经进入了千年轮回的最后一百年，但它现在也许正在日本人的手中挣扎着。1937年秋，日军围困并占领了应县。

霍山广胜寺，非凡的建筑与非凡的壁画

1933年，在广胜寺发现一整套金代版《三藏经》（公元1149年），这是中国佛教典籍研究界的一件大事。正是经书的发现把我们引向了这里。

上下广胜寺位于赵城以东约十五英里的霍山山口。我们在那里发现了两组建筑，可能俱为元代的罕贵遗构（公元1270—1367年）。建筑外形与常见的中国建筑很吻合，但支撑屋顶的梁枋体系却绝非正统。自由运用了出挑深远的斜昂〈图34〉，展示出设计师的巨大原创力和天才。对木结构如此灵活有机的运用在我们的旅途中尚属初见。

下寺旁边是拜祭山麓泉水的龙王庙〈图35〉。殿宇本身重建于公元1319年，并无出色之处。但其壁上有一些壁画吸引了我们的注意。以往在旅途中，我们所遇壁画均取宗教题材，而在这里，我们首次目睹了如此描绘的世俗场面。其中最有趣的是一个演戏的场景。演员们的服饰宋（汉）蒙互见。程式化的面部化妆显为后世精研的舞台化妆的原型。这幅壁画对研究中国绘画和元剧都至为重要。更珍贵的是，它的铭文纪年为公元1326年①。

---

① 见cf.L.Sickman，“Wall Paintings of the Yuan Period in Kuang-Sheng-Ssu，Shansi”。Revue des Arts Asiatique，X1，2，1937.——作者注

图34 广胜寺的斜昂

图35 广胜寺龙王庙

最后的华北之行，五台山

五台山是文殊师利菩萨（中国人称为文殊菩萨）的道场，远自唐代即为中国的佛教圣地。逾千年来，豪门贵族施功德的珍宝已遍布山中庙宇。因此，殿阁不断重修，涂金与油彩闪亮耀目，每年有二到三次香客云集。但在群山外缘，时髦照顾不到的地方，寒素的寺僧们负担不起大规模的修建工程，或能找到未经触动的遗构。于是，1937年6月，我自北平首途五台山。

中国最古的木构

从太原驱车约八十英里路到东冶，我们换乘骡车，取僻径进入五台。南台之外去豆村三英里许，我们进入了佛光寺的山门。这座宏伟巨刹建于山麓的高大台基上，门前大天井环立古松二十余株。殿仅一层，斗栱巨大、有力、简单，出檐深远。它典型地相似于蓟县观音阁。随意一瞥，其极古立辨。但是，它会早于迄今所知最古的建筑吗〈图36，37〉?

我们怀着兴奋与难耐的猜想，越过訇然开启的巨大山门，步入大殿。殿面阔七楹，昏暗的室内令人印象非常深刻。一个巨大的佛坛上迎面端坐着巨大的佛陀、普贤和文殊，无数尊者、菩萨和金刚侍立两侧，如同魔幻的神像森林〈图38〉。佛坛最左端坐着一尊真人大小的女像〈图39〉，世俗服饰，在神像群间显得渺小而卑微。据寺僧说，这是邪恶的武后。尽管最近的“翻新”把整个神像群涂上了鲜亮的油彩，它们却无疑是晚唐的作品，一眼就可看出它们极类似敦煌石窟的塑像。

我们分析，如果面前这些塑像是幸存的唐代泥塑，则其头顶的建筑

图36 佛光寺大殿正面

图37 佛光寺大殿

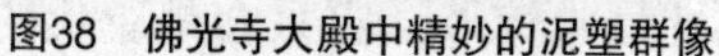

图38　佛光寺大殿中精妙的泥塑群像

图39　世俗服饰的女像

就只可能是唐代原构。显然，殿内任何东西在重建中都会毁于一旦。

次日，我们开始仔细调查整个建筑群。斗栱、梁枋、变幻的平暗[1]、石雕柱础，都被我们急切地检查一过。它们均明确无疑地显示出晚唐特征。但那还不是最奇特处。当我们爬进平暗上的黑暗空间时，我大为惊讶地发现，屋顶梁架作法仅见于唐代壁画，此前我从未亲睹实物。(借用现代的名称) 使用双“椽”[2]而不用“王柱”[3]，与后世中国建筑方法相反，全然出乎我的意料〈图40〉。

图40　佛光寺大殿的双叉手无侏儒柱

平暗上的“阁楼”里，上千蝙蝠丛生于脊桁四周，如同厚敷其上的一层鱼子酱，竟至于无法看见上面可能标明的年代。蝙蝠身上寄生的臭虫数以百万计，于木料上大量

① 原文为“天花板”，据梁著《中国建筑史》称“平暗”。——林鹤、李道增注

② 梁著《中国建筑史》称“双叉手”。——林鹤、李道增注

③ 梁著《中国建筑史》称“侏儒柱”。——林鹤、李道增注

孳生着。我们立足的平暗上面厚积微尘，也许历几个世纪方积淀至此，其上到处点缀着小小的蝙蝠尸体。我们的口鼻上蒙着厚面罩，几乎透不过气，在一片漆黑与恶臭之间，借手电光进行着测绘和拍摄。几个小时以后，当我们钻出檐下呼吸新鲜空气时，发现无数臭虫钻进了留置平暗上的睡袋及睡袋内的笔记本里。我们也被咬得很厉害，但我追猎遗构多年，以此时刻最感快慰。不出所料，队中同人均对身体的苦楚一笑了之。

大殿墙面原本定有壁画为饰，早已不存。至今唯一留存壁画之处是“栱眼壁”，过梁上斗栱间抹灰的部分。栱眼壁的不同部分，彩画的工艺水准悬殊，年代也明显不同。其中一段画有佛像，后有背光花纹，纪年为公元1122年。旁边一段画有佛和胁侍菩萨，显然年代更早，艺术特点更佳。这一段与敦煌石窟壁画相似处最为惊人。它只会是唐代的。尽管只是一小片墙面，位于不起眼处，据我所知，它却是除敦煌壁画以外，中国本土现存唯一的唐代壁画。

确认功德主与年代

在大殿工作的第三天，我的妻子注意到，在一根梁底有非常微弱的墨迹——它蒙尘很厚，模糊难辨。但是这个发现在我们中间就像电光一闪。我们最乐意在梁上或在旁边的碑石上读到建筑的确切年代。以风格为据判断一处古构的大致年代，是一个费力不讨好的过程。虽手边有令人信服的材料且苦苦研究过，在证据不足时，我们还是不得不谦抑地将建筑的年代假设在二三十年之间，有时斟酌范围竟达半个世纪！此处，高山孤松之间即是伟大的唐代遗构，首次完璧现于世人面前，值得我们仔细研究、特别认识。但是它的年代如何确定？伟大的唐朝自公元618年延续至906年，三百年间各门类文化均得以强盛发展。在这三百年中间，这座生动的古刹始建于哪一年，这个疑问难道过于好奇了吗？

现在，带有模糊笔迹的梁枋很快就会告诉我们这个迫切的答案。但是它们被后世的淡赭色涂层所蔽。必须在价值连城的佛像之间搭造灵活的脚手架，以接近那些有字的梁；而在我们得以靠近上面由建殿匠人写下的启示性文字之前，这些梁本身也需要用毛巾清水洗净。但是这里远离人烟，人手难觅。等待做出必需的安排之际，我的妻子尽心地投入了工作。她把头弯成最难受的姿势，急切地从下面各种角度审视着这些梁。费力地试了几次以后，她读出了一些不确切的人名，附带有唐代的冗长官衔。但是最重要的名字位于最右边一根梁上，只能读出一部分："佛殿主上都送供女弟子宁公遇。"她，一位女性，第一个发现这座最珍贵的中国古刹是由一位女性捐建的，这似乎太不可能是个巧合。当时她担心自己的想象力太活跃，读错了那些难辨的字。她离开大殿，到阶前重新查对立在那里的石经幢。她记得曾看见上面有一列带官衔的名字，与梁上写着的那些有点相仿。她希望能够找到一个确切的名字。于一长串显贵的名字间，她大喜过望地清晰辨认出了同样的一句："女弟子佛殿主宁公遇。"

这个经幢的纪年为"唐大中十一年"，即公元857年〈图41〉。

随即我们醒悟，寺僧说是"武后"的那个女人，世俗穿戴、谦卑地坐在坛梢的小塑像，正是功德主宁公遇本人！让功德主在佛像下坐于一隅，这种特殊的表现方法常见于敦煌的宗教绘画中。于此发现庙中的立体塑像取同一布置惯例，这喜悦非同小可。

图41　佛光寺大殿的石经幢

设此经幢于殿成后不久即树于此地，则大殿的年代即可确认。它比蓟县观音阁只早了一百二十七年。经年搜求中，这是我们至今所遇唯一的唐代木构建筑。不仅如此，在同一座大殿里，我们同时发现了唐代的绘画、唐代的书法、唐代的雕塑和唐代的建筑。此四者一已称绝，而四艺集于一殿更属海内无双。我最重要的发现当是此处。恐怕将来未必能够更见任何同等古迹，更何况四艺合一之处。

战争：营造学社迁往华南

离佛光寺前，我将此处发现报告山西省政府及国家古迹保护委员会，我是这个委员会的一个成员。向长老道别时我的兴致颇高，应承明年重来时携政府基金以广为修葺。我们在五台人迹稠密区进行了普查，未见重大遗构值得多耗时日。我们取道北麓通代县的路线离开山区；代县的规划十分精彩。我们在那里舒坦地工作了几天。

7月15日，一天劳作之余，我们见到了由太原运抵的成捆报纸，洪水冲溃大路将这些报纸耽搁了几天。我们放松地躺上行军床开始读报："日军猛烈进攻我平郊据点"，战争已经爆发一个星期了。我们几经波折，设法绕路回到北平。

一个月后，北平沦陷。不久，中国营造学社和许多文化教育机构一样迁往华南。过去三年，我们在华南诸省进行了更多野外考察。我将留俟他日讲述其结果。

我曾在华北调研过的多数地方现在都落入了日军手中。比如我最牵怀的唐代遗构所在的豆村，过去在外界并不知名，现在却再三见诸报端，或为日本人进攻五台的基地，或为中国人反攻的目标。我怀疑唐代遗构能否在战后幸免于难。万望我的照片和测绘不会是它目前所遗之唯一记录。

待战争结束，除了寻找更多新资料用于深入研究以外，当另有一项额外的任务，就是重访我们旧日的足迹，看看日军的炮火毁掉了多少无可替代的珍宝。

汉代建筑特征之分析①

阶基 阶基为中国建筑三大部分之一。其在汉代，未央宫前殿，“疏龙首山以为殿台”；“重轩三阶”，文献可稽。川、康诸阙亦有下以阶基承托，阶基四周刻作若干矮柱及斗者。画像石中，厅堂及阙下亦多有阶基，亦用矮柱以承阶面，柱与柱之间刻水平横线，殆以表示砖缝。直至唐五代，此法尚极通行。

柱及础 彭山崖墓中柱多八角形，间亦有方者，均肥短而收杀急。柱之高者，其高仅及柱下径之3.36倍，短者仅1.4倍。柱上或施斗栱，或仅施大斗，柱下之础石多方形，雕琢均极粗鲁。孝堂山石室正中亦立一八角柱，高为径之3.14倍，上下同径无收杀。其上施大斗一枚，其下以同形之斗覆置为础。出土汉墓砖中亦有上有斗下有斗形础之圆柱或八角柱，殆即此类柱之砖制者；但较为修长，其高可及径之五六倍。画像石中所见柱，难以判其为方为圆，柱下之础石似有向上凸起而将柱底凹入，使相卯合者。汉代若果有此法，虽可使柱稳定，然若上面重量过大或重心偏倚，则易使柱破裂，故后代无用此法者。

门窗 门之实物存者唯墓门。彭山墓门门框均方头，其上及两侧均起线两层。石门扇亦有出土者，均极厚而短，盖材料使然也。门上刻铺首，作饕餮衔环图案。明器所示，则门框多极清晰，门扇亦有做铺首者。函谷关东门画像石，则门之两侧有腰枋及余塞板，门扉双合，扉各有铺首门环。明、清所常见之门制，大体至汉代已形成矣。

窗之形状见于明器者，以长方形为多，间亦有三角，圆形或他种形状者。窗棂以斜方格为最普通，间有窗棂另做成如笼，扣于窗外者。彭山崖墓中有窗一处，为唯一之实例，其窗棂则为垂直密列之直棂。

① 参阅《中国营造学社汇刊》第五卷第二期鲍鼎、刘敦桢、梁思成《汉代建筑式样与装饰》。

平坐与栏杆 画像石与明器中之楼阁，均多有栏杆，多设于平坐之上。而平坐之下，或用斗栱承托，或直接与腰檐承接。后世所通用之平坐，在汉代确已形成。栏杆样式以矮柱及横木构成者最普通，亦有用连环或其他几何形者。函谷关东门图所见，则已近乎后世之做法与权衡矣。

斗栱 汉斗栱实物，见于崖墓、石阙及石室。彭山崖墓墓室内八角柱上多有斗栱，柱头上施栌斗（即大斗），其上安栱，两头各施散斗一；栱心之上，出一小方块，如枋头。斗下或有皿板，为唐以后所不见，而在云冈石窟及日本飞鸟时代实物中则尚见之。栱之形有两种，或简单向上弯起，为圆和之曲线，或为斜杀之直线以相连，殆即后世分瓣卷杀之初型，如魏、唐以后通常所见；或弯作两相对顶之S字形，亦见于石阙，而为后世所不见，在真正木构上究否制成此形，尚待考也。川、康诸石阙所刻斗栱，则均于栌斗下立短柱，施于额枋上。栱之形式亦有上述单弯与复弯两种，栱心之上或出小枋头或不出，斗下皿板则不见。朱鲔石室残址尚存石斗栱一朵，乃以简单弯栱托两散斗者，与后世斗栱形制较为相近。

明器中有斗栱者甚多，每自墙壁出栱或梁以挑承栌斗，其上施栱，间亦有柱上施栌斗者。“一斗三升”颇常见。又有散斗之上，更施较长之栱一层者，即后世所谓重栱之制。散斗之上又有施替木者。其转角处则挑出角枋，上施斗栱，抹角斜置，并无角栱。

画像石中所见斗栱多极程式化，然其基本单位则清晰可稽。其组合有一斗二升或三升者；有单栱或重栱者；有出跳至三四跳者。其位置则有在柱头或补间者。

综观上述诸例，可知远在汉代斗栱之形式确已形成，其结构当较后世简单。在转角处，两面斗栱如何交接，似尚未获圆满之解决法。至于后世以栱身之大小定建筑物全身比例之标准，则遗物之中尚无痕迹可寻也。

构架 川、康诸阙，在阙身以上，檐及斗栱以下，刻作多数交叠之枋头，可借以略知其用材之法。朱鲔墓址所遗残石一块，三角形，上刻叉手，叉手之上刻两斗。其原位置乃以承石室顶板者。日本京都法隆寺飞鸟时代迴廊及五台山佛光寺大殿，均用此式结构，汉代建筑内部结构之实物，仅此一例而已[1]。

屋顶与瓦饰 中国屋顶式样有四阿（清式称“庑殿”）、九脊（清称“歇山”）、不厦两头（清称“悬山”）、硬山、攒尖五种。汉代五种均已备矣。四阿、不厦两头、硬山见于画像石及明器者甚多。攒尖则多见于望楼之顶。九脊顶较少见，唯纽约博物院藏明器一例，乃由不厦两头四周绕以腰檐合成，二者之间成阶级形，不似后世之前后合成一坡者。此式实例，至元代之山西霍县东福昌寺大殿尚如此，然极罕见也。重檐之制见于墓砖，其实例则雅安高颐阙。汉代遗物之中，虽大多屋顶坡面及檐口均为直线，然屋坡反宇者，明器中亦偶见之。班固《西都赋》所谓“上反宇以盖载，激日景而纳光”，固以为汉代所通用之结构法也。嵩山太室石阙将近角瓦陇微提高，是翘角之最古实例。

檐端结构 石阙所示，由角梁及椽承托。椽之排列有与瓦陇平行者，有翼角展开者，椽之前端已有卷杀，如后世所常见。

屋顶两坡相交之缝，均用脊覆盖，脊多平直，但亦有两端翘起者。脊端以瓦当相叠为饰，或翘起或伸出，正式鸱尾则未见也。

汉瓦有筒瓦、板瓦两种，石阙及明器所示多二者并用，如后世所常见，汉瓦无釉，而有涂石灰地以着色之法。瓦当圆形者多，间亦有半圆者，瓦当纹饰有文字、动物、植物三种，当于雕饰题下论之。

砖作 汉代用砖实例均见于墓中。墓壁砌法，或以卧、立层相间，或立砖一层、卧砖二三层；而各层之间，丁砖与顺砖又相间砌，以保持联络。用画像砖之墓，则如近代用“面砖”之法，以画像之面向外。

墓室顶部穹隆之结构，有以平砌之砖逐层叠涩者，亦有真正发券者，前者多见于辽东高丽，后者则中原及巴蜀所常见也。

砖之种类：有普通砖，通常砌墙之用；发券砖，上大而下小；地砖，大抵均方形；空心砖则制成柱梁等各种形状；并长方条、长方块、三角块等等，其用途殆亦砌作墓室者也。

雕饰 崖墓门上、石阙檐下斗栱枋柱间、石室内壁面，为建筑雕饰实例所在，其他出土工艺品如铜器、漆器等，亦可略窥其装饰之一斑。

---

① Wilma C.Fairbank，A Structural Key to Han Mural Art，Harvard Journal of Asiatic Studies，Vol.7.NO.1. ——作者注

建筑雕饰可分为三大类：雕刻、绘画及镶嵌。四川石阙斗栱间之人兽、阙身之四神、枋角之角神及墓门上各种鱼兽人物之浮雕，属于第一类。绘画装饰，史籍所载甚多，石室内壁之“画像”殆即以雕刻代表绘画者，其图案与色彩，则于出土漆器上可略得其印象。至于第三类则如古籍所谓“饰以黄金釭，函蓝田璧，明珠翠羽”之类，以金玉珍异为饰者也。

雕饰之题材，则可分为人物、动物、植物、文字、几何纹、云气等。

人物或用结构部分之装饰，如石阙之角神，但石室壁面，则多以叙史、纪功。武氏祠画像图案多程式化，朱鲔祠则极自然写实。动物以苍龙、白虎、朱雀、玄武四神为最常见，川、康诸阙有高度写生而强劲有力之龙虎、四神瓦当传世者亦多。此外如马、鹿、鱼等皆汉人喜用之装饰母题也。植物纹有藻纹、莲花、葡萄、卷草、蕨纹、树木等，或画之壁或印之瓦当。文字多用于砖瓦铭刻，汉瓦当之以文字为饰者尤多。几何纹则有锯齿纹、波纹、钱纹、绳纹、菱纹、S纹，等等。自然云气，见于武氏祠；董贤宅“柱壁皆画云气花卉”，殆此类也。

南北朝建筑特征之分析

南北朝建筑已具备后世建筑所有之各型，兹择要叙述如下：

石窟 敦煌石室平面多方形，室之本身除窟口之木廊外，无建筑式样之镌凿，盖因敦煌石质不宜于雕刻也。云冈、天龙山、响堂山均富于建筑趣味，龙门则稍逊。前三者皆于窟室前凿为前廊；廊有两柱。天龙、响堂并将柱额斗栱忠实雕成，模仿当时木构形状，窟内壁面，则云冈、龙门皆满布龛像，不留空隙，呈现杂乱无章之状，不若天龙、响堂之素净。由建筑图案观点着眼，齐代诸窟之作者似较魏窟作者之建筑意识为强也。

殿 关于魏、齐木构殿宇之唯一资料为云冈诸窟之浮雕及北齐石柱上之小殿。殿均以柱构成，云冈浮雕且有斗栱，石柱小殿则仅在柱上施斗。殿屋顶四柱，殿宇其他各部当于下文分别论之。

塔 塔本为瘗佛骨之所，梵语曰“窣堵坡”（Stupa)，译义为坟、冢、灵庙。其在印度大多为半圆球形冢，而上立刹者。及其传至中国，于汉末三国时代，“上累金盘，下为重楼”，殆即以印度之窣堵坡置于中国原有之重楼之上，遂产生南北朝所最通常之木塔。今国内虽已无此实例，然日本奈良法隆寺五重塔，云冈塔洞中之塔柱及壁上浮雕及敦煌壁画中所见皆此类也。云冈窟壁及天龙山浮雕所见尚有单层塔，塔身一面设龛或辟门者，其实物即神通寺四门塔。为后世多数墓塔之始型。嵩山嵩岳寺塔之出现，颇突如其来，其肇源颇耐人寻味，然后世单层多檐塔，实以此塔为始型。塔之平面，自魏以至唐开元、天宝之交，除此塔及佛光寺塔外，均为方形；然此塔之十二角亦孤例也。佛光寺塔亦为国内孤例，或可谓为多层之始型也。

至于此时期建筑各部细节，则分论如下。

阶基 现存南北朝建筑实物中，神通寺塔与佛光塔均无阶基，嵩岳寺塔之阶基是否原物颇可疑，故关于此问题，仅能求之间接资料中，云冈窟壁浮雕塔殿均有阶基。其塔基或平素，或叠涩作须弥座。佛迹图所示殿门有方平阶基，上有栏杆，正面中央为踏步。定兴义慈惠石柱上小殿之下，亦承以方素之阶基。其宽度较逊于檐出，与后世通常做法相同。

柱及础 北魏及北齐石窟柱多八角形，柱身均收分，上小下大，而无卷杀。当心间之平柱，以坐兽或覆莲为础，两侧柱则用覆盆。柱头之上施栌斗以承阑额及斗栱。柱身并础及栌斗之高，约及柱下径之五倍及至七倍，较汉崖墓中柱为清秀。尚有呈现显著之西方影响之柱数种：窟外室外廊柱，下作高座，叠涩如须弥座，座上四角出忍冬草，向上承包柱脚，草中间置飞仙，柱头作大斗形，柱身列多数小龛，每龛雕一小佛像。又有印度式柱，柱脚以忍冬或莲瓣包饰四角，柱头或施斗，如须弥座形，或饰以覆莲，柱身中段束以仰覆莲花。云冈佛龛柱更有以两卷耳，为柱头之例，无疑为希腊爱奥尼克柱式之东来者。

嵩岳寺塔，柱础作覆盆，柱头饰以垂莲，显然印度风。柱身上下同大，高约合径七倍余，佛光寺塔圆柱，束以莲瓣三道，亦印度风也。

定兴北齐石柱小殿之柱，则为梭柱；有显著之卷杀，柱径最大处，约在柱高三分之一处，此点以下，柱身微收小，以上亦渐渐收小，约至柱高一半之处，柱径复与底径等，愈上则收分愈甚。此式实物国内已少见，日本奈良法隆寺中门柱则用此法，其年代则后此约三十余年。

门窗及佛龛 云冈窟室之门皆方首，比例肥矮近方形。立颊及额均雕以卷草团花纹。窟壁浮雕所示之门，亦方首，门饰则不清晰。响堂山齐石窟门，方首圆角，门上正中微尖起，盖近方形之火焰形也；门亦周饰以卷草。天龙山齐石窟门，乃作圆券形，券面作火焰形尖栱。券口饰以栱背两头龙，龙头当券脚分位，立于门两侧之八角柱上。门券之内，另刻作方首门额及立颊状。河南渑池鸿庆寺窟壁所刻城门，则为五边券形门首。石窟壁上有开窗者，多作近似圆券形，外或饰以火焰或卷草。佛光寺塔及魏碑所刻屋宇，则有直棂窗。

壁龛有方形、圆券形及五边券形三种。圆券形多作火焰或宝珠形券面；五边券形者，券面刻为若干梯形格，格内饰以飞仙。券下或垂幔帐，或璎珞为饰。

平坐及栏杆　六朝遗物不见自昊斗栱之平坐，但在多层檐之建筑中，下层之檐内，即为上层之平坐，云冈塔洞内塔柱所见即其例也。浮雕殿宇阶基有施勾栏者，刻作直棂。云冈窟壁尚刻有以“L”字棂构成之钩片勾栏，为六朝、唐、宋勾栏之最通常样式，亦见于日本法隆寺塔者也。

斗栱　魏、齐斗栱，就各石窟外廊所见，柱头铺作多为一斗三升；较之汉崖墓石阙所见，栱心小块已演进为齐心斗。龙门古阳洞北壁佛殿形小龛，作小殿三间，其斗栱则柱头用泥道单栱承素方，单杪华栱出跳；至角且出角华栱，后世所谓“转角铺作”，此其最古一例也。补间铺作则有人字形铺作之出现，为汉代所未见。斗栱与柱之关系，则在柱头栌斗上施额，额上施铺作，在柱上遂有栌斗两层相叠之现象，为唐、宋以后所不见。至于斗栱之细节，则斗底之下，有薄板一片之表示，谓之“皿板”，云冈北魏栱头圆和不见分瓣；龙门栱头以四十五度斜切；天龙山北齐栱则不唯分瓣、卷杀，且每瓣均顱入为凹弧形。人字形铺作之人字斜边，于魏为直线，于齐则为曲线。佛光寺塔上，赭画人字斗栱作人字两股平伸出而将尾翘起。云冈壁上所刻佛殿斗栱有作两兽相背状者，与古波斯柱头如出一范，其来源至为明显也。

构架　六朝木构虽已无存，但自碑刻及敦煌壁画中，尚可窥其构架之大概，屋宇均以木为架，施立颊心柱以安直棂窗。窗上复加横枋，枋上施人字形斗栱。至于屋内梁架，则自日本奈良法隆寺迴廊梁上之人字形叉手及汉朱鲔墓祠叉手推测，再证以神通寺塔内廊顶上施用三角形石板以承屋顶，则叉手结构之施用，殆亦为当时通常所见也。

平棊藻井　平棊藻井于汉代已有之，六朝实物见于云冈天龙山石窟。云冈窟顶多刻作平棊，以支条分格，有作方格者，有作斗八者，但其分划，随室形状，颇不一律。平棊藻井装饰母题以莲花及飞仙为主，亦有用龙者，但不多见。天龙山石窟顶多作盝顶形，饰以浮雕飞仙，其中多数已流落国外，纽约温氏（Winthrop Collection）所藏数石尤精。

屋顶及瓦饰　现存北魏三塔，其屋盖结构均非正常瓦顶，不足为当时屋顶实例。神通寺塔顶作阶级形方锥体，当为此式塔上所通用。其顶上刹，于须弥座上四角立山花蕉叶，中立相轮，最上安宝珠。嵩岳寺塔及佛光寺塔刹，均于覆莲座或莲花形之宝瓶上安相轮，与神通寺塔刹迴异。

云冈窟壁浮雕屋顶均为四柱式，无歇山、硬山、悬山等。龙门古阳洞一小龛则作歇山顶。屋角或上翘或不翘，无角梁之表示。檐椽皆一层。瓦皆筒瓦、板瓦。屋脊两端安鸱尾，脊中央及角脊以凤凰为饰，凤凰与鸱尾之间，亦有间以三角形火焰者。浮雕佛塔之瓦，各层博脊均有合角鸱尾，塔顶刹则与神通寺塔极相似。更有单层小塔，顶圆，盖印度窣堵坡之样式也。

定兴北齐石柱屋顶亦四柱式。瓦为筒、板瓦。垂脊前端下段低落一级，以两筒瓦扣盖，比法亦见于汉明器中。

雕饰　佛教传入中国，在建筑上最显著而久远之影响，不在建筑本身之基本结构，而在雕饰。云冈石刻中装饰花纹种类奇多，十九为外国传入之母题，其中希腊、波斯纹样，经犍陀罗输入者尤多，尤以回折之卷草，根本为西方花样。不见于中国周、汉各纹饰中。中国后世最通用之卷草、西番草、西番莲，等等，均导源于希腊Acanthus叶者也。

莲花为佛教圣花，其源虽出于印度，但其莲瓣形之雕饰，则无疑采自希腊之“卵箭纹”（egg-and-dart）。因莲瓣之带有象征意义，遂普传至今。他如莲珠（beads）、花绳（garlands）、束苇（reeds），亦均为希腊母题。前述之爱奥尼克式卷耳柱头，亦来自希腊者也。

以相背兽头为斗栱，无疑为波斯柱头之应用。狮子之用，亦颇带波斯色彩。锯齿纹，殆亦来自波斯者。至于纯印度本土之影响，反不多见。

中国固有纹饰，见于云冈者不多，鸟兽母题有青龙、白虎、朱雀、玄武、凤凰、饕餮，等等，雷纹、夔纹、斜线纹、斜方格、水波纹、锯齿、半圆弧等亦见于各处。

响堂山北齐窟雕饰母题多不出上述各种，然其刀法则较准确，棱角较分明，作风迥异也。

隋、唐之建筑特征

一　建筑型类

隋、唐建筑实物之现存者，就型类言，有木构殿堂、佛塔、桥、石窟寺等物。其中石窟寺本身少建筑学上价值。此外尚有钟楼之一部分，亦因不全，不得作一型类之代表物。但在间接资料中，则可得型类八九种，以资佐证。在史籍中亦可得一部分之资料也。

城市设计　隋、唐之长安与洛阳，均为城市设计上之大作。当时雄伟之规，今虽已不存，但尚有文献可证。隋文帝之营大兴城（长安），最大之贡献有三点：其一，将宫殿、官署、民居三者区域分别，以免杂乱而利公私；又置东、西两市，以为交易中心。其二，将全城以横、直街分为棋盘形，使市容整齐划一。其三，将四面街所界划之地作为坊，而其对坊之基本观念，不若近代之block，以其四面之街为主，乃以一坊作为一小城，四面辟门，故言某人居处，不曰在何街而曰在何坊也。街道不唯平直、且规定百步、六十步、四十七步等标准宽度焉。顾炎武言："予见天下州之为唐旧治者，其城郭必皆宽广，街道必皆正直，廨舍之为唐旧创者，其基址必皆宏敞。宋以下所置，时弥近者制弥陋。"[①]唐代建置之气魄，可以见矣。

平面布置　唐代屋宇，无论其为宫殿、寺观或住宅，其平面布置均大致相同，故长安城中佛寺、道观等，由私人"拾宅"建立者不可胜数。今唐代建筑之存在者仅少数殿宇浮屠，无全部院庭存在者，故其平面布置，仅得自敦煌壁画考之。

唐代平面布置之基本观念为四周围墙，中立殿堂。围墙或作为迴廊，每面正中或适当位置辟门，四角建角楼，院中殿堂数目，或一或二、三

① 《中国营造学社汇刊》第三卷第一期，梁思成《我们所知道的唐代佛寺与宫殿》。

均可。佛寺正殿以前亦有以塔与楼分立左右者，如敦煌第一一七窟“五台山图”中“南台之寺”，其实例则有日本奈良之法隆寺。在较华丽之建置中，正殿左右亦有出复道或迴廊，折而向前，成凵字形，而两翼尽头处更立楼或殿者，如大明宫含元殿——夹殿两阁，左曰“翔鸾阁”，右曰“栖凤阁”，与殿飞廊相接；及敦煌净土变相图及乐山龙泓寺摩崖所见。

殿堂 唐代殿堂，承汉魏六朝以来传统，已形成中国建筑最主要类型之一。其阶基、殿身、屋顶三部至今日仍为中国建筑之足、身、首。其结构以木柱构架，至今一仍其制。殿堂本身内部，少分为各种不同功用屋室之划分，一殿只作一用；即有划分，亦只依柱间间隔，无依功用、有组织，如后世所谓平面布置也。

楼阁 二层以上之建筑，见于唐画者甚多。通常楼阁，下层出檐，上层立于平坐之上，上为檐瓦屋顶，又有下层以多数立柱构成平坐，而不出檐者，或下部以砖石为高台，台上施平坐斗栱以立上层楼阁柱者。然此类实物今无一存焉。

佛塔 现存唐代佛塔类型计有下列三种：

1. 模仿木构之砖塔。如玄奘塔、香积寺塔、大雁塔、净藏塔之类。各层塔身表面以砖砌成柱、额、斗栱乃至门、窗之状，模仿当时木塔样式，其檐部则均叠涩出檐，又纯属砖构方法。层数自一层至十三乃至十五层不等。

2. 单层多檐塔。如小雁塔、法王寺塔、云居寺石塔之类，下层塔身比例瘦高，其上密檐五层至十五层。檐部或叠涩，或刻作椽、瓦状。

3. 单层墓塔。如慧崇塔、同光塔之类。塔身大多方形，内辟小室，塔身之上叠涩出檐，或单檐或重檐，即济南神通寺东魏四门塔型是也。如净藏塔亦可属于此类，但塔身为木构样式。

现存唐代佛塔特征之最可注意者两点：

1. 除天宝间之净藏禅师塔外，唐代佛塔平面一律均为正方形：如有内室亦正方形。

2. 各层楼板、扶梯一律木构，故塔身结构实为一上下贯通之方形砖筒。除少数实心塔及仅供佛像不能入内之小石塔外，自北魏嵩岳寺塔以至晚唐诸塔，莫不如是。凡有此两特征之佛塔，其为唐构殆可无疑矣。

除上举实物所见诸类型外，见于敦煌画之佛塔，尚有下列四种：

1. 木塔。与云冈石窟浮雕及塔柱所见者相同，盖即“上累金盘，下为重楼”之原始型华化佛塔也。

2. 多层石塔。为将多数“四门塔”垒叠而成者。每层塔身均辟圆券门，叠涩出檐，上施山花蕉叶。现存实物无此式，然在结构上则极合理也。

3. 下木上石塔。下层为木构，斗栱出瓦檐。其上设平坐，以承上层石窣堵坡。其结构违反材料力学原则，恐实际上不多见也。

4. 窣堵坡。塔肚部分或为圆球形或作钟形。现存唐代实物无此式。

城廓　敦煌壁画中所画城廓颇多，似均砖甃。城多方形，在两面或四面正中为城门楼，四隅则有角楼，均以平坐立于城上。城门口作梯形“券”，为明以后所不见。城上女墙，或有或无，似无定制。

桥梁　唐代桥梁，至今尚无确可考者。敦煌壁画中所见颇多，均木造，微拱起，旁施勾栏，与日本现代木桥极相似。至于隋安济桥，以一单券越如许长跨，加之以空撞券之结构，至为特殊，且属孤例，不可作通常桥型论也。

二　细节分析

阶基及踏道　唐代阶基实物现存者甚少，大雁塔、小雁塔及佛光寺大殿虽均有阶基，然均经后代重修，是否原状甚属可疑。墓塔中有立于须弥座上者，然其下是否更有阶基，亦成问题。敦煌壁画佛塔均有阶基，多素平无叠涩；大雁塔门楣石所画大殿阶基亦素平，其下地面且周以散水，如今通用之法。阶基前踏道一道，唯雁塔楣石所画大殿则踏道分为左右，正中不可升降，即所谓东、西阶之制。

平坐　凡殿宇之立于地面或楼台塔阁之下层，均有阶基；但第二层以上或城垣高台之上建立木构者，则多以平坐、斗栱代替阶基，其基本观念乃高举之木构阶基也。玄宗毁武后明堂，“去柱心木，平坐上置八角楼”。此盖不用柱心木建重楼之始，为结构法上一转戾点殊堪注意。敦煌壁画中楼阁城楼等皆有平坐，然实物则尚未见也。

勾栏 阶基或平坐边缘之上，多有施勾栏者。自北魏以至唐、宋，六七百年间，勾栏之标准样式为“钩片勾栏”，以地栿、盆唇、巡杖及斗子蜀柱为其构架，盆唇、地栿及两蜀柱间以 L 及 I 形相交作华板。敦煌壁画中所见极多。其实例则栖霞山五代舍利塔勾栏也。

柱及柱础 佛光寺大殿柱为现存唐柱之唯一确实可考者。其檐柱内柱均同高；高约为柱下径之九倍强。柱身唯上端微有卷杀，柱头紧杀作覆盆状。其用柱之法，则生起与侧脚二法皆极显著，与宋《营造法式》所规定者约略相同。

砖塔表面所砌假柱，大雁塔与香积寺塔均瘦而极高，净藏塔之八角柱则肥短。大雁塔门楣石所画柱亦极瘦高，恐均非真实之比例也。

唐代柱础如用覆盆，则有素平及雕莲瓣者。

门窗 佛光寺大殿门扇为板门，每扇钉门钉五行；门钉铁制，甚小，恐非唐代原物。慧崇塔、净藏塔及栖霞寺塔上假门亦均有门钉，千余年来仍存此制。

佛光寺大殿两梢间窗为直棂窗，净藏塔及香积寺塔上假窗，亦为此式，元、明以后，此式已少见于重要大建筑上，但江南民居仍沿用之。

斗栱 唐代斗栱已臻成熟极盛。以现存实物及间接材料，可得下列六种：

1. 一斗。为斗栱之最简单者。柱头上施大斗一枚以承檐椽，如用补间铺作，亦用大斗一枚。大雁塔、香积寺塔之斗栱均属此类。北齐石柱上小殿，为此式之最古实物。

2. 把头绞项作（清式称“一斗三升”）。玄奘塔及净藏塔均用一斗三升。玄奘塔大斗口出耍头，与泥道栱相交。其转角铺作则侧面泥道栱在正面出为耍头；其转角问题之解决甚为圆满。柱头枋至角亦相交为耍头。净藏塔柱头之转角铺作，则其泥道栱随八角平面曲折，颇背结构原理。其大斗口内出耍头，斜杀如批竹昂形状。大雁塔门楣石所画大殿两侧迴廊斗栱则与玄奘塔斗栱完全相同。

3. 双杪单栱。大雁塔门楣石所画大殿，柱头铺作出双杪，第一跳偷心，第二跳跳头施令栱以承橑檐椽。其柱中心则泥道栱上施素枋，枋上又施令栱，栱上又施素枋。其转角铺作，则角上出角华栱两跳，正面华栱及角华栱跳头施鸳鸯交手栱，与侧面之鸳鸯交手栱相交。此虽间接资料，但描画准确，其结构可一目了然也。

4. 人字形及心柱补间铺作。净藏塔前面圆券门之上以矮短心柱为补间铺作，其余各面则用人字形补间铺作。大雁塔门楣石所画佛殿则于阑额与下层素枋之间安人字形铺作，其人字两股低偏，而端翘起。上下两层素枋之间则用心柱及斗。现存唐、宋实物无如此者，但日本奈良唐招提寺金堂，则用上下两层心柱及斗，与此画所见，除下层以心柱代人字形铺作外，在原则上属同一做法。

5. 双杪双下昂。何晏《景福殿赋》有“飞昂鸟踊”之句，是至迟至三国已有昂矣。佛光寺大殿柱头铺作出双杪双下昂，为昂之最古实例。其第一、第三两跳偷心。第二跳华栱跳头施重栱，第四跳跳头昂上令栱与耍头相交，以承替木及橑檐槫。其后尾则第二跳华栱伸引为乳栿，昂尾压于草栿之下。其下昂嘴斜杀为批竹昂。敦煌壁画所见多如此，而在宋代则渐少见，盖唐代通常样式也。转角铺作于角华栱及角昂之上，更出由昂一层，其上安宝瓶以承角梁，为由昂之最古实例。

6. 四杪偷心。佛光寺大殿内柱出华栱四跳以承内槽四椽栿，全部偷心，不施横栱，其后尾与外檐铺作相同。

木构斗栱以佛光寺大殿为最古实例。此时形制已标准化，与辽、宋实物相同之点颇多，当于下章比较讨论之。

构架　在构架方面特可注意之特征有下列七点：

1. 阑额与由额间之矮柱。大雁塔门楣石所画佛殿，于柱头间施阑额及由额，二者之间施矮柱，将一间分为三小间，为后世所不见之做法。

2. 普拍枋之施用。玄奘塔下三层均以普拍枋承斗栱。最下层未砌柱形，普拍枋安于墙头上。第二、第三两层砌柱头间阑额，其上施普拍枋以承斗栱。最上两层则无普拍枋，斗栱直接安于柱头上。可知普拍枋之用，于唐初已极普遍，且其施用相当自由也。

3. 内外柱同高。佛光寺内柱与外柱完全同高，内部屋顶举折，均由梁架构成。不若后代将内柱加高。然佛光寺为一孤例，加高做法想亦为唐代所有也。

4. 举折。佛光寺大殿屋顶举高仅及前、后橑檐枋间距离之五分之一强，其坡度较后世屋顶缓和甚多。其下折亦甚微，当于下章与宋式比较论之。

5. 明栿与草栿之分别。佛光寺大殿斗栱上所承之梁皆为月梁，其中部微栱起如弓，亦如新月，故名。后世亦沿用此式，至今尚通行于江南。其在此殿中，月梁仅承平暗之重，谓之“明栿”。平暗之上，另有梁架，不加卷杀修饰，以承屋盖之重，谓之“草栿”，辽、宋实物亦有明栿以上另施草栿者；明、清以后，则梁均为荷重之材，无论有无平暗，均无明栿、草栿之别矣。

6. 月梁。《西都赋》有“抗应龙之虹梁”，谓其梁曲如虹，故知月梁之用，其源甚古，佛光寺大殿明栿均用月梁，其梁首之上及两肩均卷杀，梁下中顱，为月梁最古实例。其形制与宋《营造法式》所规定大致相同。

7. 大叉手。佛光寺大殿平梁之上不立侏儒柱以承脊槫，而以两叉手相抵，如人字形斗栱。宋、辽实物皆有侏儒柱而辅以叉手，明、清以后则仅有侏儒柱而无叉手。敦煌壁画中有绘未完之屋架者，亦仅有叉手而无侏儒柱，其演变之程序，至为清晰。

藻井 佛光寺大殿平暗用小方格，日本同时期实物及河北蓟县独乐寺辽观音阁平暗亦同此式。敦煌唐窟多作盝顶，其四面斜坡画作方格，中部多正形，抹角逐层叠上，至三层、五层不等。

角梁及檐椽 佛光寺大殿角梁两重，其大角梁安于转角铺作之上，由昂上并以八角形瘦高宝瓶承托角梁，角梁头卷杀作一大瓣，子角梁甚短，恐已非原状。大雁塔楣石所画大殿角梁不全。其下无宝瓶等物，亦不知有无子角梁也。

佛光寺大殿檐部只出方椽一层，椽头卷杀，但无飞椽。想原有檐部已经后世改造，故飞椽付之缺如。至角有翼角椽，如后世通用之法。大雁塔楣石所画，则用椽两层，下层圆椽，上层方飞椽，有显著之卷杀。椽与角梁相接处，不见有生头木之使用。

砖石塔多用叠涩檐。其断面线多顱入少许，实为一种装饰性之横线道。石塔亦有雕作椽、瓦状者，河北涞水县唐先天石塔及江宁栖霞寺五代石塔皆此类实例也。

屋顶 除佛光寺大殿四阿顶一实物外，见于间接资料者，尚有九脊、攒尖两式，“不厦两头”则未见，然既见于汉、魏，亦见于宋、元以后，则想唐代不能无此式也。九脊屋顶收山颇深，山面三角部分施垂鱼，为至今尚通用之装饰。四角或八角形亭或塔顶，均用攒尖屋顶，各垂脊会于尖部，其上立刹或宝珠。

瓦及瓦饰 佛光寺大殿现存瓦已非原物，故唐代屋瓦及瓦饰之形制，仅得自间接资料考之。筒瓦之用极为普遍，雁塔楣石所见尤为清晰，正脊两端鸱尾均曲向内，外沿有鳍状边缘，正中安宝珠一枚，以代汉、魏常见之凤凰。正脊、垂脊均以筒瓦覆盖，其垂脊下端微翘起，而压以宝珠。屋檐边线，除雁塔楣石所画，至角微翘外，敦煌壁画所见则全部为直线，实物是否如此尚待考也。

雕饰 雕饰部分可分为立体、平面两种：立体者为雕塑品，平面者为画、屋顶雕饰，仅得见于间接资料，顷已论及。石塔券形门有雕火珠形券面者，至于平面装饰，最重要者莫如壁画。《历代名画记》所载长安洛阳佛寺、道观几无无壁画者，如吴道子、尹琳之流，名手辈出。今敦煌千佛洞中壁画，可示当时壁画之一斑。今中原所存唐代壁画，则仅佛光寺大殿内拱眼壁一小段耳。至于梁枋等结构部分之彩画，则无实例可考[①]。天花藻井及壁画边缘图案，则敦煌实例甚多，一望而知所受希腊影响之颇为显著也。

发券 发券之法，至汉已极通行，用于墓藏，遗例颇多。但用于地面者，似尚不甚普遍。至于发券桥，最古纪录，有《水经注》条七里涧之旅人桥，“悉用大石，下圆以通水，题太康三年十一月初就功”。实物之最古者阙唯赵县大石桥，其砌券之法，以多道单独之券，并列而成一大券，而非将砌层与券筒中轴线平行，使各层间砌缝相错以相牵济者。此桥之券固与后世之常法异，然亦异于汉墓中所常见，盖独出心裁者也。至于券圈之上另加平砌之仗，自汉以来，已成定法，大石桥亦非例外，直至清代尚遵循此制。

① 1954年已发现佛光寺大殿梁、枋、平暗等多处尚存唐代赤白装彩画。——陈明达注

宋、辽、金建筑特征之分析

一 建筑类型

宋、辽、金已降，建筑实物之得保存至今者更多。以木构言，在唐代仅得一例，而宋、辽、金遗物，曾经中国营造学社调查测绘者，则已将近四十单位，在此三百二十年间，平均每二十年，已可得一例，亦可作时代特征之型范矣。至于砖石塔幢，为数尤多。兹先按建筑物之型类略述之。

城市设计 后周世宗之筑大梁，实为帝王建都之具有远大眼光者。其所注意之点，如“泥泞之患”“火烛之忧”“易生疫疾”“寒温之苦”，皆近代都市设计之主要问题，其街有定阔，两边五步内种树掘井，修益凉棚，皆为近代之方法。

至于地方城市规模，则有江苏吴县[①]苏州府文庙《宋平江府图》碑。宋绍定二年（公元1229年）刻石。城大致作不规则长方形，城内另有“子城”，本南宋建炎间所建皇宫，后即为平江府治。城内街衢大多正直，但因城内渠道纵横，为其他城市所无，未足为一般之例范耳。

平面布置，现存城市及建筑，已无完全保存宋代平面布置之原形者，幸当时碑刻，尚可得窥其大略。

1. 衙署平面　平江府图中部之平江府治，为关于我国古代官署建筑不可多得之史料〈图1〉。府治之外，周以城垣，称曰“子城”，唐时已有，非创于宋。其南门偏东，西门偏北，而无东门北门，非我国之传统对称式样。城内建筑虽因府门偏东，故不能采取对称方式，然其主要厅堂仍以府门为中轴，其全部可分为六区：（1）府门中轴线上各层设厅及小堂，并两翼廊屋，为府治主体。（2）其北宅堂，为群守住宅。

① 今为江苏省苏州市吴中区。——编者注

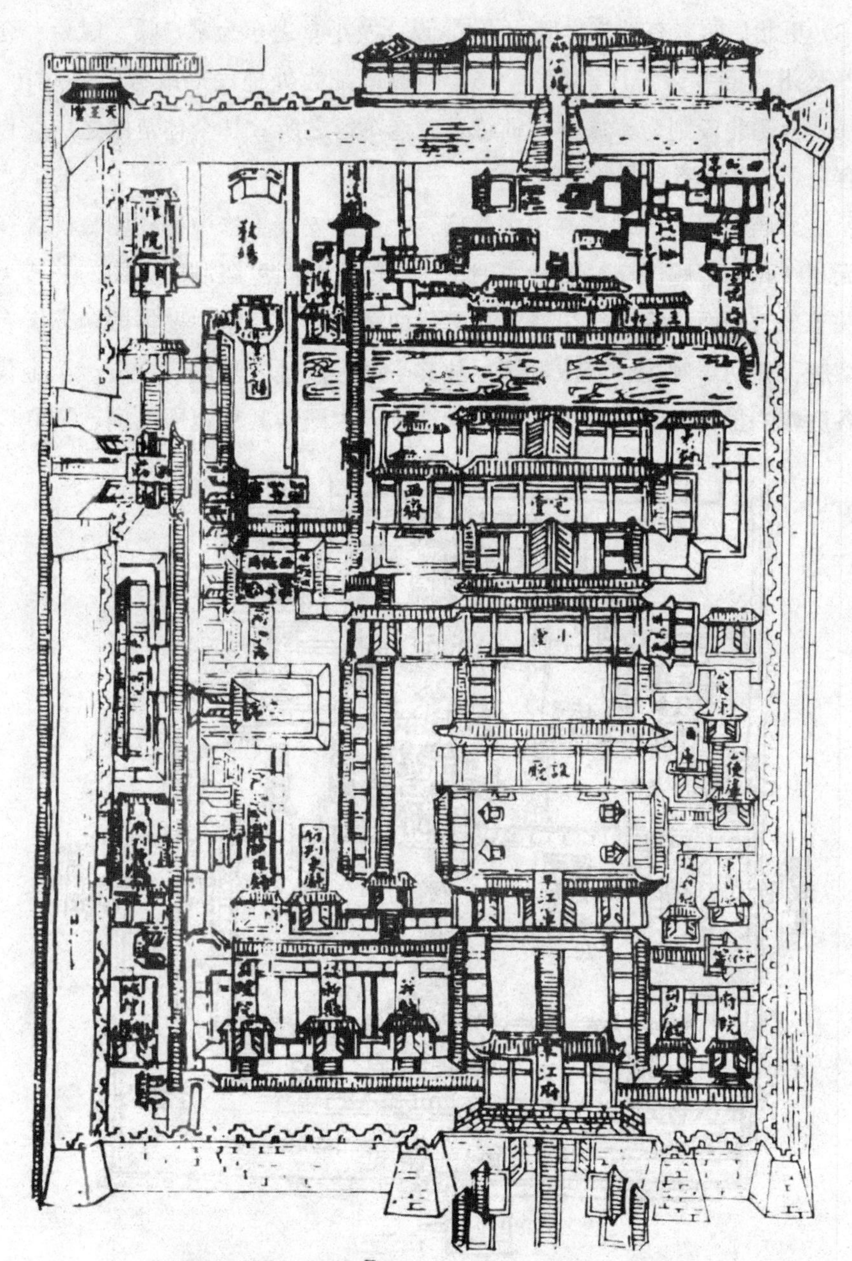

宋平江府子城圖　摹自蘇州府文廟平江圖碑

GOVERNOR'S COMPOUND, P'ING-CHIANG FU.
(PRESENT DAY SOOCHOW) SUNG DYNASTY.
FROM A STELE IN THE TEMPLE OF CONFUCIUS, SOOCHOW.

图1　宋平江府子城图

(3) 更北后园，有池亭之胜。(4) 设厅及小堂之东为掌户籍、赋税、仓库及州院庶务诸户厅府院。(5) 西侧南部为处理民刑政务之各厅司。(6) 西侧北段则为军旅驻屯训练及制造军器之所。其全体范围之广，包容之众，非明清官署所能睹也。

2. 庙宇平面　现存嵩山中岳庙，大金承安《重修中岳庙图》碑，及元刊《孔氏祖庭广记》所载宋阙里庙制图，金阙里庙制图〈图2〉，皆为关于当时平面研究之罕贵资料。宋代曲阜文庙于每座主要楼殿两翼皆有廊庑，并两翼廊庑，合成庭院。故其平面为多进方形院庭合成。至金代各庭院，虽仍周绕迴廊为主要布置法，但大殿与其后寝殿之间，均联以

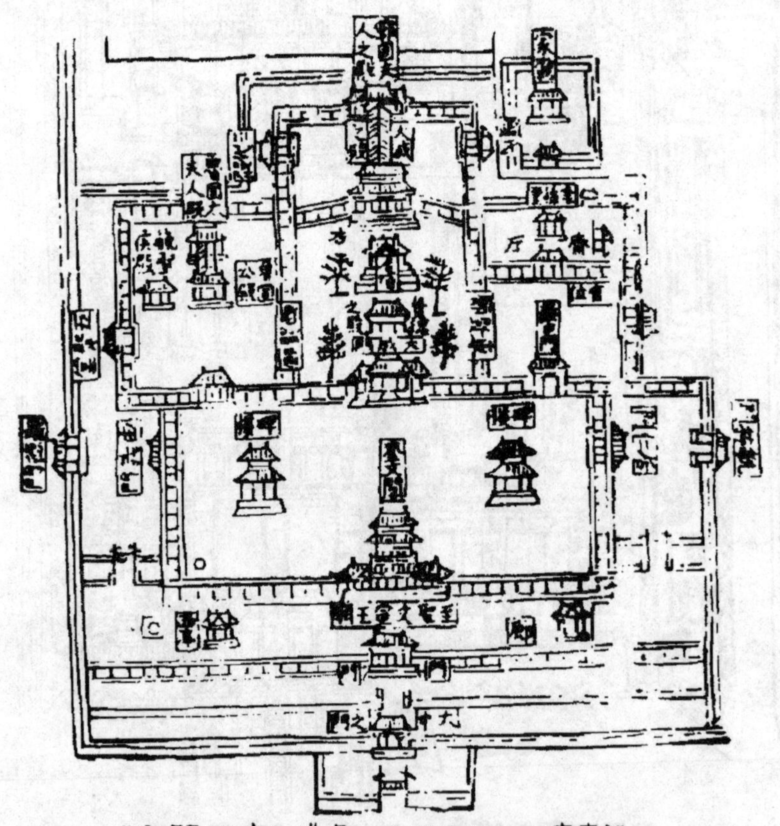

"金闕里廟制"圖——錄自孔氏祖庭廣記
TEMPLE OF CONFUCIUS IN CHÜ-FOU
DURING THE CHIN DYNASTY, 1115-1234
FROM K'UNG-SHIH TSU-T'ING KUANG-CHI

图2　山东曲阜阙里庙平面图

主廊，使平面为“工”字形。中岳庙之峻极殿与寝殿之间，阙里大成殿与郓国夫人殿之间，鲁国公殿与鲁国太夫人殿之间，莫不如此，盖至金代已成为极通常之布置也。至于庙垣四隅建角楼，亦为金代所常用。

殿宇　宋、辽、金木构，以佛殿为最多，均立于阶基之上，或单檐，或重檐；或四阿，或九脊顶。其结构方法大致上承唐代，下起元、明。如榆次永寿寺雨华宫、大同薄伽教藏、晋祠圣母庙正殿皆此类也。

楼阁　现存楼阁有独乐寺观音阁及大同善化寺普贤阁，大小虽悬殊，但其结构原则则大致相同，皆于下层斗栱之上立平坐，其上更立上层柱及枋额、斗栱、椽檐等。木塔结构在原则上亦与此完全相同。

厅堂　《营造法式》所谓厅堂，乃指“厦两头”（歇山）或“不厦两头造”（悬山）而言。属于此式者，有大同海会殿及佛光寺文殊殿两例；大同善化寺大雄宝殿东西两朵殿乃厅堂或廊屋之不施斗栱者。

大门　大门与殿宇厅堂之别，仅在中柱之施用。中柱在门平面之纵中线上，为安门扇之用。独乐寺山门及善化寺山门皆为此型实例。

碑亭　曲阜文庙金明昌间碑亭，重檐九脊顶，为国内最古碑亭实例。

佛塔　宋、辽、金佛塔计有下列六型：

1. 木塔，唯应县佛宫寺释迦塔一孤例。在结构原则上，与独乐寺观音阁大致相同。其柱之分配，为内外二周，其上安平坐，以承上层构架，五层相叠，至顶层覆以八角攒尖顶。正定天宁寺塔则下半为砖，上半为木。

2. 模仿多层木构之砖塔，其蓝本即为佛宫寺释迦塔之类。因地域之不同，又可分为二支型。（1）宋型：如苏州双塔、虎丘塔、杭州六和塔之类，每间比例较狭，角柱之间立槏柱以安门窗，多作壶门。与塔身比，斗栱比例颇大。檐部多用菱角牙子叠涩为檐。（2）辽型：如易县千佛塔、涿县南北二塔、辽宁白塔子塔。柱颇高，每间颇广阔，斗栱比例较小于宋型而模仿忠实过之。门均为圆券门，与宋型迥异其趣。

3. 模仿多层木构之石塔，如灵隐寺双石塔及闸口白塔，模仿至为忠实，但塔身小，实为一种雕刻品，在功用上实同经幢。至如泉州开元寺双塔则为正式建筑，其仿木亦唯肖逼真，但省去平坐，为木构中所少见耳。

4. 单层多檐塔，亦可分为二型：（1）仿木斗栱出檐型，第一层斗栱檐以上各层均砌斗栱，上出椽檐多层，如普寿寺塔、北平天宁寺塔、云居寺南塔，均属此型。（2）叠涩出檐型，其第一层檐仍用斗栱，但第二层以上均叠涩出檐，如易县圣塔院塔、涞水县西冈塔、热河大名城大小两塔、辽阳白塔，均属此型。

5. 窣堵坡顶塔，塔之下段与他型无大区别，多三层，其上塔顶硕大，如窣堵坡，河北房山云居寺北塔、蓟县白塔、易县双塔庵西塔、邢台天宁寺塔，皆属此型，此型之原始，或因建塔未完，经费不足，故潦草作大刹顶以了事，遂形成此式，亦极可能，但其顶部是否后世加建，尚极可疑。

6. 铁塔，其性质近于经幢，径仅一米余，比例瘦而高。铁质易锈，今保存最佳者，唯当阳玉泉寺铁塔。

墓塔，宋、辽、金墓塔大致仍遵唐之旧，以方形单层，单檐或多檐者为多，如登封少林寺宋宣和三年（公元1121年）普通禅师塔及金正隆二年（公元1157年）之西堂老师塔是。又有六角或方形，多层叠涩檐者，如少林寺大定十九年（公元1179年）之海公塔是。此外如金祯祐三年（公元1215年）之衍公长老窣堵坡，则仅为不规则椭圆球形墓表，不足称为塔也。

墓室 经著者测绘者仅四川宜宾一孤例。

桥 赵县小石桥为年代准确之金代桥。但桥形制特殊，不可以为当时一般造桥方法之典范也。

二 细节分析

阶基及踏道 宋代木构皆有阶基，然莫不屡经后世修砌，其能确实保存外表原形者，恐无一实例，仅得知其高广之大致耳。济源济渎庙渊德殿遗基，恐亦非原形矣。《营造法式》对于阶基之尺寸，无比例之规定。宋辽木构之阶基，或甚低偏，如正定摩尼殿、榆次永寿寺、独乐寺观音阁山门等均是。然有承以崇伟之阶基者，如大同华严寺大雄宝殿及薄伽教藏、善化寺大雄宝殿皆此类也。赵宋诸塔，阶基均矮，辽、金诸塔则多高基，而尤以辽、金式单层多檐塔，对于阶基最为注重，其最下层土衬及方涩之上，先为须弥座一层，其上更立平坐斗栱，平坐之上绕以勾栏，更上为仰莲座以承塔身。须弥座及平坐束腰壸门之内大多饰以狮子；勾栏均为斗子蜀柱，其华板以钩片为最通常图案，亦有用其他类似万字之华纹者，勾栏每间之内，巡杖以下，盆唇以上，作类似地霞之华板以托巡杖，亦为辽塔常见之例，至如金建白马寺塔，其塔身以上虽富于唐代作风，然其下高基，则辽、金之特征也。

阶基前之踏道，宋代乃有设东西二阶者，渊德殿阶基，为现存东西阶之唯一实例。此外如金中岳庙图，其峻极殿亦画东西阶，足证此式当时尚极普遍。《营造法式》踏道之制，两侧三角形内多作逐层减退之池槽，名曰“象眼”，嵩山少林寺初祖庵踏道即作此式。

平坐及勾栏　平坐实例木构者见于独乐寺观音阁、应县木塔、大同普贤阁等处。其平坐柱均将下端叉于下层斗栱之上，其上施阑额，普拍枋为其必有之一部。砖塔上所砌平坐，仅皆砌其外表，平坐斗栱均只出杪，不用昂，法式所举缠柱造，左右各出附角斗一枚，别出铺作一缝，及用上昂之制，均未见于实例。

平坐之上多施勾栏，唐以前之斗子蜀柱钩片华板之制，已不为唯一图案。独乐寺观音阁勾栏仍用此制。应县木塔平坐勾栏亦用斗子蜀柱，但华板无华。其扶梯勾栏则不用华板而用卧棂，至如大同薄伽教藏内壁藏，则华板花纹有几何图案多种，辽金塔坐勾栏上最普遍之样式，于巡杖、盆唇之间按斗子地霞，则为前所未见。赵县小石桥明刻勾栏，尚存此式焉。

柱及柱础　《营造法式》造柱之制，有梭柱、直柱之别，其梭柱将柱之上三分之一卷杀，如欧洲古典式柱之Entasis，柱头紧杀如覆盆样。现存木构，其用木柱者，以直柱为多，但柱头均略有卷杀。石柱遗例不多，初祖庵所用八角柱上径较下径微收，但无卷杀，柱面刻各种花纹。苏州双塔寺大殿残石柱，虽有卷杀，但残破难加细测。长青灵岩寺大雄宝殿，其柱有显著之卷杀，但柱头不“紧杀如覆盆”；柱身断面作十余凹入瓣，上下为槽，与希腊陶立克式柱极相似。唯灵隐寺双塔及闸口白塔，则柱身之下三分之二大体垂直，上段有显著之卷杀，与《营造法式》梭柱之规定，大致相符。

至于用柱之制，《营造法式》规定有角柱平柱加高之生起，及柱首微侧向内之侧脚两法，几为宋代不易之定则。

河北、山西境内宋、辽、金柱础，以平础不出覆盆为最多；但如佛光寺文殊殿内柱，则用莲瓣覆盆，故亦非绝不用者。长青灵岩寺大殿柱础则覆盆雕山水龙纹。江南柱础几无不用覆盆，其上且加櫍，如苏州双塔寺大殿址柱础，覆盆雕卷草花纹，其上并櫍同雕出。吴县甪直保圣寺大殿遗址柱础多枚，雕饰精美，宋代柱础之佳例也。

《营造法式》造柱础之制，规定础方为柱径之倍，覆盆高为础方十分之一，盆唇厚为覆盆高十分之一。现存诸例大致与此相符。至于仰覆莲花柱础，则尚未见实例也。

门窗　大同华严寺大雄宝殿之门，为可贵之遗物。其装门之法，先按门之高宽安门额及门颊，其内饰以壸门牙子，两侧施腰串，装余塞板，额上安格子窗，门扇每扇具门钉七列，每列各九枚，佛光寺文殊殿则于门之两侧及门额以上均安板。额上用门簪两枚以安鸡栖木，其门簪扁而长，与《营造法式》规定之方形门簪用四枚者迥异其趣。其版门门钉，则仅四行，行各七钉而已。

江南诸塔表面模仿木构形者，其门多不发券而叠涩作成壸门牙子形，较辽塔之作圆券者调和。至于塔身砌作假门者，或作板门，或作隔扇。宋、辽门簪均二枚；至金代遗例，已增至四枚。

与地栿相交以承门轴之门砖石，则为砖塔假门所必有，而木构实例反多不用者。

窗之实例以直棂窗为最多，但亦有用菱形或方格者。《营造法式》所见各式图样，尚未见之实例也。

斗栱之结构与权衡　至宋代而发达至于成熟，其各件之部位大小已高度标准化，但其组成又极富变化。按《营造法式》之规定，材分八等，各有定度："各以材高分为十五分，以十分为其厚"，以六分为栔，斗栱各件之比例，均以此材栔分为度量单位。其各栱及斗之规定长度，及出跳长度，直至清代尚未改变焉。

就实例言，其在燕云边壤者，尚多存唐风，如独乐寺观音阁、应县木塔、奉国寺大殿等，其斗栱与柱高之比例，均甚高大；斗栱之高，竟及柱高之半。至宋初实例，如榆次永寿寺雨华宫、晋祠大殿等，则在斫割卷杀方面较为柔和，比例则略见减缩。北宋之末，如初祖庵，及《营造法式》之标准样式，则斗栱之高仅及柱之七分之二，在比例上更见缩小。至于南宋及金，如苏州三清殿、大同善化寺三圣殿及山门等，斗栱比例更小，在此三百年间，即此一端已可略窥其大致。

在铺作之组成方面，因出杪出昂，单栱重栱，计心偷心，而有各种不同之变化。实物所见，有下列诸种：

1. 单杪下附半栱，见于大同海会殿及应县木塔顶层。

2. 双杪单栱偷心，独乐寺山门双杪重栱计心，大同薄伽教藏、宝坻三大士殿等。

3. 三杪重拱计心，应县木塔平坐。

4. 三杪单拱计心，正定转轮藏殿平坐。

5. 单昂，苏州三清殿下檐。

6. 单杪单昂偷心，榆次永寿寺。

7. 单杪单昂偷心，昂形耍头，正定摩尼殿、转轮藏殿。

8. 双杪双昂重栱偷心，独乐寺观音阁及应县木塔。

9. 双杪三昂重栱计心，正定转轮藏殿转轮藏（小木作）。

10. 转角铺作附角斗加铺作一缝，大同善化寺大雄宝殿、华严寺大雄宝殿。

11. 内槽斗栱用上昂，苏州三清殿。

12. 双杪或三杪与斜华栱相交，大同善化寺大雄宝殿及三圣殿，华严寺大雄宝殿。

13. 内槽转角铺作，栱自柱出，不用栌斗，苏州三清殿。

14. 初间铺作之下施矮柱，其下或更施驼峰，大同薄伽教藏、蓟县独乐寺山门、宝坻三大士殿等。

至于斗栱之各部，其为宋代所初见，或为后世所无或异其形制者，有下列诸项：

1. 斜栱即上文（十二）所述。

2. 下昂，其后尾挑起，以承下平榑，或压于栿下。为一种杠杆作用，如永寿寺、初祖庵等。明、清以后，昂尾即失去其机能。成为一种虚饰。

3. 昂形耍头与令栱相交，在通常耍头位置，其前作昂嘴形，后尾挑起为杠杆，其功用与昂无异，正定转轮藏殿、晋祠大殿及献殿均为此例。

4. 华头子，自斗口出以承昂之两卷瓣，明、清以后即不见。

5. 替木在令栱之上以承槫接缝处，亦明、清以后所无。

斗栱各部之卷杀，宋代较唐代为柔和。唐代直线斜杀之批竹昂，在时期上唯宋初，在地域仅晋冀北部见之。天圣间建之晋祠大殿献殿及约略与之同时之龙兴寺转轮藏殿，昂嘴虽直杀，但更削两侧如琴面。北宋中叶以后昂嘴鰤入如弧线。乃成惯例。斗栱最上层伸出之耍头，后世多作蚂蚱头形者，在宋代遗例中，或直斫，或斜杀如批竹昂，或作霸王拳，或作翼形，或作夔龙头等等，颇富于变化。至于栱头卷杀，分瓣已成定则，但瓣数未必尽同《营造法式》所规定耳。

模仿木构之砖塔，在斗栱之仿砌上，较之唐代更进一步。唐代砖塔仅作把头绞项作（即一斗三升），但宋代砖塔则砌砖出跳，至二跳三跳不等。其在辽、金地域以内者，斜栱且已成为常见部分。然因材料之限制，下昂终未见以砖砌制者也。至于杭州灵隐寺及闸口之石塔，以材料为石质，乃能镌出昂嘴形，模仿木构形制，更为逼真。

构架 就柱梁之分配着眼，《营造法式》规定及实物所见均极富变化。

1. 外檐柱多分间周列，其侧脚及角柱之生起，凡此期实物，无不见之，内柱则视情形之不同，可以酌量撤减。其内柱全数按缝排列，一柱不减，如苏州三清殿者，在宋代较大殿堂中至为罕见。至若佛光寺文殊殿、济源奉仙观大殿及大同善化寺三圣殿，将内柱减少至无可再减，而以特殊巧技之梁架解决其因而产生之困难，亦特殊之罕例也。

2. 在梁架之施用上，多视殿屋之深，依其椽数及柱之分配，定其梁之长短及配合法。除实物中所见特殊实例，如善化寺大雄宝殿之以前后二栿之一部分相叠，以及前条所举数例外，法式图样即有侧样二十余种，其变化几无穷尽也。

3. 梁栿有明栿与草栿之别，若有平綦，则屋盖之重由草栿承托，如独乐寺观音阁；若“彻上露明造”，则用明栿负重，如宝坻三大士殿、独乐寺山门、永寿寺雨华宫等等。明栿又有月梁与直梁之别，直梁较为普通，月梁见于善化寺山门，较为佛光寺大殿之唐例，及清式之规定，均略为低偏，其梁底𩑶起亦较甚。在年代虽与《营造法式》相近，但在形制上则反与唐例相似，梁横断面高宽之比例，在宋初近于二与一，至宋中叶，则近三与二，至明清乃成五与四或六与五之比矣。

4. 宋代平梁之上，皆立侏儒柱以承脊槫，但两则仍挟以叉手，以与唐代之有叉手而无侏儒柱，及明、清之有侏儒而无叉手，诸实例相较，其演变程序固甚显然。

5. 举折之制。《营造法式》“看详”谓：“今采举屋制度，以前后橑檐枋心相去远近分为四分，自橑檐枋背上至脊槫背上，四分中举起一分”；其卷五本文则改定为三分中举起一分，今就实物比较，宋初及辽以近于四分举一者为多，如永寿寺雨华宫、大同薄伽教藏、海会殿等是，至北宋末及南宋、金则近于三分举一，如善化寺山门及三圣殿是也。

6. 阑额、普拍枋。普拍枋虽已见于唐初，然至北宋末，尚有省而不用者，如初祖庵是也，其用普拍枋者，则早者扁而宽，如薄伽教藏，与阑额在断面上作T字形，其后渐加厚，如大同善化寺三圣殿及山门，普拍枋、阑额所出无几。至明、清则普拍枋竟狭于阑额矣。

7. 宋代各槫缝下，均施襻间一材或二三材，所以辅槫之不足。襻间与槫之间，更施斗栱以相支撑联络，其制见于《营造法式》及实物。实物之中最特殊者，莫如佛光寺文殊殿所见，其槫下以内额承托次间梁缝，因而构成类似Truss之构架，为仅见之孤例。

平棊、平暗及斗八藻井　平暗作正方格，唐末宋初者格甚小，如佛光寺大殿及独乐寺观音阁。平棊作长方形，如大同薄伽教藏。斗八藻井施之于平棊或平暗之内，其下或饰以斗栱，如应县净土寺大殿；或无斗栱，如观音阁、薄伽教藏、应县木塔皆是也。

角梁及檐椽　角梁两重已成定则，宋代大角梁为一直料，下端作蝉肚或卷瓣。子角梁折起，其梁头斜杀。檐椽及飞椽亦不杀檐椽而杀飞檐。但卷杀子角梁及飞椽之制，明、清官式已不用矣。砖塔檐部，无斗栱者完全叠涩出檐，如宜宾白塔及洛阳白马寺塔；有斗栱者或作木檐形，如易县千佛塔、涿县普寿寺塔等；多见于北方，为辽、金特征；有在斗栱之上砌菱角牙子及版檐槫，与叠涩檐约略相同者，如苏州虎丘塔及双塔，多见于江南。然亦有出木檐者，如苏州瑞光寺塔及正定天宁寺木塔，其配合法实无定则也。

扶梯 独乐寺观音阁及佛宫寺木塔均保存原有扶梯，观音阁曾略经后世修改，而木塔梯则尚完全保存原状。其梯之结构，以两颊夹安踏板及促板，梯之斜度大致为四十五度，颊上安斗子蜀柱勾栏不施华板，而用卧棂一条。其制度与《营造法式》所定者大致相同，但《营造法式》勾栏已加高，卧棂之数亦用至三条之多，不若古式之妥稳淳朴也。

屋顶 四阿顶为宋代最尊贵之屋顶，《营造法式》亦称"吴殿"，即清所称"庑殿"是也。《营造法式》谓"八椽五间至十椽七间，并两头增出脊槫各三尺"，使垂脊近顶处向外弯曲 即清式推山之制之滥觞也。但宋、辽诸例，如三大士殿及大同华严寺、善化寺正殿等，皆无推山。九脊殿位次于四阿一等，盖为"不厦两头"与四阿联合而成者，清式称之曰"歇山"，其两头梁架露明，自外可见，搏风板下且饰以悬鱼、惹草等，不若清式之掩以山花板。观音阁、薄伽教藏、晋祠献殿皆其实例也。"不厦两头"者清式称为"悬山"或"挑山"。于两山墙之外出际。如大同海会殿及佛光寺文殊殿是也。正定摩尼殿身重檐歇山顶，而于四面另加歇山顶抱厦，为后世所少见。

瓦及瓦饰 《营造法式》瓦作有筒瓦、瓪瓦之别：筒瓦施之于殿阁、厅堂、亭榭等；瓪瓦施之于厅堂及常行屋舍。更视屋之大小等第，分瓦之大小为若干种。其屋脊由瓪瓦多层叠砌而成，以屋之大小定层数之多寡。其脊之两端施鸱尾。垂脊之上用兽头、蹲兽、傧伽等。各等所用大小与件数，制度均甚严密。唯现存实物，无全部保存原状者。独乐寺山门鸱尾，其尾卷起向内，外缘作鳍形，为鸱尾最古实例。薄伽教藏内壁藏上木雕鸱尾与独乐寺山门鸱尾完全相同，足证为当时样式，但薄伽教藏殿及华严寺大雄宝殿、宝坻三大士殿，则鸱尾之轮廓成为约略上小下大之长方形，疑为宋中叶以后或金代样式，永寿寺雨华宫鸱尾亦略似此式而曲线较多，恐已非原物，但其脊之构造，以瓦叠成，则仍宋代方法也。

雕饰 瓦饰本亦为雕饰之一种。除瓦饰外，宋代之建筑雕饰，可分为雕刻与彩画两类。

1. 雕刻柱础雕饰实例最多。其华纹或作莲瓣，或作龙凤云水纹，如甪直保圣寺、苏州双塔寺、长清灵岩寺所见。石柱雕饰，有作卷草纹者，如苏州双塔寺大殿遗址所见。有作佛、道像者，少林寺初祖庵石柱。至如墙脚须弥座雕饰，见于初祖庵及六和塔。佛像及经幢须弥座，饰以间柱、壶门内浮雕飞仙乐伎等，如正定龙兴寺大悲阁像座及赵县幢须弥座，皆此式之翘楚也。

2. 彩画。《营造法式》彩画作制度甚为谨严，图样亦极多。其基本方法，乃以蓝、绿、红三色为主，其色之深浅，则用退晕之法，至清代尚沿用之法也。其图案虽已高度程式化，但不若清式之近于几何形。民国十四年本《营造法式》彩画图样着色颇多错误之处，不足为例，尚有待于改正再版。至于实例，唯义县奉国寺、大同薄伽教藏尚略存原形，但多已湮退变色，或经后世重描，已非当时予人之印象矣。

元、明、清建筑特征之分析

一 建筑类型

城市设计 元、明、清三朝，除明太祖建都南京之短短二十余年外，皆以今之北平为帝都。元之大都为南北较长东西较短之近正方形，在城之西部，在中轴线上建宫城；宫城西侧太液池为内苑。宫城之东西北三面为市廛民居，京城街衢广阔，十字交错如棋盘，而于城之正中立鼓楼焉。城中规模气象，读《马可波罗行记》可得其大概。明之北京，将元城北部约三分之一废除，而展其南约里许，使成南北较短之近正方形，使皇城之前驰道加长，遂增进其庄严气象。及嘉靖增筑外城，而成凸字形之轮廓，并将城之全部砖甃，城中街衢冲要之处，多立转角楼牌坊等，而直城门诸大街，以城楼为其对景，在城市设计上均为杰作〈图1〉。

图1 北平城门

元、明以后，各地方城镇，均已形成后世所见之规模。城中主要街道多为南北、东西相交之大街。相交点上之钟楼或鼓楼，已成为必具之观瞻建筑，而城镇中心往往设立牌坊，庙宇之前之戏台与照壁，均为重要点缀。

平面布置，在我国传统之平面布置上，元、明、清三代仅在细节上略有特异之点。唐、宋以前宫殿庙宇之迴廊，至此已加增其配殿之重要性，致使廊屋不呈现其连续周匝之现象。佛寺之塔，在辽、宋尚有建于寺中轴线上者，至元代以后，除就古代原址修建者外，已不复见此制矣。宫殿、庙宇之规模较大者胥增加其前后进数。若有增设偏院者，则偏院自有前后中轴线，在设计上完全独立，与其侧之正院鲜有图案关系者。观之明、清实例，尤为显著，曲阜孔庙，北平智化寺、护国寺皆其例也。

至于各个建筑物之布置，如古东、西阶之制，在元代尚见一、二罕例，明以后遂不复见。正殿与寝殿间之柱廊，为金代建筑最特殊之布置法，元代尚沿用之，至明、清亦极罕见。而清宫殿中所喜用之“勾连搭”以增加屋之进深者，则前所未见之配置法也。

就建筑物之型类言，如殿宇、厅堂、楼阁等，虽结构及细节上有特征，但均为前代所有之类型。其为元、明、清以后所特有者，个别分析如下：

城及城楼 城及城楼，实物仅及明初，元以前实物，除山东泰安县岱庙门为可疑之金、元遗构外，尚未发现也。山西大同城门楼，为城楼最古实例，建于明洪武间，其平面凸字形，以抱厦向外，与后世适反其方向，北平城楼为重层之木构楼，其中阜成门为明中叶物，其余均清代所建。北平角楼及各瓮城之箭楼、闸楼，均为特殊之建筑型类，甃以厚墙，墙设小窗，为坚强之防御建筑，不若城楼之纯为观瞻建筑也。至若皇城及紫禁城之门楼角楼，均单层，其结构装饰与宫殿相同，盖重庄严华贵，以观瞻为前提也。

砖殿 元以前之砖建筑。除墓藏外，鲜有有穹隆或筒券者。唐、宋无数砖塔除以券为门外，内部结构多叠涩支出，未尝见真正之发券。自明中叶以后，以筒券为殿屋之风骤兴，如山西五台山显庆寺、太原永祚寺、江苏吴县开元寺、四川峨眉山万年寺，均有明代之无梁殿，至于清代则如北平西山无梁殿〈图2〉及北海、颐和园等处所见，实例不可胜数，此法之应用，与耶稣会士之东来有无关系，颇堪寻味。

佛塔 自元以后，不复见木塔之建造。砖塔已以八角平面为其标准形制，隅亦有作六角形者，仅极少数例外，尚作方形。塔上斗栱之施用，亦随木构比例而缩小，于是檐出亦短，佛塔之外轮廓线上已失去其檐下深影之水平重线。在塔身之收分上，各层相等收分，外线已鲜见唐、宋圆和卷杀，塔表以琉璃为饰，亦为明、清特征。瓶形塔之出现，为此期佛塔建筑一新献，而在此数百年间，各时期亦各有显著之特征。元、明之塔座，用双层须弥座，塔肚肥圆，十三天硕大，而清塔则须弥座化为单层，塔肚渐趋瘦直，饰以眼光门，十三天瘦直如柱，其形制变化殊甚焉。

陵墓 明、清陵墓之制，前建戟门享殿，后筑宝城宝顶，立方城明楼，皆为前代所无之特殊制度。明代戟门称棱恩门，享殿称“棱恩殿”；清代改棱恩曰“隆恩”。明代宝城，如南京孝陵及昌平长陵，其平面均为圆形，而清代则有正圆至长圆不等。方城明楼之后，以宝城之一部分作

图2 北平西山无梁殿

月牙城，为清代所常见，而明代所无也。然而清诸陵中，形制亦极不一律。除宝顶之平面形状及月牙城之可有可无外，并方城明楼亦可省却者，如西陵之慕陵是也。至于享殿及其前之配置，明清大致相同，而清代诸陵尤为一律。

清代地宫据样式房雷氏图，有仅一室一门，如慕陵者，亦有前后多重门室相接者，则昌陵、崇陵皆其实例也。

桥 明、清以后，桥之构造以发券者为最多，在结构方法上，已大致标准化，至清代而并其形制比例亦加以规定[①]，故北平附近清代官建桥梁，大致均同一标准形式。至于平板石桥、索桥、木桥等等，则多散见于各地，各因地势材料而异其制焉。

民居 我国对于居室之传统观念，有如衣服鲜求其永固，故欲求三四百年以上之住宅，殆无存者，故关于民居方面之实物，仅现代或清末房舍而已。全国各地因地势及气候之不同，其民居虽各有其特征，然亦有其共征，盖因构架制之富于伸缩性，故能在极端不同之自然环境下，适宜应用。已详上文，今不复赘。

牌楼 宋、元以前仅见乌头门于文献，而未见牌楼遗例。今所谓牌楼者，实为明、清特有之建筑型类。明代牌楼以昌平明陵之石牌楼为规模最大，六柱五间十一楼，唯为石建，其为木构原型之变型，殆无疑义，故可推知牌楼之形成，必在明以前也。大同旧镇署前牌楼，四柱三间，其斗栱、檐栱横贯全部，且作重檐，审其细节似属明构。清式牌楼，亦由官定则例[②]，有木、石、琉璃等不同型类。其石牌坊之做法，与明陵牌楼比较几完全相同。

庭园 我国庭园虽自汉以来已与建筑密切联系，然现存实物鲜有早于清初者。宫苑庭园除圆明园已被毁外，北平三海及热河行宫为清初以来规模；北平颐和园则清末所建。江南庭园多出名手，为清初北方修建宫苑之蓝本。

---

① 王璧文《清官式石桥做法》。

② 梁思成《营造算例》，刘敦桢《牌楼算例》。

二 细节分析

阶基及踏道 元、明、清之阶基除最通常之阶基外，特殊可注意者颇多。安平圣姑庙全部建于高台之上，较大同华严寺、善化寺诸例尤为高峻，且全庙各殿，均建于台上，盖非可作通常阶基论也。曲阳北岳庙德宁殿及赵城明应王殿阶基比例亦颇高。正定阳和楼之砖台则下辟券门，如城门之制，明、清二代如长陵棱恩殿、太庙前殿及北平清故宫诸殿均用三层或重层白石陛，绕以白石栏杆，而殿本身阶基亦多作须弥座，饰以雕华，至为庄严华丽。至若天坛圜丘，仅台三层，绕以白石栏杆，尤为纯净雄伟。宫殿阶陛之前侧各面，多出踏道一道或三道，其居中踏道之中部，更作御路，不作阶基，但以石板雕镌龙凤云水等纹，故宫太和门太和殿阶陛栏杆及踏道之雕饰，均称精绝。

勾栏 元代除少数佛塔上偶见勾栏，大致遵循辽、金形制外，实物罕见。明、清勾栏，斗子蜀柱极为罕见。较之宋代，在比例上石栏杆趋向厚拙，木栏杆较为纤弱。《营造法式》木石勾栏比例完全相同，形制无殊。明、清官式勾栏，每版仅将巡杖以下荷叶墩之间镂空，其他部分自巡杖以至华板仅为一厚石板而已。每版之间均立望柱，故所呈印象望柱如林，与宋代勾栏所呈现象迥异。至若各地园庭池沼则勾栏样式千变万化，极饶趣味[①]，河北赵县永通桥上明正德间栏板则尚作斗子蜀柱，及斗子驼峰以承巡杖，有前期遗风，为仅有之孤例。

柱及柱础[②] 自元代以后，梭柱之制仅保留于南方，北方以直柱为常制矣。宣平延福寺元代大殿内柱，卷杀之工极为精美，柱外轮线圆和，至为悦目。柱下复用木櫍石础，如宋《营造法式》之制，北地官式用柱，至清代而将径与高定为一与十之比，柱身仅微收分，而无卷杀。柱础之上雕为鼓镜，不加雕饰。但在各地则柱之长短大小亦无定则。或方或圆随宜选造。而柱础之制江南巴蜀率多高起，盖南方卑湿，为隔潮防腐计，势所使然，而柱础雕刻，亦多发展之余地矣。

---

① 梁思成、刘致平《建筑设计参考图集》第二集石栏杆。

② 梁思成、刘致平《建筑设计参考图集》第七集柱础。

文庙建筑之用石柱为一普遍习惯，曲阜大成殿、大成门、奎文阁等等均用石柱，而大成殿蟠龙柱尤为世人所熟识。但就结构方法言，石柱与木合构，将柱头凿卯以接受木阑额之榫头，究非用石之道也。

门窗[①] 造门之制，自唐、宋迄明、清，在基本观念及方法上几全无变化。《营造法式》小木作中之版门及合版软门，尤为后世所常见。其门之安装，下用门枕，上用连楹以安门轴，为数千年来古法。连楹则赖门簪以安于门额，唯唐及初宋门簪均为两个，北宋末叶以后则四个为通常做法。门板上所用门钉，古者仅用以钉门于横楅，至明、清而成为纯粹之装饰品矣。

屋内隔扇所用方格球纹、菱纹等图案，已详见于《营造法式》，为明、清宫殿所必用。《营造法式》所有各种直棂或波纹棂窗，至清代仅见于江南民居，而为官式所鲜用。清式之支摘窗及槛窗，则均未见于宋、元以前。在窗之设计方面，明、清似较前代进步焉。江南民居窗格纹样，较北方精致纤巧，颇多图案极精，饶有风趣者。

长春园欧式建筑之窗均为假窗，当时欧式楼观之建筑，盖纯为园中“布景”之用，非以兴居游宴寝处者，故窗之设亦非为通风取光而作也。

斗栱[②] 就斗栱之结构言，元代与宋应作为同一时期之两阶段观。元之斗栱比例尚大，昂尾挑起，尚保持其杠杆作用，补间铺作朵数尚少，每间两朵为最常见之例，曲阳德宁殿、正定阳和楼所见均如是。然而柱头铺作耍头之增大，后尾挑起往往自耍头挑起，已开明、清斗栱之挑尖梁头及溜金斗起秤杆之滥觞矣。

明、清二代，较之元以前斗栱与殿屋之比例，日渐缩小。斗栱之高，在辽、宋为柱高之半者，至明、清仅为柱高五分或六分之一。补间铺作日见增多，虽明初之景福寺大殿及社稷坛享殿亦已增至四朵、六朵，长陵棱恩殿更增至八朵，以后明、清殿宇当心间用补间铺作八朵，几已成为定律。补间铺作不唯不负结构荷载之劳，反为重累，于是阑额（清称额枋）在比例上渐趋粗大；其上之普拍枋（清称“平板枋”[③]），则须缩

① 陈仲篪《识小录》，见《中国营造学社汇刊》第六卷第二期。

② 梁思成、刘致平《建筑设计参考图集》第四集、第五集斗栱。

③ “平板枋”为“普拍枋”之正写，此枋木扁置，故曰“平板枋”。“普拍”是南方人对“平板”的发音，北方匠人不解其含义，误记其音为“普拍”。——杨鸿勋注

小，以免阻碍地面对于纤小斗栱之视线，故阑额与普拍枋之关系，在宋、金、元为T形者，至明而齐，至明末及清则反成凸字形矣。

在材之使用上，明清以后已完全失去前代之材栔观念而仅以材之宽为斗口。其材之高则变为二斗口（二十分），不复有单材足材之别。于是柱头枋上，往往若干材“实拍”累上，已将栔之观念完全丧失矣。

在各件之细节上，昂之作用已完全丧失，无论为杪或昂均平置。明、清所谓之“起秤杆”之溜金斗，将耍头或撑头木（宋称“衬枋头”）之后尾伸引而上，往往多层相叠，如一立板，其尾端须特置托斗枋以承之，故宋代原为荷载之结构部分者，竟亦论为装饰累赘矣。柱头铺作上之耍头，因为梁之伸出，不能随斗栱而缩小，于是梁头仍保持其必需之尺寸，在比例上遂显庞大之状，而挑尖梁头遂以形成〈图3〉。

构架[①] 柱梁构架在唐、宋、金、元为富有机能者，至明、清而成单调少趣之组合，在柱之分配上，大多每缝均立柱，鲜有抽减以减少地面之阻碍而求得更大之活动面积者。梁之断面，日趋近正方形，清式以宽与高为五与六之比为定则，在力学上殊不合理。梁架与柱之间，大多直接卯合，将斗栱部分减去，而将各架槫亦直接置于梁头，结构简单化，可谓为进步。明栿、草栿之别，至明、清亦不复存在，无论在其平暗之上、下，均做法相同。月梁偶只见于江南，官式则例已不复见此名称矣。

平梁之上，唐以前只立叉手承脊槫，宋、元立侏儒柱，辅以叉手，明、清以后，叉手已绝，而脊槫之重，遂改用侏儒柱（脊瓜柱）直接承托。

举折之制，至清代而成举架，盖宋代先定举高而各架折下，至清代则例则先由檐步按五举、六举、七举、九举递加，故脊槫之高，由各架递举而得之偶然结果，其基本观念，亦与前代迥异也。

藻井[②] 平棊样式至明、清而成比例颇大之方井格，其花纹多彩画团花、龙凤为多，称“天花板”。藻井样式明代喜以斗栱构成复杂之如意斗栱，如景县开福寺大殿及南溪旋螺殿所见。至如太和殿之蟠龙藻井，雕刻精美，为此式中罕有之佳例。

---

① 梁思成《清式营造则例》。

② 梁思成、刘致平《建筑设计参考图集》第十集藻井。

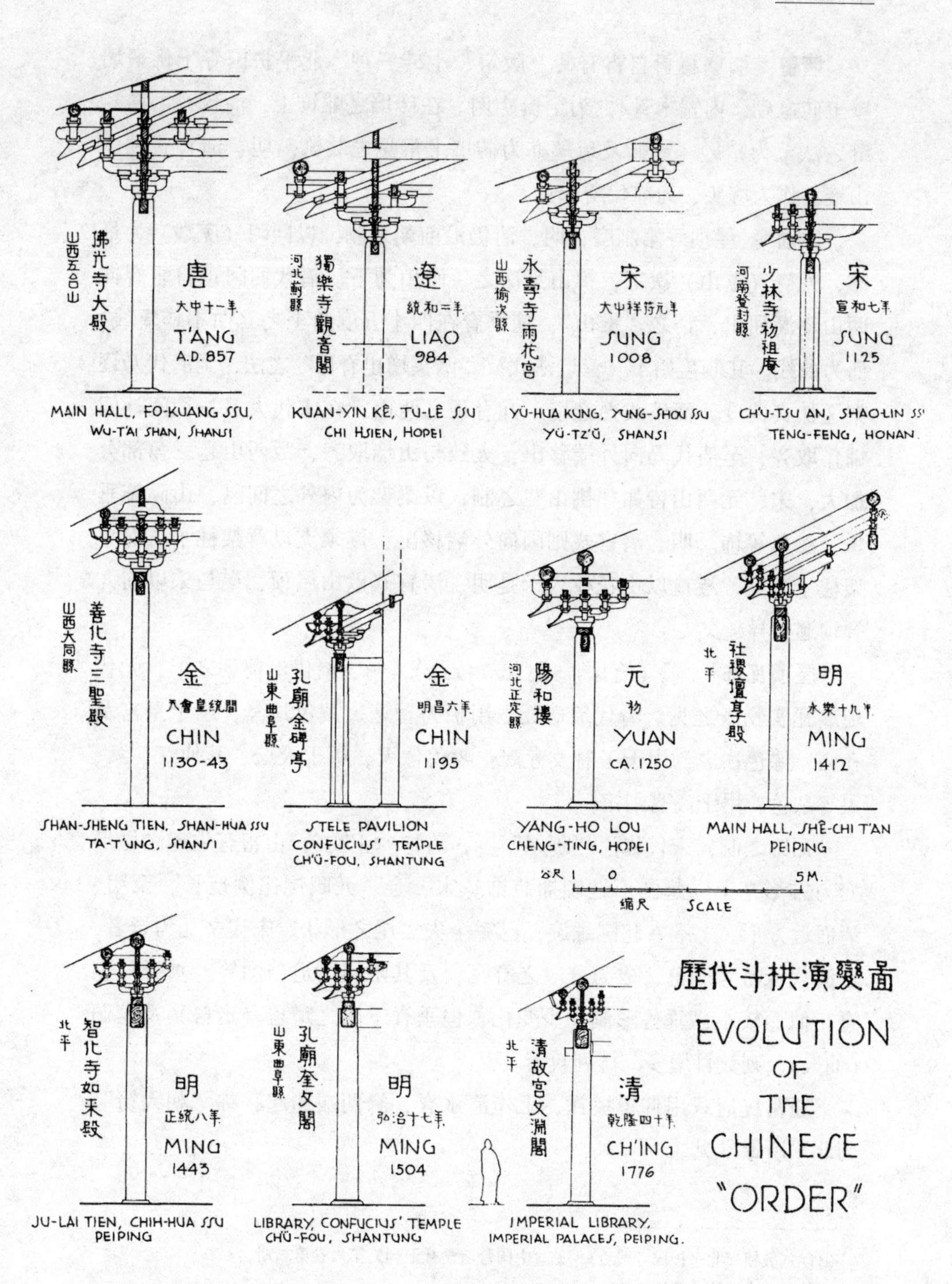
山西五台山
佛光寺大殿
唐
大中十一年
T'ANG
A.D. 857
MAIN HALL, FO-KUANG SSU,
WU-T'AI SHAN, SHANSI
河北薊縣
獨樂寺觀音閣
遼
統和二年
LIAO
984
KUAN-YIN KÊ, TU-LÊ SSU
CHI HSIEN, HOPEI
山西榆次縣
永壽寺雨花宮
宋
大中祥符元年
SUNG
1008
YÜ-HUA KUNG, YUNG-SHOU SSU
YÜ-TZ'Ü, SHANSI
河南登封縣
少林寺初祖庵
宋
宣和七年
SUNG
1125
CH'U-TSU AN, SHAO-LIN SSU
TENG-FENG, HONAN.
山西大同縣
善化寺三聖殿
金
天會皇統間
CHIN
1130-43
SHAN-SHENG TIEN, SHAN-HUA SSU
TA-T'UNG, SHANSI
山東曲阜縣
孔廟金碑亭
金
明昌六年
CHIN
1195
STELE PAVILION
CONFUCIUS' TEMPLE
CH'Ü-FOU, SHANTUNG
河北正定縣
陽和樓
元
初
YUAN
CA. 1250
YANG-HO LOU
CHENG-TING, HOPEI
北平
社稷壇享殿
明
永樂十九年
MING
1412
MAIN HALL, SHÊ-CHI T'AN
PEIPING
公尺 1 0 5M.
縮尺 SCALE
北平
智化寺如來殿
明
正統八年
MING
1443
JU-LAI TIEN, CHIH-HUA SSU
PEIPING
山東曲阜縣
孔廟奎文閣
明
弘治十七年
MING
1504
LIBRARY, CONFUCIUS' TEMPLE
CHÜ-FOU, SHANTUNG
北平
清故宮文淵閣
清
乾隆四十年
CH'ING
1776
IMPERIAL LIBRARY,
IMPERIAL PALACES, PEIPING.
歷代斗栱演變圖
EVOLUTION
OF
THE
CHINESE
"ORDER"

图3 历代斗栱演变图

墙壁 墙壁材料自古有砖、版筑、土砖三种。北平护国寺千佛殿墙壁土砖垒砌，内置木骨[①]，为罕贵实例。在砖墙之雕饰上，清代有磨砖对缝之法至为精妙。雕砖及琉璃亦为砖墙上常见之装饰。明、清官式硬山山墙，作为墀头，为前代所未见。

屋顶[②] 屋顶等第制度，明、清仍沿前朝之制，以四阿（庑殿）为最尊，九脊（歇山）次之，挑山又次之，硬山为下。清代四阿顶将垂脊向两山逐渐屈出，谓之"推山"，使垂脊在四十五度角上之立面不作直线，而为曲线。其制盖始于《营造法式》"两头增出脊槫"之法，至清代乃逐架递加其曲度，而臻成熟之境。九脊顶之两山，在宋代大多与稍间补间铺作取齐，至清代乃向外端移出，大致与山墙取齐，故两山之三角部分加大，宋、元两山皆如"挑山"之制，以梁架为内外之间隔，山际施垂鱼、惹草等饰。明、清官式则因向外端移出，遂须支以草架柱子，而草架柱子丑陋，遂掩以山花板。于是明、清官式歇山屋顶，遂与宋以前九脊顶迥然异趣矣。

屋顶瓦饰[③] 甋（筒瓦）、瓪瓦（板瓦），明、清仍沿前朝之旧，元代琉璃瓦实物未之见。清代琉璃瓦之用极为普遍。黄色最尊，用于皇宫及孔庙；绿色次之，用于王府及寺观；蓝色像天，用于天坛。其他红、紫、黑等杂色，用于离宫别馆。

瓦饰之制，宋代称为"鸱尾"者，清称"正吻"，由富有生趣之尾形变为方形之上卷起圆形之硬拙装饰。宋、金、元鸱尾比例瘦长，至明、清而近方形，上端卷起圆螺旋，已完全失去尾之形状。宋代垒瓦为脊者，至清代皆特为制范，成为分段之脊瓦，及其附属线道当沟等。垂脊与正脊相似而较小，垂兽形制尚少变化，但垂脊下端之蹲兽（走兽）及嫔伽（仙人），则数目增多，排列较密。

通常民居只用仰覆板瓦，上作清水脊，脊两端翘起，称"朝天笏"，为北平所最常见。

---

① 刘敦桢《北平护国寺残迹》，见《中国营造学社汇刊》第六卷第二期。

② 梁思成《清式营造则例》。

③ 梁思成《清式营造则例》。

宽瓦之法，北方多于椽上施望板，板上施草泥二三寸，以垫受瓦陇，盖因天寒，屋顶宜厚以取暖。南方则胥于椽上直接浮放仰瓦，其上更浮放覆瓦，不施灰泥，盖气候温和，足蔽雨露已足矣。

雕饰 明、清以后，雕刻装饰，除用于屋顶瓦饰者外，多用于阶基，须弥座、勾栏；石牌坊、华表、碑碣、石狮，亦为施用雕刻之处。太和殿石陛及勾栏、踏道、御路，皆雕作龙、凤、狮子、云水等纹；殿阶基须弥座上、下作莲瓣，束腰则饰以飘带纹。雕刻之功，虽极精美，然均极端程式化，艺术造诣不足与唐、宋雕刻相提并论也。

彩画 元代彩画仅见于安平圣姑庙，然仅红土地上之墨线画而已。北平智化寺明代彩画，尚有宋《营造法式》“豹脚”“合蝉燕尾”“簇三”之遗意。青、绿叠晕之间，缀以一点红，尤为夺目，清官式有“合玺”与“旋子”两大类。合玺将梁枋分为若干格，格内以走龙、蟠龙为主要母题；旋子作分瓣圆花纹于梁、枋近两端处，因旋数及金色之多寡以定其等第；离宫别馆民居则有作写生花纹等。更有将说书、戏剧绘于梁枋者，亦前代所未见也。

中国建筑发展的历史阶段[①]

梁思成　林徽因　莫宗江[②]

建筑是随着整个社会的发展而发展的。它和社会的经济结构、政治制度、思想意识与习俗风尚的发展有着密不可分的联系。经济的繁荣或衰落，对外战争或文化交流，和敌人入侵等都会给当时建筑留下痕迹。因此我们不能脱离这一切，孤立地去研究建筑本身的发展演化；那样我们将无法了解建筑发展的真实内容，不能得出任何正确的结论。

中国建筑也是如此。它随着各个时代政治、经济的发展，也就是随着不同时代的生产力和生产关系，产生了不同的特点，但是同时还反映出这特点所产生的当时的社会思想意识，占统治地位的世界观。生产力的发展直接影响到建筑的工程技术，但建筑艺术却是直接受到当时思想意识的影响，只是间接地受到生产力和生产关系的影响的。

现在我们试将中国四千年历史中建筑的发展分成为若干主要阶段，将各个阶段中最有代表性的现存实物和文史资料中的重要建筑与建筑活动的叙述加以分析，说明它们的特点，并从它们和整个社会发展状况相联系的观点上来了解观察这些特点：看它们是怎样被各个不同时代的劳动人民创造出来，解决了当时实际生活所提出来的什么样的复杂问题；在满足当时使用者的物质的和精神的许多不同的要求时，曾经创造过些什么进步传统，累积了些什么样的工程技术方面的经验，和取得了什么样的造型艺术方面的成就。

这些阶段彼此并不是没有联系的。相反的，它们都是互相衔接不可分割的；虽是许多环节，却组成了一根整的链条。每一时代新的发展都

---

① 本文原载《建筑学报》1954年第2期。——左川注

② 莫宗江（1916—1999年），广东新会人。1931年入中国营造学社当梁思成助手。抗战前，随梁思成赴华北、西北等地调研古建筑，1935年任研究生。抗战期间，又随同梁思成、刘敦桢在西南40余县进行建筑考察，1942年参加王健墓发掘工作。1946年后任清华大学建筑系讲师、副教授、教授。已发表的主要论文有《山西榆次永寿寺雨花宫》和《来源阁寺文殊殿》等。

离不开以前时期建筑技术和材料使用方面积累的经验，逃不掉传统艺术风格的影响。而这些经验和传统乃是新技术、新风格产生的必要基础。

各时代因生产力的发展，影响到社会生活的变化；而这些变化又都一定要向建筑提出一些新的问题、新的要求。这些社会生活的变化，一大部分是属于上层建筑的意识形态的，因此这些新问题、新要求也有一大部分是属于思想意识的，不完全属于物质基础的。为了解决这些新问题，满足这些新要求，便必须尝试某些新的表现方法，渗入到原来已习惯的方法中，创造出某些新的艺术体形、新的艺术内容，产生出新的艺术风格，并且同时还不得不扬弃某些不再合用的作风和技术。这样，在前一时期原是十分普遍的建筑特点，在内容和形式上便都有了或多或少的改变，后一时期的建筑特点就开始萌芽。这就是建筑的传统与革新的必定的过程。

在相当一个时期之内，最普遍的、已发展成熟且代表着数量较大、为当时主要类型的建筑物的风格特征的，我们把它们概括地归纳在一个历史阶段之内。因此这个阶段中，前后期的实物必然是承上启下、有独特变化的一些范例。我们现在很不成熟地暂将几千年的中国建筑大略分成如下七个阶段，为的是能和大家将来做更细致的商榷和研究。

第一阶段——从远古到殷

（公元前1046年以前）

考古学家在河北省房山县周口店龙骨山发现的“北京人”遗址供给我们中国建筑史上最早的实物资料。它说明四五十万年前，华北平原上使用极粗的石器、已知用火的猿人解决居住问题的“建筑”是天然石灰岩洞穴。

在周口店猿人洞的山顶上又发现有约十万年前的人骨化石、石器和骨器。考古学家称这时期的文化为“山顶洞文化”。这时遗留的兽骨、鱼骨，证明这时的人过的是渔猎生活。遗物中有骨针，证明他们已有简单的缝纫；人骨化石旁散有染红的石珠，显然他们已有爱美装饰的观念。

天然洞穴之外，还有人工挖掘的窖穴，许多是上小下大的“袋形穴”。这些大约是公元前三千年的遗迹。在华北黄土区削壁上也有掘进土壁的水平的洞。

中国境内一向居住着文化系统不同、祖先世系不同的各种族。他们各在所居住的土地上，和自然界作斗争，发展自己的文化，也互相有冲突，互相影响，以至于融合。在地下遗物中留着不少痕迹。在河南渑池县仰韶村发现有较细的石器、石制农具、石制纺轮、石镞和彩色陶器等遗物的遗址。这些遗物证明居住在这里的人的生活情况是畜牧业和最原始的农业逐渐代替了渔猎，因而开始定居，并有了手工业。和它同系的文化散布在广大的中国西北地区，总称作“仰韶文化”。当时的人居住过的遗址多半在河谷里，大约为了取水方便，又可以利用岸边高地掘洞穴。在山西夏县遗址中所见，他们的住处是挖一长方形土坑，四面有壁，像小屋，屋屋相连，很像村落。仰韶文化是中国先民所创造的重要文化之一，考古学家推断为黄帝族的文化，比羌、夷、苗、黎等族有更高的成就，距今约有四五千年。这时期不但有较细致的石制、骨制器物，而且纹饰复杂、色彩美丽，有犬、羊和人的形纹画在陶器上。遗迹中有许多地穴，虽然推测穴上也可能有树枝茅草构成的覆盖部分，但因木质实物丝毫无存，无法断定。

古代文献给我们最早的纪录资料是春秋时人提到的尧、舜时期的房子：尧的“堂高三尺，茅茨土阶”。现在我们所已得到的最早的建筑实物是河南安阳殷时代的宫殿或家庙遗址：底下有高出地面的一个土台，上有排列的石础和烧剩的木柱的残炭。大体上它们是符合于“堂高三尺”的说法的。但由于殷墟遗址上地穴仍然很多，一般人民居住的主要仍是穴居和半穴居方法，有茅茨和高出地面的土台的，可能是阶级社会开始时的产物，在尧时还没有出现。殷墟夯土台以下所发见比殷文化更早的穴居，它们是两两相套的圆形穴，状如葫芦，也像古代象形字里的“[illegible]”(“宫”) 字，穴内墙面已用白灰涂抹。

阶级社会开始于夏。夏的第一代禹是原始灌溉的发明者，又因同黎族、苗族战争胜利，把俘虏做奴隶，用于生产，是生产力大大跃进的时代。

生产力的提高开始影响到生产关系。禹的儿子启承继父亲做酋长，开始了世袭制度。历史上称这一世系的统治者做夏朝，是中国历史上第一个朝代。由这个时期起才开始破坏了原始公社制度，产生了阶级社会；社会中贵与贱，贫与富逐渐分化，向着奴隶制度国家发展。

夏的文化就是考古学家所称的黑陶或龙山文化，分布地区很广（河南、山东和江南都有遗物发现），农业知识和手工艺的水平高于仰韶文化。但夏时常迁都，主要遗址尚待发掘。传说夏有城廓叫作“邑”。财产私有才有了保卫的必要；有了奴隶的劳动，城池一类的大土方建筑也成了可能。在山东龙山镇城子崖发现一处有版筑城墙的遗址，墙高约6公尺，厚约10公尺，南北长450公尺，东西390公尺，工程坚固，但是否夏的实例，我们还不能得出结论。夏启袭位以后，召集各部落酋长在“钧台”大会，宣告自己继位。因为夷族不满意，启迁到汾浍流域的大夏，建都称作“安邑”。这两个作为地名的“台”和“邑”，和这类型的建筑物可能是有关系的。高出地面的和围起来的建筑物似乎都是在阶级社会形成的初期出现的。

夏启传到著名暴君桀是四百多年的时间，纺织业和陶器物都很发达，已用骨占卜，后半期也有铜的遗物。文化又有若干进展。奴隶主的残酷统治招致了灭亡，夏桀是被殷的祖先商汤所灭。

商是在东方的部落，在灭夏以前已有十几代，文化已有相当发展，农业知识比夏更高，手工业也更进步，并且已利用奴隶生产，增加货物的制造。和建筑技术有密切关系的造车技术也传说是汤的祖先相土和王亥等所发明的。尤其是王亥曾驾着牛车在部落间做买卖交易货物，这个事实和后代的殷民驾车经营商业的习惯有关。

商汤传了十代，迁都五次，到盘庚才迁移到现在河南安阳县[①]的小屯村。这地方就是考古学家曾作科学发掘研究的殷墟遗址所在。内中有供我们参考的中国最早的地面建筑物的基址残迹。盘庚以后传到被周武王灭掉的纣，商朝文化又经过六百余年的发展。

在阶级剥削的基础上，商朝的文化比夏朝更有显著的进步。中国古

① 现为河南省安阳市。——编者注

代文化，包括文学、音乐、艺术、医药、天文、历法、历史等科学，在商朝都奠定了初基，建筑也不是例外。

殷墟遗址的发掘给了我们一些关于殷代建筑的知识。遗址是一些土台，大致按东西和南北的方向排列着，每单位是长方形的，长面向前。发掘所见有夯土台基，柱下有础石，且用铜櫍垫在柱下，间架分明，和后代建筑相同。因有东西向的和南北向的基址，可见平面上已有“院”的雏形。大建筑物之前还有距离相等的三座作为大门的建筑。韩非子所说的尧“堂高三尺，茅茨土阶”倒很像是描写殷代的宫殿或家庙的建筑。至于史记所说“南距朝歌，北据邯郸及沙丘，皆为离宫别馆”，形状如何，已不可见。殷亡后，封在朝鲜的殷贵族箕子来朝周王，路过殷墟，有“感宫室毁坏生禾黍”的话，我们知道这些建筑在周灭殷时就全部被焚毁了。考古学家断定殷墟所发掘的基址是“家庙”。这些基址的周围有许多坑穴，埋着大量的兽骨——祭祀时所杀的祭牛，乃至象、鹿等骨骼，也有埋着人骨的。另外经过发掘的是一些大型墓葬，内部用巨木横叠结构作墓室，规模庞大，不但殉葬器物数量大，珍品多，还杀了大量俘虏殉葬。这些资料所反映的情况是殷统治者残酷地对待奴隶，迷信鬼神，隆重地祭祀祖先，积聚珍品器物，驱使有专门技术的工奴为统治者制造铜器、玉器、陶器、骨器、纺织等和进行房屋建造。遗址中还有制造各种器物的工场。

第二阶段——西周到春秋、战国

（公元前1046年至公元前221年）

周是注重农业生产而兴旺起来的小部落，对耕作的奴隶比较仁慈。周文王的祖父太王的时代，被戎狄所迫，不愿战争，率领一批人民迁到岐山下（陕西岐山县），许多其他地方的人民来依附他，人口增多。太王在周原上筑城廓家屋，让人居住，分给小块土地去开垦，和耕种者之间建立了一种新的关系。从此就开始了封建制度的萌芽，也成立了粗具规模的小国。

在我国最古的文学作品《诗经》里有一篇关于周初建筑的歌颂和描

写，使我们知道，周初开始的新政治制度的建筑和殷末遗址中迷信鬼神、残酷对待奴隶的建筑，内容上是极不相同的。诗里先提到的是生活更美好，人民对这次建造有很高的情绪，例如说周祖先过去都是穴居的，“未有家室”，而迁到岐山下时便先量了田亩，划出区域，找来管工程的“司空”和管理工役的“司徒”，带了木板、绳子和版筑用的工具来建造房子。他们打着鼓，兴奋地筑起许多堵用土夯筑的墙壁。接着又说先建了顶部舒展如翼的宗庙，“作庙翼翼”，然后又立起很高的“皋门”和整齐的“应门”，然后筑集会用的“大社”的土台或广场。虽然当时的具体形象我们不得而知，可注意的是这时建筑已不是单纯解决实用的而是有代表政治制度思想内容的作用的；并且在写这章诗的年代，已意识到人们对自己所创造的建筑物的艺术形象所起的效果是感觉愉快而骄傲的。

周文王反对殷统治的残暴、贪财、侈奢、酗酒和嬉游无度、荒废耕地。他自己所行的是裕民政策，他的制度建立在首领奉行“代天保民”，后代称为行“仁政”的思想上。事实上，这就是征收较有节制的租税，不强迫残暴的劳役，让农家有些积蓄，发生力耕的兴趣，提高生产。关于这种政治情况的时代的建筑物，一定还很简单朴实，如《诗经》所载周文王著名的灵囿，囿中有灵台和灵沼。古代的囿是保留着有飞禽走兽供君王游猎的树林区；内中的台和沼，就是供狩猎时瞭望的建筑和养禽鸟的池沼。这种供古代统治者以射猎集会、聚众游宴的台，或开始于更远古利用天然的土丘而发展的，到了春秋战国，诸侯强盛的时候，才成为和宫室同样重要的台榭建筑。再发展而成为秦汉皇宫苑囿中一种主要建筑物，侈丽崇峻的台殿楼观，积渐成为中国建筑中“亭台楼阁”的传统。

《诗经》中有一篇以文王灵台为题材，描写人民为他筑台时的踊跃情形以反映政治良好的气象的诗。足见封建初期征用劳动力还有限，劳动人民和统治者在利益上还没有大的矛盾，对于大建筑物的兴建，人民是有一定的热情和兴趣的。这正是周制度比商进步的证据。但是无可疑问的，这时周的工艺还简陋，远不如代代有专门技术奴隶进行制造奢侈器物的商和殷。殷统治下的氏族百工，分工很细，有大量奴隶。周公灭殷时，分殷民六族给鲁，七族给卫，内中就有九种专工。殷的铜器和刻玉，不但在技术上达到高度发展，在艺术造型和纹样图案方面也到了精致无比的程度。周占有了殷的百工后，文化艺术才飞跃地向前发展了。

西周之初，曾建造过三次城，一次比一次规模大，反映出它的发展，且每次内容也都反映出当时政治经济的情况的特点。第一次是他们农业发展到渭水流域，在沣水西边，文王建丰邑。第二次是武王建镐京，不但在沣水东边，而且由称“邑”到称“京”，在规模上必然是有区别的。第三次是周公在洛阳建王城，后来称东京。这次的营建是政治军事的措施。周灭东边的强国殷，俘虏了殷的贵族（大小奴隶主们），降为庶民；他们不服，周称他们作“顽民”，成了周政治上一个问题。为了防止叛乱，能控制这些“顽民”，周公选了洛阳，筑了成周，把他们迁到那里生产，并驻兵以便镇压。因此在成周之西三十余里，建造了中国最古的有规划的极方正的王城。这种王城的规模制度，便成了中国历代封建都市的范本。

一向威胁西周安全的是戎狄，反映在建筑上就有烽火台这种军事建筑物，它是战国时各国长城的先声。

到现在为止，我们对遗址从未作过科学发掘的西周建筑，没有一点具体实物资料。号称周文王陵的大坟墓也有待于考古学家发掘证实；过去有所谓文王丰宫的瓦当是极可怀疑的遗物。

周的政治制度，虽说是封建制度的萌芽，但是在建筑物上显然表现出当时是利用大量奴隶俘虏进行建造的，如高台、土城、陵墓都是需要大量劳动力的、有大量土方的工程，而主要的劳动力的来源是俘虏的奴隶。

西周被戎狄攻入，迁到洛阳称东周以后到春秋战国，王室衰微，诸侯各在自己势力范围内有最大权威，成立独立的大小国家。他们不严格遵守领主所有制：原来领主封得的土地可以自由买卖，产生了新兴的地主阶级。又因开始使用铁器，不但农业生产提高，并且大大影响到手工业和商业的发展。诸侯国的商业比周王国更发达。各处出现了大小都邑，如齐的临淄、赵的邯郸、郑的郑邑、卫的卫邑和晋的绛，后来还有秦的咸阳和楚的寿春等等。这些城邑，都是人口增多，成了大商业中心。临淄的人口增到了七万户。手工业者由奴隶的身份转变为自由职业的匠人，还有自己的“肆”，坐在肆中生产并营业。巧匠是很被推崇的人物，尤其是木匠和造车的，都留下闻名到后代的匠师，如鲁的公输班和轮匠扁这样的人物。

春秋战国时代，不但生产力和生产关系都起了变化，各国文化也因不同民族的不断战争和合并，得到了蓬勃的发展。东方齐、鲁、卫早在商殷的基础上加了夷族的贡献，发展了华夏文化；最先使用铁器就是夷族。南方又有楚越开发长江流域的文化，吸收苗蛮的成就；如蚕业和漆器的卓越成就，不可能没有苗民的贡献。西方的秦在戎狄中称霸，开国千里，又经营巴蜀，一跃而成为诸侯国中最先进的国家。晋楚中间的小国郑，商业极端发达，用自己的经济特点维持在大国间自己一定的势力。近来新郑出土的铜器证明它的手工业也有自己极优秀的创造。这时北方的燕开始壮大，筑长城防东胡，发展中国北面的文化。韩、赵、魏三家分晋，各自独立发展，仍然都是强国。这样分布在全中国多民族的文化发展，后来归并成了七国，是统一中国的秦汉的雄厚基础，其中秦楚的贡献最大。

在建筑上，这时期最重要的是为农业所最需要的“邑”的组织形式：如有“十室之邑”和“千室之邑”等这种不同的单位。大都邑有时也称国，国有城池之设，外有乡民所需要的“郭”；内有商业所需要的“市”；卿士们所住的“里”；手工业生产者所需要的“肆”；诸侯的宫室、宗庙、路寝；招待各国使者的“馆”；王侯宴会作乐的“台榭陂池”，以及统治者的陵墓。人民所创造的财富愈大，技术愈精，艺术愈高，统治者愈会设法占有一切最高成就为他们的权利，乃至于不合理的享乐服务。宫室和台榭等等在这个时代，很自然地开始有雕琢加工的处理出现。晋灵公“厚敛以雕墙，从台上弹人，而观其避丸”，文献就给了我们这样一个例子。

今天我们所能见的建筑实物只有基址坟墓。大陵也还没有系统地发掘，小墓过于简单，绝不能代表当时地面建筑所达到的造型或技艺的水平。从墓中出土的文物来看，战国时工艺实达到惊人的程度。东周诸侯各国器物都精工细作，造型变化生动活泼，如金银镶错的器物，工料和技艺都可称绝品。新郑的铜器，飞禽立雕手法鲜明；楚文物中木雕刻、漆器、琉璃珠等都是工艺中登峰造极的。当时有多少这样工艺用到建筑上，我们无法推测。它们之间必然有一定程度的联系则可以断言。

文献上“美宫室，高台榭”的记载很多。鲁庄公“丹桓宫之楹而刻其桷”；赵文子自营居室，“斫其椽而砻之”，是建筑上加工的证据。晋平公“铜鞮之宫数里”；吴王夫差的宫里“次有台榭陂池”，建筑规模是很大的。由余见了秦穆公的“宫室积聚”，曾说“使鬼为之则劳神矣！使人为之亦苦民矣！”这两句话正说出了工程技巧令人吃惊，而归根到底一切是人民血汗和智慧的意思。我们可以推测当时建筑规模、艺术加工，绝不会和当时其他手工艺完全不相称的。

在发掘方面，我们只有邯郸赵丛台和易县燕下都的不完整基址。这些基址证明当时诸侯确是纷纷“高台榭以明得志”。最具体的形象仅有战国猎壶上浮雕的一座建筑物。建筑物约略形状已近似汉画中所常见的。虽然表现技术是古拙的，所表现的结构部分却很明确，显然是写实的。根据它，我们确能知道战国寻常木结构房屋的大体。

没有西周到春秋战国这样一个多民族发展时期蓬勃的创造为基础，两汉灿烂的文化是不可能的。

第三阶段——秦、汉、三国

（公元前221年至公元265年）

秦逐渐吞并六国，建立空前的封建极权皇朝，建筑也相应地发展到空前的规模。

秦的都城咸阳原是战国时七国之一的王城规模。秦每攻灭一个国家，就在咸阳的北面仿建这个国家的宫室。到秦统一六国，战国时期各国建筑方面的创造经验也就都随而集中到咸阳。战国以来各国高台榭、美宫室的各种风格在秦统一全国的过程中，发展出集珍式的咸阳宫室。这些宫殿又被“复道”和“周阁”连接起来，组合成复杂连续的组群，在总的数量以及艺术的内容上是远超出六国宫室之上。

公元前221年，全国统一之后，形成了新的政治经济形势。咸阳从前秦所建的王宫已经不能适应新情况的要求；到公元前212年开始兴建历史上著名的“阿房宫”。这座空前宏伟的宫是以全国统一的政治中心的规模建造的，位置在咸阳南面的渭水南岸。主要的“前殿”建在雄伟的高台上；根据记载是东西五百步，南北五十丈，上面可以坐万人；台下可以竖立高五丈的大旗；周回都有阁道；殿前有“驰道”，直达南山，并加筑南山的山顶，作为殿前的门阙；殿后加“复道”，跨过渭水与咸阳相连。这种带山跨河，长到几十里的布置手法以及咸阳附近二百里内建造了二百七十多处宫观和大量连属的复道的纪录，可以看到秦代建筑惊人的规模。

极其夸张的宫室建筑之外，秦代建筑雄大的规模也表现在世界驰名的长城上。秦代的长城是西起临洮，东到辽东，借战国各国旧有的长城为基础，用三十万士兵囚犯筑成的跨山越野蜿蜒数千里的军事工程。与长城相当的还兴筑了贯通全国重要城市的军用“驰道”，也是非常惊人的措施。

这些完全不顾民力的庞大建设工程，一方面表现了秦代残酷的军事统治，另一方面也说明了战国以来生产力的发展，在得到统一之后发挥出的力量。整个秦代的建筑在新的经济基础上的发展是远超越了以前各时代，开创了新的统一的封建王朝的规模。

秦代的宏伟建筑仍是以木材结构配合极大的夯土高台建成的。这些庞大的工役一部分由内战时代俘虏担任，另一部分是征召来的人民在暴力强迫下进行的。秦以胜利者的淫威，在不顾民力的大兴工役中，横征暴敛，使人民流离死亡，更加深了阶级矛盾，促成了中国第一次大规模的农民起义。人民血汗和智慧所创造的咸阳壮丽的宫室只被人民认作残暴统治的象征。项羽领兵纵火全部烧毁它们以泄愤是可以理解的。但从此每次在易朝换代的争夺中，人民的艺术财富，累积在统治者的宫中纪念性建筑组群里的，都不能避免遭到残酷的破坏。

秦代的建筑现在仅能从阿房宫遗址和骊山秦始皇陵庞大的土方工程上看到当时的规模。秦始皇陵外部原有豪华的建筑和陈设也遭到项羽入关时劫掠破坏。但这部分秦代人民的创造残余部分，无疑地还埋藏在地下，等待考古科学家加以发掘整理。

西汉是秦末的农民斗争产生的封建统一王朝。这次起义所表现人民的力量，使汉初的统治者采用简化刑法和减轻剥削的政策，使人民得到休息，恢复了生产。

汉初的建筑是在战争没有结束时进行的。重要的建筑是在咸阳附近利用秦的离宫故基为基础修建的长乐宫。这座宫周围二十里，是一座具有高台大殿和许多附属殿屋的宫城。

接着建造的未央宫是西汉首创的一座宫。它的周围是二十八里，主持规划的是萧何，技术方面负责的是军匠出身的阳城延。刘邦曾因见到这座建筑的奢侈华丽而发怒。萧何说他主张建造未央宫的理由是“天子以四海为家，非壮丽无以重威”。这说明他认识到统治者可以使他的建筑作为巩固他的政权的一种工具；认识到建筑艺术所可能有的政治作用。这个看法对以后历代每次建立王朝时对于都城和宫室等艺术规模的重视起了很大的影响。

未央宫的前殿是以龙首山作殿基，使这座大殿不必使用大量的土方工程，就很自然地高耸出附近的建筑之上。这是高台建筑创造性的处理，目的在避免秦代那样使用大量人力进行土方工程的经验。

长乐、未央两宫都在秦咸阳附近，都是独立完整成组的规模。后建的未央宫是据龙首山决定的位置，两宫东西之间虽距离很近，但不是很整齐并列的。到公元前187年筑长安城时，南面包括两宫在内，北面因发展到渭水岸边，因此汉长安城的平面图形南北都不是整齐的直线。但这座壮丽大城的城内是规划成方正整齐的坊里，贯以平直宽阔的街道组成的，它的规模也发展到周围六十五里。

汉初的政策使农业得到急速的发展，到武帝时七十年间的和平时期，国家积累了大量的财富。随着经济的繁荣，西汉这时的国力和文化都超出附近国家。当时北方游牧的匈奴是最强悍的敌对民族，屡次侵入北方边境；中国甘肃以西的少数民族分成三十六国，都附属于匈奴。汉武帝想削弱匈奴，派张骞出使西域了解各国情况，并企图掌握与西方商业交通的干路。汉代因向西的发展而与优秀的古代小亚细亚和印度的文化接触，随着疆域的扩张和民族斗争的胜利，突破了以前局限的世界地理知识，形成大国的气派和自信。汉武帝时是早期封建社会的高峰，这时期的建筑，除增建已有的宫室之外，又新建了许多豪侈的建筑，其中如长安的建章宫和云阳的甘泉宫都是极其宏阔壮丽的庞大的建筑群。

建章宫在长安城西附廓，前殿更高于未央，宫内的建筑被称为“千门万户”，所连属的囿范围数十里。宫内开掘人工的太液池，并垒土作山，池中的渐台高二十余丈。高建筑如神明台、井干楼各高五十丈。神明台上有九室，又立起承露盘高二十丈，直径大有七围。井干楼是积叠横木构成的复杂木构建筑。中国最早的高层建筑在这时候产生了。

长安东南的上林苑周围三百余里，其中离宫七十多座，能容千骑万乘。

西汉的宫室园囿很多是就秦代所筑的高基崇台作基础的，一般建筑规模并不小于秦代。由于生产关系比秦代进步，整个国家在蓬勃发展中，因此许多游乐性质的建筑在工料上又超过了秦代。这个时期的建筑，是随着整个社会的发展而又向前迈进了一步。

西汉农业的发展走向自由兼并。随着土地集中，阶级分化，到西汉末引起的农民起义，又再次在混战中焚毁了长安的宫室。

东汉是倚靠地主阶级的官僚政权统治人民的，国家的财力比较分散，都城洛阳的宫室规模不及长安，但在规划上更发展了整齐的坊里制度，都城的部署比长安更整齐了。

这时期的建筑，是王侯、外戚、宦官的宅第非常兴盛，如桓帝时大将军梁冀大建宅第，其妻孙寿也对街兴建，互相争胜。建筑是连房洞户，台阁相通，互相临望。柱壁雕镂，窗用绮疏青琐，木料加以铜和漆，图画仙灵云气；又广开苑囿，垒土筑山；飞梁石磴，凌跨水道，布置成自然形势的深林绝涧。豪侈的建筑之外，宅第中的园林建筑也非常讲究。这些宅第的建筑记载超过了宫室，正反映着东汉社会的具体情况。

东汉洛阳的建筑也在末年的军阀战争中被董卓焚毁了。

这时期中可能是由于与西方交通的影响，用石材建造坟墓前纪念性建筑的风气逐渐兴盛。现在还留下少数坟墓前的石阙和石祠，其中如西康雅安的高颐阙，山东嘉祥的武氏石阙和石室都是比较著名的遗物。在雅安的高颐阙选用的式样和浮刻上是充分地应用了当时的木建筑形式。在这些比例谨严的石刻遗物上可以看到一些具体的汉代建筑艺术形象。

考古学家发现的明器中有许多陶制的建筑模型和画像砖，使我们具体地看到汉代建筑的形象，由殿宇、堂屋、楼阁、台榭、庭院、门阙、城楼、桥梁，到仓廪、厩厕等等。还有每次发掘所发现的汉代工艺美术品，其中如丝织、漆器、铜器之中，都有极其精美的作品，与汉代辉煌的物质文化发展情况相符合。而汉代建筑的精华则不是现存这些砖石坟墓的建筑或明器上所表现的所能代表的。在对大规模的遗址还没有作科学发掘工作的目前，我们仅能认识到汉代建筑的一些片段而已。

三国分裂的时期中，曹魏所据的中原地区有比较优越的人力和物质条件，建筑的规模也比较大。这时期中最突出的成就是曹操经营的邺城。从这座都城的文献记载上可以看到简单明确的分区规划和中轴对称的布局是发展到比东汉的洛阳更高的水平上。邺城的规划中如皇宫位置在城内中轴的北部，使皇宫面临城内纵横相交的主要干道；居民的坊里布置在城内南部；左右干道的交点布置成坊市的中心等先进的方式，都是隋唐长安的先型。

南方比较边远的地区，经吴和蜀两国的经营，经济文化都得到一定的发展。从考古学家发现的一些片段资料看到整个三国时期大致仍是汉代工程技术与艺术风格的继续，并没有显著的变化。

第四阶段——晋、南北朝、隋

（公元265年至公元618年）

六朝的建筑是衔接中国历史上两个伟大文化时期——汉代与唐代——的桥梁，也是这两时期建筑不同风格急剧转变的关键。它是由汉以来旧的、原有的生活习惯、思想意识和新的社会因素、精神上和物质上剧烈的新要求由矛盾到统一过程中的产物。产生这新转变的社会背景主要有三个因素：一是北方鲜卑、羌等胡族占据中原——所谓“五胡乱华”在中国政治经济和文化上所起的各种复杂的变化。二是汉族的统治阶级士族豪门带了大量有先进技术的劳动人民大举南渡，促进了南方经济和文化的发展。三是在晋以前就传入的佛教这时在中国普遍的传播和盛行，全国上下的宗教热忱成了建筑艺术的动力。新的民族的渗入、新的宗教思想上的要求和随同佛教由西域进来的各种新的艺术影响，如中亚、北印度、波斯和希腊的各种艺术和各种作风，不但影响了当时中国艺术的风尚手法，并且还发展了许多新的、前所未有的建筑类型及其附属的工艺美术。刻佛像的摩崖石窟，有佛殿、经堂的寺院组群，多层的木造的和砖石造的佛塔，以及应用到世俗建筑上去的建筑雕刻，如陵墓前石柱、石兽和建筑上装饰纹样等，就都是这时期创造性的发展。

寺院组群和高耸的塔在中国城市和山林胜景中的出现划时代地改变了中国地方的面貌。千余年来大小城市、名山胜景，其形象很少没有被一座寺院或一座塔的侧影所丰富了的。南北朝就是这种建筑物的创始时期。当时宗教艺术是带有很大群众性的。它们不同于宫廷艺术为少数人所独占，而是人人得以观赏的精神食粮，因此在人民中间推动了极大的创造性。

北魏统治者是鲜卑族，尊崇佛教的最早的表现方法之一是在有悬崖处开凿石窟寺。在第五世纪后半叶中，开凿了大同云冈大石窟寺。最初或有西域僧人参加，由刻像到花纹都带着浓重的西域或印度手法风格。但由石刻上看当时的建筑，显然完全是中国的结构体系，只是在装饰部分吸取了外来的新式样。北魏迁都到洛阳，又在洛阳开凿龙门石窟。龙门石窟中不但建筑是原来中国体系的，就是雕刻佛像等等，也有强烈的汉代传统风格。表现的手法很明显是在汉朝刻石的基础上发展起来的。在敦煌石窟壁画上所见也证明在木构建筑方面，当时澎湃的外来的艺术影响并没有改变中国原有的结构方法和分配的规律。佛教建筑只是将中国原有的结构加以创造性的应用和发展来解决新问题。最明显的例子就是塔和佛殿。

当时的塔基本上是汉代的“重楼”，也就是多层的小楼阁，顶上加以佛教的象征物——即有“覆钵”和“相轮”等称作“刹”的部分。这原是个缩小的印度墓塔，（中国译音称作“窣堵坡”或“塔婆”）。当时匠人只将它和多层的小楼相结合，作为象征物放在顶部。至于寺院里的佛殿，和其他非宗教的中国庭院殿堂的构造根本就没有分别。为了内容的需要，革新的部分只在殿堂内部的布置和寺院组群上的分配。

这时期最富有创造性而杰出的建筑物应提到嵩山嵩岳寺砖塔。在造型上，它是中国建筑第一次，也是唯一的一次试用十二角形的平面来代替印度窣堵坡的圆形平面，用高高的基座和一段塔身来代表“窣堵坡”的基座和“覆钵”（半球形的塔身），上面十五层密密的中国式出檐代表着“窣堵坡”顶上的“刹”。不但这是一个空前创作，而且在中国的建筑中，也是第一个砖造的高度达到近乎四十公尺的高层建筑，它标志着在砖石结构的工程技术上飞跃地向前跨进了一大步。

南北朝最通常的木塔现在国内已没有实物存在了。北魏杨衒之在《洛阳伽蓝记》中详尽地叙述了塔寺林立的洛阳城。一个城中，竟有大小一千余个寺庙组群和几十座高耸的佛塔。那景象是我们今天难以想象的。木塔中最突出的是永宁寺的胡太后塔：四角九层，每层有绘彩的柱子，金色的斗栱，朱红金钉的门扇，刹上有“宝瓶”和三十层金盘。全塔架木为之，连刹高“一千尺”，在“百里之外”已可看见。它在城市的艺术造型上无疑地是起着巨大作用的高耸建筑物。即使高度的数字是被夸大了或有错误，但它在木结构工程上的高度成就是无可置疑的。这种木塔的描写，和日本今天还保存着若干飞鸟时代（隋）的实物在许多地方极为相近。云冈石窟中雕刻的范本和这木构塔的描写基本上也是一致的。

当隋统一中国之前，南朝“金粉地”的建康，许多侈丽的宫殿，毁了又建，建了又毁，说明南朝更迭五个朝代，统治者内部政治局势的动荡不定，但统治阶级总是不断地驱使劳动人民为他们兴建豪华的宫殿的。在艺术方面，虽在政治腐败的情况下，智慧的巧匠们仍获得很大的成就。统治者还掠夺人民以自己的热情投在宗教建筑上的艺术作品去充实他们华丽的宫苑。齐的宫殿本来已到“穷极绮丽”的程度，如“遍饰以金壁，窗间尽画神仙，……椽桷之端悉垂铃佩，……又凿金为莲花以帖地”等等，他们还嫌不足，又“剔取诸寺佛刹殿藻井、仙人、骑兽以充足之”。从今天所仅存的建筑附属艺术实物看来，如南京齐、梁陵墓前面，劲强有力、富于创造性的石柱和石兽等，当时南朝在木构建筑上也不可能没有解决新问题的许多革新和创造。

到了隋统一全国后，宫廷就占有南北最优秀的工艺匠人。杨广（隋炀帝）的大兴土木，建东京洛阳，营西苑时期，就有迹象证明在建筑上模仿了南朝的一些宫苑布局，南方的艺匠在其中也起了很大作用。凿运河通江南，建造大量华丽有楼殿的大船时，更利用了江南木工，尤其是造船方面的一切成就。在此之前，杨坚（文帝）曾诏天下诸州各立舍利塔，这种塔大约都是木造的，今虽不存，但可想见这必然刺激了当时全国各地方普遍的创造。

在石造建筑方面，北魏、北周、北齐都有大胆的创造，最丰富的是各个著名的石窟寺的附属部分。也就是在这时期一位天才石匠李春给我们留下了可称世界性艺术工程遗产的河北赵县的大石桥。中国建筑艺术经过这样一段新鲜活泼的路程，便为历史上文艺最辉煌的唐代准备了优越的条件。

第五阶段——唐、五代、辽

（公元618年至公元1125年）

这个阶段的建筑艺术是以南北朝在宗教建筑方面和统一全国的隋代在城市建设方面所取得的成就为基础的。初唐建设雄宏魁伟的气魄和中唐雅致成熟的时代风格是比南北朝或隋代的宗教艺术更向前迈进了一大步的。唐将外来许多新因素汉化了，将陌生的、非中国的成分和典雅庄严对称的中国格局相结合，为中国的封建社会生活服务。如须弥座、莲瓣、柱础、砖塔、塔檐、瓦饰、栏杆之类都改进成更接近于中国人民所习惯的风格。在砖塔式样上也经过一些成熟的变化；中国第一座八角塔就在这时期初次出现。唐建筑制度、技术手法和艺术作风的特点开始于初唐，盛于中唐前后，在中央政权削弱的晚唐和藩镇割据的五代时期仍在全国有经济条件的地区，风行颇长一个时期，而没有突出的改变。

唐政治经济的特点是唐初李渊父子统一了隋末暴政所引起的混战中的中国而保留了隋政治、经济、文物制度中的一些优点，在李世民在位的二十几年中，确使人民获得休养生息的机会。当时政治良好，而同时对外战争胜利，鼓励胡族汉人杂居，不断和西域各民族有文化和商业的交流。农业生产提高，商业交通又特别发展，海路可直通波斯。社会经济从此一直向上发展了百余年。基础稳定的唐代中央专制集权的封建社会恢复了西汉的盛况，全国文学艺术便随着有了高度的发展。唐代在建筑上一切成就也就是中国封建社会的文学艺术到达一个特殊全盛时代的产物。唐中央政权的腐朽削弱开始于内部分裂，终于在和藩镇的矛盾和农民的反抗中灭亡。但是工商业在很大程度内未受中央政权强弱的影响。宗教建筑活动也普遍于民间，并不限于中央皇室的建造。

当隋初统一南北建国时期计划了后来成为唐长安的大兴城时，是有意识地要表现“皇王之邑”。因此建造的是都城、皇城、宫城、正朝、府寺、百司、公卿邸第、民坊、街市等等，——明明白白的是封建政权的秩序所需要的首都建设。它所反映的是统一封建专制国家机器的一个重要方面。也就是当时的统治阶级所制定的所谓文物制度的一种。唐初继承了这样一个首都。最主要的修建就是改大兴殿为太极殿。左右添了钟楼、鼓楼，使耸起的形象更能表现中央政权的庄严。再次就是另建一个雄伟的皇宫组群。新建的大明宫在一条南北中线上立了一系列的大殿，每殿是一组群，前面有门，最南面是丹凤门和含元殿。大殿就立在龙首山的东趾上，“殿陛高于平地四十余尺”，左右有“砌道盘上，谓之龙尾道”。殿左右有两阁，阁殿之间用“飞廊”相接。这样的形象魁伟、气魄雄宏的规模，是过去汉未央宫开国气概的传统。不过在建造上显然是以汉兴以来八百年里所取得的一切更优秀的成就来完成的。但在宗教建筑方面，初唐承继了隋代的创建，并不鼓励新建造。这方面显然不是当时主要的活动。

代表初唐以后到中叶的建筑活动的有两个方面：宫廷权贵为了宴游享乐所建的侈丽宫苑建筑和邸第，宗教建筑活动。在这两个方面高度艺术性的各种创造都是当时熟练的工匠和对宗教投以自己的幻想和热忱的劳动人民集体智慧的结晶。代表前一种的，可以举宫廷最优秀的艺匠为唐玄宗在骊山建筑的华清宫，这样著名的艺术组群，据记载是“骊山上下，益置汤井为池，台殿环列山谷”，并且一切是“制作宏丽”“雕镌巧妙”“殆非人功”的艺术创造。有名的长安风景区的曲江上宫苑也在这时期开始了建筑。至于当时权贵和公主们所竞起的宅第则是“以侈丽相高，拟于宫掖，而精巧过之”。这样的事实说明当时建筑工程技术和艺术上最高成就已不被宫廷所独占，而是开始在有钱有势的阶层里普遍起来了。

唐代的皇室因为姓李，所以尊崇道教，因为道教奉李耳为始祖。然而佛教的势力毕竟深入到广大民间，今天存留的唐代建筑，除极少数摩崖造像外，全部都是佛教的。其中较早的，全是砖塔。

唐朝的砖塔大致可分为四个类型：1.“重楼式”塔，如西安慈恩寺的大雁塔和兴教寺的玄奘塔等。它们的形式像层层叠起的四方形重楼，外表用砖砌成木结构的柱、枋、斗栱等形象。这两座塔都建于七世纪后半叶和八世纪初年。它们是砖造佛塔中最早砌出木构形式的范例。2.“密檐式”塔，如西安荐福寺的小雁塔，河南嵩山永泰寺塔和云南大理崇圣寺的千寻塔等。这个类型都在较高的塔身上出十几层的密檐，一般没有木结构形式的表面处理。以上两个类型平面都是正方形的，全塔是一个封顶的“砖筒”，内部用木楼板和木楼梯。3.八角形单层塔，嵩山会善寺净藏禅师塔是这类型的孤例。它是五代以后最通常的八角塔的萌芽。4.群塔，山东历城九塔寺塔，在一个八角形塔座上建九个小塔，是明代以后常见的金刚宝座塔的先驱。自从嵩山嵩岳寺塔建成到玄奘塔出现的一百五十年间，没有任何其他砖塔存留到今天，更证明嵩岳寺塔是一次伟大的尝试。而唐代在数量上众多和类型上丰富的砖塔则说明造砖和用砖的技术在唐代是大大地发展了一步。

宗教建筑方面一次特殊的活动是武则天夺得政权后，在洛阳驱役数万人建造奇异的“明堂”“天堂”“天枢”等。这些建筑物不是属于佛教的，但是创造性地吸取了佛教艺术的手法，为这个特殊政权所要表现的宗教思想而服务的。“明堂”称作“万象神宫”，内有“辟雍之像”，建筑物高到二九四尺，方三百尺，一共三层。“下层法四时；中层法十二时辰，上为圆盖，九龙捧之；最上层法二十四节气，亦有圆盖。以木为瓦，夹纻漆之，上施铁凤高一丈，饰以黄金。”在结构方面是很大胆的，当中用巨木，“上下通贯、栭、栌、撑、欂，借以为本”。“天堂”高五级，是比明堂更高的建筑，内放“夹纻”大像（夹纻是用麻布披泥胎上加漆，干了以后去掉泥胎成空心的器物的做法）。“天枢”是高百余尺的八角铜柱，径大十二尺，下为铁山，周七十尺，立在端门外。这些创造，虽然都是极特殊的，但显然有它们的技术基础和艺术上的良好条件的。佛教建造的有在龙门崖上凿造的巨大石像，和窟外的奉先寺（寺的木构部分已不存，但这组巨像是唐代雕刻得以保存到今天的最可珍贵的实物之一）。

自七世纪末叶以后到八世纪中叶，建造寺院的风气才大盛。原因是当时社会的需要。八世纪中叶侈奢无度的中央政权遇到藩镇的叛变，长安被安禄山攻破，皇帝出走四川。唐中央政权从此盛极而衰，此后和地方长期战争，七八十年中，人民受尽内战的灾害搜刮之苦，超度苦难的思想普遍起来。在宫廷方面，软弱的封建主，遇有变乱，也急求佛法保佑，建寺费用庞大，还拆了宫殿旧料来充数。宫廷特别纵容僧尼，京城内外良田多被僧寺占有。在五台山造金阁寺，全用涂金的铜瓦，施工用料的程度也可见一斑。到了九世纪初叶，皇帝迎佛骨到京师，在宫中留三日，送各寺院里轮流供奉，王公士民敬礼布施，达到举国若狂的地步。宦官权臣和豪富施钱造寺院或佛殿、塔幢以求福的数目愈来愈多，为避重税求寺院庇荫的人民数目也愈来愈大。九世纪中叶宗教势力和政权间的矛盾便造成会昌五年（公元845年）的“灭法”。当时下诏毁掉官立佛寺四千六百余区，私立寺院四万余区，归俗僧尼二十六万五百人，财货田产入官，取寺屋材料修葺公廨，铜像钟磬改铸钱币。这些事实说明人民的财富和心血，在封建社会的矛盾中，不是受到不合理的浪费，就是受到残酷的破坏，卓越的艺术遗产得以保存到今天的真是不到万一！

唐代有高度艺术的、崇峻而宏丽的宗教建筑大组群的完整面貌，今天已无法从实物上见到。对于建筑结构和装饰的形象，我们只有在敦煌石窟寺壁上，许多以很写实的殿宇楼阁为背景的佛教画里，可以得到较真实的印象。敦煌著名的壁画“五台山图”中描绘了九十座寺院组群的位置，其中之一“大佛光之寺”，就是今天还存在五台山豆村镇的大佛光寺。更可宝贵的事实是寺内大殿竟是幸存到今天的一座唐代原物。我们从这座在“会昌灭法”后又建造起来的实物上，可以具体地见到唐代建筑艺术风格手法，和它们所曾到达的多方面的成就。这座建筑遗产对于后代是有无法衡量的价值的。

总的说来，唐代在建筑方面的成就，首先是城市作有计划的布局，规模宏大，不但如长安、洛阳城，并且普遍及于全国的州县，是全世界历史上所未有的。其次就是个别建筑组群在造型上是以艺术形态来完成的整体；雄宏壮丽的形象与华美细致的细节、雕塑、绘画和自然环境都密切地有机地联系着。以世界各时代的建筑艺术所到达的程度来衡量，这时期的中国建筑也到达了艺术上卓越的水平。当然，无论是长安的宫廷建筑物还是各处名山胜地的宗教建筑物，还是一般城市中民用建筑物，都是和唐初期全国生产力的提高，和以后商业经济的繁荣，工艺技术的进步，西域文化的交流等等分不开的。但一个主要的方面还是当时宗教所促进的创造有全民性的意义。劳动人民投入自己的热情、理想和希望，在他们所创造的宗教艺术上：无论是雕刻、佛像或花纹；作大幅壁画，或装饰彩画；建造大寺，高塔或小龛，或是代表超度人类过苦海的桥，当时人民都发挥了他们最杰出最蓬勃的创造力量。

中唐以后，中央政权和藩镇争夺的内战使黄河流域遭受破坏，经济中心转移到江淮流域。唐亡之后，统治中原的政权，在五十余年中，前后更换了五次，称作五代。其他藩镇各自成立了独立政权的称作十国。中原经济力衰弱，无法恢复。建筑发展没有可能。掌握政权者对于已破坏的长安完全放弃，修葺洛阳也缺乏力量。偶有兴建，匠人只是遵随唐木工规制，无所创造。山西平遥镇国寺大殿是五代木构建筑的罕贵的孤例。五代建筑在北方可说是唐的尾声。

十国在南方的情况则完全不同：个别政权不受战争拖累，又解除了对唐中央的负担，数十年中，经济得到新的发展而繁荣起来。建筑在吴越和南唐，就由于地理环境和新的社会因素，发展了自己的新风格。如南京栖霞寺塔以八角形平面出现，在造型方面和在雕刻装饰方面都有较唐朝更秀丽的新手法，在很大程度上是后来北宋建筑风格的先声。

辽是中国东北边境吸取并承继了唐文化的契丹族的政权。在关外发展成熟，进占关内河北和山西北部，所谓燕云十六州，包括幽州（今天的北京）在内。辽是一个独立的区域政权，不是一个朝代，在时间上大部虽和北宋同时，但在文化上是不折不扣的唐边疆文化。在进关以前，替辽建设城市和建筑寺庙的是唐代的汉族移民和汾、并、幽、蓟的熟练工匠。他们是以唐的规制手法为契丹族的特殊政权、宗教信仰和生活习惯服务的。结果在实践中创造了某一些属于辽的特殊风格和传统。后来这种风格又继续影响关内在辽境以内的建筑，——北京天宁寺辽砖塔就是辽独创作风的典型例子，而木构建筑如著名的蓟县独乐寺观音阁和应县佛宫寺木塔却带着更多的唐风，而后者则是中国木造佛塔的最后一个实例。

基本上，唐、五代和辽的建筑是同属于一个风格的不同发展时期。关于这一阶段的中国建筑，更应该提到的是它对朝鲜、日本建筑重大的影响。研究日本和朝鲜建筑者不能不理解中国的隋唐建筑，就如同研究欧洲建筑者不能不理解古希腊和罗马建筑一样。不但如此，这时期的中国建筑也影响到越南、缅甸和新疆边境。并且唐和萨珊波斯的文化交流，并不亚于和印度及锡兰的。唐朝是中国建筑最辉煌的一大阶段。

第六阶段——两宋到金、元

（公元960年至公元1368年）

这个大阶段以五代末的北周以武力得到淮南江北的经济力量，在汴梁的建设为序幕；北宋统一了南北是它的发展和全盛时期；南宋是北宋的成就脱离了原来政治经济基础，在江南的条件下的延续与转变；金和元都是在外族统治下宋的风格特点在北方和新的社会因素相结合的产物。

宋代建筑是在唐代已取得的辉煌成就的基础上发展起来的。但宋代建筑的特点与唐代的有着极大区别。

要理解宋建筑类型、手法风格和思想内容，我们必须理解宋代政治经济情况以下几个方面：1. 赵匡胤没有经过战争便取得了政权。五代末朝后周在汴梁因疏浚了运河和江淮通航所发展的工商业继续发展；中原农业生产或得到恢复，或更为提高。居于水陆交通要道的汴梁人口密集，是当时的政治中心兼商业中心。赵炅（太宗）以占领江淮门户的优越条件，进而征服了五代末期南方经济繁荣的独立小政权如南唐、吴越、后蜀，统一了中国，不但在经济上得到生产力较高的南方的供应，在文化上也吸取了南方所发展的一切文学艺术的成就，内中也包括建筑上的成就。2. 因内部矛盾，宋代军权集中于皇帝一人手中。无所事事，成为庞大消费阶层的军队全力防内，对外却软弱无能，在北方以屈辱性的条约和辽媾和，在西方则屡次受西夏侵扰。统治者抱有苟安思想，只顾眼前享乐生活。建设的规模，建筑物的性质、气魄，和唐代开国时期、和晚唐信奉宗教的热烈情况都不相同。3. 建立了庞大的官僚机构，这个巨大的寄生阶层，和大小地主商贾血肉相连，官僚们利用统治地位从事商业活动。在封建社会中滋长的“资本主义成分”的力量引起社会深刻的变化。全国中小消费阶层的扩大促进了这时期手工业生产的特殊繁荣。国内出现了手工艺市镇和较大的商业中心城市［特别突出的如京都汴梁、成都、兴元（汉中）和杭州等］。城市中某些为工商业服务的新建筑类型，如密集的市楼、邸店、廊屋等的产生，都是这时期城市生活的要求所促成的。又因商业流动人口的需要，取消了都城“夜禁”的限制，在东京出现了夜市和各种公共娱乐场所，如看戏的瓦子和豪华的酒楼，以后很普遍。4. 手工业的发展进入工场的组织形式，内部很细的分工使产品的质量和工艺美术水平普遍地提高。宋代瓷器、织锦、印刷、制纸等工业都超过了过去时代的水平。这一切细致精巧的倾向也影响了当时的建筑材料和细致加工的风格。

宋建筑的整体风格，初期的河北正定龙兴寺大阁残部所表现，仍保持魁伟的唐风。但作为首都和文化中心的汴梁是介于南北两种不同建筑风格中间，很快地同时受到五代南方的秀丽和唐代北方壮硕风格的影响，或多或少地已是南北作风的结合。山西太原晋祠圣母庙一组是这一作风的范例，虽然在地理上与汴梁有相当的距离。注重重楼飞阁较繁复的塑形，受到宫中不甚宽敞地址的限制，平面组合开始错落多变化；宫廷中藏书的秘阁就是这种创造性的新型楼阁。它的结构是由南方吴越来的杰出的木工喻皓所设计，更说明了它成就的来源。公元1000年（真宗）以后，宫廷不断建筑侈丽的道观楼阁，最著名的如玉清昭应宫，苏州人丁谓领导工役，夜以继日施工了七年建成。每日用工多到三四万人，所用材料是从全国汇集而来的名产。瓦用绿色琉璃；彩画用精制颜料绘成织锦图案，加金色装饰。这个建筑构图是按画家刘文通所作画稿布置的。其中的七贤阁的设计也是在高台上更加“飞阁”，被当时认为全国最壮观的建筑物。

汴梁宫廷建筑的华丽倾向和因宫中代代兴建，缺乏建筑地址，平面布置上不得不用更紧凑的四合围拢方式或两旁用侧翼的楼和主楼相连，或前后以柱廊相连的格式。这些显然普遍地影响了宋一代权贵私人第宅和富豪商贾城市中建筑的风格。

原来是商业城市改建为首都的汴梁，其规模和先有计划的“皇王之邑”的长安相去甚远，宫前既无宏大行政衙署区域，也无民坊门禁制度。除宫城外，前部中轴大路两旁，和横穿京城的汴河两岸，以及宫旁横街上，多半是商业性质建筑所组成的。人口密集之后，土地使用率加大，更促进了多层市楼的发展。因此豪华的店屋酒楼也常以重楼飞阁的姿态出现：例如《东京梦华录》中所描写的“三楼相高，五楼相向，各有飞阁栏槛，明暗相通”的酒店矾楼就最为典型。发展到了北宋末赵佶（徽宗）一代，连年奢侈营建，不但汴梁宫苑寺观“殿阁临水，云屋连簃”，层楼的组群占重要位置，它们还发展到全国繁华之地，有好风景的区域。虽然实物都不存在，今天我们还能从许多极写实的宋画中见到它们大略的风格形象。它们主要特征是歇山顶也可以用在向前向后的部分，上面屋脊可以十字相交，原来屋顶侧面的山花现在也可以向前，因此楼阁嶙峋，在形象上丰富了许多。宋画中最重要的如《黄鹤楼图》《滕王阁图》及《清明上河图》等等，都是研究宋建筑的珍贵材料。日本镰仓时代的建筑受到我们这一时期建筑很大的影响，而他们实物保存得很好，也是极好的参考材料。总之，在城市经济繁荣的基础上所发展出来的，有高度实用价值、形象优美、立面有多样变化组合的楼阁是宋代在中国建筑发展中一个重大贡献。

其次如建筑进一步分工，充分利用各种手工业生产的成就到建筑上，如砖石建筑上用标准化琉璃瓦和面砖，并用了陶瓷业模制压花技术的成就，到今天我们还可以从开封琉璃铁塔这样难得的实物上见到。木构建筑上出现了木雕装饰方面的雕作和旋作。彩画方面采用了纺织的成就，用华丽的绫锦纹图案。因为造纸业的发展，门窗上可大量糊纸，出现了可以开关的球文格子门和窗等等。这些细致的改进不但改变了当时建筑面貌，且对于后代建筑有普遍影响。

因为宋代曾采用匠人木经编成中国唯一的一本建筑术书《营造法

式》，记录了各种建筑构件相互间关系及比例，以及斗栱砍削加工做法和彩画的一般则例，对后代官匠在技术上和艺术上有一定的影响。

南宋退到江南，建都临安（杭州），把统治阶级的生活习惯、思想意识，都带到新的土壤上培植起来，建筑风格也不在例外。但是在严重地受着侵略威胁的局面下和萎缩的经济基础上，南宋的宫廷建筑的内容性质改变了，全国性规模的建筑更不可能了。南宋重修的城市寺观起初仍极为奢华，结构逐渐纤弱造作，手法也改变了。这时期的重要贡献是建筑和自然山水花木相结合的庭园建筑在艺术上的成就。宫廷在临安造园的风气影响到苏州和太湖区的私家花园，一直延续到后代明、清的名园。

金的统治阶级是文化落后于汉族的女真族。金的建设意识上反映着模仿北宋制度的企图。从事创造的是汉族人民，在工艺技术上是依据他们自己的传统的。而当时北方一部分却是辽区域作风占重要位置。因此宋辽混合掺杂的手法的发展是它的特点之一。有一些金代建筑实物在结构比例上完全和辽一致，常常使鉴别者误为辽的建筑。另有一些又较近宋代形制，如正定龙兴寺的摩尼殿和五台山佛光寺的文殊殿，一向都被认为是宋的遗物。第三种则是以不成熟的手法，有时形式地模仿北宋颓废的烦琐的形象，有时又作很大胆的新组合，前者如大同善化寺三圣殿，后者如正定广慧寺华塔，都是很突出的。像华塔那样的形式，可以说是一种紧凑的群塔，是一种富于想象力的创造。

金人改建了辽的南京（今天北京城西南广安门内外一带），扩大了城址，称作中都。这次的兴建是金海陵王特命工匠监官模仿北宋首都汴梁而布置的。因此中都吸取了宋的城市宫城格局的一切成就，保存了北宋宫前广场部署的优良传统。中都宫前的御河石桥，两侧的千步廊也就是元大都的蓝本。明清两代继续沿用这种布局；今天北京的天安门前和午门、端门前壮丽的广场，就是由这个传统发展而来的。

元代的蒙古游牧民族，用极强悍的骑兵，侵入邻近的国家，在短短的几十年中，建立了横跨欧亚两洲历史上空前庞大的帝国。

在元代统治中国的九十多年中，蒙古族采用了残酷的武力镇压手段，破坏着中国原来的农业基础，在残酷的民族斗争中，全国的经济空前地衰落了；因此元代一般的地方建筑也是空前略粗糙简陋的。这时期统治阶级的建筑是劫掳各先进民族的工匠建造的，因此有一些部分带有其他民族的风格，大体是继承了金和南宋后期细致纤丽的风格。

元代的京城大都（现北京）是蒙古族摧毁了金的中都之后创建的。这座在宽阔的平原上新创的城市，在平面上表现着整齐的几何图形观念：城的平面接近正方形，以高大的鼓楼安置在全城的几何中点上。皇宫的位置是在城内南面的中轴线上。这是参照周礼“面朝背市，左祖右社”的思想，综合金代中都所沿袭的宋汴京的规划，依照当时蒙古族的需要而创建的。这种以高大的鼓楼作全城中心的方式，现在在北方的一些中小城市中仍可以看到它的影响。

元大都的宫殿建筑是以豪华精致的中国木构式样为主。一般宫殿建筑组群的主殿是采用工字形平面，前殿是集会和行政的殿堂，用廊连接的后部就是寝殿。殿内的布置，是用贵重的毛皮或丝织品作壁幛，完全掩蔽了内部的墙壁和木构。这种的布置与汉族宫廷内分作前朝和后宫的方式不同，内部的处理仍旧保留着游牧民族毡帐生活的习惯。

元代宫殿的木构建筑方面进一步发展了琉璃，从宋代的褐、绿两种色彩发展成黄、绿、蓝、青、白各色，普遍地应用到宫殿和离宫上，更丰富了屋顶的色彩。

元代上都（内蒙古多伦附近）主要宫殿的遗址是砖石结构的建筑，这可能是西方工匠建造的。此外像大都宫中的“畏吾儿殿”应是维吾尔族的式样。还有相当多的“盝顶殿”和“棕毛殿”，也都是元以前中国传统所没有的其他民族风格。

元代的统治阶级以吐蕃（西藏）的喇嘛教作为国教，吐蕃的建筑和艺术在元代流传到华北一带，出现了很多西藏风格的喇嘛塔。矗立在北京的妙应寺白塔就是这时期最宏伟的遗物。从著名的居庸关过街塔残存的基座上和石雕刻纹样手法上也可以看到当时西藏艺术风格盛行的情况。

都城以外的建筑仍是汉族工匠建造的，继续保持着传统的中国风格。其中一种类型可能是地方的统治阶层兴建的，比较细致精巧，但带有显著的公式化倾向，工料也比较整齐；典型的代表例如正定的关帝庙，定兴的慈云阁。另一种是施工非常粗糙，木料贫乏到用天然的弯曲原木作主要的构架，其中的结构是煞费苦心拼凑成的。现存的这类建筑大多是当地人民信仰的祠庙或地方性的公共建筑。例如河北正定的阳和楼，曲阳北岳庙的德宁殿，安平的圣姑庙或山西赵城的广胜寺。这后一种在困难的物质条件限制下表现了比较多的设计意匠。它们正是这段艰苦的时期中人民生活的反映，鲜明地刻画出元代一般建筑艺术衰落的情况。

第七阶段——明、清两朝（公元1368年至1911年）和民国时期（至1949年）

在这五百八十余年中，中国历史上发生了巨大的转变。1. 在汉族农民起义，摧毁并驱逐了蒙古族统治阶级以后，朱元璋建立了明朝，恢复了汉族的统治，恢复了久经破坏的经济。但自朱棣以后，宦官掌握朝政二百余年，统治阶级昏庸腐朽达到极点。2. 满族兴起，入关灭明，统治中国二百六十余年，阶级压迫与民族压迫合而为一。3. 西方新兴的资本主义的商人和传教士，由十六世纪末开始来到中国，逐步导致十九世纪中的鸦片战争和中国的半殖民地化。4. 人民革命经过一百零九年的英勇斗争，推翻了满清皇朝，驱逐了帝国主义侵略者，肃清了封建统治阶级，建立了人民民主的中华人民共和国。

朱元璋以农民出身，看到异族压迫下农村破产的情形，亲身参加了民族解放战争，知道农业生产是恢复经济、巩固政权的基本所在，所以建立了均田、农贷等制度，解放了异族压迫，恢复了封建的生产关系，使经济很快恢复。在建国之初，他已占有江淮全国最富庶的地区，国库充实起来，使他得以建设他的首都南京，作为巩固政权的工具之一。

明朝建立以后不久，官式建筑很快就在布局、结构和造型上出现了与前一阶段区别显著的转变。在一切建置中都表现了民族复兴和封建帝国中央集权的强烈力量。首都南京的营建，征发全国工匠二十余万人，其中许多是从蒙古半奴隶式的羁束下解放出来的北方世代的匠户。除了建造宫殿衙署之外，他特别强调恢复汉族文化和中国传统的礼仪：例如天子郊祀的坛庙和身后的陵寝，都以雄伟的气魄和庄严的姿态建置起来。

朱棣（成祖）迁都北京，在元大都城的基础上，重新建设宫殿、坛庙，都遵南京制度，而规模比南京更大。今天北京的故宫大体就是明初的建置。虽然大部分殿堂已是清代重建的，明朝原物还保存若干完整的组群和个别的主要殿宇。社稷坛（今中山公园）、太庙（今劳动人民文化宫）和天坛，都是明代首创的宏丽的大组群，其中尤其是天坛在规模、气魄、总体布置和艺术造型上更是卓越的杰作。虽然祈年殿在光绪十五年曾被落雷焚毁，次年又照原样重修；皇穹宇一组则是明代最精美的原物，并且是明手法的典型。昌平县天寿山麓的长陵（朱棣墓），以庙宇的组群同陵墓本身的地面建筑物结合，再在陵前布置长达8公里的神道，这一切又与天寿山的自然环境结合为一整体。气魄之大，意匠之高，全国其他建筑组群很少能和它相比的。

明初两京的两次大建设将南北的高手匠工作了两次大规模调配，使南方北方建筑和工艺的特长都得以发挥出来，汇合为一，创造出明代的特殊风格。西南的巨大楠木，大量在北京使用。这样的建筑所反映的正是民族复兴的统一封建大帝国的雄伟气概。

自从朱棣把宦官干涉朝政的恶劣传统培植起来以后，宦官成了明朝二百余年统治权的掌握者。在建筑方面，这事实反映在一切皇家的营建方面。每一座明朝“敕建”的庙宇，都有监修或重修的太监的碑志，不然就在梁下、匾上留名。至于明代宫中八次大火灾（小火灾不计），史家认为是宦官故意放火，以便重建时贪污中饱的。更不用说，宦官为了回避宦官禁置私产的法律规定，多借建庙的名义，修建寺院，附置庭园、“僧舍”，作为自己休养享乐之用。如北京的智化寺（王振建）、碧云寺(魏忠贤建)，就是其中突出的例子。明末魏忠贤的生祠在全国竟达五六百所，更是宦官政治的具体的物质表现。

明代官匠制度增加了熟练技术工人，大大地促进手工艺技术的水平。明代建筑使用大量楠木和质地优良的砖，工精料美，丝毫不苟。在建筑工程方面，榫卯准确，基础坚实，彩画精美，也是它的特色。琉璃瓦和琉璃面砖到了明朝也得到了极大的发展。太庙内墙前的琉璃花门上细部如陶制彩画额枋就精美无比。除北京许多琉璃牌坊和琉璃花门外，许多地方还出现了琉璃宝塔，其中如南京的报国寺七宝琉璃塔（太平天国战争中毁）和山西赵城广胜寺飞虹塔，都说明了在这方面当时普遍的成就。

在明中叶的初期，由印度传入“金刚宝座式”塔，在一个大塔座上建造五座乃至七座的群塔。北京真觉寺（五塔寺）塔是这类型的最卓越的典型。这个塔型之传入使中国建筑的类型更丰富起来。在清代，这类型又得到一定的发展。

在“党祸”的斗争中退隐的地主官僚和行商致富的大贾，则多在家乡营造家祠或私园以逃避现实世界。明末私家园林得到极大发展，今天江南许多精致幽静的私园，如苏州的拙政园，就是当时林园的卓越一例，也是当时社会情况下的产物。最近在安徽歙县发现许多私家的第宅，厅堂用巨大楠木柱，规模宏大。可见当时商业发展，民间的财富可观。

明中叶以后，一方面由于工艺发展，砖陶窑业取得了极大的进步，一方面由于国内农民起义和东北新兴的满洲族的军事威胁，许多府县都大量用砖甃砌城堡。这方面最杰出的实例就是北京城和万里长城。这两个城虽然各在不同的地方和不同的地形上建造起来，但都以它们雄健简朴的庞大身体各自表现了卓越的艺术效果。

明代砖陶业之进步所产生的另一类型就是砖造发券的殿堂，如各地的“无梁殿”，乃至北京的大明门（今中华门）一类的砖券建筑就是其中的实例。这些建筑一般都用砖石琉璃做出木结构的样式。

明朝末年，随同欧洲资本家之寻找东方市场，西洋传教士到了中国，带来了西洋的自然科学、各种艺术和建筑，这对于后来的中国建筑也有一定的影响。

满清以一个文化比较落后的民族入主中国。由于他们入关以前已有相当长的期间吸收汉族的先进文化，入关时又大量利用汉奸，战争不太猛烈，许多城市和建筑没有受到过甚的破坏；例如北京这样辉煌的首都和宫殿苑园，就是相当完整地被满洲统治者承继了的。故宫之中，主要建筑仅太和殿和武英殿一组受到破坏。清朝初期尚未完全征服全中国，所以像康熙年间重建太和殿，就放弃了官式用料的惯例，不用楠木而改用东北松木建造，在材料的使用上，反映了当时的军事政治局势，南方产木区还在不断反抗。

满清统治者承继了明朝统治者的全部财产，包括统治和压迫人民的整套“文物制度”。为了适应当时情况，在康熙、雍正、乾隆三朝进行了各种制度和法律之制订。在这些制度之中也包括了工部《工程做法则例》

七十二卷。这虽是一部约束性的书，将清代的官造建筑在制度和样式上固定下来，但是它对于今天清代建筑的研究却是一部可贵的技术书。这书对于当时的匠师虽然有极大的约束性，但掌握在劳动人民手中的建筑技术和艺术的创造性是封建制度所约束不住的。在“工程做法”的限制下，劳动人民仍然取得无穷辉煌的变化。

史家认为满清皇朝闭关自守是封建经济停滞时代，一般地说，这也在建筑上反映出来。但在这整个停滞的时代里，它仍有它一定限度内经济比较发展的高峰和低潮。清朝建筑的高峰和一定的创造性主要表现在乾隆时代，那是满清二百六十余年间的“太平盛世”。弘历几度南巡，带来江南风格，大举营建圆明园，热河行宫，修清漪园（颐和园），在故宫内增建宁寿宫（“乾隆花园”），给许多艺匠名师以创造的机会。各园都有工艺精绝的建筑细部。尤其值得注意的是这时代的宫廷大量吸收了江南的民间建筑风格来建造园苑。乾隆以后，清代的建筑就比较消沉下来。即使如清末重修颐和园，也只是高潮以后一个波浪而已。

鸦片战争开始了中国的半殖民地化时代，赓续了一百零九年。在这一个世纪中，中国的经济完全依附于帝国主义资本主义，中国社会中产生了官僚资本家和买办阶级。帝国主义的外国资本家把欧洲资本主义城市的阶级对立和自由主义的混乱状态移植到中国城市中来；中国的官僚买办则大盖“洋房”，以表达他们的崇洋思想，更助长了这混乱状态。侵略者是无视被侵略者的民族和文化的，中国建筑和它的传统受到了鄙视和摧残。中国知识分子建筑师之出现，在初期更助长了这趋势。“五四”以后很短的一个时期曾做过恢复中国传统和新的工程技术相结合的尝试，但在反动政府的破碎支离殖民地性质的统治下和经济基础上没有得到，也不可能得到发展；凡是宣传帝国主义的世界主义的各种建筑理论和流派逐渐盛行起来。以“革命”姿态出现于欧洲的这个反动的艺术理论猖狂地攻击欧洲古典建筑传统，在美国繁殖起来，迷惑了许许多多欧美建筑师，以“符合现代要求”为名，到处建造光秃秃的玻璃方盒子式建筑。中国的建筑界也曾堕入这个漩涡中。

中国历史中这一个波动剧烈的世纪，也反映在我们的建筑上。

总的说来，这个时期的洋房、玻璃方盒子似乎给我们带来新的工程技术，有许多房子是可以满足一定的物质需要的。但是，建筑是一个社会生活中最高度综合性的艺术。作为能满足物质和精神双重要求的建筑物来衡量这些洋式和半洋式建筑，它们是没有艺术上价值的，而且应受到批判。无可讳言的，这一百年中蔑视祖国传统、割断历史、硬搬进来的西洋各国资本主义国家的建筑形式对于祖国建筑是摧残而不是发展。历史上封建的建筑物虽已不能适应我们今天生活的新要求，但它们的优良传统，艺术造型上的成就却仍是我们新创造的最可宝贵的源泉。而殖民地建筑在精神上则起过摧毁民族自信心的作用，阻碍了我们自己建筑的发展；在物质上曾是破坏摧毁我们可珍贵的建筑遗产的凶猛势力。它们仅有的一点实用性，在今天面向社会主义生活的面前，也已经很不够了。

结论

回顾我们几千年来建筑的发展，我们看见了每一个大阶段在不同的政治、经济条件下，在新的技术、材料的进步和发明的条件下，历代的匠师都不断地有所发明，有所创造。肯定的是：各代的匠师都能运用自己的传统，加以革新，创造新的类型，来解决生活和思想意识中所提出的不相同的新问题。由于这种新的创造，每代都推动着中国的建筑不断地向前发展，取得光辉的成就。每当新的技术、新的材料出现时，古代匠师们也都能灵活自如地掌握这些新的技术和材料，使它们服从于艺术造型的要求，创造出革新的而又是从传统上发展出来的手法和风格。在这一点上，建筑历史上卓越的实例是值得我们学习的。

中国建筑的新阶段已经开始了。新的社会给新中国的建筑师提出了崭新的任务。我们新中国的建筑是为生产服务、为劳动人民服务的。建筑必须满足人民不断增长的物质和文化的需要。劳动人民得到了适用、愉快而合乎卫生的工作和居住、游息的环境，就可提高生产的量和质，就可帮助国家的社会主义改造。我们还要求新中国的建筑，作为一种艺术，必须发挥鼓舞人民前进的作用。建筑已成为全民的任务，成为国家总路线的执行中的必要工具了。

过去的匠师在当时的社会、材料、技术的局限性下尚且能为自己时代社会的需要，灵活地运用遗产，解决各式各样的问题。今天的中国所给予建筑师的条件是远远超过过去任何一个时代的。我们有中国共产党和中央人民政府的英明正确的领导，有全国人民的支持，有马克思列宁主义、毛泽东思想的思想武器，有苏联社会主义建设的先进范本，有最现代化的技术科学和材料，有无比丰富的遗产和传统。在这样优越的条件下，我们有信心创造出超越过去任何时代的建筑。

作者校对后记

在编纂建筑史的学习过程中，我们不断地发现我们对伟大祖国建筑艺术遗产的研究还有待提高；由于受到理论水平的限制，距全面的、正确的认识总还有一段距离。例如对于我们所掌握的各历史时期的资料，还不能作出很好的分析，从科学的观点指出各时代劳动人民在创造上的成就。有时因为对当时的社会思想意识与它的物质基础之间的关系，认识也比较模糊，没有能更好地举出反映当时的社会内容的典型性建筑物的艺术形象和它们的特征，更深刻地指出它们在祖国建筑发展中有积极进步的意义方面和相反地只有消极保守，局限了创造和发明的方面等等。此稿付印以后，我们在继续学习中，经过多次讨论，觉得这稿子应加以提高的地方很多。但是已在排印中，已不可能作大量修改，只好在下一篇《中国建筑各时代实物举例》一文的分析中来弥补或纠正本文中没有足够认识的和不明确的地方。

我们这篇稿子是不成熟的，希望读者——特别是建筑师们和史学家们——帮助我们，指出我们的错误，予以纠正。

1954年12月8日

中国建筑之两部“文法课本”①

每一个派别的建筑，如同每一种的语言文字一样，必有它的特殊“文法”“辞汇”。（例如罗马式的“五范”（Five orders），各有规矩，某部必须如此，某部必须如彼；各部之间必须如此联系……）。此种“文法”在一派建筑里，即如在一种语言里，都是传统的演变的，有它的历史的。许多配合定例，也同文法一样，其规律格式，并无绝对的理由，却被沿用成为专制的规律的。除非在故意改革的时候，一般人很少觉有逾越或反叛它的必要。要了解或运用某种文字时，大多数人都是秉承着、遵守着它的文法，在不自觉中稍稍增减变动。突然违例另创格式则自是另创文法。运用一种建筑亦然。

中国建筑的“文法”是怎样的呢？以往所有外人的著述，无一人及此，无一人知道。不知道一种语言的文法而要研究那种语言的文学，当然此路不通。不知道中国建筑的“文法”而研究中国建筑，也是一样的不可能，所以要研究中国建筑之先只有先学习中国建筑的“文法”，然后求明了其规矩则例之配合与演变。②

清宋两术书 中国古籍中关于建筑学的术书有两部，只有两部。清代工部所颁布的建筑术书《清工部工程做法则例》③；和宋代遗留至今日一部《宋营造法式》④。这两部书，要使普通人读得懂都是一件极难的事。当时编书者，并不是编教科书，“则例”“法式”虽至为详尽，专

① 本文原载1945年《中国营造学社汇刊》第七卷第二期。

② 以上两段文字为1945年本文初次发表时的头两段，因1966年梁思成先生将它删掉准备重写，后因故未完成，现录于此以供参考。——林洙注

③《清工部工程做法则例》，清雍正十二年（1734年）颁行，本名《工程做法》。因以工部“则例”（行政法规）名义颁行，故初刊本封面题《工程做法则例》，书口仍印《工程做法》。——王世仁注

④《宋营造法式》，宋至民国各刊本均为《营造法式》。——王世仁注

门名词却无定义亦无解释。其中有极通常的名词，如“柱”“梁”“门”“窗”之类；但也有不可思议的，如“铺作”“卷杀”“襻间”“雀替”“采步金”……之类，在字典辞书中都无法查到的。且中国书素无标点，这种书中的语句有时也非常之特殊，读时很难知道在哪里断句。

幸而在抗战前，北平尚有曾在清宫营造过的老工匠，当时找他们解释，尚有这一条途径，不过这些老匠师们对于他们的技艺，一向采取秘传的态度，当中国营造学社成立之初，求他们传授时亦曾费许多周折。

以《清工部工程做法则例》为课本，以匠师们为老师，以北平清故宫为标本，清代建筑之营造方法及其则例的研究才开始有了把握。以实测的宋辽遗物与《宋营造法式》相比较，宋代之做法名称亦逐渐明了了。这两书简单的解释如下：

1.《清工部工程做法则例》是清代关于建筑技术方面的专书，全书共七十卷[①]，雍正十二年（公元1734年）工部刊印。这书的最后二十四卷[②]注重在工料的估算。书的前二十七卷举二十七种不同大小殿堂廊屋的“大木作”（即房架）为例，将每一座建筑物的每一件木料尺寸大小列举；但每一件的名目、定义、功用、位置及斫割的方法等等，则很少提到。幸有老匠师们指着实物解释，否则全书将仍难于读通。“大木作”的则例是中国建筑结构方面的基本“文法”，也是这本书的主要部分；中国建筑上最特殊的“斗栱”结构法〈图1〉与柱径柱高等及曲线瓦坡之“举架”方法〈图2〉都在此说明。其余各卷是关于“小木作”（门窗装修之类），“石作”“砖作”“瓦作”“彩画作”……等等[③]。在种类之外中国式建筑物还有在大小上分成严格的“等级”问题，清代共分为十一等；柱径的尺寸由六寸可大至三十六寸。此书之长，在二十七种建筑物部分标定尺寸之准确，但这个也是它的短处，因其未曾将规定尺寸归纳成为原则，俾可不论为何等级之大小均可适应也[④]。

---

① 七十卷，应为七十四卷。——王世仁注

② 最后二十四卷，应为二十七卷。——王世仁注

③ “小木作”……等等，所举各“作”均为宋《营造法式》名称，清《工程做法》为“装修木作”“瓦作（大式、小式）”“油作”“画作”。——王世仁注

④ 我曾将《清工部工程做法则例》的原则编成教科书性质的《清式营造则例》一部，于民国二十一年由中国营造学社在北平出版。十余年来发现当时错误之处颇多，将来再版时，当予以改正。——作者注

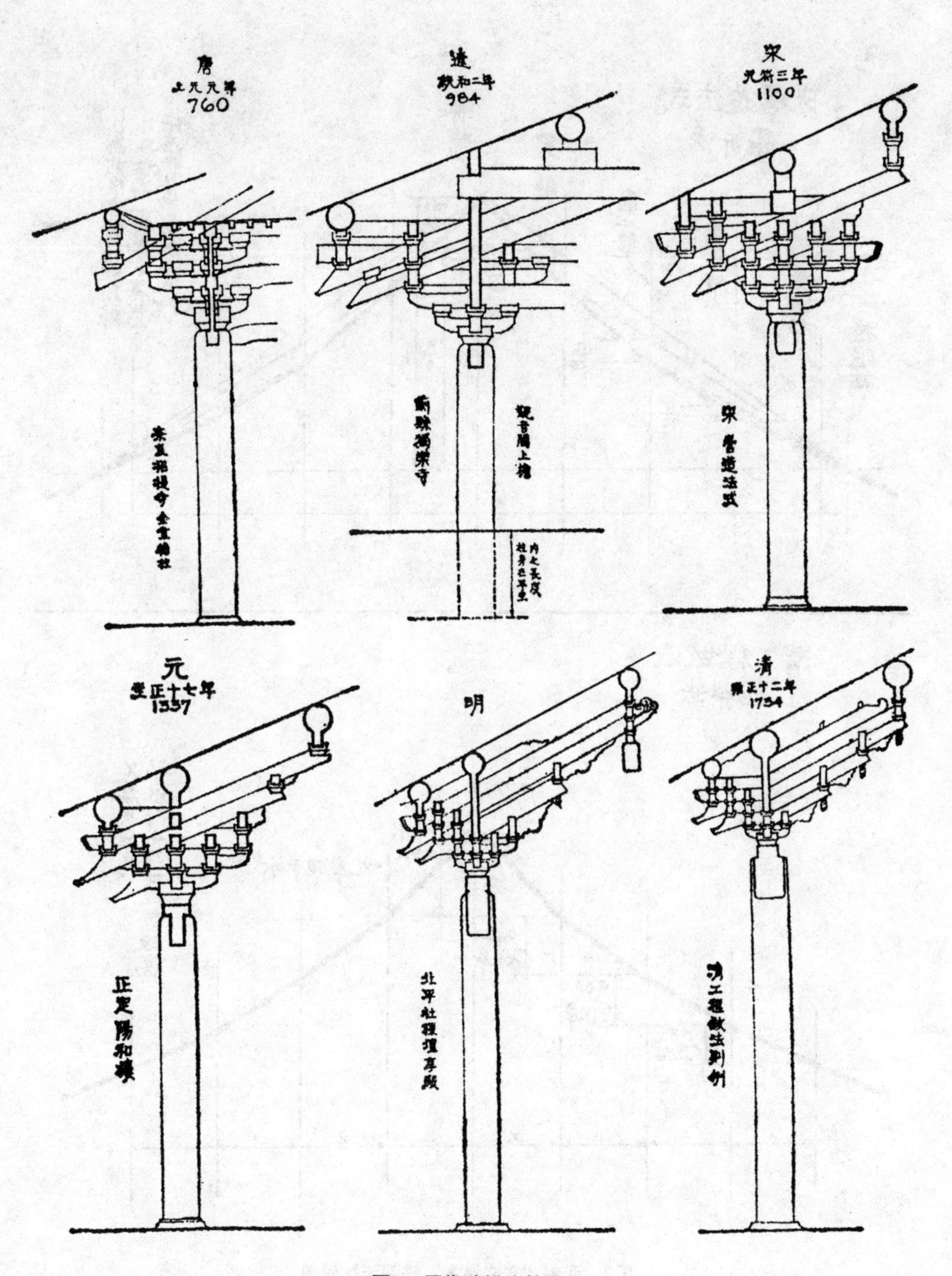
唐
上元元年
760
奈良招提寺金堂檐柱
遼
統和二年
984
薊縣獨樂寺
觀音閣上檐
柱身在平坐內之長度
宋
元符三年
1100
宋營造法式
元
至正十七年
1357
正定陽和樓
明
北平社稷壇享殿
清
雍正十二年
1734
清工程做法則例

图1　历代斗栱比较图

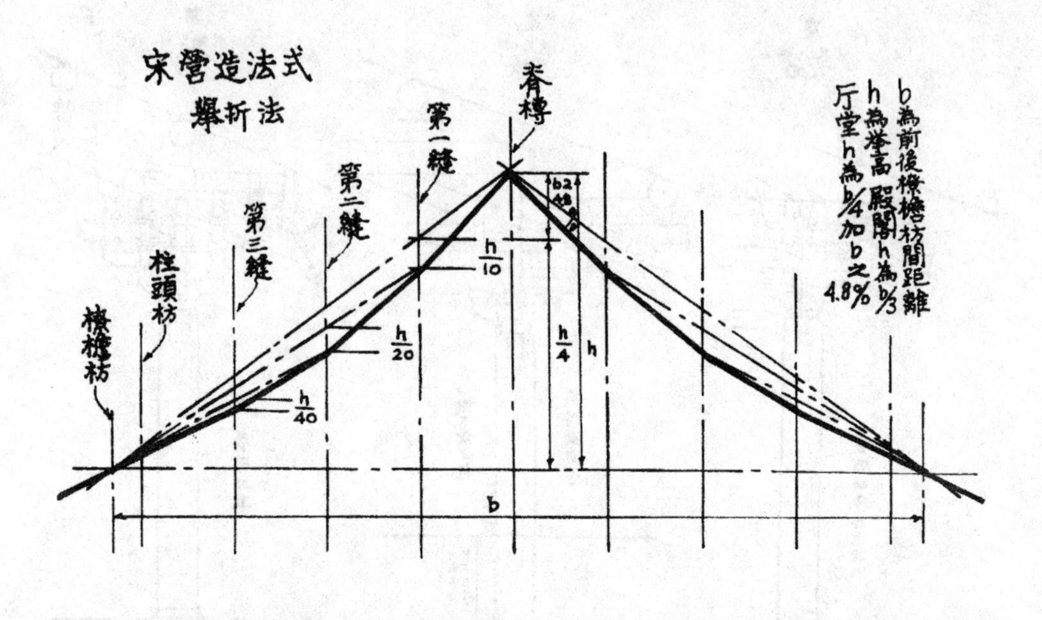

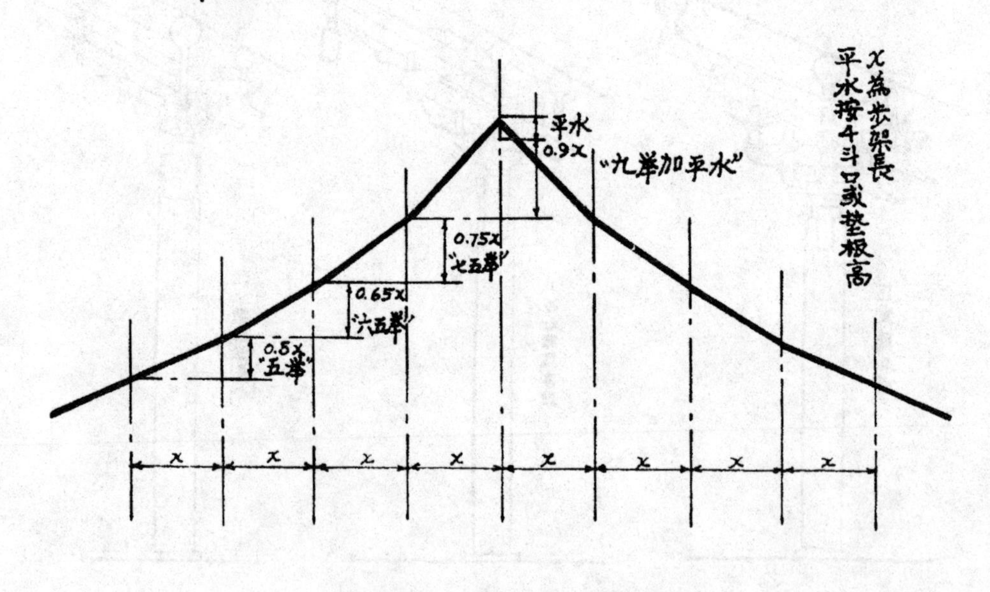

图2 两部“文法课本”举架法比较图

2.《宋营造法式》宋李诫著。李诫是宋徽宗时的将作少监；《宋营造法式》刊行于崇宁三年（公元1100年）①，是北宋汴梁宫殿建筑的“法式”。研究《宋营造法式》比研究《清工部工程做法则例》曾经又多了一层困难：既无匠师传授，宋代遗物又少——即使有，刚刚开始研究的人也无从认识。所以在学读《宋营造法式》之初，只能根据着对清式则例已有的了解逐渐注释宋书术语；将宋清两书互相比较，以今证古，承古启今，后来再以旅行调查的工作，借若干有年代确凿的宋代建筑物，来与《宋营造法式》中所叙述者互相印证。换言之亦即以实物来解释法式，法式中许多无法解释的规定，常赖实物而得明了；同时宋辽金实物中有许多明清所无的做法或部分，亦因法式而知其名称及做法。因而更可借以研究宋以前唐及五代的结构基础。

《宋营造法式》的体裁，较《清工部工程做法则例》为完善。后者以二十七种不同的建筑物为例，逐一分析，将每件的长短大小呆呆板板地记述。《宋营造法式》则一切都用原则和比例做成公式，对于每“名件”，虽未逐条定义，却将位置和斫割做法均详为解释。全书三十四卷，自测量方法及仪器说起，以至“壕寨”（地基及筑墙）“石作”“大木作”“小木作”“瓦作”“砖作”“彩画作”“功限”（估工）“料例”（算料）等等，一切用原则解释，且附以多数的详图。全书的组织比较近于“课本”的体裁。民国七年，朱桂辛先生于江苏省立图书馆首先发现此书手抄本，由商务印书馆影印。民国十四年，朱先生又校正重画石印，始引起学术界的注意②。

“斗栱”与“材”，“分”及“斗口” 中国建筑是以木材为主要材料的构架法建筑。《宋营造法式》与《清工部工程做法则例》都以“大

---

①《宋营造法式》刊行于崇宁三年（公元1100年），笔误。应为成书于元符三年（公元1100年），刊行于崇宁二年（公元1103年）。——王世仁注

②民国十七年，朱桂辛先生在北平创办中国营造学社。翌年我幸得加入工作，直至今日。营造学社同人历年又用《四库全书》文津、文溯、文渊阁各本《营造法式》及后来在故宫博物院图书馆发现之清初标本（标本，笔误，应为抄本。——王世仁注）相互校，又陆续发现了许多错误。现在我们正在作再一次的整理，校刊注释。图样一律改用现代画法，几何的投影法画出。希望不但可以减少前数版的错误，并且使此书成为一部易读的书，可以予建筑师们以设计参考上的便利。——作者注

木作”（即房架之结构）为主要部分，盖国内各地的无数宫殿庙宇住宅莫不以木材为主。木构架法中之重要部分，所谓“斗栱”者是在两书中解释得最详尽的。它是了解中国建筑的钥匙。它在中国建筑上之重要有如欧洲希腊罗马建筑中的“五范”一样。斗栱到底是什么呢？

（1）“斗栱”是柱以上、檐以下，由许多横置及挑出的短木（栱）与斗形的块木（斗）相叠而成的〈图1〉。其功用在将上部屋架的重量，尤其是悬空伸出部分的荷载转移到下部立柱上。它们亦是横直构材间的“过渡”部分。（2）不知自何时代始，这些短木（栱）的高度与厚度，在宋时已成了建筑物全部比例的度量。在《营造法式》中，名之曰“材”，其断面之高与宽作三与二之比。“凡构屋之制，皆以‘材’为祖。‘材’有八等（八等的大小）。……各以其材之‘广’分为十五‘分’，以十‘分’为其厚”（即三与二之比也）〈图3〉。宋《营造法式》书中说：“凡屋宇之高深，名物之短长，曲直举折之势（即屋顶坡度做法）〈图2〉，规矩绳墨之宜，皆以所用材之‘分’以为制度焉。”由此看来，斗栱中之所谓“材”者，实为度量建筑大小的单位。而所谓“分”者又为“材”的“广”内所分出之小单位。他们是整个“构屋之制”的出发点。

清式则例中无“材”“分”之名，以栱的“厚”称为“斗口”。这是

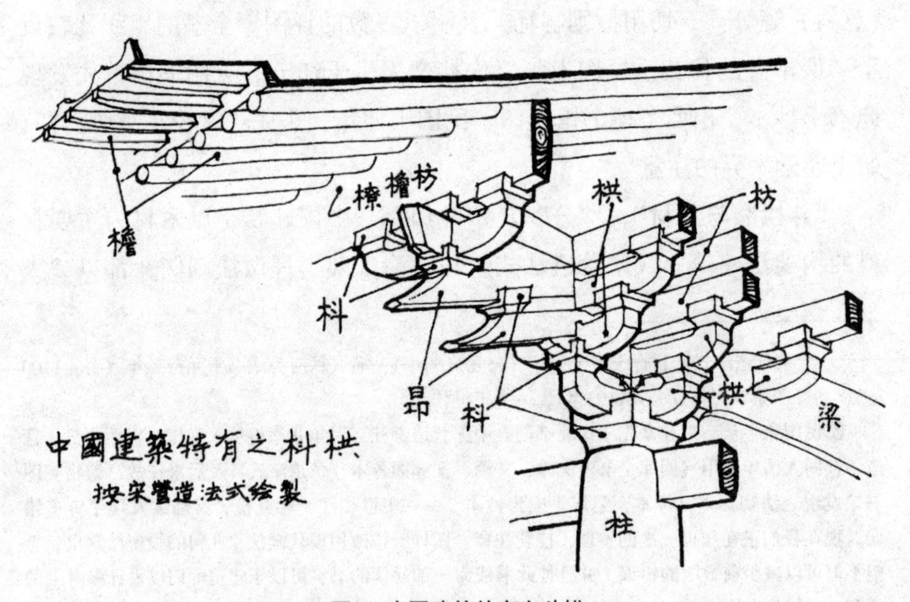

图3 中国建筑特有之斗栱

因为栱与大斗相交之处，斗上则出凹形卯槽以承拱身，称为斗口，这斗口之宽度自然同栱的厚度是相等的〈图3〉。凡一座建筑物之比例，清代皆用“斗口”之倍数或分数为度量单位（例如清式柱径为六斗口，柱高为六十斗口之类）。这种以建筑物本身之某一部分为度量单位，与罗马建筑之各部比例皆以“柱径”为度量单位，在原则上是完全相同的。因此斗栱与“材”及“分”在中国建筑研究中实最重要者。

斗栱因有悠久历史，故形制并不固定而是逐渐改的。由《营造法式》与《工程做法则例》两书中就可看出宋清两代的斗栱大致虽仍系统相承，但在权衡比例上就有极大差别——在斗栱本身上，各部分各名件的比例有差别。例如栱之“高”（即法式所谓“广”），《宋营造法式》规定为十五分，而“材上加栔”（栔是两层栱间用斗垫托部分的高度，其高六分）的“足材”，则广二十一分；《清工部工程做法则例》则足材高两斗口（二十分）栱（单材）高仅一点四斗口（十四分）。而且在柱头中线上用材时，宋式用单材，材与材间用斗垫托，而清式用足材“实拍”，其间不用斗。所以在斗栱结构本身，宋式呈豪放疏朗之象，而清式则紧凑局促〈图4〉。至于斗栱全组与建筑物全部的比例，差别则更大了〈图1〉。因各个时代的斗栱显著的各有它的特征，故在许多实地调查时，便也可

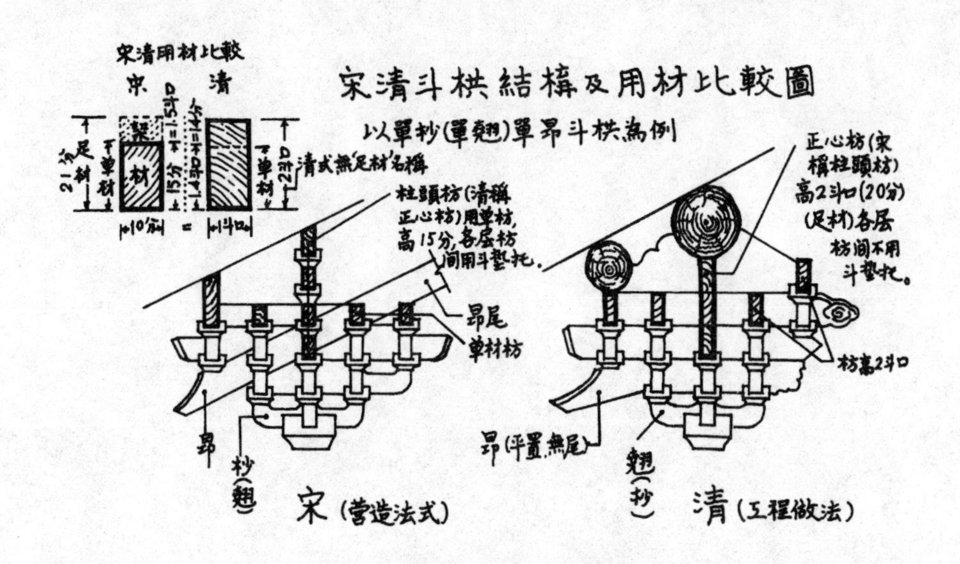

图4　宋清斗栱结构及用材比较图

根据斗栱之形制来鉴定建筑物的年代，斗栱的重要在中国建筑上如此。

“大木作”是由每一组斗栱的组织，到整个房架结构之规定，这是这部书所最注重的，也就是上边所称为我国木构建筑的文法的。其他如“小木作”“彩画”等，其中各种名称与做法，也就好像是文法中字汇语词之应用及其性质之说明，所以我们实可以称这两部罕贵的术书做中国建筑之两部“文法课本”。

建筑论述

中国建筑的特征①

中国的建筑体系是在世界各民族数千年文化史中一个独特的建筑体系。它是中华民族数千年来世代经验的累积所创造的。这个体系分布到很广大的地区：西起葱岭，东至日本、朝鲜，南至越南、缅甸，北至黑龙江，包括蒙古人民共和国的区域在内。这些地区的建筑和中国中心地区的建筑，或是同属于一个体系，或是大同小异，如弟兄之同属于一家的关系。

考古学家所发掘的殷代遗址证明，至迟在公元前15世纪，这个独特的体系已经基本上形成了。它的基本特征一直保留到了最近代。三千五百年来，中国世世代代的劳动人民发展了这个体系的特长，不断地在技术上和艺术上把它提高，达到了高度水平，取得了辉煌成就。

中国建筑的基本特征可以概括为下列九点。

1. 个别的建筑物，一般地由三个主要部分构成：下部的台基，中间的房屋本身和上部翼状伸展的屋顶〈图1〉。

2. 在平面布置上，中国所称为一“所”房子是由若干座这种建筑物以及一些联系性的建筑物，如迴廊、抱厦、厢、耳、过厅等等，围绕着一个或若干个庭院或天井建造而成的。在这种布置中，往往左右均齐对称，构成显著的轴线。这同一原则也常应用在城市规划上。主要的房屋一般地都采取向南的方向，以取得最多的阳光。这样的庭院或天井里虽然往往也种植树木花草，但主要部分一般地都有砖石墁地，成为日常生活所常用的一种户外的空间，我们也可以说它是很好的“户外起居室”〈图2〉。

3. 这个体系以木材结构为它的主要结构方法。这就是说，房身部分是以木材做立柱和横梁，成为一副梁架。每一副梁架有两根立柱和两层

① 本文原载《建筑学报》1954年第1期。——左川注

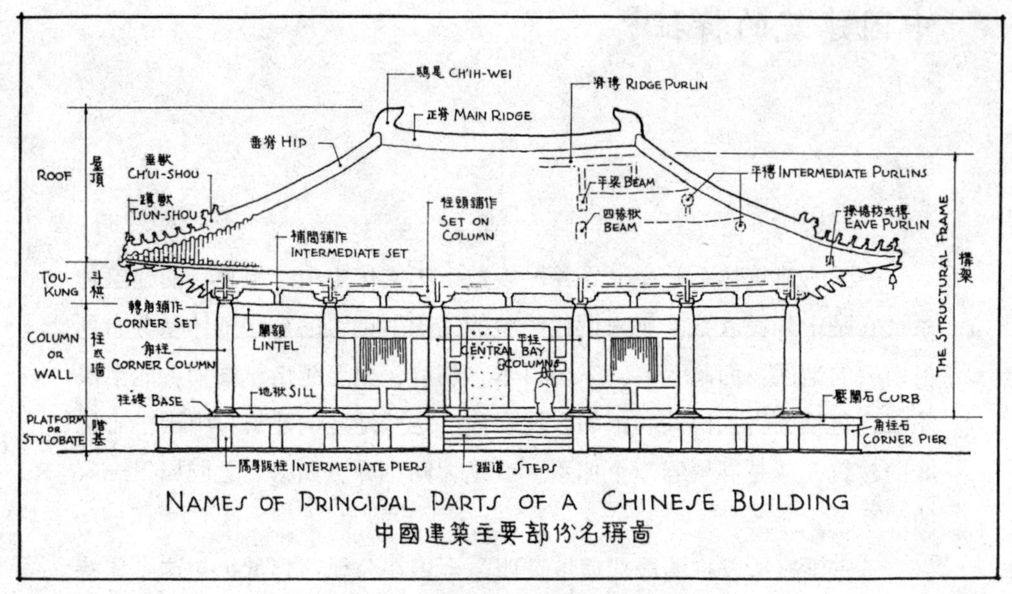

图1 中国建筑主要部分名称图

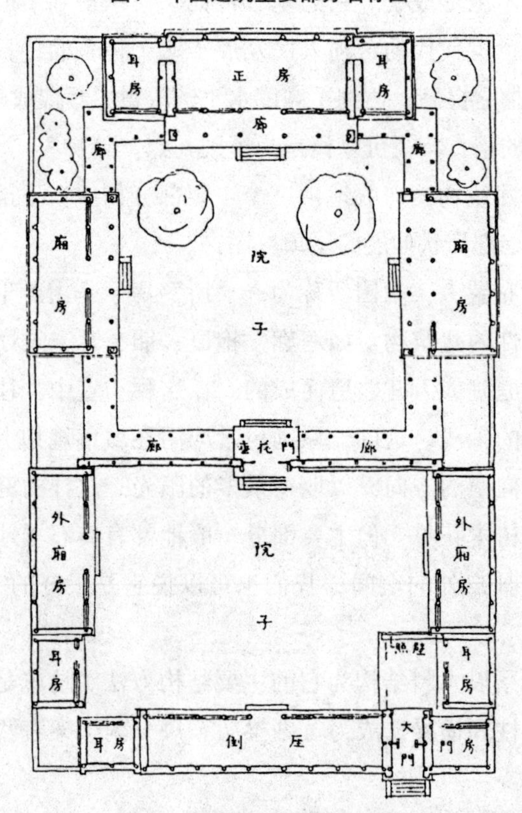

图2 一所北京住宅的平面图

以上的横梁。每两副梁架之间用枋、檩之类的横木把它们互相牵搭起来，就成了“间”的主要构架，以承托上面的重量。

两柱之间也常用墙壁，但墙壁并不负重，只是像“帏幕”一样，用以隔断内外，或分划内部空间而已。因此，门窗的位置和处理都极自由，由全部用墙壁至全部开门窗，乃至既没有墙壁也没有门窗（如凉亭），都不妨碍负重的问题；房顶或上层楼板的重量总是由柱承担的。这种框架结构的原则直到现代的钢筋混凝土构架或钢骨架的结构才被应用，而我们中国建筑在三千多年前就具备了这个优点，并且恰好为中国将来的新建筑在使用新的材料与技术的问题上具备了极有利的条件〈图3〉。

4. 斗栱：在一副梁架上，在立柱和横梁交接处，在柱头上加上一层层逐渐挑出的称作“栱”的弓形短木，两层栱之间用称作“斗”的斗形方木块垫着。这种用栱和斗综合构成的单位叫作“斗栱”。它是用以减少立柱和横梁交接处的剪力，以减少梁的折断之可能的。更早，它还是用以加固两条横木接榫的，先是用一个斗，上加一块略似栱形的“替木”。斗栱也可以由柱头挑出去承托上面其他结构，最显著的如屋檐，上层楼外的“平坐”（露台），屋子内部的楼井、栏杆等。斗栱的装饰性很早就被发现，不但在木构上得到了巨大的发展，并且在砖石建筑上也充分应用，它成为中国建筑中最显著的特征之一〈图4，5〉。①

图3　北京　北海凉亭

5. 举折，举架：梁架上的梁是多层的；上一层总比下一层短；两层之间的矮柱（或柁墩）总是逐渐加高的。

① 原图四为：“吴县玄妙观三清殿，斗栱在外部承托檐部。”现原图遗失，从略。——左川注

图4 太谷 万安寺

图5 北京 中和殿及保和殿

这叫作“举架”。屋顶的坡度就随着这举架，由下段的檐部缓和的坡度逐步增高为近屋脊处的陡斜，成了缓和的弯曲面。

6. 屋顶在中国建筑中素来占着极其重要的位置。它的瓦面是弯曲的，已如上面所说。当屋顶是四面坡的时候，屋顶的四角也就是翘起的。它的壮丽的装饰性也很早就被发现而予以利用了。在其他体系建筑中，屋顶素来是不受重视的部分，除掉穹隆顶得到特别处理之外，一般坡顶都是草草处理，生硬无趣，甚至用女儿墙把它隐藏起来。但在中国，古代智慧的匠师们很早就发挥了屋顶部分的巨大的装饰性。在《诗经》里就有“如鸟斯革”“如翚斯飞”的句子来歌颂像翼舒展的屋顶和出檐。《诗经》开了端，两汉以来许多诗词歌赋中就有更多叙述屋子顶部和它的各种装饰的辞句。这证明顶屋不但是几千年来广大人民所喜闻乐见的，并且是我们民族所最骄傲的成就。它的发展成为中国建筑中最主要的特征之一〈图5〉。

7. 大胆地用朱红作为大建筑物屋身的主要颜色，用在柱、门窗和墙壁上，并且用彩色绘画图案来装饰木构架的上部结构，如额枋、梁架、柱头和斗栱，无论外部内部都如此。在使用颜色上，中国建筑是世界各建筑体系中最大胆的〈图6〉。

8. 在木结构建筑中，所有构件交接的部分都大半露出，在它们外表形状上稍稍加工，使成为建筑本身的装饰部分。例如：梁头做成“挑尖梁头”或“蚂蚱头”；额枋出头做成“霸王拳”；昂的下端做成“昂嘴”，上端做成“六分头”或“菊花头”；将几层昂的上段固定在一起的横木做成“三福云”等等；或如整组的斗栱和门窗上的刻花图案、门环、角叶，乃至如屋脊、脊吻、瓦当等都属于这一类。它们都是结构部分，经过这样的加工而取得了高度装饰的效果。

图6 彩绘图案

9. 在建筑材料中，大量使用有色琉璃砖瓦；尽量利用各色油漆的装饰潜力。木上刻花，石面上作装饰浮雕，砖墙上也加雕刻。这些也都是中国建筑体系的特征。

这一切特点都有一定的风格和手法，为匠师们所遵守，为人民所承认，我们可以叫它作中国建筑的“文法”。建筑和语言文字一样，一个民族总是创造出他们世世代代所喜爱，因而沿用的惯例，成了法式。在西方，希腊、罗马体系创造了它们的“五种典范”，成为它们建筑的法式。中国建筑怎样砍割并组织木材成为梁架，成为斗栱，成为一“间”，成为个别建筑物的框架；怎样用举架的公式求得屋顶的曲面和曲线轮廓；怎样结束瓦顶；怎样求得台基、台阶、栏杆的比例；怎样切削生硬的结构部分，使同时成为柔和的、曲面的、图案型的装饰物；怎样布置并联系各种不同的个别建筑，组成庭院：这都是我们建筑上二三千年沿用并发展下来的惯例法式。无论每种具体的实物怎样的千变万化，它们都遵循着那些法式。构件与构件之间，构件和它们的加工处理装饰，个别建筑物与个别建筑物之间，都有一定的处理方法和相互关系，所以我们说它是一种建筑上的“文法”。至如梁、柱、枋、檩、门、窗、墙、瓦、槛、阶、栏杆、隔扇、斗栱、正脊、垂脊、正吻、戗兽、正房、厢房、游廊、庭院、夹道等等，那就是我们建筑上的“词汇”，是构成一座或一组建筑的不可少的构件和因素。

这种“文法”有一定的拘束性，但同时也有极大的运用的灵活性，能有多样性的表现。也如同做文章一样，在文法的拘束性之下，仍可以有许多体裁，有多样性的创作，如文章之有诗、词、歌、赋、论著、散文、小说等等。建筑的“文章”也可因不同的命题，有“大文章”或“小品”。大文章如宫殿、庙宇等等；“小品”如山亭、水榭、一轩、一楼。文字上有一面横额，一副对子，纯粹作点缀装饰用的。建筑也有类似的东西，如在路的尽头的一座影壁，或横跨街中心的几座牌楼等等。它们之所以都是中国建筑，具有共同的中国建筑的特性和特色，就是因为它们都用中国建筑的“词汇”，遵循着中国建筑的“文法”所组织起来的。运用这“文法”的规则，为了不同的需要，可以用极不相同的“词汇”构成极不相同的体形，表达极不相同的情感，解决极不相同的问题，创造极不相同的类型。

这种“词汇”和“文法”到底是什么呢？归根说来，它们是从世世代代的劳动人民在长期建筑活动的实践中所累积的经验中提炼出来，经过千百年的考验，而普遍地受到承认而遵守的规则和惯例。它是智慧的结晶，是劳动和创造成果的总结。它不是一人一时的创作，它是整个民族和地方的物质和精神条件下的产物。

由这“文法”和“词汇”组织而成的这种建筑形式，既经广大人民所接受，为他们所承认、所喜爱，于是原先虽是从木材结构产生的，它们很快地就越过材料的限制，同样地运用到砖石建筑上去，以表现那些建筑物的性质，表达所要表达的情感。这说明为什么在中国无数的建筑上都常常应用原来用在木材结构上的“词汇”和“文法”。这条发展的途径，中国建筑和欧洲希腊、罗马的古典建筑体系，乃至埃及和两河流域的建筑体系是完全一样的；所不同者，是那些体系很早就舍弃了木材而完全代以砖石为主要材料。在中国，则因很早就创造了先进的科学的梁架结构法，把它发展到高度的艺术和技艺水平，所以虽然也发展了砖石建筑，但木框架还同时被采用为主要结构方法。这样的框架实在为我们的新建筑的发展创造了无比的有利条件。

在这里，我打算提出一个各民族的建筑之间的“可译性”的问题。

如同语言和文学一样，为了同样的需要，为了解决同样的问题，乃至为了表达同样的情感，不同的民族，在不同的时代是可以各自用自己的“词汇”和“文法”来处理它们的。简单的如台基、栏杆、台阶等等，所要解决的问题基本上是相同的，但多少民族创造了多少形式不同的台基、栏杆和台阶。例如热河普陀拉①的一个窗子，就与无数文艺复兴时代的窗子“内容”完全相同，但是各用不同的“词汇”和“文法”，用自己的形式把这样一句“话”“说”出来了。又如天坛皇穹宇与罗马的布拉曼提所设计的圆亭子，虽然大小不同，基本上是同一体裁的“文章”。又如罗马的凯旋门与北京的琉璃牌楼，罗马的一些纪念柱与我们的华表，都是同一性质、同样处理的市容点缀。这许多例子说明各民族各有自己不同的建筑手法，建造出来各种各类的建筑物，就如同不同的民族有用他们不同的文字所写出来的文学作品和通俗文章一样。

我们若想用我们自己建筑上优良传统来建造适合于今天我们新中国的建筑，我们就必须首先熟悉自己建筑上的“文法”和“词汇”，否则我们是不可能写出一篇中国“文章”的。关于这方面深入一步的学习，我介绍同志们参考清工部的《工程做法则例》和宋李明仲的《营造法式》。关于前书，前中国营造学社出版的《清式营造则例》可作为一部参考用书。关于后书，我们也可以从营造学社一些研究成果中得到参考的图版。

---

① 指今承德市的普陀宗乘之庙。——编者注

建筑设计参考图集序①

建筑之始，本无所谓一定形式，更无所谓派别。《易经系辞·下》说："上古穴居而野处，后世圣人易之以宫室，上栋下宇。以待风雨，盖取诸大壮。"只取其合用，以待风雨，求其坚固，取诸大壮，而已。所谓某系或某派建筑之始，其先盖完全由于当时彼地的人情风俗、政治经济的情形、气候及物产材料之供给，和匠人对于力学之智识、技术之巧拙，等等复杂情况总影响之下所产生。当时的设计人，并不一定要将他的创作形成某种预定形式的预定步骤。他所采取的建筑形式，差不多可以说是被环境所逼出来。古代许多的原始建筑，如埃及、巴比伦、伊琴②、美洲、中国，各系建筑，都这样在它们各自环境之下产生出来。

到各地各文化渐渐会通的时代，一系的建筑，便不能脱离它邻近文化系统的影响。同时在它前一代的遗传，也不容它不承受。一系建筑之个性，犹如一个人格，莫不是同时受父母先天的遗传，和朋友师长的教益而形成的。

公元第三至第十五世纪间，在欧洲各处不同的区域，由希腊罗马嫡系遗传之下，加以多少政治、宗教、地理及气候的影响，先后地产生出初期基督教（Early Christian）、拜占庭（Pyzantine）、罗马（Romanesque）、哥特（Cothic）诸式建筑。今日的史家，因其各时各地共有的特征，遂将它们归纳区分为上述诸派别。但是当时的匠师们，每人在那不可避免的

① 梁思成在1934年决定要编制一套《中国建筑设计参考图集》，册数不限，每册均有照片、插图及简说，由梁思成主编，刘致平③编纂，到抗日战争前共出拾集：1. 台基，2. 石栏杆，3. 店面，4. 斗栱（汉—宋），5. 斗栱（元、明、清），6. 琉璃瓦，7. 柱础，8. 外檐装修，9. 雀替、驼峰、隔架，10. 藻井。前五集的简说由梁思成执笔，后五集简说由刘致平执笔。

② 指特洛伊、爱琴海地区。——编者注

③ 刘致平（1909—1995年），字果道，辽宁铁岭人。1928年考入东北大学，1932年毕业于中央大学建筑系。1935—1946年在中国营造学社任法式助理、研究员。1946年后任清华大学教授、中国建筑科学研究院研究员。

环境影响中工作，犹如大海扁舟，随风漂荡，他们在文化的大海里漂到何经何纬，是他们自己所绝对不知道的。在那时期之中，只有时代的影响，驱使着匠师们去做那时代形成的样式；不似现代的建筑师们，自觉的要把所谓自己的个性，影响到建筑物上去。

所谓近代建筑师之产生，及其对于作品样式之自觉，是起于欧洲文艺复兴。十五世纪之初，意大利文学、绘画、雕刻，在复兴运动中已有了百余年的根底。那是个个性发展的时代，文学雕绘界中，已产出名师，如Dante、Pisano、Boccacio等，他们以个人的作品，左右了时代的潮流。在建筑界于是也产生同样的现象。这时期的建筑家，多出自雕刻家或画家之门，如Ghiberti、Brunelleschi、Bramante等，尤其著者。那时建筑界的复兴运动，如绘塑一样，均以罗马古式为蓝本。建筑师所采取的形式，是他们自动要采取的，虽然在广义上说，也是环境的影响，但是他们对于自己的行为有一种自觉，他们自己知道他们的创作与祖先遗产间的关系，他们不是盲目的漂泊者。这运动渐渐传遍欧陆，虽然到各时各地各有特征，但在同一总动力之下，这运动竟澎湃了四百余年。

十九世纪之初，欧洲建筑界受了新兴科学考古学的影响，感到古典式不单限于希腊、罗马，所以除去仍以文艺复兴或罗马式建筑为其正统的图案样式外，有许多比较富于想象力的建筑师，也许因为感到完全模仿一式之单调，又加以照相术之发明，各处特有的建筑形式，都得借以搜集在案头日夕把玩。许多的美术家及考古家，努力对古物研究，他们摄影、测绘、制图，供给设计人无数的参考材料，包括着希腊、罗马，中世纪、文艺复兴以来各时各地的建筑。于是对于中世纪的各种样式，自十五世纪以来，被认为黑暗时代粗鄙的作品，又被他们目为古朴风雅，用为创作的蓝本，而产生欧洲所谓浪漫派的建筑。所以近百年来，欧洲建筑界竟以抄袭各派作风为能事，甚至有专以某派为其设计图案之专门样式者。

但是在中国，数千年来，虽然有二十余朝帝王的更替；虽然在政治上，有汉族封建主与少数民族之间的频连战乱；在文化上，先有佛教的输入，后有耶教……教之东来，中国的文化却从来都是赓续的。中国的建筑，在中国整个环境总影响之下，虽各个时代有时代的特征，其基本的方法及原则，却始终一贯。数千年来的匠师们，在他们自己的潮流内顺流而下，如同欧洲中世纪的匠师们一样，对于他们自己及他们的作品都没有一种自觉。在社会的地位上，建筑只是匠人之术，建筑者只是个"劳力"的仆役，其道其人都为"士大夫"所不齿。

十九世纪末叶及二十世纪初年，中国文化屡次屈辱于西方坚船利炮之下以后，中国却忽然到了"凡是西方的都是好的"的段落，又因其先已有帝王骄奢好奇的游戏，如郎世宁辈在圆明园建造西洋楼等事为先驱，于是"洋式楼房""洋式门面"，如雨后春笋，酝酿出光宣以来建筑界的大混乱。有许多住近通商口岸的匠人们，便盲目地被卷到"洋式"的波涛里去。

正在这个时期，有少数真正或略受过建筑训练的外国建筑家，在香港、上海、天津……乃至许多内地都邑里，将他们的希腊、罗马、哥特等式样，似是而非地移植过来外，同时还有早期的留学生，敬佩西洋城市间的高楼霄汉，帮助他们移植这种艺术。这可说是中国建筑术由匠人手里升到"士大夫"手里之始，但是这几位先辈留学建筑师，多数却对于中国式建筑根本鄙视。近来虽渐有人对于中国建筑有相当兴趣，但也不过取种神秘态度，或含糊地骄傲地用些抽象字句来对外人颂扬它；至于其结构上的美德及真正的艺术上成功，则仍非常缺乏了解。现在中国各处"洋化"过的中国旧房子，竟有许多将洋式的短处，来替代中国式的长处，成了兼二者之短的"低能儿"，这些亦正可以表示出它们对于中国建筑的不了解态度了。

前二十年左右，中国文化曾在西方出健旺的风头，于是在中国的外国建筑师，也随了那时髦的潮流，将中国建筑固有的许多样式，加到他们新盖的房子上去。其中尤以教会建筑多取此式，如北平协和医院、燕京大学、济南齐鲁大学、南京金陵大学、四川华西大学等。这多处的中国式新建筑物，虽然对于中国建筑趣味精神浓淡不同，设计的优劣不等，但他们的通病则全在对于中国建筑权衡结构缺乏基本的认识的一点上。他们均注重外形的模仿，而不顾中外结构之异同处，所采用的四角翘起的中国式屋顶，勉强生硬地加在一座洋楼上；其上下结构划然不同旨趣，除却琉璃瓦本身显然代表中国艺术的特征外，其他可以说是仍为西洋建筑。北平协和医院，就是其中之尤著者。

民国十四年，国立北平图书馆征选建筑图案，标题声明要仿宫殿式样，可以说是中国人自己对于新建筑物有此种要求之始。中选者虽不是中国人，但其图案，却明显表示对于中国建筑方法的认识已较前进步：所设计梁柱的分配，均按近代最新材料所取方式，而又适应于与近代最新原则相同的中国原来构架。其全部外形之所以能相当的表现中国固有精神而不觉其过于勉强者，就在此点。可惜作者对于中国建筑各详部缺乏研究，所以这座建筑物，亦只宜于远观了。

国都定鼎南京，第一处中国式重要建筑，便是总理陵墓。我们对于已故设计人吕彦直先生当时的努力，虽然十分敬佩，但觉得他对于中国建筑实甚隔膜。享殿除去外表上仿佛为中国的形式外，他对于中国旧法，无论在布局、构架或详部上，实在缺乏了解，以至在权衡比例上有种种显著的错误。推求其原因，只在设计人对于中国旧式建筑，见得太少，对于旧法，未曾熟稔，犹如作文者读书太少，写字人未见过大家碑帖，所以纵使天韵高超，也未能成品。

现在我们又到了一个时期：欧洲大战以后，艺潮汹涌，一变从前盲目的以抄袭古典为能事的态度，承认机械及新材料在我们生活中已占据了主要的地位。这个时代的艺术，如果故意地避免机械和新科学材料的应用，便是作伪，不真实，失却反映时代的艺术的真正价值。所谓“国际式”建筑，名目虽然笼统，其精神观念，却是极诚实的。在这种观念上努力尝试诚朴合理的科学结构，其结果便产生了近来风行欧美的“国际式”新建筑。其最显著的特征，便是由科学结构形成其合理的外表。

这种建筑现在已传到中国各通商口岸，许多建筑师或营造厂，或是有了解地或是盲目地，又全在抄袭或模仿那种形式。但是对于新建筑有真正认识的人，都应知道现代最新的构架法，与中国固有建筑的构架法，所用材料虽不同，基本原则却一样——都是先立骨架，次加墙壁的。因为原则的相同，“国际式”建筑有许多部分便酷类中国（或东方）形式。这并不是他们故意抄袭我们的形式，乃因结构使然。同时我们若是回顾到我们古代遗物，它们的每个部分莫不是内部结构坦率的表现，正合乎今日建筑设计人所崇尚的途径。这样两种不同时代不同文化的艺术，竟融洽相类似，在文化史中确是有趣的现象。这正该是中国建筑因新科学、材料、结构，而又强旺更生的时期，值得许多建筑家注意的。

我们这个时期，也是中国新建筑师产生的时期，他们自己在文化上的地位是他们自己所知道的。他们对于他们的工作是依其意向而计划的；他们并不像古代的匠师，盲目地在海中漂泊；他们自己把定了舵向，向着一定的目标走。我希望他们认清目标，共同努力地为中国创造新建筑，不宜再走外国人模仿中国式样的路；应该认真地研究了解中国建筑的构架、组织及各部做法权衡等，始不至落抄袭外表皮毛之讥。创造新的即须要对于旧的有认识。他们需要参考资料，犹如航海人需要地图一样。而近几年来中国营造学社搜集的建筑照片已有数千，我觉得我们这许多材料，好比是测量好的海道地图，可以帮助创造的建筑师们，定他们的航线，可以帮助他们对于中国古建筑得一个较真切较亲密的认识。我们除去将数年来我们所调查过的各处古建筑，整个地分析解释，陆续地于《中国营造学社汇刊》发表外，现在更将其中的详部（detail）照片，按它们在建筑物上之部位，分门别类——如台基、栏杆、斗栱等——辑为图集，每集冠以简略的说明，并加以必要的插图，专供国式建筑图案设计参考之助。我们所搜集的材料，多在北方，不敢说是全国各地普遍的代表品，也不敢说全是精品，只是在已搜集的材料中，选其较有美术或结构价值的，聊以表示我们祖先留下的丰富遗产之一部而已。

中华民国二十四年十一月

梁思成序于中国营造学社

唐招提寺金堂和中国唐代的建筑①

研究中国建筑史的学子没有不知道日本奈良唐招提寺和鉴真大和尚的。鉴真远在一千二百余年前为中日两国文化、艺术的交流作出杰出的贡献。今年适逢大和尚圆寂的一千二百周年，在中日两国举行纪念祭，是有其重大的意义的。

鉴真所处的时代正是唐朝的开元、天宝“盛世”，是中国封建经济和文化、艺术空前高涨的时代，是李白、杜甫、王维、吴道子、杨惠之、大小李将军的时代。这时期中国的建筑，经过长期的历史发展，特别是经过汉、晋、南北朝以来的发展，也已达到成熟的时期，成为唐朝灿烂的文化艺术的一个构成部分。

两晋、南北朝的三个半世纪中，佛法在中国广泛传播。中国的匠师们就在中国传统建筑的基础上，创造了中国特有的佛教寺塔建筑。在这时期之末，佛法通过新罗、百济而传到日本；中国寺塔建筑的影响也到达日本。大阪四天王寺、奈良法隆寺等日本最古的佛教建筑和南北朝时期中国佛教建筑的血缘关系是无须在此赘述的。

唐朝统一稳定的政治局面下的经济繁荣和文化、艺术、工艺的发展，为建筑的发展创造了空前的有利条件，同时也向建筑提出了更高的要求。在隋代创始的大兴城的基础上兴建起来的唐首都长安以及洛阳等城市的城市建设工作，许多宫殿和无数寺观的建筑就是在这样的条件和要求下所形成的唐代建筑活动的三个最重要的方面。

长安城是当时世界上最大、最完整的、按全盘规划建造的城市。像长安那样有明确的分区——皇室居住的宫城、衙署所在的皇城和一般坊里——和系统化的街道、坊里布置的城市在当时是罕见的。

---

① 本文原载1963年10月鉴真和尚逝世一千二百年纪念委员会编辑出版的《鉴真纪念集》。——左川注

东汉的洛阳在布局上是《周礼·考工记》“匠人营国，方九里，旁三门；国中九经九纬，经涂九轨；左祖右社，面朝背市”的城市规划理想的初步尝试。但生活实践证明，宫城梗居城中，造成了城市交通的不便。因此三国初年曹魏营建的邺城和北朝末东魏营建的邺南城就将宫城布置在城北部的中央，宫城以南全部是居住坊里，改正了这缺点。隋、唐长安的全局正是邺城、建康城和邺南城的继承和发展，这对于当时和后世中国的城市乃至邻国城市的规划，有着深远的影响。

作为都城核心的宫城和宫殿，在这几个城市中都采用了沿南北轴线左右对称的布局形式，文献记载很多，恕不在此叙述。

唐朝的城市和宫殿，虽然现在已一无所存，但是解放以来，中国的考古学家已经在洛阳、长安等城市遗址做了不少工作。这些城市的城墙和城门遗址以及若干街道和市场的准确位置已经发现或发掘。钻探发掘工作还在继续进行。从唐长安大明宫麟德殿遗址可以看出唐朝宫殿的宏伟规模之一斑。一些残存的刻花砖和石柱、螭首等也显示这些宫殿建筑的艺术水平。

唐代皇室虽然并崇佛、道，但民间崇信佛教的则占大多数。南北朝以来建寺造像的功德，经过隋及初唐百余年的发展，到了开元、天宝之世更臻全盛。从《京洛寺塔记》《历代名画记》等记载可以看到当时寺塔建筑、壁画、造像的盛况。

鉴真的时代，正是上述这样一个文化、艺术、建筑百花盛开的时代。他自己就是一位热心的建造者。佛教史籍中说他先后十年间曾营造寺院八十余所，造像无数。在他第五次东渡失败，漂流到海南岛之后，还在振州（今崖县[1]）大云寺重建佛殿。

鉴真东渡的主要使命是弘传佛教，但是围绕着他的宗教活动，他和他的弟子们对日本天平文化在汉文学、医药、雕塑、绘画、建筑等方面都作出了杰出的贡献。天宝二载他失败的第二次东渡，同行的就有“玉作人、画师、雕檀、刻镂、铸写、绣师、修文、镌碑等工手”多人。这说明大和尚对于弘法所需的各个方面技术人员的配备都是十分注意的。

① 今三亚市崖州区。——编者注

在建筑和造像方面，在他和弟子们营建的唐招提寺中，为后世留下了珍贵的遗产。它不仅是日本建筑遗产中的重要文物，不仅是研究唐代中国建筑的重要参考范例，而且是中日人民千百年来传统友谊的纪念堂。

唐长安城和宫殿〈图1〉，对于日本的城市规划和宫殿建筑也是有显著的影响的。第八世纪中日本先后营建的平城京和平安京〈图2，3〉，在

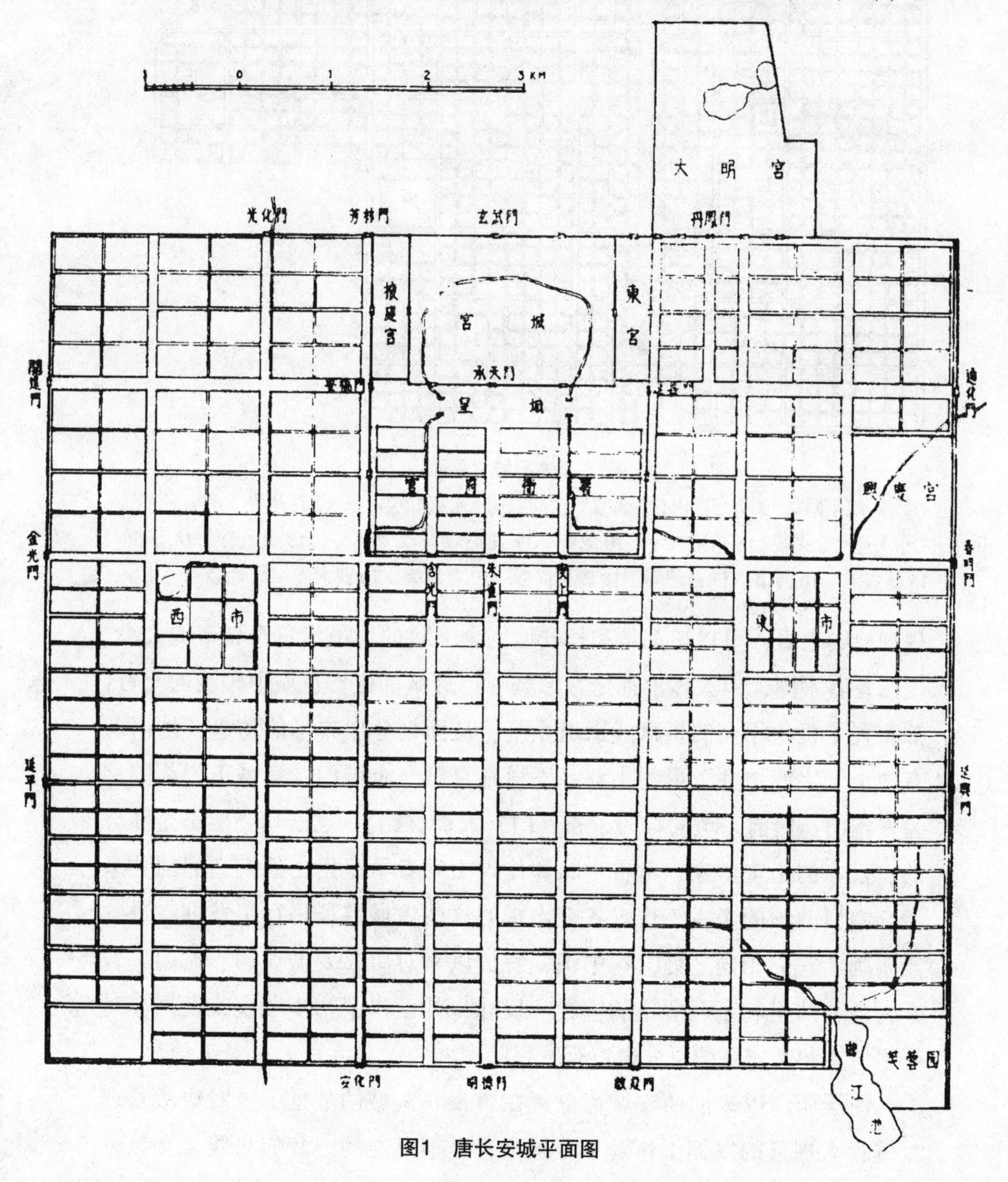

图1　唐长安城平面图

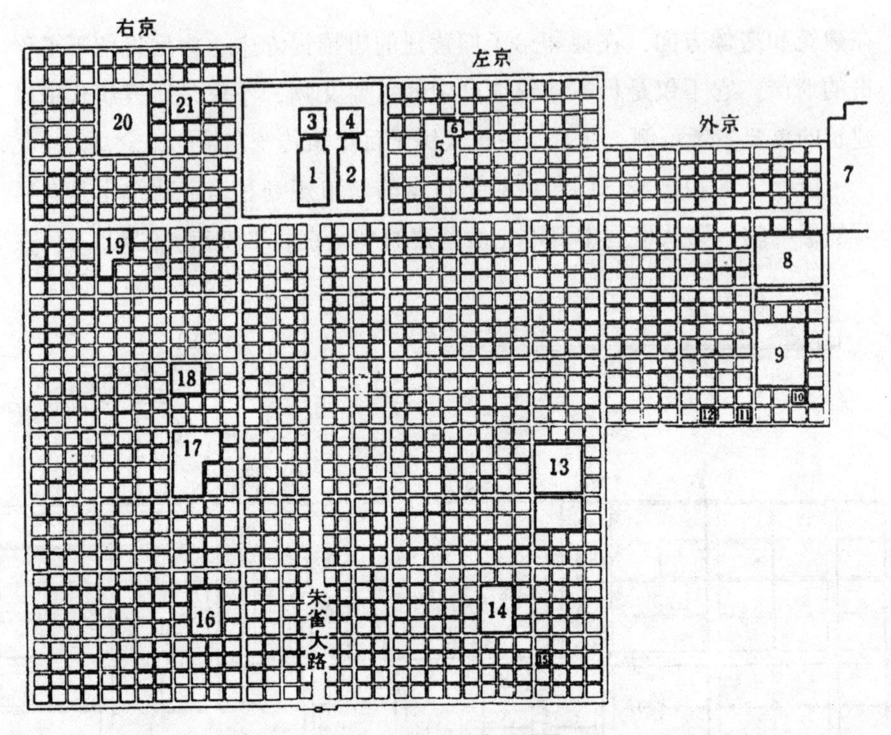

图2 日本平城京平面图

1.第一次朝堂院 2.第一次内里 3.第二次朝堂院 4.第二次内里 5.法华寺 6.海龙王寺 7.东大寺 8.兴福寺 9.元兴寺 10.纪寺 11.左伯院 12.葛木寺 13.大安寺 14.东市 15.穗积寺 16.西市 17.药师寺 18.唐招提寺 19.菅原寺 20.西大寺 21.西隆寺

规划原则上看，可以说都是和长安城完全一致的。虽然三个城市的大小、比例各有不同，但大体上都是方形城廓；宫城都位置在城中轴线的北首；都布置了正角相交的棋盘式街道系统，从而划分出方形的坊里；坊内各有“十”字或“井”形的小巷；干道都直对一个城门；宫城正门都同称为朱雀门，门前干道同称为朱雀（门）大街（路）。这一切当然不是偶合的。日本的历史学家、考古学家和建筑史学者早已指出他们之间的关系了。中日两国的考古工作者各在本国的这些古城遗址进行了发掘，进一步明确了它们相同之处。在中国，解放以来对唐长安城城墙、城门、若干街道、坊里和东西两市的位置、尺寸，都已作了初步勘察或发掘，对于平城京和平安京的研究也将有所帮助。

由于明清以来的西安城正位置在唐长安宫城的故址上，对唐故宫遗址进行大规模的发掘工作是十分困难甚至不可能的。我们只能从文献记

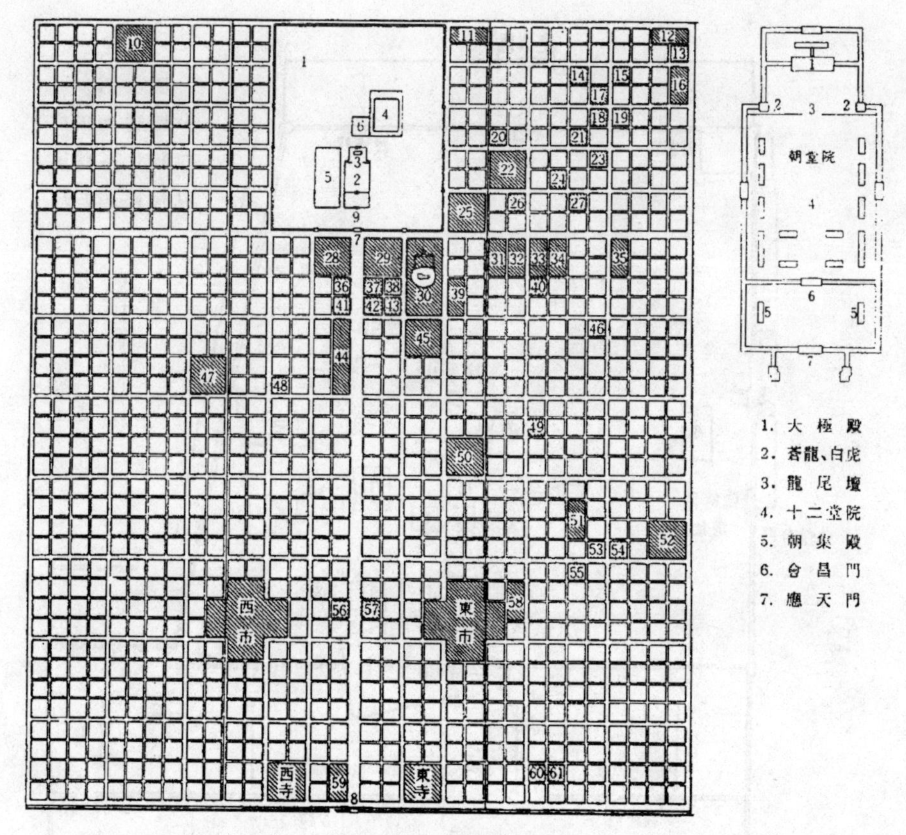

图3 日本平安京平面图

1.大内里 2.朝堂院 3.大极殿 4.内里 5.丰乐院 6.中和院 7.朱雀门 8.罗城门 9.应天门 10.宇多院 11.一条院 12.染殿 13.清和院 14.土御门殿 15.高仓殿 16.京极殿 17.枇杷殿 18.小一条殿 19.花山院 20.本院 21.菅原院 22.高阳院 23.近院 24.小松殿 25.冷泉院 26.阳成院 27.小野宫 28.谷仓院 29.大学寮 30.神泉苑 31.堀河院 32.闲院 33.东三条殿 34.鸭居殿 35.小二条殿 36.右京职 37.左京职 38.弘文院 39.御子左殿 40.高松殿 41.西三条殿 42.奖学院 43.劝学院 44.朱雀院 45.四条后院 46.六角堂 47.淳和院 48.西院 49.红梅院 50.五条殿(后院) 51.北院(小六条) 52.河原院 53.中六条院 54.钓殿院 55.六条院 56.西鸿胪馆 57.东鸿胪馆 58.亭子院 59.花园院 60.施药院 61.九条殿

载略知其梗概。但位置在城外北面的大明宫宫城和各城门以及含元殿、麟德殿等主要殿堂基址已经勘测或发掘〈图4〉。

大明宫的主要殿堂都是以南北轴线为依据而布置的。南面正门为丹凤门，正殿含元殿在其北610米。从基址可以看出殿堂本身东西长约60余米，南北宽约40余米。台基残存部分高出当时地面约十余米。从残址上

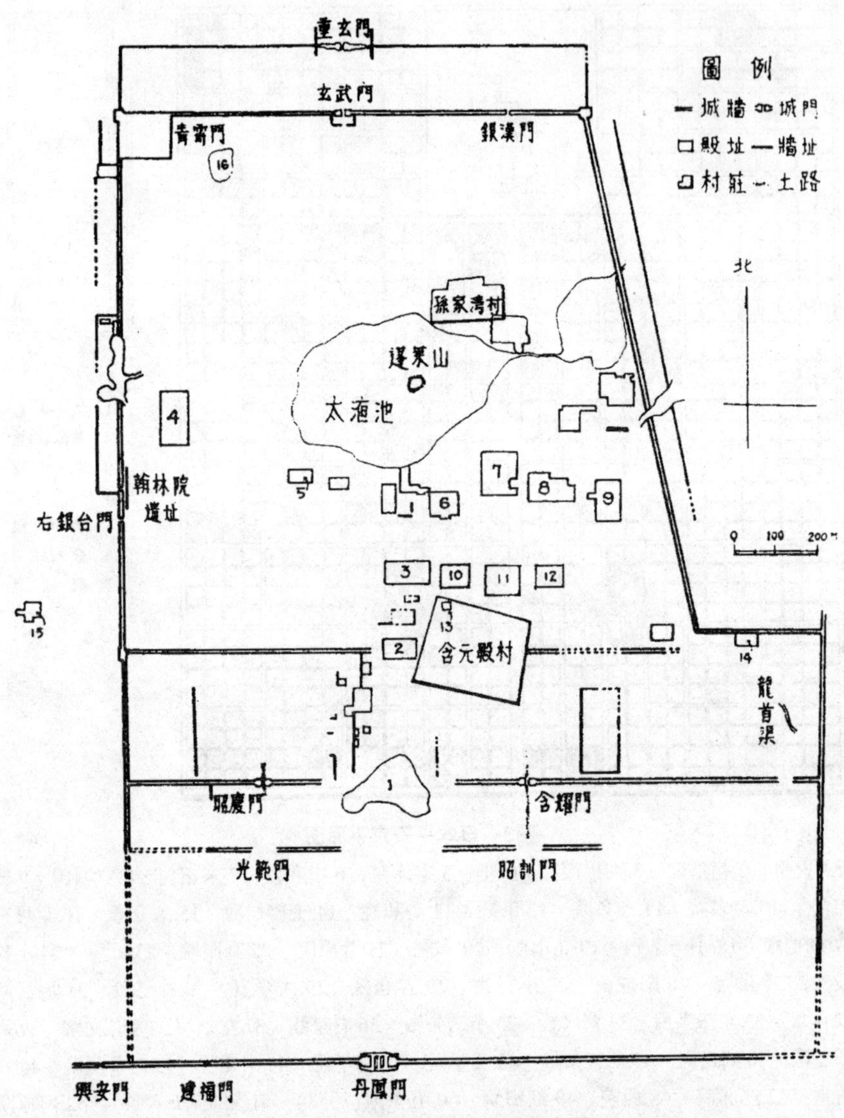

图4 唐大明宫城址及宫殿分布图

1.含元殿 2.宣政殿 3.紫宸殿 4.麟德殿 5.金銮殿 6.蓬莱殿 7.珠镜殿 8.清思殿 9.太和殿 10.绫绮殿 11.浴堂殿 12.宣政殿 13.望仙台 14.龙首殿 15.含光殿 16.三清殿

发现的柱础（方1.4米，上作覆盆）可以推测殿柱直径当在70厘米左右，从而想象殿的宏伟规模。含元殿前左右两侧有东西向的宫墙相连，向前又引出翔鸾、栖凤二阁。基址显示，两阁相距150米。含元殿利用龙首山为基。文献记载，有龙尾道上达殿基。在殿基前150余米处发现的（已被农民掘出的）青石柱，长1.4米，被认为是龙尾道石扶栏的望柱。

含元殿之北约160余米处可能是宣政门，又北约130余米是宣政殿。殿址东西长近70米，南北宽约40余米；两侧也有东西向的宫墙。

含元殿与宣政殿之间，还有若干基址，可能是门下省、中书省、弘文馆、史馆、少阳院、昭德寺等建筑，尚待钻探发掘。

宣政殿之北约60米处是紫宸门，又北约70米是紫宸殿遗址。殿址东西长度已不可考，南北宽度约50米。

紫宸殿迤北约200余米是太液池。池南由东至西有排列不整齐的殿基七处，考古学家认为可能是太和殿、清思殿、珠镜殿、蓬莱殿、金銮殿的遗址（其中两处待考）。

遗址比较完整且经全部发掘的是麟德殿〈图5〉①。殿址在紫宸殿西北约600米，距太液池西岸200余米。麟德殿的台基南北长130米余，东西长77米余；台分上下两重，共高约2.5米。台上由东至西有柱础痕迹10排，每排由南至北为17柱。原有墙壁残基尚存，可以看出是由前后四部分构成约宽60米、深80米的庞大殿堂。殿前有东西阶上达台上。殿内主要部分的地面用精致的花纹砖铺墁。

麟德殿主殿两侧还有与之相连并列的郁仪楼和结邻楼；主殿与前殿相接处还有东西向的廊屋；两楼与廊屋之间还有南北向的廊屋相连，形成两个庭院；院内各有一亭——东亭和西亭，这一切都与文献记载符合。

麟德殿的周围还有门、廊等环绕成一组群。目前我们所知道的还仅仅是它的平面梗概的片段。至于它的立体形象，则尚有待于研究复原。

从日本建筑史家对于平城京、平安京宫殿的研究可以看出，日本两京大内里的宫殿和长安宫殿之间有许多相似之处。它们同样都有宫城环绕，城内分成若干个以围墙和迴廊环绕的长方形庭院。每一庭院都沿中轴线前后配置若干座主要殿堂，左右以次要殿堂对称排列。前后院墙正中都有门，左右墙也可能有门。每一座主要殿堂两侧一般都有廊屋与左右的院迴廊相连，分隔成一进进的庭院。这种庭院式的配置方法，唐长安和日本两京的宫殿是基本上一致的。

---

① 图5-1原载《考古》1963第7期第8图；图5-2为建研院历史研究室稿。

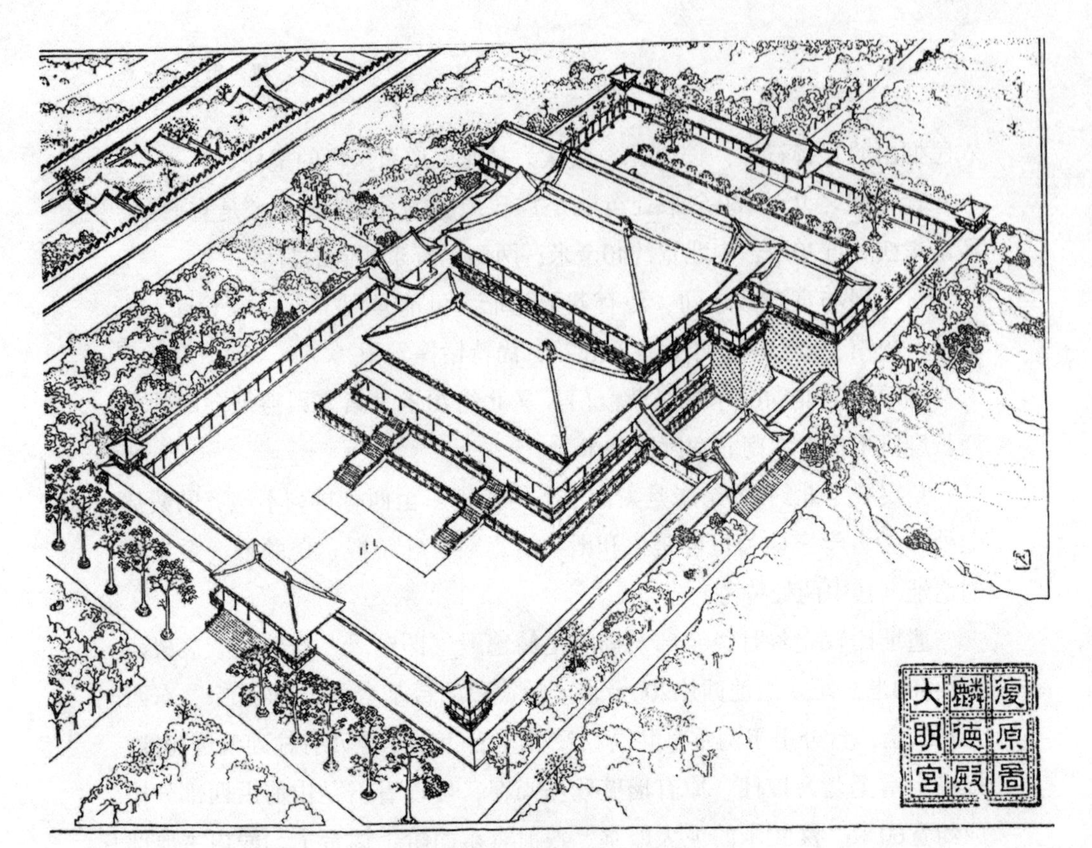

图5-1　唐大明宫麟德殿复原图

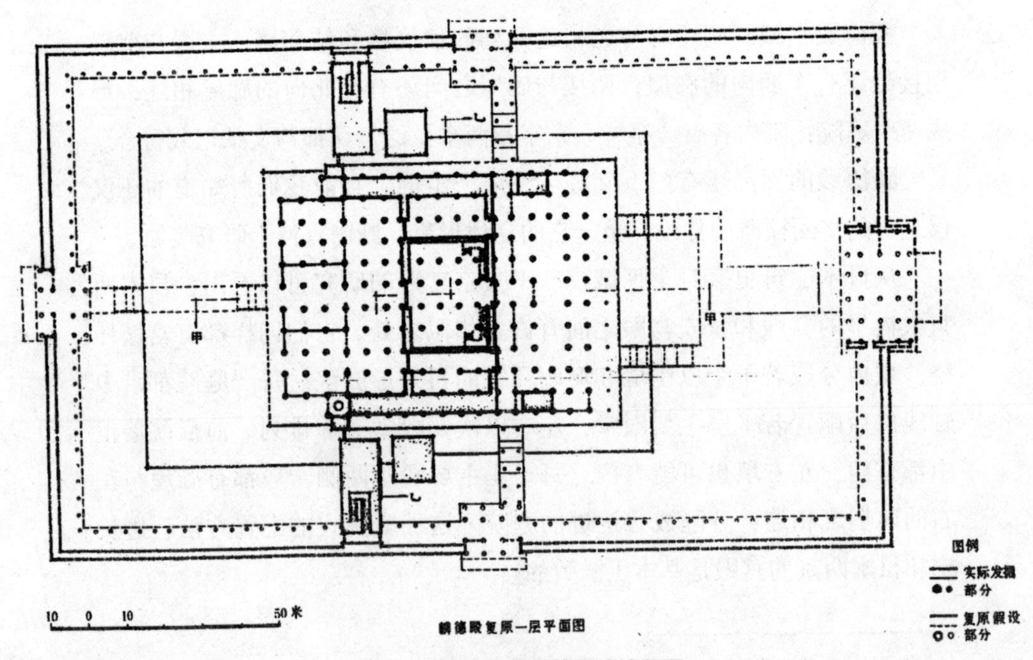

图5-2　唐大明宫麟德殿遗址平面

从许多建筑物的命名上也可看到许多一致之处。宫城内正殿都同样称为太极殿。宫城或皇城正门都称朱雀门。长安宫城正门称承天门，平安京朝堂院正门则称应天门。应天门前左右有廊屋向前伸出，尽端各建一楼，称栖凤楼和翔鸾楼，而长安大明宫含元殿前也以同一布置形式安置了栖凤阁和翔鸾阁。含元殿前有龙尾道，而平安京朝堂院太极殿前也有龙尾坛（文献中亦称龙尾道）。此外，平安时期宇治平等院凤凰堂也是类似含元殿的布局。这些相同之处，都是中日两国文化传统之间血缘关系的明证。

当然，上面所举只是当时中日两国宫殿一些相同之点，至于不同之处，如唐长安的宫墙是厚实的版筑土墙，城门一般都在城墙上建城楼，而平城京、平安京的宫墙和城门，则用迴廊式，门也就地筑基。诸如此类的差别，不在此赘述了。

唐朝和平安时期的宫殿到今天已荡然无存了。但唐招提寺讲堂原是以平城京的东朝集殿迁建的。它是当时留下的一座宫殿建筑的罕贵的实例。

总的说来，无论是长安还是平城京、平安京，无论是城市规划抑或是宫殿建筑，我们都只能从文献记载和考古发掘方面去得到一些不完整的知识，尚有待于进一步的研究。

寺塔建筑是唐朝建筑活动中一个重要的范畴。其为数之多，分布之广，远远超过了帝王宫殿。宫殿是帝王所独有，而寺塔则具有广泛的大众性。自晋、南北朝有了寺塔建筑以后，广大人民的生活和城市山林的面貌都比以前丰富多了。随同佛法之弘播，国家和人民以大量财富和劳动，以极大的创造性建造了大量的寺塔，成为中国文化遗产中极重要的一部分。

唐朝的佛寺组群，在中国今天已经没有一个完整的了，仅能从敦煌壁画以及少数其他绘画中略见其形象〈图6〉。壁画中所见，可能是概念化的，但也可能是典型的：一般都以迴廊环绕殿堂；外围廊的四角有角楼；一面设门，亦作楼阁形。比较详细的殿堂形象，则可见自“经变”中〈图7〉。

至于现存唐代建筑实例，除相当数量的砖塔，如西安的大雁塔、小雁塔、香积寺塔、兴教寺玄奘塔，嵩山法王寺塔、永泰寺塔、净藏禅师

图6　敦煌第六一窟壁画《五台山图》中的佛寺组群

图7　敦煌第一七二窟壁画《西方净土变》中的佛殿

塔等，日本先辈学者如伊东忠太、关野贞、常盘大定等，多年前就已做了调查研究。在日本，飞鸟、宁乐、平安等时代的寺塔，不但保存情况比较好，而且日本学者对它们所做的研究工作也多，本无须在此赘述。但有必要指出，如四天王寺、法隆寺、药师寺等的伽蓝配置和敦煌壁画所见，可以说是一致的，对于中国隋唐佛寺组群研究是可贵的旁证。

对于中国唐代建筑的研究来说，没有比唐招提寺金堂〈图8〉更好的借鉴了。中国唐以前的佛教建筑在公元845年曾经“会昌灭法”的大厄。木构的殿塔，拆毁殆尽。虽然仅仅几年之后，宣宗又复法，但安史之乱后，战乱频仍，生产被破坏，财力匮竭，被毁的佛寺即使有所重建，亦难恢复盛时的宏伟规模。因此，遗留到今天的唐代木构殿堂，据中国建筑史家近三十余年来广泛的调查所知，仅仅只有两处，更不用说完整的组群了。

图8　日本奈良唐招提寺金堂

这两座罕有的唐代佛殿都在山西五台山。其中较早的一座是南禅寺正殿，建于唐德宗建中三年（公元782年），是一座幸免于灭法之厄的、会昌以前的佛殿。另一座是佛光寺正殿，是宣宗复法以后，大中十一年（公元857年）所建。这两座佛殿兴建的年代都在安史之乱以后，藩镇叛乱此呼彼应，李唐政权日益危殆，民穷财尽的时代，大规模的兴建已不可能。南禅寺正殿仅仅广深各三间；佛光寺正殿也不过广七间、深四间而已。显然，充其量它们只能算是唐代佛寺中第二三流的殿堂，是不足以代表唐代全盛时期的佛教建筑的壮丽规模和最高成就水平的。首先明确了这点，我们就可以它们为一种较低标准的依据，从而推想唐朝全盛时期主要大寺宏伟庄严的气象了。

这两座佛殿都迟于唐招提寺金堂：南禅寺正殿迟二十三年，佛光寺正殿则迟九十八年。据日本建筑史家论断，唐招提寺地址原是一位亲王的旧宅，比起平城京的东大寺、西大寺等确实小得多，也不是日本当时最高标准的寺。因此把它和中国现存的两座唐代佛殿做一些比较分析也是恰当的。

南禅寺正殿是一座极小的、平面近似正方形的小建筑，只有周围的檐柱而内部没有金柱。殿顶是歇山顶（歇山顶日本称“入母屋”）。柱头上用双抄偷心单栱造斗栱，不用补间铺作。殿内彻上露明造，没有天花、藻井，梁架结构全部暴露可见。屋顶坡度仅及1:3弱。除了不用补间铺作这一特点与唐招提寺金堂略似外，并无更多相同处，因此不拟在此做分

图9 五台山佛光寺大雄宝殿

析比较。

但是佛光寺正殿〈图9，10〉，虽然在年代上与唐招提寺金堂（公元759年）〈图11〉相距将近百年，但在结构上却极相似。

两殿平面同是广七间、深四间；同在内部用金柱一周；同样是单檐四柱顶；内部同样在柱头斗栱上施月

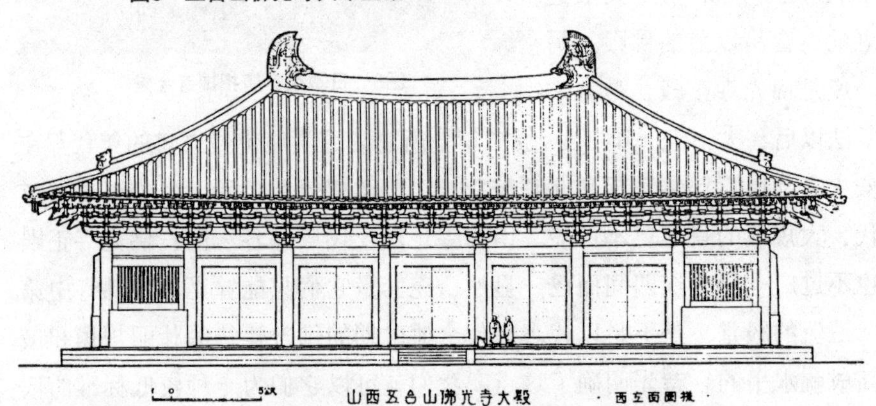

图10-1 五台山佛光寺大殿西立面

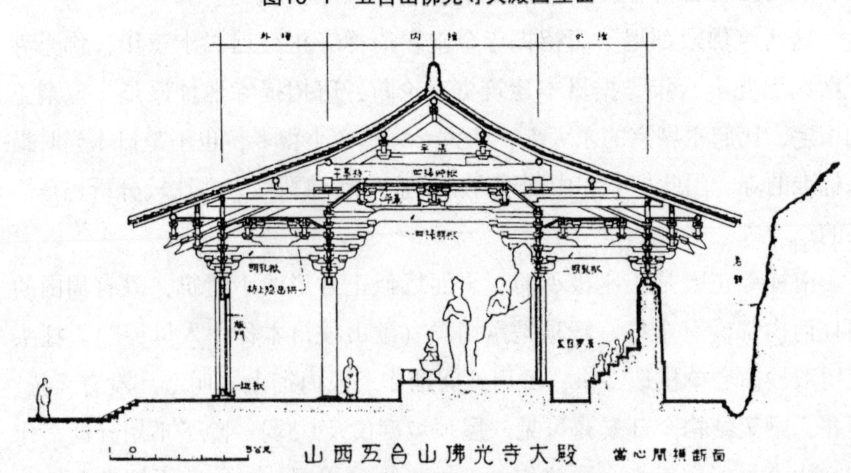

图10-2 五台山佛光寺大殿横剖面

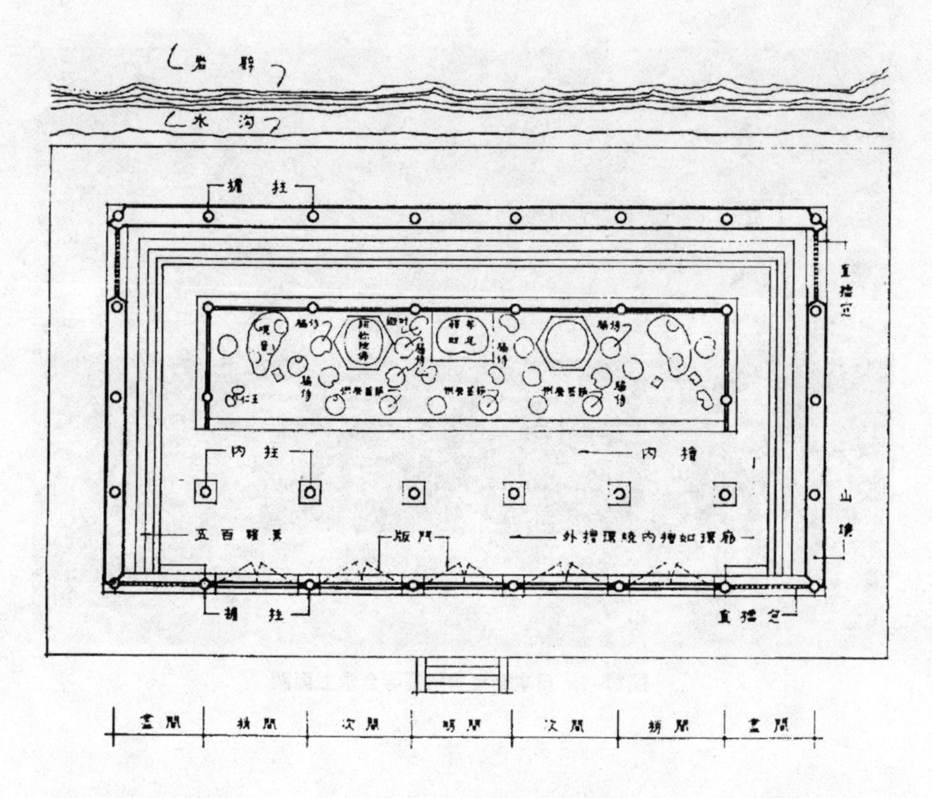

图10–3　五台山佛光寺大殿平面

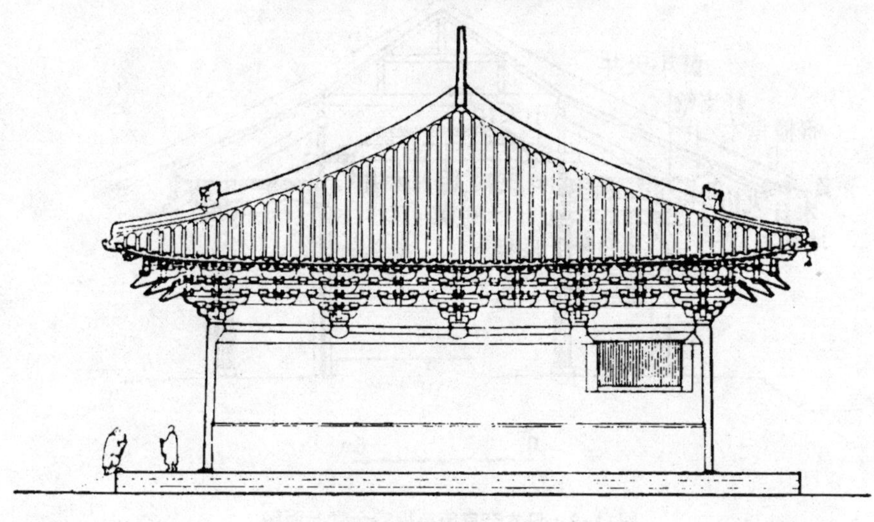

图10–4　五台山佛光寺大殿侧立面

图11-1　日本奈良唐招提寺金堂立面图

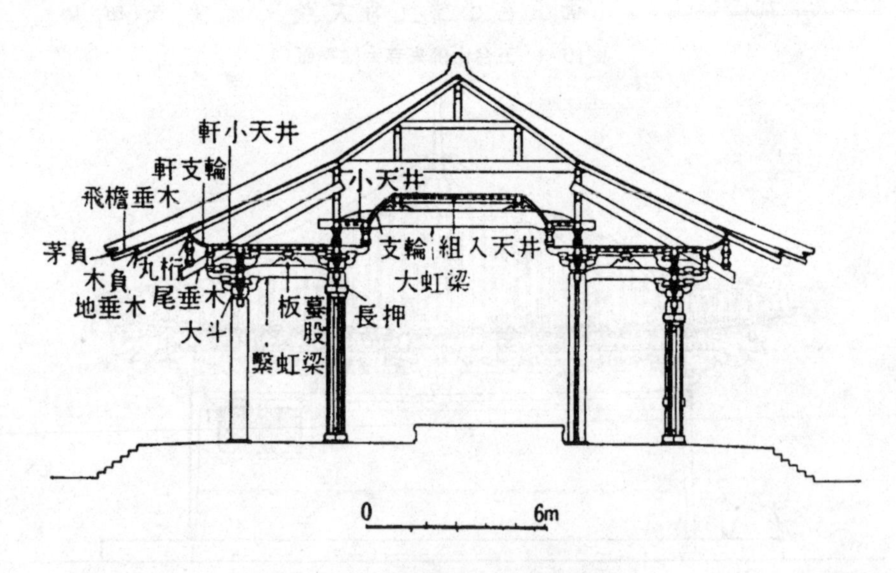

图11-2　日本奈良唐招提寺金堂断面图

图11-3　日本奈良唐招提寺金堂侧面图

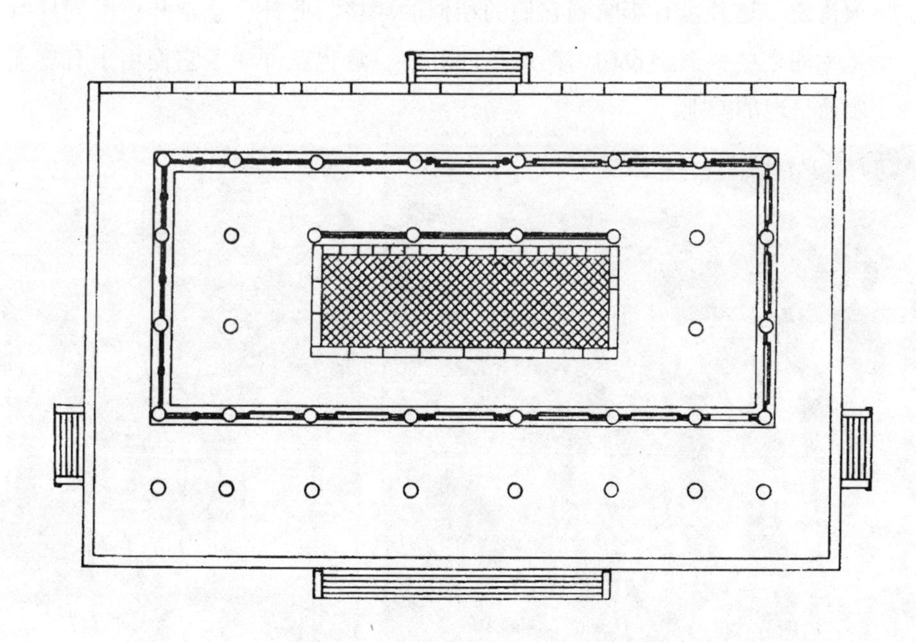

图11-4　日本奈良唐招提寺金堂平面图

梁，梁上施小方格天花〈图12，13〉。总的看来，虽然两殿大小略有差别（佛光寺正殿平面34.00×17.30米，金堂27.88×14.55米），无论外观或内景，它们都呈现了十分相似的形象和同一格调的风格，那就是唐代建筑的风格。但在这共同风格之下，两座殿在细部的处理上又各有不同之点。这些大同小异之处，正像两个同胞兄弟之异同那样。

就目前情况来说，两座佛殿最主要的差别，除上述大小之别外，有下列四点：

1. 屋顶的坡度。金堂现有屋顶的坡度比佛光寺正殿屋顶的坡度陡峻得多。佛光寺正殿顶约作1:2的斜度。日本建筑史家指出金堂现有屋顶是后世改建的。从复原图上看来，两者坡度基本上相同，因此这差别本来是不存在的。这种比较缓和的坡度正是唐代建筑的主要特征之一。

2. 前檐下墙壁门窗的位置。佛光寺正殿正面的墙壁门窗位置在前檐柱的一线上，前面没有廊；金堂则位置在前金柱的一线上，在前面留出一道通长的廊子，使它的正面的效果和佛光寺正殿有显著的不同。但必须肯定，这并没有影响到它们的相似的风格。此外，金堂和正殿同样都是七间之中，五间设门，两端尽间开窗，这也就冲淡了它们由于有廊无廊而呈现的差别。

图12 佛光寺大雄宝殿内部梁及天花

图13 唐招提寺金堂内部梁及天花

3. 斗栱的组合。就斗栱的本身来说，金堂和佛光寺正殿之间的差别是很大的〈图14〉，当然，它们也有相同之处：同是双抄（日称“二手先”）出下昂（日称“尾棰”。金堂单下昂，佛光寺正殿双下昂）；第一抄跳头“偷心”，不用横栱（日称“肘木”）。但是由于它们组合方法和细部处理不同而呈现出不同的效果。

在“材”（即做栱和枋的标准材）的断面上，中国（唐以来一直到清）的做法一般是高与宽之比作3:2，而日本（金堂及其他建筑所见）的做法则似乎近于4:3；中国斗的“耳”“平”“欹”三部分高度之比一般都作4:2:4，而日本斗则似乎接近三等分。这两种不同的比例就相对地加宽了日本建筑的上下两层栱或枋之间的距离。

在柱头上的纵中线上，中国唐中叶以后比较通用的做法是在第一层栱以上就用层层相叠的枋；日本则用一层栱、一层枋相间。在这一点上，金堂的做法和中国唐代早期的做法〈图15〉是相近的。

在佛光寺正殿的斗栱上，已经用重栱，而金堂及其前后时期的建筑都只用单栱。在日本，到了镰仓时代（例如圆觉寺舍利殿），重栱才被比较普遍采用。正如日本建筑史家所说，这是禅宗传入在建筑上的反映。这时候，斗栱上用重栱，如宋《营造法式》所示，在中国已经是通常的做法了。南禅寺和佛光寺所见，则是中国现存最古的实例。

下昂的处理手法上区别尤为显著。金堂的昂嘴微微向上弯起，其截断面与地平垂直，正立面上呈现矩形的平截面；佛光寺正殿（晚唐的敦煌壁画和辽宋以后建筑实例所见）的昂嘴不但不弯起，而且从上面向下斜截成“批竹昂”，呈现尖嘴的形状〈图14〉。在昂嘴上的横栱上，佛光寺正殿上所见，有要头与之相交，而金堂则没有。

此外，佛光寺正殿上，在两朵柱头斗栱之间用了比较复杂的补间铺作，而金堂则仅仅在上下枋间用矮柱和一个斗承托着。这是南北朝、初唐和飞鸟、宁乐的古风，在晚唐的佛光寺正殿上已经看不到了。

这些斗栱的处理手法虽属细节，但对于建筑风格上却有重大的影响。

4. 墙壁的处理及其他。佛光寺正殿的外墙是中国北方常用的厚实的砖墙，而金堂的墙是较薄的墙。因此外檐一周的柱，在金堂上是完全显露在外面的，而佛光寺正殿则除前面外，后面和两侧的柱是掩藏在墙内

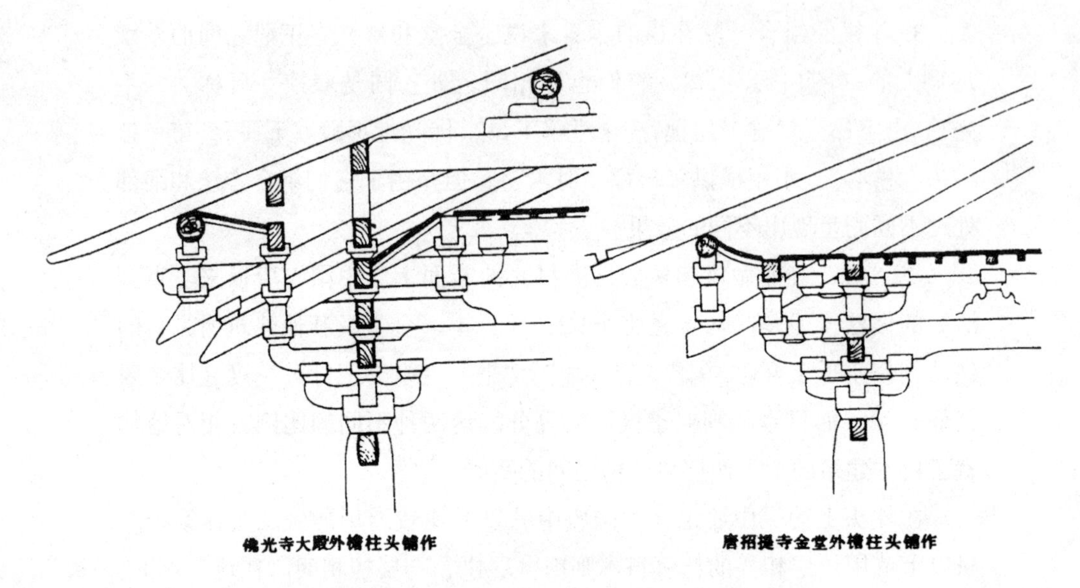

图14　佛光寺大殿与唐招提寺金堂的柱头、斗栱比较图

图15　西安大雁塔门楣石刻

的。金堂两侧三间全设窗，而佛光寺正殿则仅最靠后面的一间设窗，在形象上也造成轻重虚实的区别。

至于内部的布置，由于前面有廊，金堂内部就显得局促一些。但佛光寺正殿的佛坛长贯五间，而金堂则仅三间，这样，局促的感觉也相对减轻了。

尽管有这许多差别，总的说来，这两座殿堂在风格上相同之处还是十分显著。无论在中国或者在日本，一千多年前的木构殿堂都是极为稀罕的。这两座十分相似的殿堂正可以作为当时中日两国建筑的研究上互作参证的最可珍视的实例。

在鉴真大和尚圆寂一千二百周年之际，我以兴奋的心情接受了中国佛教协会转来的日本朋友的嘱咐，不忖愚昧，欣然执笔，以表达私心对于这位一千二百年前中日友好往来的伟大使者的崇敬以及对于日本朋友的深厚友情。

我出生在东京，后来在横滨和神户附近的须磨度过了我的童年，到十岁时辛亥革命之后才回到我的祖国。五十余年来，我并不讳言自己对于日本军国主义的深切仇恨，但脑子里童年的美好回忆却始终如一地萦绕着。我爱美丽的日本和我童年记忆中和霭可亲的善良的日本人民。这里面有在幼稚园和小学里教导我的师长，有在须磨海滨教我游泳的渔人，有我坐火车上学时每天在车上照料我的车掌，……还有许多当年在一起嬉戏的日本小朋友。

当然，在我开始研究中国建筑史的时候，日本先辈学者如伊东、关野等先生的著作对我的帮助是巨大的。近年来我还接触到好几位日本建筑师。我们都有共同的目标，为人民创造更美好的生活和劳动的环境，为中日文化交流，为中日两国人民之间的友谊，为亚洲和世界和平而奋斗。

当我执笔凝思的时候，一个童年的回忆又突现在我眼前，那可能是明治末年或大正初年的事了。我随同父母到奈良游览，正遇上某佛寺在重建大殿。父母曾以一圆的香资，让我在那次修建中的一块瓦上写下了我的名字。半个多世纪过去了，我童年的绵绵心意还同那片瓦一样留在日本。我不知道当年是否到过唐招提寺，但是今天当我纪念鉴真而执笔的时候，我仿佛又回到童年，回到奈良去了！

同时，我也不禁有所感慨。一千二百余年前，大和尚东渡弘法，曾经遭受多少挫折！但他和他的弟子们以坚忍不拔的精神，终于克服一切困难，冲破重重障碍，实现宏愿，为中日两国人民结下千百年的善缘，积下无量功德。他当年遭受了大自然的打击，还多次受到唐朝官方的阻难，今天，在中日两国人民之间的友谊之路上，美帝国主义和日本的反动势力却设下重重障碍。这是与两国人民的愿望相违的，让我们学习鉴真的崇高精神，粉碎一切人为的梗阻，为中日两国人民世世代代的友谊的进一步巩固，为两国经济、文化、艺术、科学、技术的交流互助，并肩携手，努力奋斗！鉴真大师的精神必将日益发扬光大起来！

从“适用、经济、在可能条件下注意美观”谈到传统与革新①

——在住宅建筑标准及建筑艺术问题座谈会上关于建筑艺术部分的发言

《建筑学报》编者按：

建筑工程部和中国建筑学会于5月18日至6月4日在上海联合召开了“住宅建筑标准及建筑艺术问题座谈会”。座谈会用了4天的时间讨论住宅的标准问题，其余的时间都用于讨论建筑艺术问题。关于住宅标准问题将由《建筑设计》报道。

解放以来，广大的建筑设计工作者在党的领导下，思想水平、技术水平和艺术水平都有很大的提高，在工业建筑和民用建筑方面，完成了巨大的建设任务，也出现了不少为大家所喜爱的建筑物。但如何在建筑艺术上反映伟大时代、形成社会主义新风格，则还在探讨之中。座谈会上出席人员一致认为目前就建筑艺术问题进行讨论是适时的，是符合大家要求的。会上，大家就建筑理论中的一些基本问题，如构成建筑的基本要素——功能、材料、结构、艺术形象及其相互之间的关系，建筑中形式与内容的问题，传统与革新的问题，进行了广泛的讨论。讨论中并研究了社会主义建筑的特点，对资本主义建筑及各种学派进行了分析批判。对设计工作如何走群众路线，介绍了心得体会，交换了意见。会上大家各抒己见，畅所欲言，除小组讨论外，有三十余位同志在大会上发言，最后由刘秀峰部长讲话。

本学报从这一期起，将陆续选择发表一部分大会发言，刘秀峰部长的讲话将在下一期刊载。座谈会的全部资料将汇编专刊，另行出版。希望各地的建筑工作者广泛组织讨论，展开一个学术讨论的高潮，在创作上形成百花齐放，在学术上形成百家争鸣。

---

① 本文是作者于1959年6月2日在座谈会上的发言，原载1959年6月《建筑学报》。——左川注

关于建筑的艺术问题，方面是很多的。自从维特鲁威（Vitruvius）写了他那十卷关于建筑的名著以来，将近两千年了，人们对于建筑的理解，特别是关于建筑的艺术，就如同哲学和文艺理论一样，从来没有停止过争辩。即使在今天，在我们社会主义制度下，在唯物主义观点、方法的思想指导下，在共同一致的目的下，还是存在着分歧的意见。因此，我们这样的讨论，今后还要长期地继续下去。而且，随着社会的发展，生活之改善，生产力之提高，新材料、新技术之发明和使用，社会将不断地向建筑和建筑师提出新的要求，因而提出新的问题，又需要讨论、解决。尽管如此，在一定的时期中，在一定的地方和一定的条件下，我们建筑工作者，特别是设计人员，通过探讨、辩论，取得比较一致的认识，对于我们的工作是有利的，而且是必要的。

问题既然是这样多，这样谈不完，所以我就想只谈谈其中少数个别的问题。我感觉到同志们对我最关心的，大概是我对于传统与革新的看法。因此，我今天就重点地谈谈这个问题。

一

但在谈之先，我还想通过我对“适用、经济、在可能条件下注意美观”的方针的理解来谈谈我对建筑和建筑的艺术方面的一些基本认识。

从古以来，无数的建筑理论家就千千万万次重复地讲着建筑的三要素是“适用、坚固、美观”。在人类历史遗产中，我们的确也可以找到大量具备这三要素的建筑物。1953年我们的党中央提出了“适用、经济、在可能条件下注意美观”的方针。这是建筑理论上一个伟大的创造。在这简单扼要的十四个字里，它以唯物主义的观点、方法，第一次指出了建筑物中几个因素的辩证的关系。值得特别注意的是，在“经济”两个字里，它就体现了我们建筑的社会主义因素。过去的建筑理论家所讲的“建筑”大多数谈的是为封建社会、资本主义社会的统治阶级和神权服务的宫殿、府第、衙署、教堂、庙宇以及其他公共建筑。当然他们也注意经济的问题。但是从他们看来，经济只是业主的钱包问题。对资本家来说，经济就是利润问题而已。假使要给资本主义的建筑归纳出一个原则，那就是："在保证最高利润的条件下注意适用、美观"。我想一般地说来，这个概括是符合事实的。

社会主义建筑事业的特征之一是为了满足广大人民的需要而产生的规模巨大的建设。建筑事业成了全民的事业。我们的经济问题和旧社会统治阶级的经济有着本质上的区别。它突出地占了极其重要的位置。因此，"适用、经济、在可能条件下注意美观"所体现的正是在马克思、列宁主义思想指导下的社会主义的建设方针。六年来，特别是从1955年批判了复古主义和铺张浪费以来，我们广大建筑工作者，其中包括建筑设计人员，对这个正确方针之贯彻已经做了巨大努力，取得了很大的成绩。

很多位同志在发言中都提到了"适用、经济、美观"的辩证的统一。这当然是无可置辩的真理。但是我同时还体会到党的方针的提法本身就是一种辩证的提法，是一种政治性的提法。它是具有鲜明的阶级性的。从立场、观点、方法上来看，它和过去两千年来无数理论家所提的"三要素"的提法是有着本质上的区别的。我想我们若是这样去进一步体会党的方针的提法所包含的深刻用意，对我们更好地贯彻这一方针是有帮助的。

我说这个方针的提法本身是辩证的。这首先体现在它的次序上。我们首先是为了某项需要而进行建筑。这需要就是建筑的目的。因此首先提出的就是"适用"的要求。社会主义的建筑要求以最经济的方法满足广大人民对适用的要求。因此"适用"就成了"经济"的前提。不适用的建筑物，即使造价很低也是不经济的。我们要求的是：既适用，又经济；既经济，又适用。两者是不可分割的。此外，我们还要求在这既适用又经济，既经济又适用的条件下注意美观。假使只做到适用、经济而不美观，我们就没有满足广大人民对于建筑的全部要求，就是未能很好地贯彻党的方针，未能完成党交给我们的任务。但是，假使我们像过去一段时期那样，脱离了适用、经济的可能条件而片面强调美观，那么我们除了对不起人民，对不起党和国家之外，还要对不起自己，给自己戴上唯心主义、形式主义的帽子！

从这个方针的提法，我们也可以体会到内容与形式的关系。我认为我们可以这样理解：在“经济”条件下所得到的“适用”，就是建筑物的内容；“美观”是我们对于由这个内容而形成的形式对我们观感上所引起的反应的要求。这个形式是在满足了内容的条件下所形成的形式。假使它引起我们美感的反应，那就是在适用、经济的条件下所得到的美观。它们是辩证地统一的。因此，党所要求于建筑形式的是与内容统一的形式：形式和内容是要统一的。很多同志都讨论了建筑的内容问题。也许我把问题简单化了。我认为一个建筑物的内容干干脆脆就是它的功能；功能就是满足生活的需要（广义的“生活”包括生产、起居、文娱活动等等一切活动的需要）。除了满足生活的需要而外，一座建筑物还有什么功能呢？但生活是包括物质和精神两方面的。能够完满地满足这两方面生活需要的设计，就是一个有美好“内容”的设计。但是这还不够，我们还要求以美好的形式把这个美好的内容表达出来。那就是在“内容”所允许或内容所要求的条件下创造美好的形式，也就是“在可能条件下注意美观”。

有一种论点，认为只要功能结构合理，就自然而然地“美在其中矣”。这等于否定了建筑的艺术性和建筑师在艺术方面的一切作用。那么，党提出“注意美观”就是多余的了，只要“适用、经济”就可以了。党之所以指示我们要“注意美观”，就是因为“适用、经济”不等于“美在其中矣”。“美观”是要“注意”的，不注意它就很可能不美观（当然我们也不是说不“注意”就绝对没有偶然而产生美观效果的东西）。至于怎样“注意”法，那就必须“在可能条件下注意”。不“注意”是错误的；但是脱离了“可能条件”而片面夸大地“注意美观”也是错误的。“功能结构合理，美在其中矣”的论点，无疑地将导致片面强调功能或结构，很有走上功能主义、结构主义的道路的危险。

不用说，我们都知道适用、经济、美观不是等同的，不是可以等量齐观的，不是各占三分之一的：在不同情况下，不同条件下，三者的重要性是可以转变的。在一些特殊建筑中，“美观”可能被突出地提高到重要地位，“经济”的可能条件就可能放得比较宽些。有些建筑物，例如纪念碑，“美观”就是“适用”，因为“给人看”就是它唯一的功能。在这种情况下，美观和适用就合而为一，而经济就有可能被降为次要的要求了。有时我们感到何轻何重不易捉摸，那么，我们就应该从政治上考虑，从六亿人民的角度看问题；我们应该经常意识到我们的建筑是为无产阶级政治服务的，是共产主义物质和文化建设中不可分割的构成部分，并且经常深入群众，体会群众对建筑的要求，经常记住“全国一盘棋”。换一句话说，提高自己的政治思想水平，就能比较正确地体会和贯彻党的政策、方针了。

在另一方面，我们也应该经常意识到：“适用、经济”的标准不是固定不变的。随着社会生产力的发展，生活和生产方式之改变，生活之改善和日益丰富，“适用”的要求就会越来越高，越来越多样化。随着社会财富之增长，“经济”的水平也会不断提高。那就是说，“可能条件”也是永远在改变着的。在不断改变的“可能条件下”，人们对“美观”的要求也将不断地改变。“美观”的标准也将改变，要求于建筑艺术也必然越来越高了。

总而言之，由于事物在不断地发展，我们必须根据当时彼地的不同情况，恰如其分地求得“适用、经济、美观”的辩证的统一。在社会主义建设中，乃至一直到共产主义社会，“适用、经济、在可能条件下注意美观”仍然将是我们建设的方针。因为它不是由某一个人主观地提出来的，而是我们的党根据社会主义建设的客观规律得出来的原则性、指导性的方针。

以上是我对“适用、经济、在可能条件下注意美观”的方针的一点体会，也是我对于我们社会主义建设的认识的基本出发点。同志们几年来在工作中对党的方针都已经有深刻的体会，并且以具体的工作证明了这点。但是由于我具体工作做得比较少，尤其因为自己的水平低，又不好好学习，因此到今天才稍微有了一点点领会。特意提出来请同志们指正。

二

我刚才已经说过，关于建筑艺术的问题既然这样多，要谈也谈不完；而且，同志们也已经谈得很全面、很透彻了。我要再谈起来，可能有许多重复相同的话，所以也不预备再讲什么“建筑概论”了。不过，我愿意先提一提，除了上边我所谈关于党的方针的体会之外，总的说来，吴良镛、汪坦两位同志的联合发言也代表了我的基本论点，不再谈了。现在，我想重点地谈一谈传统与革新的问题，作为我个人在这一问题上对吴良镛同志的发言的一点补充。

过去，我们建筑界曾经刮过一阵复古主义的歪风，我自己就是这一股歪风的罪魁祸首。1955年建筑思想批判以后，这种偏向得到了纠正。复古主义的谬论也已经被粉碎了。在党的关怀教育下和同志们的帮助下，我自己对承继遗产的看法也有一些改变，我愿意在这里摆一摆，请同志们给我进一步帮助。

复古主义理论的错误，首先在于它把建筑的形式同内容割裂开来，又把各民族在历史发展过程中在各地方创造出来的各种建筑形式认为是种种永恒不变的东西，可以任意套在任何内容上。这样把一件事物看作静止的不发展的东西的观点是形而上学的，是唯心主义的。其次，复古主义者之所以恋恋于古建筑的形式，表面上表现在他对于古代建筑遗产的迷恋，对古代东西无批判地抄袭搬用。事实上，这正是他自己的阶级意识、思想感情的忠实反映。由于过去的家庭出身，教育的影响，在解放后这种旧意识还根深蒂固地存留在人们的脑子里。特别是在资产阶级知识分子的脑子里，这种思想意识更是不容易清除干净。同我这一辈的建筑师，大多数是官僚、地主、资本家的子弟。他们做学生的时期所受的建筑教育大多数是以巴黎艺术学院为中心的折中主义的教育。这一种折中主义的建筑是15世纪文艺复兴开始以来，随着资本主义的兴起没落而发展到一个没落阶段的建筑流派。折中主义者把建筑的形式和内容完全割裂开来，随着业主的爱好把任何一种古代的形式生吞活剥地套用或是把若干种古代的形式七拼八凑在一起，贴在建筑物的外表上。每一个建筑师一般的都熟悉若干种建筑风格和特征，犹之乎一位大师傅会做各种中西大菜一样。顾客要吃法国大菜，他就可以开出法国大菜来；顾客要吃俄式大菜，他也会开俄国菜。业主要一个高直式，他就会把建筑用高直的风格打扮起来；业主要法国的文艺复兴，他也会遵照他的愿望去做。在1930年前后，在南京曾经盛行了一阵“宫殿式”的建筑，事实上就是在当时建筑师的“菜单”里添了一项“满汉全席”而已。

解放以后，一部分的建筑师看不见社会起了本质的变化，看不见国家当时的经济情况，还是静止地看待一切事物。他们错误地理解了甚至歪曲了毛主席所提出的“民族的形式，新民主主义的内容”的文艺方针，并且错误地学习苏联，又把他们“菜单子”里的“满汉全席”端了出来，想把它塞给人民，并且说它就是“民族的形式，新民主主义的内容”。当然，人民是不接受的。这些建筑师的“菜单”里，不但有中国的古建筑以及西方的古建筑，同时还有西方的所谓现代建筑。所以复古主义被批判之后，他们又把“菜单子”里的其他“大菜”开出来。无论是这一种或是那一种，人民都不接受。建筑师就陷入了苦闷的境界。搞到他们又怕大屋顶，又怕西洋古典，又怕方盒子，真是左右为难。其所以如此，正是由于他们把建筑的形式同内容割裂开来，单纯从形式出发；而所谓形式，又仅仅是许多框框。换一句话说，他们已经是各种形式的奴隶，他们已经被这些框框束缚住了。当然在这期间也有些建筑师并不如此，但这是一般的情况。

1958年党号召我们破除迷信、解放思想，要我们敢想、敢说、敢干。干部下放了。我们贯彻了洋土并举，大中小相结合，两条腿走路的方针。教育与劳动生产相结合了。广大人民的创造性发挥出来了。在党的领导下，许多尖端技术和科学有了飞跃的发展；土专家们创造了奇迹。这一切对于建筑师思想的解放、迷信的破除起了极大的推动作用。在我们建筑工作中，北京的国庆工程给了我们前所未有的用武之地。在这些工程里我们取得了不少的成绩。其所以如此，就是因为在交代任务的时候，党就明确地指出了这些建筑是为政治服务的，并且提出了要六亿人民共同设计；同时党还要求我们在建筑中要表现民族风格。过去许多建筑师对于“民族形式”这四个字连提也不敢提一声，现在就感觉到胆子大了些。但是什么是民族风格，建筑师们还在彼此你问我，我问你。当然，有些人又马上会想到斗栱、雀替、大屋顶；更多的人对这种看法并不同意。正是由于党号召我们六亿人民共同设计，所以这个问题很快就得到明朗化了。设计人员走了群众路线，其中特别是青年建筑师和高等学校的学生们，他们从建筑的功能一直到建筑的形式都深入群众，了解群众对使用上的需要、在形象上的喜爱。我们可以说是初步摸到了门儿了。从群众的要求中，我们可以理解到群众是一致要求建筑具有民族风格的。但是我们也可以理解到群众所要求的民族风格并不是古建筑的翻版。对于不同的建筑他们有不同的要求。例如在天安门前他们就不要大屋顶，但是在美术馆上他们又要。这说明群众是按照建筑的内容而要求不同的形式的。

也许有人会问：国庆工程所表现的民族风格和过去的折中主义又有什么区别呢？我们可以概括地说，折中主义和我们的民族风格主要的不同是在思想内容上的不同，在本质上的不同。折中主义是把古代遗产抄袭搬用，拼拼凑凑；而我们是承继并且发展古代的优良传统。传统和革新是矛盾的两个对立面，其中主要的一面是革新。我们不是抄袭搬用，而且批判地吸收，是在传统的基础上革新。在革新的过程中，旧的有所破，新的有所立。在破与立的过程中新的就产生出来了。在这些国庆工程中，我们所看到的民族风格的表现很少是能够在古建筑里边找到完全一样的东西的。但这也不等于说我们在一定情况下，不可以采用一些改变得少的乃至没有改变的形式。假使我们改得比古人好，当然我们就用我们改变过的形式；但若改得不太满意，那么适当地采用一些古人的形式也不是绝对不可以的。例如美术馆门前的抱厦，清华建筑系的同学们就认为戴念慈同志设计的那个不够劲，想要改它，想改得它更新鲜更明快一点。我也跟他们在一起做了一番努力。但是由于时间的限制，我们没有能够把它改到满意的程度。因此我对于现在比较“老”的抱厦也不反对。历史事实证明，大屋顶以及我国古建筑的各个部分和各种构件就从没有停留在一个固定的形式上。我们几千年来就在不断地改进它。在汉阙中，敦煌壁画里，我们看到从两汉南北朝以来，唐、宋、元、明、清各个时代的大屋顶和各构件的样式都是在改变的。每个时代都有所不同。到今天，材料结构已有所改变，而美观上又有需要，我们就可以改它。但是，由于目前我们自己思想水平、业务水平的限制，不得已而模仿一些旧东西，也是发展过程中不可避免的。这样的采用，态度是积极的，是和折中主义的不假思索地抄袭搬用是有本质上的区别的。在文学方面，我们也可以看到类似的情况。毛主席的文章里就用了不少的古词汇，但它所表达的却是崭新的思想内容。毛主席的诗词，也大多是用旧形式，但是它们的内容却是充满了革命的新精神。我相信，假使我们进一步努力，进一步发挥群众的智慧，特别是那些青年人敢想敢干的智慧，今年还是比较“老”或者不成熟的东西，明年就有可能以崭新的面貌出现，我们在传统的革新上是可以取得进展的。

我们承继传统的办法，应该是怎样的呢？对于遗产是应该怎样批判吸收呢？遗产和传统又有什么区别呢？我觉得，特别是就建筑来说，遗产是前人给我们留下来一些具体的东西；而传统则是一些精神、风格、技巧、手法……等等。遗产具体地反映了传统，而传统则通过遗产而表达出来，留存下来（当然，传统也通过世代相传的匠师的手或者书籍，不断地改变，不断地发展而留存下来）。我们今天承继下来的建筑遗产和传统，无例外地都是阶级社会的产物，不可避免地都打上了阶级烙印；同时这些遗产和传统，又都是劳动人民所创造的，也必然包含着许多具有人民性的东西。那些具有人民性而对于今天的社会主义建设有用的东西就是遗产和传统中的精华。遗产和传统中有无人民性应该是我们批判的标准。

我们对于传统的认识，不应局限于个别建筑物的形体和细部上，而且应该在平面和空间处理上去寻求那些建立在生活习惯上的东西。例如昆明的房屋，大多是向东的；天津附近塘沽、汉沽一带的居民，都有南北通风的穿堂；广东的临街建筑都有骑楼，那都是在当地的气候条件下，由广大人民在生活中摸索出来、创造出来的。这些都是具有人民性的传统，而且是具有科学性的东西。

我们承继传统和吸收遗产的另一方面，是古代匠师在处理建筑中的艺术规律，从总体布置到局部的处理手法。在总体布局方面，过去我们只注意到宫殿、庙宇的轴线和对称，而忽视了民间无数结合地形、因地制宜的灵活布置。这种结合自然规律的布局，在浙江、四川、山东、山西、云南、贵州等省山区，就有无数的例子。不在这里列举了。这些手法，不仅见于民居，而且无数寺观、府第也都如此。这种善于利用地形的优良传统，是我们建筑设计中很好的借鉴。

又如在造园的艺术方面，我们也承继了一笔极其丰富的遗产，其中体现了许多优良传统。根据大自然的规律和人们审美的要求，历代造园的匠师也摸出了不少规律。他们知道什么样的山应该配什么样的水；什么样的地方种什么样的树；什么位置上宜于建立一个亭子；什么样的地方又该造一座楼；什么样墙上开什么样的窗；什么样的窗子配什么样栏杆；什么样的院子墁什么样的地；等等，等等……这一切一切，都很值得我们研究学习。但这一切又应该怎样才能够在今天广大人民几十亩，几百亩的公园里适当地运用，对于这些我都是外行，只好请教于各位同志，特别是我的老朋友刘敦桢教授和绿化专家余森文厅长了。

此外，建筑物造成的气质也是我们遗产和传统的一部分。这里最好用中国建筑和园林与日本建筑和园林为例，对比一下来说明问题。日本的建筑和园林，从南北朝起就不断受到中国的影响。从日本建筑实例上看，它的风格是跟着大陆上中国的形式发展的。日本的京都就是模仿中国长安城布局规划出来的。日本建筑也用斗栱、梁、柱、大屋顶。日本的园林也与中国园林一样，都是根据文人画家的山水画的构思的方法布置的。但是这两个民族所表达出来的气质又是多么不同！总的说，中国的气质是粗壮雄伟，日本的气质，就比较细腻纤巧。我个人还是很喜欢日本的建筑和庭园，像小盆景似的很乖很可爱。各时各地的创作都各有所长，不但我国古代的，就是日本或其他国家的东西，其中许多都是我们今天可以批判吸收的。

当然，上面所讲的几点只是遗产和传统中的几个方面，只是几个例子，由于时间限制，不预备再罗列讲下去了。总之，从历史过程中，我们可以看到遗产和传统中的好东西都是劳动人民所创造。这些都是经过了历史的提炼和淘汰，集中了劳动人民所喜爱而流传下来的。我们今天承继并运用遗产和传统，是根据今天社会主义建设的需要，在“适用、经济、在可能条件下注意美观”的方针的指导下，从广大人民的风俗、习惯和爱好着眼，遵照毛主席在“新民主主义论”和延安文艺座谈会上的讲话以及其他著作中的指示，以历史唯物主义、辩证唯物主义的观点、方法去做的。我们的革新就是对传统的革命。革新的目的就是使古为今用，使它对我们的社会主义建设有利。但是，由于我们思想水平和业务水平的限制，尽管我们的主观愿望如此，我们做出的客观效果肯定地还是不够的。不过比起前几年来，我们的确已经有一些进步；特别是去年国庆工程开始以来，我们的进步是很显著的。为了更好地完成党交给我们的任务，在这方面还需要我们更好地学习，做更大的努力。

我们要体会建筑物或是建筑物的某一部分或是某一特征的人民性，那么应该怎样去找呢？我觉得首先要求建筑师要站在广大人民的立场，建立群众观点，使自己的思想感情同广大工农群众的思想感情打成一片，深入到群众的生活里去体会他们喜欢什么，不喜欢什么。群众所喜爱的一般都是具有人民性的，是我们今天用得着的。我们过去的错误就是在于把自己那种统治阶级骚人雅士的爱好强加于人民，不是做出咄咄逼人的宫殿庙堂，就是做出淡雅素净到贫血的程度的东西。用这样的思想感情去看待遗产，那就只能抄袭搬用，根本谈不上发展和革新，而只能是发展和革新的障碍。

很多位同志的发言中都提到地方风格的问题，我体会到这一问题的提出无疑地对民族风格之形成将发生巨大的、有利的促进作用。这是非常可喜的。广州的北园酒家是在这方面很成功的尝试，是值得我们学习的榜样。

再谈谈材料技术与艺术的问题。不可忽视的是，新材料、新结构和新的施工方法对于传统之承继与革新有着巨大的影响。一方面新的材料结构和技术已经使得原封不动地去做古建筑的翻版成为不可能；另一方面这些新的条件也为我们创造了革新和发展的有利条件和广阔的前程。在国庆工程中，铁路车站和电影宫就是在传统风格上结合薄壳结构的尝试。一种新风格已经露出了苗头了。在这里，看看一些资本主义国家建筑师在这方面的尝试也可以作为我们的借鉴。日本有一些住宅和大阪的一所学校建筑都相当成功地利用了钢筋混凝土框架支承的薄壳结构，表达了日本建筑的风格。大阪的学校很别致，没有装饰，只将在薄壳下挑出的梁头做成“绰幕”的样式，是相当成功的，与电影宫处理手法不无相同之处。墨西哥的一所剧院则运用了古代马雅（Maya）建筑的特征，在一面大墙上用整片壁画做装饰，下面开了一排的门。这和马雅建筑上面整个墙面用雕刻装饰，下面开门的风格很相似，我认为也是相当成功的，也是可以为我们借鉴的。

总而言之，我们强调的是革新，而不是原原本本的抄袭搬用。在徐水县[1]，清华建筑系的师生在一些宿舍上就运用了当地砌砖的手法，做出了一些既有地方风味又很新鲜的檐口装饰，并且也就是那些建筑唯一的装饰。在设计过程中，我们参考了一些苏联的砌砖花样，但是主要的是去看老百姓民房上砌砖的方式。等砌到那个檐口高度的时候，我们就请公社的社员来一丁一顺地一齐摆。摆到他们看着满意了，就往上砌。可以说是富有地方风格又很新鲜的。同时我们也谈到过清华土木系、建筑系一起搞的“芦苇栱”。我们在白洋淀等地做了调查研究，发现当地群众有用芦苇做屋顶的传统，并且了解到芦苇具有相当的抗腐性能，同土木系的师生在一起搞出了一种“芦苇栱”，也给予了适当的艺术处理。这也是我们在传统的基础上革新、改造的尝试。当然，我们改造、革新的努力还是不够的。但我们也可以说，我们已经朝这方向努力了，而且今后要做更大的努力。

附带提提，有些同志对于“新而中”提出了意见。“新而中，中而古，西而新，西而古”是我在讨论国庆工程的一次会议上提出来的。当时在两三分钟的发言中没有作任何解释。我所谓“新”就是社会主义的，所谓“中”就是具有民族风格的。“新而中”就是“中国的社会主义的民族风格”。当然，这也是要“适用、经济、在可能条件下注意美观”的。要是有不对的地方还是请同志们指正。

三

最后我想，作为会议最后一个发言人，我可以占些时间谈一谈我这次来参加会议的感想。这次会议使我感到非常高兴。自从中国建筑学会成立以来，我们已经开过不少次会了，我也得到机会参加建工部所召开的一些会议。当然，那些会议都给我们很大的鼓舞。但是总地说来，就有这么个问题，在过去的历次会议中都没有得到很好的解决，那就是建筑艺术创作的问题，但从这次会议看来，每一位代表都解除了顾虑，解

① 今河北省保定市徐水区。——编者注

放了思想，摆出自己的观点，畅所欲言。我们之间也有争辩，也有分歧，但是每个人都是心情舒畅的。经过几天的座谈，我感觉到最基本的问题是解决了。我们的立场有了很大的转变。我们明确了建筑是为无产阶级政治服务的。从同志们的发言里可以看出我们也多多少少地学会了以马克思列宁主义的观点、方法分析问题。虽然我们的水平有高有低，但是可以看出每个人都在这方面做了不少的努力。这是十年来党对知识分子思想改造的团结——批评——团结的方针所取得的巨大胜利！

这一次会议又一次证明了党对我们知识分子、对建筑事业无微不至的关怀，对建筑事业的重视。党正在领导着我们一步一步地向过去几年来我们所攻不下的建筑创作这一堡垒进攻。我们可以说我们已得到了初步的胜利。这次会议的胜利也就是在党的领导下走群众路线的胜利。事实证明：只要党一抓，事情就好办了。农民们常爱说："听党的话，没有错。"我们这次会议所取得的这些胜利就是十年来我们建筑设计人员由反对党的话，不听党的话，逐步转变到学会听党的话而取得的胜利。学会听党的话也不是很简单的：首先，我们必须改变我们的立场，坚决地站到无产阶级的立场上来。听党的话就是在具体工作中坚决贯彻党的政策方针。但是学会贯彻党的政策方针也不是容易的。也许是老生常谈了，但还是要说：我们必须学会以唯物主义的观点方法去分析了解我们的任务，去解决问题。那就是说：我们必须学会在不同的条件下，全面地、具体地、辩证地去分析和解决问题。不这样，我们虽然主观地要求去贯彻党的政策方针也不可能正确地贯彻的。因此我们必须继续大力加强我们对马列主义的理论学习。

我感到无比欢欣鼓舞。我相信这次会议对于全国的建筑界将要发生巨大的影响。它将推进我们的建筑创作向前飞跃一步。我们的会议就要结束了。我们每个人很快就要回到自己的工作岗位上。我们建筑创作上成千上万朵的鲜花的苞蕾已经冒出头来了。让我们怀着兴奋愉快的心情回到我们的工作岗位上，努力学习，努力工作，用百花齐放的具体行动来报答党对我们的关怀、教育和期望吧！

建筑创作中的几个重要问题①

一

建筑，作为一种社会现象，早在一两万年前或更早就已出现了。当我们的老祖先开始使用石器的时候，盖房子的活动就已开始。一直到今天，只要有人定居的地方，就一定有房屋。盖房子是为了满足生产和生活的要求。为此，人们要求一些有掩蔽的适用的空间。二千五百年前老子就懂得这道理："当其无，有室之用。"这种内部空间是满足生产和生活要求的一种手段。建筑学就是把各种材料凑拢起来，以取得这空间并适当地安排这空间的技术科学。但是人们除了要这些凑拢起来的材料——工程结构来划分或创造出这个空间之外，还要工程结构的本身也好看，于是建筑就扯上了一个艺术性的问题。这种艺术是不能脱离了生活或生产的适用问题和工程的结构问题而独立存在的。这就赋予建筑以又是工程、又是艺术的双重性，要求它们的辩证的统一。

逐渐地，除了盖房子之外，人们还把这些工程技术和艺术处理手法用于建造桥梁、纪念碑之类没有内部空间的东西上，于是"建筑"的含义也不仅限于盖房子了。

历史上奴隶社会、封建社会和资本主义社会的剥削统治阶级几乎霸占了社会上全部建筑。他们驱使劳动人民献出智慧和才能为他们建造宫殿、府第以供他们奢侈淫逸的生活享受；为他们建造工厂、作坊以剥削劳动人民；为他们建造衙署、营房、监狱来统治、镇压、迫害人民。绝大部分劳动人民则下无寸土，上无片瓦。他们居住的房屋不但是属于剥削阶级所有，而且还是统治阶级进一步剥削他们的手段。"贫民窟"的低、矮、狭小、拥挤和贵族、资本家府第之宽广、舒适反映了鲜明的阶

① 本文原载《建筑学报》1961年第7期。——左川注

级对比。不但北京的龙须沟和皇宫、王府的对比是一目了然的，而且在一些“大宅子”里也有它的“贫民窟”：“上头人”住的“上房”和“底下人”住的“下房”，除了它们不同的艺术处理外，还从它们的悬殊的空间分配上表现出来。

统治阶级不但很早就用各种建筑物作为统治人民、镇压人民的具体行动的政治工具，同时他们还意识到建筑的艺术效果所能起的政治作用。战国时代，苏秦就游说齐湣王“高宫室，大苑囿，以鸣得意”。萧何为汉高祖刘邦营建壮丽的未央宫，因为“天子以四海为家，非壮丽无以重威”。苏秦、萧何之流是懂得怎样使建筑为政治服务的。几千年来的实物，如北京明清故宫和世界无数的教堂、寺观、坛庙，都是统治阶级利用建筑作为吓唬人民、麻醉人民的政治工具的实例。

今天，我们应该更明确地认识建筑在社会主义建设中的重大政治意义。我们的建筑是为无产阶级政治服务的。我们的任务是通过我们的建筑工作，促使我国的生产力继续不断地提高，使我国人民的生活环境一步步地改善。我们的规划和设计，应该在物质环境上体现出我们的社会制度组织人民生活和生产的作用。规划和设计在每一阶段中之实现完成，都应该适应发展中的经济基础。但是，由于建筑是一种使用年限很长的物质建设，所以我们应该根据设计当前的条件，结合远景，考虑到如何使它既能适应现在的需要，也能照顾将来共产主义的需要；应该反映着广大人民体力劳动与脑力劳动的差别和城乡差别之逐步消灭，体现对人的最大关怀。我们建筑工作者应该把自己的每一项设计，每一项建造，都当作是向社会主义、共产主义迈进的“万里长征”中的一小步，把它们看作都是具有重大、深刻意义的政治任务。

二

“适用、经济、在可能条件下注意美观”和“多、快、好、省”是党和社会主义、共产主义建设对于建筑工作者的要求，也就是我们的行动指南。

罗马的建筑理论家维特鲁维亚斯（Vitruvius）曾指出建筑的三个基本

要求：适用、坚固、美观，二千年来被建筑师奉为“金科玉律”。1953年，我们党提出了“适用、经济、在可能条件下注意美观”的方针，才第一次改变了这两千年的老提法。这是一个目的明确、主次分明的辩证的提法。“适用”是首要的要求，因为归根结底，那是建造房屋的最主要的目的。这里面当然也包括了“坚固”的要求，因为“坚固”的标准首先要按“适用”的要求而定。

“经济”从来没有被过去的建筑理论家看成值得一提的东西。但在社会主义国家中，建筑是全民的事业，是国民经济建设中的一个重要部分，以空前巨大的规模在全国各地全面地进行着。因此，“经济”在建筑事业中就被提到前所未有的政治高度。它是一个以最少的财力、物力、人力、时间为最大多数人取得最大限度的“适用”（以及“美观”）的问题，是我们社会主义建设中积累资金的手段之一。在建筑方面做得“省”，做得经济，就可以用同样的投资建造更多的工厂，积累更多的资金，更快地扩大生产再生产，建造更多的居住或公共建筑，更大限度地满足劳动人民物质和文化生活的需要。

我们的建筑的“美观”是“在可能条件下”，即在适用和经济所允许的条件下注意的美观。主从关系被明确地指出来了：“美观”必须从属于“适用”和“经济”。我党指出的“适用、经济、在可能条件下注意美观”的方针是以马克思列宁主义科学的观点、方法，对于“建筑”这一现象的辩证的解释；同时，它又是以社会主义、共产主义为目标的行动指南，起着指导我们改造世界的伟大作用。这和维特鲁维亚斯所罗列的“三个要求”是有着本质的区别的。

毛主席教导我们：“政策是革命政党一切实际行动的出发点，并且表现于行动的过程和归宿。一个革命政党的任何行动都是实行政策。不是实行正确的政策，就是实行错误的政策；不是自觉地，就是盲目地实行某种政策。”[①]“……全党的同志必须紧紧地掌握党的总路线，……”[②]“……如果真正忘记了我党的总路线和总政策，我们就将是一个盲目的不

① 《关于工商业政策》，《毛泽东选集》第四卷，第1284页。——作者住

② 《在晋绥干部会议上的讲话》，同上书，第1311页。——作者注

完全的不清醒的革命者，在我们执行具体工作路线和具体政策的时候，就会迷失方向，就会左右摇摆，就会贻误我们的工作。”① 对于今天的建筑工作者来说，在党的领导下，紧紧地掌握“鼓足干劲，力争上游，多快好省地建设社会主义”的总路线，坚决贯彻执行“适用、经济、在可能条件下注意美观”的建筑方针以及在不同的建设阶段中制定、发出的指示，就是我们今后建筑工作取得更大胜利的保证。

三

在建筑工作中，“适用”和“经济”是比较“实”的问题；“美观”问题则比较“虚”，是不能用计算尺和数目字来衡量的。无论是规划还是设计，从市容上亦即从城乡居民的日常观感上来说，“美观”却往往是首先引起人们注意的方面。因此，一个建筑师的设计过程，在解决“适用”、“经济”等比较“实”的问题的同时，也是一个艺术创作的过程。下面是一些值得我们很严肃地考虑的问题。关于这些问题，大多是1959年在上海举行的建筑艺术座谈会上所讨论过的。因此，这里所谈也可以算是对于刘秀峰部长在那次会上的总结性发言的一点体会。

建筑的艺术特性 建筑的艺术方面，和其他艺术有许多共同性，同时也有许多特殊性。首先，和一切艺术一样，它是经济基础的反映，是一种上层建筑，是一定的意识形态的表现，并且为它的经济基础服务。在阶级社会中，它可以被利用为阶级斗争的工具、政治工具。这一切就赋予许多建筑以阶级性。不同民族的生活习惯和文化传统又赋以民族性。它是社会生活的反映。它的形象往往会引起人们情感上的反应。

从艺术的手法、技巧方面看，建筑也和其他艺术一样，可以通过它的立体的和平面的构图，运用线、面、体和各部分的比例、权衡、平衡、对称、色彩、表质、韵律、节奏等等的对比和统一面取得它的艺术效果。这些都是建筑和其他艺术共同的地方。

但是，建筑又不同于其他艺术。其他艺术完全是艺术家思想意识的

① 《在晋绥干部会议上的讲话》，《毛泽东选集》第四卷，第1314页。——作者注

表现，而建筑的艺术则必须从属于适用、经济方面的要求，要受到材料、结构的制约。每一座建筑物的建成都意味着极大量的物力、财力、人力。它直接影响到人们生活和生产中的方便、舒适、健康。一座建筑物一旦建成，对于使用者就起着一种“强迫接受”的作用，不能像一座雕像或一幅绘画，可以选择，可以任意展出或收藏，而是“必须”居住、使用的。一旦建成，它就以比任何绘画、雕刻都无可比拟的庞大躯体屹立街头，形成当地居民的有体有形的生活环境，几十年乃至几百年地存在着，来来往往的人都“必须”看它。这是和其他艺术极不相同的。

绘画、雕塑，以及戏剧、舞蹈都是现实生活或自然现象之再现。建筑虽然也反映生活，却不能再现生活。它虽然也能引起人们情感的反应，但不能以它的形象模拟一个人或一件事。一般说来，建筑的艺术只是运用比较抽象的几何形体和色彩、质感以及一些绘塑装饰等等来表达一定的气氛——庄严、雄伟、明朗、幽雅、忧郁、放荡、神秘、恐怖等等。这也是建筑不同于其他艺术的特性。

建筑物的功能　人类对建筑的首要要求是“适用”。随着社会生产和文化、科学的发展，人民生活之提高，对于建筑物在功能方面的要求也越来越高，越多，越细致、复杂；各种科学、技术也越来越多地被运用到建筑中来以满足这些要求。因此，在今天，在解决建筑物的功能问题时，除了比较简单的小建筑外，建筑设计工作已不是一个单纯的土木结构的工作，而往往是包括各种机电设备在内的协作的、综合的工作了。它需要建筑师和各种专业工程师的共同努力，才能满足我们今天对于各种不同建筑物的不同功能要求。

建筑的功能，无论是总体的或各个构成部分的，在外观上也可以乃至应该适当地表达出来——不应使车站看去像银行，剧院像博物馆，也不应使工人住宅的门窗像宴会厅的门窗那样堂皇。但是我们必须避免片面强调功能，以功能之表现来耍建筑构图的花招，甚至反过来从构图的角度出发去“耍”功能。

功能不仅仅意味着满足物质的、生理的、工作上的要求，而且也包括精神上的、政治上的要求。因此满足视觉的、观感的要求，也应成为建筑的功能之一部分。

在一座建筑物里面，不同部分在功能上的要求往往会形成许多矛盾。因此就须按功能的要求，权衡轻重，全面安排，区别对待，以求得矛盾的统一。

结构的艺术性 一切建筑物都必须运用一定的技术、运用一定的材料亦即通过一定的结构才能建成。几千年来的工匠在结构学方面积累了丰富的经验，创造出许多辉煌的建筑。但是，一直到十九世纪中叶以前，人类所掌握的建筑材料仅仅是砖、瓦、木、石。到了十九世纪后半叶以后，先是铸铁，后是钢材，才被用作建筑材料。最近三四十年来，由于技术科学的巨大发展，更多的新材料、新技术被运用到建筑上来了。这就比过去的砖、瓦、木、石，乃至一般的钢结构，创造了更大限度地满足越来越高的功能要求的有利条件。特别在大跨度的要求上，薄壳、悬索等新的结构方法提供了前所未有的可能性，当然，同时也在很大程度上影响了建筑物的形象。结构的重要性越来越显著了。

当然，我们也深深地意识到，合理的结构中也包含着很多美的因素，可以在建筑的艺术效果上发挥很大作用。但是有些资产阶级建筑师却口口声声讲建筑的“纯洁”。所谓“纯洁”就是“物理定律高于一切”，没有任何历史和民族传统的痕迹，事实上就是否定了建筑中的民族性和历史传统。他们片面强调结构，甚至从结构的角度出发进行设计，卖弄结构，耍各式各样的结构花招。当然，绝不应忽视结构的重要性。党屡次指示我们要做到结构合理。但片面强调结构，耍结构花招，就会使得结构不合理，是我们在设计中所必须警惕的。

在第一个五年计划期间，我们在结构方面取得了很大成就，但对于许多新材料、新结构，多少还在试制试用阶段。我们施工方法的机械化程度也不高。今后我们必须继续开展技术革新、技术革命，贯彻“六新”的方针，对于大量建造的房屋，从住宅到车间，尽可能采用定型化、标准化的设计。在结构设计的过程中要同时一方面考虑到尽可能适合于机械化施工，另一方面也要考虑到模数、构件的艺术效果。

建筑的美的法则 几千年来，不同的民族在不同的时代，不同的地区，创造出各式各样的建筑形式和建筑风格。一切建筑中的优秀作品，尽管形式、风格极不相同，却都能引起美感。那么，在建筑中有没有客观存在的美的法则呢？假使说有，那么，它们是些什么呢？

由于日常生活环境的接触，每一个人无论他是否意识到，都通过他的感觉器官，对于环境的美丑逐渐形成了一定体系的反应，从而形成了一套共同接受的美的法则。这些反应一方面脱离不了他对于自然现象的认识，一方面脱离不了他所受到的社会思想意识的影响。而社会思想意识，在阶级社会中，主要决定于每一个人所属的阶级；而阶级意识则是生产关系的反映。在这双重影响下形成的美的法则，经过世代的继承而成为传统；传统本身亦成为社会思想意识的一部分。而社会思想意识则是对美的法则起决定作用的因素。

对于建筑，美的法则也是脱离不了人们对于建筑在使用上的要求以及人们对于他所熟悉的材料的力学和结构的认识的。例如一般人不管他懂不懂材料力学，当他看到一根高度相当于十七八个柱径的木柱或石柱的时候，他就会本能地感到它“太细、太高”，“不结实”，“危险”；因此就顾不得这根柱子美不美了。但这只是一方面。

人们意识中的建筑的美的法则虽然是和上述的材料、结构的合理尺寸或比例有密切联系的，但更重要的一方面是根据他的社会阶级的审美观而形成的那一部分。例如古埃及建筑和古希腊建筑虽然都用石构的柱梁式结构，虽然同是奴隶社会的建筑，但是埃及建筑形式沉重严峻，而希腊建筑则清快、明朗。自然环境固然有它的影响，但更重要的是由于希腊在自由市民之间有他们的民主，在他们的宗教中也反映着这种比较活泼自由的社会制度，不像埃及那种政教合一的专制统治。因此，埃及建筑和希腊建筑就各自形成了不同的风格，一些相同的以及许多不相同的美的法则。在这些美的法则之中，有些因素取决于材料结构，而更显著的则取决于社会思想意识。

在中国的传统建筑中，也可以从“御用”的“官式”建筑和各地方的民间建筑看到中国建筑的美的法则。一方面两者之间有其共同性。另一方面，统治阶级的建筑在用材、开间等的比例上和艺术加工上都要求比较“气派”，华丽；而民间建筑（各地的匠师根据当地使用材料的技术以及当地人民的爱好和传统所形成的）美的法则则比较倾向灵活、轻快、朴素。匠师们根据这些美的法则制定出一套套建筑“法式”，作为设计的准则。从我们所知道的各时代、各地方的“法式”看来，它们都同时是工程技术和艺术的综合的、统一的处理的“法式”，而其中艺术处理的部分，主要是由社会思想意识所形成的美的法则所决定的。

从历史的发展过程看，我们可以看到这些法则不是凝固不变的，而是随同生产力之发展，社会意识形态和科学、技术之发展而在不断地改变着。不同的社会阶级对于同一法则就可能有不同的反应，不同的运用方法。我们在解放以来的建筑中，无疑地已经创造出一些新的法则。这是建筑美学的问题。但在这方面，无论对于古代的或我们自己的创作，我们都还没有好好地总结，尚有待于今后努力。

建筑的形式与内容 成于中者形于外。内容决定形式；形式表现内容，并且服务于内容。形式与内容是辩证的统一。几年来这些差不多已成了建筑师的口头禅了，因此有必要更严肃地去认识一下。

什么是建筑的内容呢？建筑的内容应该理解为它的功能——物质生活和精神生活的功能。功能要求建筑的形式与之相适应。显然，巨大的观众厅和高耸的舞台上部都是由功能决定的，它们就在很大程度上决定了剧院建筑物的总的轮廓的形式。工业建筑则多由工艺过程而决定它的形式。棉纺织厂需要大面积的单层厂房，合成纤维厂却要多层的建筑，冷藏库就根本没有窗子。

但是，世界上有无数的剧院、纺织厂、合成纤维厂、冷藏库。虽然总的都是剧院、纺织厂、纤维厂、冷藏库的“样子”，却又可能各有不同。这正是由于建筑的功能不仅仅限于物质的、亦即生活中属于生理方面的和生产中属于生产工艺过程的要求，而且还有精神的亦即社会思想意识方面的要求。假使人民大会堂的宴会厅，只做完砖墙壁和水泥柱，盖上顶，不加任何粉刷、装饰，也是可以满足五千人吃饭的功能要求的。但这样是否就满足了作为六亿人民代表举行国宴的功能要求了呢？显然没有！因为在这里，满足物质的或生理要求的意义是微不足道的，而精神意义亦即政治意义才是主要的。同样，人民大会堂的外部，无论就其本身来说，或作为构成天安门广场的一座建筑来说，都必须发挥它的精神的，在这里具体地说亦即政治性的功能。绝大部分建筑都具有物质的和精神的双重功能。当我们说形式表现内容的时候，我们理解为物质的和精神的功能的综合的、统一的表现。

过去曾有不少（现在也还有少数）的建筑师认为材料、结构是建筑的内容。也许更正确的认识是把材料、结构都看作建筑工作者所掌握、采用的手段。通过这些手段，亦即运用这些材料、结构，他创造出一座能够满足物质和精神功能要求的建筑物。在这一定意义上可以与绘画、雕刻比拟。没有人会说帆布、油色、宣纸、水墨或黏土、大理石、青铜（材料）或某一种笔法、皴法、刀法（结构技术）是绘画、雕刻的内容（有必要明确：一切比喻都是蹩脚的。绘画、雕刻和建筑既有其共同性，也有其特殊性，在这里引用这样一个比拟，也是在“求同存异”的假定下引用的）。这些艺术的内容是指思想内容。这些内容有它的目的性，也就是有它的功能。从创作的过程来说，建筑的内容不应仅仅为一般生活和生产的功能，也应理解为同时也满足精神要求的功能。它是通过设计人对于一座建筑物在物质的和精神的双方面如何满足功能的要求而表达出来的思想内容。它反映着设计人对于功能的理解。在这样的理解下，我们说，建筑的形式主要是由它的功能决定的。

材料、结构是不是建筑的内容？在内容决定形式的前提下，必须承认材料、结构对于建筑形式有其一定的影响。犹如水墨或油色、青铜或大理石对于绘画、雕刻的形式有其一定的影响一样。新材料、新结构作为手段，为我们创造了有利条件，使我们能更大限度地满足越来越高、越多样化的功能要求，因而有助于创造新的形式。但这并不等于说材料、结构就成了建筑的内容，也不等于说它们就决定了建筑的形式。这是显而易见的。

必须明确，这里所说“内容决定形式，建筑的内容就是它的功能，因此功能决定建筑的形式”，和功能主义者的“功能决定一切”的逻辑是有着本质的区别的。不仅仅因为他们的所谓“功能”仅仅是物质的、生理的功能，或一间房间，一堂门、一扇窗的功能，而且还因为他们片面地强调功能。而我们所理解的功能却是如何在物质上、精神上对居住者、使用者表达最大限度的关怀，有着鲜明的政治性。因此，同是“功能”这一名词，它的含义就有着本质上的区别。

新的内容必然要求新的形式。但是，新形式不是一下子就能形成的，而是随着内容的更新不断地演变形成的。正因为这样的不断演变，今天的新形式明天就可能变成旧形式。因此，我们不能完全否定一切旧形式，而且在必要时还要善于利用旧形式，使它为今天的需要服务。但我们绝不应抄袭、搬用，使自己成为旧形式的奴隶。这就提出了传统与革新的问题。

传统与革新 在继承传统的问题上，形式问题仅仅是它的一个方面。但是，由于建筑是通过它的体形来表达它的内容的，所以在继承传统的问题上，形式问题也就成为其中比较突出的部分。

在建筑创作思想中，过去曾经有过对历史传统采取虚无主义的和抄袭、硬搬的复古主义的各种“左”和右的倾向。毛主席教导我们说：“中国现时的新政治、新经济是从古代的旧政治、旧经济发展而来的，中国现时的新文化也是从古代的旧文化发展而来。”[①]那么，建筑，作为反映我们的新政治、新经济的物质文化的一部分，当然也应当是从古代的旧建筑发展而来的。这里所谓旧建筑，应该理解为从文献可证的秦、汉以来，一直到解放以前共约二千年间遗留保存下来的全部遗产，包括近百年来帝国主义侵略下的半封建、半殖民地的建筑遗产。这是一份无比丰富的遗产。对于这份遗产，建筑史研究人员已经搜集了不少资料，初步清理了它的发展过程，取得了一定的成绩，但工作还仅仅开始，还有待我们进一步深入研究。

十一年多的实践，特别是1958年首都几项大型公共建筑的设计过程告诉我们，广大劳动人民是既不要“光秃秃的玻璃方匣子”，也不要“老气横秋的大庙”的。他们要的是能表现欣欣向荣的，表达我们社会主义、共产主义的新中国的建筑。这里面就包括了在继承遗产中怎样遵循毛主席的指示：“剔除其封建性的糟粕，吸收其民主性的精华”[②]，怎样批判地吸收，怎样使这些遗产和传统“……到了我们的手里，给了改造，加进了新的内容，也就变成革命的为人民服务的东西”[③]，引导人民群众“向前看”而不是“向后看”的问题。

---

① 《新民主主义论》，《毛泽东选集》第二卷，第679页。——作者注

② 同上。——作者注

③ 《在延安文艺座谈会上的讲话》，《毛泽东选集》第三卷，第877页。——作者注

有人认为，在建筑遗产中去找“封建性的糟粕”比较容易，找“民主性的精华”却极难。在这问题上，我们不应当把一座建筑物脱离了今天的需要和过去的历史去批判，更不能把它拆散了作为一件件独立存在的构件去分析，而且有必要把遗产和传统区别开来。

假使我们把一座建筑拆成一根根的梁或柱，一个个斗和栱，一堂堂窗子，一扇扇门，说这根柱子是精华，那扇门是糟粕；或者把某些建筑，脱离了环境，脱离了历史，脱离了今天的需要，贸贸然问是糟粕是精华，那就是形而上学的“分析”，很难得出答案。我们进行分析、批判的唯一准绳就是遵循毛主席的指示，“以政治标准放在第一位，以艺术标准放在第二位”①。所谓政治标准就是这建筑过去为谁、为什么阶级服务？今天能否为我们的社会主义建设、为无产阶级政治服务？例如天安门及其御路街（即过去我们称作广场的那部分）这样一份遗产，天安门是皇城的正门，御路街只是一个摆威风的门前大院。就其本质来说都是极端封建的，但同时又具有很高的艺术水平。解放后，由于社会功能的改变，它们就成为人民的检阅台和广场。在人民首都的政治生活和城市生活中，天安门经过一些改造，已经成了为无产阶级政治服务的东西，因而被保存下来，而且成为象征着新中国的辉煌标志。但是御路街的围墙和三座门就严重地妨碍了我们的城市交通以及节日游行和狂欢大会的活动，因而终究被拆除、改建了。天安门和御路街尽管共同组成一个布局谨严、比例优美的组群，具有很好的构图效果，但两者所得到的不同处理却是以今天的政治标准决定的。故宫也是内容极端反动而艺术水平极高的一个组群，是几百年来封建统治阶级所霸占的劳动人民的创造的结晶。在今天，由于作为一件反映历史的文物，它具有独特的历史的和科学的价值，又由于其社会功能之改变，由皇宫变成了人民的博物馆，从政治标准来衡量过去为封建统治的政治服务的，今天已为无产阶级政治服务了，因此它被保存下来了。

作为遗产，天安门和故宫被保存下来了。但作为传统，则又当别论。假使今天我们要新建一座检阅台，我们绝不会遵照天安门的传统形式或

① 《在延安文艺座谈会上的讲话》，《毛泽东选集》第三卷，第891页。——作者注

传统方法去建造；国家最高权力机关的建筑，是人民大会堂那样而不是故宫那样，人民的博物馆也绝不因故宫今天已被用作博物馆而继承它的传统形式和方法。这是不言而喻的。

把古代建筑分析解剖，有些材料、手法，作为传统，对今天可能还是有用的。例如琉璃瓦“大屋顶”，用得恰当，可以取得很好的艺术效果。过去当复古主义的歪风刮得正紧的时候，不管什么建筑都扣上一个“大屋顶”，造成很大浪费，而且其中有许多处理得很不好，老气横秋，受到了批判。但在1958年北京的重点工程中，如民族文化宫，农业展览馆，以及目前即将竣工的美术馆，在使用“大屋顶”的位置和处理的手法上给以适当的考虑，就呈现玲珑活泼的神采。因为它“……到了我们手里，给了改造，加进了新的内容，也就变成革命的为人民服务的东西了”。

在遗产和传统中，固然有些是比较容易鉴别的精华，另一些是无可置疑的糟粕，但有许多东西却是具有“两面性”的。我们不应把一切绝对化，也不能把它们孤立起来看。至于一些属于工程、结构方面的传统，则应以其科学性为衡量标准。其中有些经过整理提高，是可以为我们今天的建设服务的。这样理解的科学性标准，本质上也就是政治标准。

古代匠师的一些“法式”“做法”等文献也是有价值的遗产。例如宋李诫的《营造法式》是宋朝官府颁布的“建筑规范”，总结了许多传统的经验。其中突出的特点就是采用模数，设计定型化和构件标准化，构件预制，装配施工等等方法。在标准化构件中，将工程和艺术综合处理，也是我国古代的“法式”“做法”的一个突出的特征。这些虽然是比较原始的，朴素的手工操作的方法，但作为一个原则，是很可以供我们借鉴的。

继承遗产的整个过程应该是一个“认识——分析——批判——继承——革新——运用”的过程，而其中最关键的两环就在批判和革新。在批判复古主义以前，资产阶级唯心主义的建筑师对于遗产和传统的认识只是表面现象的认识；分析只是罗列现象，没有批判，没有或很少革新；因而继承就是硬搬，运用就只是抄袭。今天我们要做的是透过表面现象去认识遗产、传统的本质，以政治标准亦即从阶级观点进行分析、批判，按照今天社会主义建设的需要，结合着新材料、新技术的可能性去继承、革新、运用，使符合于多快好省的要求。

传统与革新的问题是旧和新的矛盾的统一的问题。而在这矛盾中，革新是主要的一面。它是一个破旧立新、推陈出新的过程。不破不立，不推不出。分析、批判是革新的前提。过去复古主义者所犯的错误就在没有批判、不加革新地硬搬、抄袭。1955年以来我们在党的亲切教导下，在传统的革新的认识方面有了一定的提高。但我们做得还不够，今后有待我们更大的努力。

四

历史证明，几千年来，不同地区、不同时代、不同民族的劳动人民创造了无数不同的建筑风格。什么决定了这些不同的风格呢？今天，我们的建筑风格应该是什么样子呢？

关于“建筑风格”的含义，存在着不同的见解。在这里，我不打算给“建筑风格”下定义，但有必要说明我所说的“建筑风格”的含义是什么。

我所谓建筑的“风格”，就是指一座建筑所呈现的精神面貌。同样是一个人，却各有不同的精神面貌，不同的风格。又如画，尽管同是水墨画，题材可能同是鱼虾、荷花，齐白石和徐悲鸿又各有其不同的风格，不同的精神面貌。建筑也如此，不管它是什么功能，什么材料、结构，也各有设计人的思想意识中所反映的，他的社会，他的阶级，他的时代，他的民族的精神面貌或风格。我所叫作“风格”的就是这种在建筑上表现出来的精神面貌。

总的说来，目前存在着两种见解：一说偏重于说材料结构决定建筑风格，另一说是材料、结构对建筑形式有一定的影响，但建筑的风格主要是通过设计人的社会思想意识而表现出来的。从这两种不同的认识出发，就可以产生极不相同的风格，反映着不同的思想意识。

有些同志说：古希腊建筑的风格是由于石料的柱梁式结构决定的。罗马人虽然也用发券结构，但由于技术水平低，所以做不出像中世纪发券的高直式教堂那样轻巧玲珑的风格来。今天，欧美“先进”的“现代建筑”的“新风格”，更证明新材料、新结构的决定性作用。所以他们要求建筑要表现“钢铁时代的精神”“塑料时代的精神”。他们要“新”，要表现“新时代”，因此必须充分地“坦率”地显示新材料、新结构。这才是“新”，才是符合我们的时代精神的。

当然，绝不应该否认新材料、新结构的影响。它会给我们的建筑带来许多前所未有的新的形式。但是形式不等于风格。显然，同样的形式是可以具有许多不同的风格的。

上文已提到，古希腊和埃及建筑同是用石料的柱梁结构，同是奴隶社会的建筑，然而风格（亦即精神面貌）那样不同，一个那样明朗，一个那样严峻。决定的主要因素，毕竟是什么呢？

公元五至十世纪间，欧洲基督教的比占廷[①]和罗蔓建筑和亚洲西部、中部的回教建筑，同样用砖石做主要材料，同样用穹隆顶或成组的穹隆顶，甚至在功能上也同样是集体礼拜的教堂，为什么它们的风格又那样不同呢？中国传统的木构架、砖墙壁和英国莎士比亚时代的木构架、砖墙壁（建筑史中称为“半木构”）的建筑，都是木构架、砖墙壁，为什么它们的风格又那样不同呢？

北京故宫的保和殿和太原晋祠的圣母庙大殿都是重檐歇山顶的大殿，而风格却那样不同，又是为什么呢？

建筑风格的形成是由于多方面因素的综合，是许多矛盾的统一。总的说来，它是经济基础的反映，是技术科学和社会思想意识的统一，是满足对大自然斗争和阶级斗争的两个功能要求的统一。在工程技术方面，包括自然环境条件、材料、结构、现代化工业的工艺过程，以及一个人的生理需要等等；在思想意识方面，概括地说，就是建筑的主人对于建筑的审美的亦即精神上的和政治性的要求——建筑的思想性。这些不同的要求中是充满矛盾的。怎样去认识并统一这些矛盾，则决定于建筑师的思想意识。

在思想意识方面，建筑师应该正确认识建筑物的主人对于建筑的要

① 今译拜占庭。——左川注

求，那就是一个为谁服务、为什么服务、怎样服务的问题；也就是为经济基础服务、为政治服务的问题。在阶级社会中这就是一个阶级意识的问题，其中也包括对于建筑遗产和传统的认识问题。材料结构是没有阶级性的，但用材料结构构成的建筑却可能有鲜明的阶级性，而建筑的阶级性正是形成建筑风格的一个重要因素。对于各种材料的不同结构方法，也是由于匠人（工程师）对于材料性能之认识、理解加以运用而形成的。而人类对于事物（包括材料的性能）的认识，谁也不能否认其属于思想意识的范畴。在材料、技术的运用上，也反映着设计人的人生观、世界观。在古代的欧洲和埃及，人民创造了丰富多彩的建筑风格，形成了许多美的法则。但是在当时统治阶级的陵墓、宫殿、庙宇上，我们看到的是统治阶级为了满足自己的需要，把人民创造的最能满足他们的要求的精华集中起来。这些建筑就突出地表现了奴隶社会中统治阶级的阶级意识给予埃及、希腊、罗马统治阶级建筑的不同的风格。中世纪的建筑风格所反映的正是封建社会中的"神权"和"君权"；文艺复兴的建筑又是当时新兴的资产阶级以"人道"和"人权"反对"神道""君权"的反映。而所谓"现代建筑"，更赤裸裸地暴露了资本主义发展到帝国主义阶段，否认各民族的历史传统、民族特征以统治全世界的意图。"现代建筑"更受到资产阶级"现代美术"和"几何派""立体派""超现实派"等流派的影响，而这些"美术"流派正是资产阶级借以模糊人民的阶级意识、民族意识的反动工具。这一切都证明"现代建筑"的风格不是由材料、结构决定的。

无论什么新的、旧的材料、结构都是通过人的思维过程而被人掌握运用的。每一个人，设计人员也不除外，在阶级社会中都必然属于一个阶级，打上了阶级烙印。不论他运用什么材料、结构，他的创作都必然是他的阶级意识和他的人生观、世界观的反映，而且必然为他的阶级利益、阶级政治服务。材料、结构决定建筑风格的论点不过是资产阶级、帝国主义的政治、经济、科学、文学、艺术中模糊广大人民阶级意识的反动思想在建筑艺术中的反映而已。

新中国的建筑设计人员正在党的领导下，探索、讨论并在尝试创造我们中国的、社会主义的建筑新风格。这一探索、讨论、创造的过程就是一个思维的过程。我们有必要这样争鸣、讨论，正说明了社会思想意识对于建筑风格之创造起着多么重大的作用。有些建筑师认为“新”就是“新材料、新结构”。资本主义国家的“现代建筑”是最“新”的、最“先进”的；今天我国工业化水平还落后，将来高度工业化的时候，就自然要那样做了。这就等于说资本主义建筑的今天就是我们社会主义建筑的明天。显然，在这样的思想指导下设计出来的建筑，必然和中国的、社会主义的要求是有很大距离的。

我们所谓新的建筑风格，应该是从建筑中反映出来的各族人民在伟大的中国共产党领导下，以冲天干劲建设社会主义的精神面貌。这里所表现的是获得了解放的劳动人民之间新的人与人的关系，是用马克思主义毛泽东思想的思想武器武装起来，战胜了阶级敌人，并且在向大自然展开的斗争中不断取得胜利（其中包括对新材料、新技术的掌握）的广大劳动人民的高尚品质和喜悦心情。它所反映的是中国历史发展中的一个新阶段。这个新阶段是过去历史的继续，是又一个更新的阶段的开始。我们的建筑（以及其他艺术）所要表达的正是这样的风格，这样的时代的精神面貌，而不是什么“钢铁时代”“塑料时代”的什么“精神”。每个时代都有它的比较新的技术、科学，但它们只是各个时代中一个方面。它们是掌握在人的手里的。在资产阶级建筑师手里它们所反映的正是日暮途穷的资本主义、帝国主义的时代精神。我们说时代精神是时代的人的精神、社会的精神。一个时代的精神面貌决定于在一定社会中的人的阶级性和民族性，决定人的社会思想意识，而不取决于“物”，不决定于材料、结构或任何尖端的科学、技术。我们要使我们的建筑，作为一种上层建筑，无论在工程方面或艺术方面，都正确地适应它的经济基础，我们就必须首先使我们自己的思想意识适应它的经济基础。我们过去所犯的许多错误大多是由于我们自己的思想意识，作为上层建筑，未能适应我们祖国飞跃发展中的经济基础所导致的。建筑设计人员若不明确这一基本出发点，他就很可能走向错误的方向。

新风格不是一朝一夕形成的，也不是由哪一位建筑“大师”一时的“灵感”创造出来的。归根结底，它是经济基础的反映。它是社会的产物，是历史的产物，是时代的产物，是人民群众创造出来的。建筑设计人员在这里应该起一个正确地反映我们的经济基础，正确地反映广大人民的要求的作用。

十二年来，在新中国的土壤上，一个新的建筑风格正在形成。我们至少已经看到一个茁壮可喜的苗头了。首都以及各地许多大大小小的工程中都可以看到，无论它们是简单、朴素或富丽、堂皇，一般都表达了一种明朗、欢乐、欣欣向荣的气概。它们一般都运用了适合于任务的性质和当时当地水平的尽可能新的材料、技术，但也不怕用改革、提高了的传统、形式和土材料、土技术。这个新风格是广大设计人员坚持政治挂帅，大走群众路线，坚决贯彻“适用、经济、在可能条件下注意美观”的正确方针，在创作过程中贯彻“百家争鸣，百花齐放”“推陈出新”的文艺方针，破除迷信，解放思想，大胆创作，在技术上实行不断革新的辉煌果实。

我们在祖国社会主义建筑事业中虽然已经取得了巨大的成就，但是比起党对我们的期望，比起社会主义建设向我们提出的要求，我们却做得太少了。为了迎接今后更光荣更艰巨的任务，我们必须更高地举起总路线、大跃进、人民公社的三面红旗，大走群众路线，深入地体会并坚决贯彻执行党的方针政策，深入调查研究，加强建筑科学和艺术的理论研究工作，不断提高自己的业务水平。在一切工作，包括一切科学、技术工作中，我们必须学会运用历史唯物主义的观点，亦即阶级分析观点这一马克思主义的核心，然后才有可能正确地运用辩证唯物主义的方法。大好形势要求我们一步比一步更深入地自我革命，树立无产阶级的人生观、世界观，使自己成为一个红透专深的建筑师，使我们的设计、创作在不断发展的形势下适应我们的经济基础，使我们的建筑更好地为无产阶级政治服务！

建筑和建筑的艺术[①]

近两三个月来，许多城市的建筑工作者都在讨论建筑艺术的问题，有些报刊报道了这些讨论，还发表了一些文章，引起了各方面广泛的兴趣和关心。因此在这里以“建筑和建筑的艺术”为题，为广大读者做一点一般性的介绍。

一门复杂的科学——艺术

建筑虽然是一门技术科学，但它又不仅仅是单纯的技术科学，而往往又是带有或多或少（有时极高度的）艺术性的综合体。它是很复杂的、多面性的，概括地可以从三个方面来看。

首先，由于生产和生活的需要，往往许多不同的房屋集中在一起，形成了大大小小的城市。一座城市里，有生产用的房屋，有生活用的房屋。一个城市是一个活的、有机的整体。它的“身体”主要是由成千上万座各种房屋组成的。这些房屋的适当安排，以适应生产和生活的需要，是一项极其复杂而细致的工作，叫作城市规划。这是建筑工作的复杂性的第一个方面。

其次，随着生产力的发展，技术科学的进步，在结构上和使用功能上的技术要求也越来越高、越复杂了。从人类开始建筑活动，一直到十九世纪后半叶的漫长的年代里，在材料技术方面，虽然有些缓慢的发展，但都沿用砖、瓦、木、石，几千年没有多大改变；也没有今天的所谓设备。但是到了十九世纪中叶，人们就开始用钢材做建筑材料；后来用钢条和混凝土配合使用，发明了钢筋混凝土。人们对于材料和土壤的力学性能，了解得越来越深入，越精确，建筑结构的技术就成为一种完全可

① 本文原载《人民日报》1961年7月26日第7版。——左川注

以从理论上精确计算的科学了。在过去这一百年间，发明了许多高强度金属和可塑性的材料，这些也都逐渐运用到建筑上来了。这一切科学上的新的发展就促使建筑结构要求越来越高的科学性。而这些科学方面的进步，又为满足更高的要求，例如更高的层数或更大的跨度等，创造了前所未有的条件。

这些科学技术的发展和发明，也帮助解决了建筑物的功能和使用上从前所无法解决的问题。例如人民大会堂里的各种机电设备，它们都是不可缺少的。没有这些设备，即使在结构上我们盖起了这个万人大会堂，也是不能使用的。其他各种建筑，例如博物馆，在光线、温度、湿度方面就有极严格的要求；冷藏库就等于一座庞大的巨型电气冰箱；一座现代化的舞台，更是一件十分复杂的电气化的机器。这一切都是过去的建筑所没有的，但在今天，它们很多已经不是房子盖好以后再加上去的设备，而往往是同房屋的结构一样，成为构成建筑物的不可分割的部分了。因此，今天的建筑，除去那些最简单的小房子可以由建筑师单独完成以外，差不多没有不是由建筑师、结构工程师和其他各工种的设备工程师和各种生产的工艺工程师协作设计的。这是建筑的复杂性的第二个方面。

第三，就是建筑的艺术性或美观的问题。两千年前，罗马的一位建筑理论家就指出，建筑有三个因素：适用、坚固、美观。一直到今天，我们对建筑还是同样地要它满足这三方面的要求。

我们首先要求房屋合乎实用的要求：要房间的大小，高低，房间的数目，房间和房间之间的联系，平面的和上下层之间的联系，以及房间的温度、空气、阳光等等都合乎使用的要求。同时，这些房屋又必须有一定的坚固性，能够承担起设计任务所要求于它的荷载。在满足了这两个前提之后，人们还要求房屋的样子美观。因此，艺术性的问题就扯到建筑上来了。那就是说，建筑是有双重性或者两面性的：它既是一种技术科学，同时往往也是一种艺术，而两者往往是统一的，分不开的。这是建筑的复杂性的第三个方面。

今天我们所要求于一个建筑设计人员的，是对于上面所谈到的三个方面的错综复杂的问题，从国民经济、城市整体的规划的角度，从材料、结构、设备、技术的角度，以及适用、坚固、美观三者的统一的角度来全面了解、全面考虑，对于个别的或成组成片的建筑物做出适当的处理。这就是今天的建筑这一门科学的概括的内容。目前建筑工作者正在展开讨论的正是这第三个方面中的最后一点——建筑的艺术或美观的问题。

建筑的艺术性

一座建筑物是一个有体有形的庞大的东西，长期站立在城市或乡村的土地上。既然有体有形，就必然有一个美观的问题，对于接触到它的人，必然引起一种美感上的反应。在北京的公共汽车上，每当经过一些新建的建筑的时候，车厢里往往就可以听见一片评头品足的议论，有赞叹歌颂的声音，也有些批评惋惜的论调。这是十分自然的。因此，作为一个建筑设计人员，在考虑适用和工程结构的问题的同时，绝不能忽略了他所设计的建筑，在完成之后，要以什么样的面貌出现在城市的街道上。

在旧社会里，特别是在资本主义社会，建筑绝大部分是私人的事情。但在我们的社会主义社会里，建筑已经成为我们的国民经济计划的具体表现的一部分。它是党和政府促进生产、改善人民生活的一个重要工具。建筑物的形象反映出人民和时代的精神面貌。作为一种上层建筑，它必须适应经济基础。所以建筑的艺术就成为广大群众所关心的大事了。我们党对这一点是非常重视的。远在1953年，党就提出了“适用、经济、在可能条件下注意美观”的建筑方针。在最初的几年，在建筑设计中虽然曾经出现过结构主义、功能主义、复古主义等等各种形式主义的偏差，但是，在党的领导和教育下，到1956年前后，这些偏差都基本上端正过来了。再经过几年的实践锻炼，我们就取得了像人民大会堂等巨型公共建筑在艺术上的卓越成就。

建筑的艺术和其他的艺术既有相同之处，也有区别，现在先谈谈建筑的艺术和其他艺术相同之点。

首先，建筑的艺术一面，作为一种上层建筑，和其他的艺术一样，是经济基础的反映，是通过人的思想意识而表达出来的，并且是为它的经济基础服务的。不同民族的生活习惯和文化传统又赋予建筑以民族性。

它是社会生活的反映，它的形象往往会引起人们情感上的反应。

从艺术的手法技巧上看，建筑也和其他艺术有很多相同之点。它们都可以通过它的立体和平面的构图，运用线、面和体，各部分的比例、平衡、对称、对比、韵律、节奏、色彩、表质等等而取得它的艺术效果。这些都是建筑和其他艺术相同的地方。

但是，建筑又不同于其他艺术。其他的艺术完全是艺术家思想意识的表现，而建筑的艺术却必须从属于适用经济方面的要求，要受到建筑材料和结构的制约。一张画、一座雕像、一出戏、一部电影，都是可以任人选择的。可以把一张画挂起来，也可以收起来。一部电影可以放映，也可以不放映。一般地它们的体积都不大，它们的影响面是可以由人们控制的。但是，一座建筑物一旦建造起来，它就要几十年几百年地站立在那里。它的体积非常庞大，不由分说地就形成了当地居民生活环境的一部分，强迫人去使用它、去看它，好看也得看，不好看也得看。在这点上，建筑是和其他艺术极不相同的。

绘画、雕塑、戏剧、舞蹈等艺术都是现实生活或自然现象的反映或再现。建筑虽然也反映生活，却不能再现生活。绘画、雕塑、戏剧、舞蹈能够表达它赞成什么，反对什么。建筑就很难做到这一点。建筑虽然也引起人们的感情反应，但它只能表达一定的气氛，或是庄严雄伟，或是明朗轻快，或是神秘恐怖等等。这也是建筑和其他艺术不同之点。

建筑的民族性

建筑在工程结构和艺术处理方面还有民族性和地方性的问题。在这个问题上，建筑和服装有很多相同之点。服装无非是用一些纺织品（偶尔加一些皮革），根据人的身体，做成掩蔽身体的东西。在寒冷的地区和季节，要求它保暖；在炎热的季节或地区，又要求它凉爽。建筑也无非是用一些砖瓦木石搭起来以取得一个有掩蔽的空间，同衣服一样，也要适应气候和地区的特征。几千年来，不同的民族，在不同的地区，在不同的社会发展阶段中，各自创造了极不相同的形式和风格。例如，古代埃及和希腊的建筑，今天遗留下来的都有很多庙宇。它们都是用石头的柱子、石头的梁和石头的墙建造起来的。埃及的都很沉重严峻。仅仅隔着一个地中海，在对岸的希腊，却呈现一种轻快明朗的气氛。又如中国建筑自古以来就用木材形成了我们这种建筑形式，有鲜明的民族特征和独特的民族风格。别的国家和民族，在亚洲、欧洲、非洲，也都用木材建造房屋，但是都有不同的民族特征。甚至就在中国不同的地区、不同的民族用一种基本上相同的结构方法，还是有各自不同的特征。总的说来，就是在一个民族文化发展的初期，由于交通不便，和其他民族隔绝，各自发展自己的文化；岁久天长，逐渐形成了自己的传统，形成了不同的特征。当然，随着生产力的发展，科学技术逐渐进步，各个民族的活动范围逐渐扩大，彼此之间的接触也越来越多，而彼此影响。在这种交流和发展中，每个民族都按照自己的需要吸收外来的东西。每个民族的文化都在缓慢地，但是不断地改变和发展着，但仍然保持着自己的民族特征。

今天，情况有了很大的改变，不仅各民族之间交通方便，而且各个国家、各民族各地区之间不断地你来我往。现代的自然科学和技术科学使我们掌握了各种建筑材料的力学物理性能，可以用高度精确的科学性计算出最合理的结构；有许多过去不能解决的结构问题，今天都能解决了。在这种情况下，就提出一个问题，在建筑上如何批判地吸收古今中外有用的东西和现代的科学技术很好地结合起来。我们绝不应否定我们今天所掌握的科学技术对于建筑形式和风格的不可否认的影响。如何吸收古今中外一切有用的东西，创造社会主义的、中国的建筑新风格，正是我们讨论的问题。

美观和适用、经济、坚固的关系

对每一座建筑，我们都要求它适用、坚固、美观。我们党的建筑方针是“适用、经济、在可能条件下注意美观”。建筑既是工程又是艺术；它是有工程和艺术的双重性的。但是建筑的艺术是不能脱离了它的适用的问题和工程结构的问题而单独存在的。适用、坚固、美观之间存在着矛盾，建筑设计人员的工作就是要正确处理它们之间的矛盾，求得三方面的辩证的统一。明显的是，在这三者之中，适用是人们对建筑的主要要求。每一座建筑都是为了一定的适用的需要而建造起来的。其次是每一座建筑在工程结构上必须具有它的功能的适用要求所需要的坚固性。不解决这两个问题就根本不可能有建筑物的物质存在。建筑的美观问题是在满足了这两个前提的条件下派生的。

在我们社会主义建设中，建筑的经济是一个重要的政治问题。在生产性建筑中，正确地处理建筑的经济问题是我们积累社会主义建设资金、扩大生产再生产的一个重要手段。在非生产性建筑中，正确地处理经济问题是一个用最少的资金，为广大人民最大限度地改善生活环境的问题。社会主义的建筑师忽视建筑中的经济问题是党和人民所不允许的。因此，建筑的经济问题，在我们社会主义建设中，就被提到前所未有的政治高度。因此，党指示我们在一切民用建筑中必须贯彻“适用、经济、在可能条件下注意美观”的方针。应该特别指出，我们的建筑的美观问题是在适用和经济的可能条件下予以注意的。所以，当我们讨论建筑的艺术问题，也就是讨论建筑的美观问题时，是不能脱离建筑的适用问题、工程结构问题、经济问题而把它孤立起来讨论的。

建筑的适用和坚固的问题，以及建筑的经济问题都是比较“实”的问题，有很多都是可以用数字计算出来的。但是建筑的艺术问题，虽然它脱离不了这些“实”的基础，但它却是一个比较“虚”的问题。因此，在建筑设计人员之间，就存在着比较多的不同的看法，比较容易引起争论。

在技巧上考虑些什么？

为了便于广大读者了解我们的问题，我在这里简略地介绍一下在考虑建筑的艺术问题时，在技巧上我们考虑哪些方面。

轮廓 首先我们从一座建筑物作为一个有三度空间的体量上去考虑，从它所形成的总体轮廓去考虑。例如：天安门，看它的下面的大台座和上面双重房檐的门楼所构成的总体轮廓，看它的大小、高低、长宽等等的相互关系和比例是否恰当。在这一点上，好比看一个人，只要先从远处一望，看她头的大小，肩膀宽窄，胸腰粗细，四肢的长短，站立的姿势，就可以大致做出结论她是不是一个美人了。建筑物的美丑问题，也有类似之处。

比例 其次就要看一座建筑物的各个部分和各个构件的本身和相互之间的比例关系。例如门窗和墙面的比例，门窗和柱子的比例，柱子和墙面的比例，门和窗的比例，门和门、窗和窗的比例，这一切的左右关系之间的比例，上下层关系之间的比例等等；此外，又有每一个构件本身的比例，例如门的宽和高的比例，窗的宽和高的比例，柱子的柱径和柱高的比例，檐子的深度和厚度的比例等等。总而言之，抽象地说，就是一座建筑物在三度空间和两度空间的各个部分之间的，虚与实的比例关系，凹与凸的比例关系，长宽高的比例关系的问题。而这种比例关系是决定一座建筑物好看不好看的最主要的因素。

尺度 在建筑的艺术问题之中，还有一个和比例很相近，但又不仅仅是上面所谈到的比例的问题。我们叫它作建筑物的尺度。比例是建筑物的整体或者各部分、各构件的本身，或者它们相互之间的长宽高的比例关系或相对的比例关系；而所谓尺度则是一些主要由于适用的功能，特别是由于人的身体的大小所决定的绝对尺寸和其他各种比例之间的相互关系问题。有时候我们听见人说，某一个建筑真奇怪，实际上那样高大，但远看过去却不显得怎么大，要一直走到跟前抬头一望，才看到它有多么高大。这是什么道理呢？这就是因为尺度的问题没有处理好。

一座大建筑并不是一座小建筑的简单的按比例放大。其中有许多东西是不能放大的，有些虽然可以稍微放大一些，但不能简单地按比例放大。例如有一间房间，高3米，它的门高2.1米，宽90厘米；门上的锁把子离地板高一米；门外有几步台阶，每步高15厘米，宽30厘米；房间的窗台离地板高90厘米。但是当我们盖一间高6米的房间的时候，我们却不能简单地把门的高宽，门锁和窗台的高度，台阶每步的高宽按比例加一倍。在这里，门的高宽是可以略略放大一点的，但放大也必须合乎人的尺度，例如说，可以放到高2.5米，宽1.1米左右，但是窗台，门把子的高度，台阶每步的高宽却是绝对的，不可改变的。由于建筑物上这些相对比例和绝对尺寸之间的相互关系，就产生了尺度的问题，处理得不好，就会使得建筑物的实际大小和视觉上给人的大小的印象不相称。这是建筑设计中的艺术处理手法上一个比较不容易掌握的问题。从一座建筑的整体到它的各个局部细节，乃至于一个广场，一条街道，一个建筑群，都有这尺度问题。美术家画人也有与此类似的问题。画一个大人并不是把一个小孩按比例放大；按比例放大，无论放多大，看过去还是一个小孩子。在这一点上，画家的问题比较简单，因为人的发育成长有它的自然的、必然的规律。但在建筑设计中，一切都是由设计人创造出来的，每一座不同的建筑在尺度问题上都需要给予不同的考虑。要做到无论多大多小的建筑，看过去都和它的实际大小恰如其分地相称。可是一件不太简单的事。

均衡　在建筑设计的艺术处理上还有均衡、对称的问题。如同其他艺术一样，建筑物的各部分必须在构图上取得一种均衡、安定感。取得这种均衡的最简单的方法就是用对称的方法，在一根中轴线的左右完全对称。这样的例子最多，随处可以看到。但取得构图上的均衡不一定要用左右完全对称的方法。有时可以用一边高起、一边平铺的方法；有时可以一边用一个大的体积和一边用几个小的体积的方法或者其他方法取得均衡。这种形式的多样性是由于地形条件的限制，或者由于功能上的特殊要求而产生的。但也有由于建筑师的喜爱而做出来的。山区的许多建筑都采取不对称的形式，就是由于地形的限制。有些工业建筑由于工艺过程的需要，在某一部位上会突出一些特别高的部分，高低不齐，有时也取得很好的艺术效果。

节奏　节奏和韵律是构成一座建筑物的艺术形象的重要因素；前面所谈到的比例，有许多就是节奏或者韵律的比例。这种节奏和韵律也是随时随地可以看见的。例如从天安门经过端门到午门，天安门是重点的一节或者一个拍子，然后左右两边的千步廊，各用一排等距离的柱子，有节奏地排列下去。但是每九间或十一间，节奏就要断一下，加一道墙，屋顶的脊也跟着断一下。经过这样几段之后，就出现了东西对峙的太庙门和社稷门，好像引进了一个新的主题。这样有节奏、有韵律地一直达到端门，然后又重复一遍达到午门。

事实上，差不多所有的建筑物，无论在水平方向上或者垂直方向上，都有它的节奏和韵律。我们若是把它分析分析，就可以看到建筑的节奏、韵律有时候和音乐很相像。例如有一座建筑，由左到右或者由右到左，是一柱、一窗，一柱、一窗地排列过去，就像“柱、窗，柱、窗，柱、窗，柱、窗……”的2/4拍子。若是一柱二窗的排列法，就有点像“柱、窗、窗，柱、窗、窗，……”的圆舞曲。若是一柱三窗地排列，就是“柱、窗、窗、窗，柱、窗、窗、窗，……”的4/4拍子了。

在垂直方向上，也同样有节奏、韵律，北京广安门外的天宁寺塔就是一个有趣的例子。由下看上去，最下面是一个扁平的不显著的月台；上面是两层大致同样高的重叠的须弥座；再上去是一周小挑台，专门名词叫平座；平座上面是一圈栏杆，栏杆上是一个三层莲瓣座，再上去是塔的本身，高度和两层须弥座大致相等；再上去是十三层檐子；最上是攒尖瓦顶，顶尖就是塔尖的宝珠。按照这个层次和它们高低不同的比例，我们大致（只是大致）可以看到（而不是听到）这样一段节奏：

我在这里并没有牵强附会。同志们要是不信，请到广安门外去看看，从下面这张图也可以看出来。

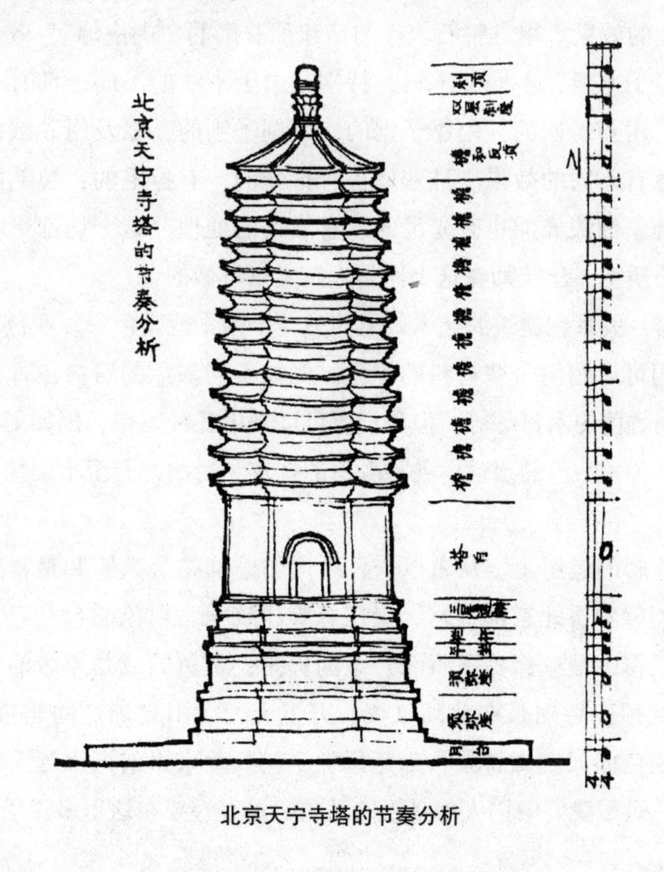

北京天宁寺塔的节奏分析

质感 在建筑的艺术效果上另一个起作用的因素是质感，那就是材料表面的质地的感觉。这可以和人的皮肤相比，看看她的皮肤是粗糙或是细腻，是光滑还是皱纹很多；也像衣料，看它是毛料，布料或者是绸缎，是粗是细等等。

建筑表面材料的质感，主要是由两方面来掌握的，一方面是材料的本身，一方面是材料表面的加工处理。建筑师可以运用不同的材料，或者是几种不同材料的相互配合而取得各种艺术效果；也可以只用一种材料，但在表面处理上运用不同的手法而取得不同的艺术效果。例如北京的故宫太和殿，就是用汉白玉的台基和栏杆，下半青砖上半抹灰的砖墙，木材的柱、梁、斗栱和琉璃瓦等等不同的材料配合而成的（当然这里面还有色彩的问题，下面再谈）。欧洲的建筑，大多用石料，打得粗糙就显得雄壮有力，打磨得光滑就显得斯文一些。同样的花岗石，从极粗糙的表面到打磨得像镜子一样的光亮，不同程度的打磨，可以取得十几、二十种不同的效果。用方整石块砌的墙和乱石砌的“虎皮墙”，效果也极不相同。至于木料，不同的木料，特别是由于木纹的不同，都有不同的艺术效果。用斧子砍的，用锯子锯的，用刨子刨的，以及用砂纸打光的木材，都各有不同的效果。抹灰墙也有抹光的，有拉毛的；拉毛的方法又有几十种。油漆表面也有光滑的或者皱纹的处理。这一切都影响到建筑的表面的质感。建筑师在这上面是大有文章可做的。

色彩 关系到建筑的艺术效果的另一个因素就是色彩。在色彩的运用上，我们可以利用一些材料的本色。例如不同颜色的石料，青砖或者红砖，不同颜色的木材等等。但我们更可以采用各种颜料，例如用各种颜色的油漆，各种颜色的琉璃，各种颜色的抹灰和粉刷，乃至不同颜色的塑料等等。

在色彩的运用上，从古以来，中国的匠师是最大胆和最富有创造性的。咱们就看看北京的故宫、天坛等等建筑吧。白色的台基，大红色的柱子、门窗、墙壁；檐下青绿点金的彩画；金黄的或是翠绿的或是宝蓝的琉璃瓦顶，特别是在秋高气爽、万里无云、阳光灿烂的北京的秋天，配上蔚蓝色的天空做背景，那是每一个初到北京来的人永远不会忘记的印象。这对于我们中国人都是很熟悉的，没有必要在这里多说了。

装饰 关于建筑物的艺术处理上我要谈的最后一点就是装饰雕刻的问题。总的说来，它是比较次要的，就像衣服上的绲边或者是绣点花边，或者是胸前的一个别针，头发上的一个卡子或蝴蝶结一样。这一切，对于一个人的打扮，虽然也能起一定的效果，但毕竟不是主要的。对于建筑也是如此，只要总的轮廓、比例、尺度、均衡、节奏、韵律、质感、色彩等等问题处理得恰当，建筑的艺术效果就大致已经决定了。假使我们能使建筑像唐朝的虢国夫人那样，能够“淡扫蛾眉朝至尊”，那就最好。但这不等于说建筑就根本不应该有任何装饰。必要的时候，恰当地加一点装饰，是可以取得很好的艺术效果的。

要装饰用得恰当，还是应该从建筑物的功能和结构两方面去考虑。再拿衣服来做比喻。衣服上的服饰也应从功能和结构上考虑，不同之点在于衣服还要考虑到人的身体的结构。例如领口、袖口、旗袍的下摆、叉子、大襟都是结构的重要部分，有必要时可以绣些花边；腰是人身结构的“上下分界线”，用一条腰带来强调这条分界线也是恰当的。又如口袋有它的特殊功能，因此把整个口袋或口袋的口子用一点装饰来突出一下也是恰当的。建筑的装饰，也应该抓住功能上和结构上的关键来略加装饰。例如，大门口是功能上的一个重要部分，就可以用一些装饰来强调一下。结构上的柱头、柱脚、门窗的框子，梁和柱的交接点，或是建筑物两部分的交接线或分界线，都是结构上的“骨节眼”，也可以用些装饰强调一下。在这一点上，中国的古代建筑是最善于对结构部分予以灵巧的艺术处理的。我们看到的许多装饰，如桃尖梁头，各种的云头或荷叶形的装饰，绝大多数就是在结构构件上的一点艺术加工。结构和装饰的统一是中国建筑的一个优良传统。屋顶上的脊和鸱吻、兽头、仙人、走兽等等装饰，它们的位置、轻重、大小，也是和屋顶内部的结构完全一致的。

由于装饰雕刻本身往往也就是自成一局的艺术创作，所以上面所谈的比例、尺度、质感、对称、均衡、韵律、节奏、色彩等等方面，也是同样应该考虑的。

当然，运用装饰雕刻，还要按建筑物的性质而定。政治性强，艺术要求高的，可以适当地用一些。工厂车间就根本用不着。一个总的原则就是不可滥用。滥用装饰雕刻，就必然欲益反损，弄巧成拙，得到相反的效果。

有必要重复一遍：建筑的艺术和其他艺术有所不同，它是不能脱离适用、工程结构和经济的问题而独立存在的。它虽然对于城市的面貌起着极大的作用，但是它的艺术是从属于适用、工程结构和经济的考虑的，是派生的。

此外，由于每一座个别的建筑都是构成一个城市的一个“细胞”，它本身也不是单独存在的。它必然有它的左邻右舍，还有它的自然环境或者园林绿化。因此，个别建筑的艺术问题也是不能脱离了它的环境而孤立起来单独考虑的。有些同志指出：北京的民族文化宫和它的左邻右舍水产部大楼和民族饭店的相互关系处理得不大好。这正是指出了我们工作中在这方面的缺点。

总而言之，建筑的创作必须从国民经济、城市规划、适用、经济、材料、结构、美观等等方面全面地、综合地考虑。而它的艺术方面必须在前面这些前提下，再从轮廓、比例、尺度、质感、节奏、韵律、色彩、装饰等等方面去综合考虑，在各方面受到严格的制约，是一种非常复杂的、高度综合性的艺术创作。

中华人民共和国国徽图案设计

中华人民共和国国徽设计说明书

设计人：国立清华大学营建学系

一，我们的了解是：

国徽不是寻常的图案花纹，它的内容的题材，除象征的几何形外，虽然也可以采用任何实物的形象，但在处理方法上，是要强调这实物的象征意义的，所以不注重写实，而注重实物的形象的简单轮廓，强调它的含义而象征化。

中央人民政府命令

中國人民政治協商會議第一屆全國委員會第二次會議所提出的中華人民共和國國徽圖案及對該圖案的說明，業經中央人民政府委員會第八次會議通過，特公佈之。

此令

主席 毛澤東

一九五〇年 九月 二十 日

它的整体，无论是几件象征的实物，或几何形线纹的综合，必须组成一个容易辨认的、明确的形状。

这次的设计是以全国委员会国徽小组讨论所决定采用天安门为国徽主要内容之一，而设计的。

因为天安门实际上是一个庞大的建筑物，而它前面还有石桥，华表等许多复杂的实物，所以处理它的技术很需要考虑，掌握象征化的原则必须：

1. 极力避免画面化，不要使它成为一幅风景画，这就要避免深度透视的应用，并避免写真的色彩。

2. 一切需图案化、象征化，象征主题内容的天安门，同其他象征的实物的画法的繁简必须约略相同，相互组成一个图案。

二，这个图案的象征意义：

图案内以国旗上的金色五星和天安门为主要内容。五星象征中国共产党的领导与全国人民的大团结；天安门象征新民主主义革命的开始，五四运动的发源地，与在此宣告诞生的新中国；以革命的红色作为天空，象征无数先烈的流血牺牲；底下正中为一个完整的齿轮，两旁饰以稻麦，象征以工人阶级为领导、工农联盟为基础的人民民主专政；以通过齿轮中心的大红丝结象征全国人民空前巩固团结在中国工人阶级的周围。就这样，以五种简单实物的形象，借红色丝结的联系，组成一个新中国的国徽。

在处理方法上，强调五星与天安门在比例上的关系，是因为这样可以给人强烈的新中国的印象，收到全面含义的效果。为了同一原因，用纯金色浮雕的手法，处理天安门，省略了繁琐的细节与色彩，为使天安门象征化，而更适合于国徽的体裁。红色描金，是中国民族形式的表现手法，兼有华丽与庄严的效果。采用作为国徽的色彩，是为中国劳动人民所爱好，并能代表中国艺术精神的。

1950年6月17日

附件一①

中国人民政治协商会国徽组会议

时间　1950.6.11午后四时

地址　全国委员会

主席　马叙伦

出席　沈雁冰、张仃、张奚若、梁思成、张光彦

马叙伦：关于国徽这件工作，我们筹备时间已相当长久，曾交大会审查未获得适当解决。我想在这次中国人民政治协商会议第一届全国委员会第二次会议能获得解决的。不过前经第五次常务委员会议议决采取国徽为天安门图案，其次里边设计过程可让他们作报告。

张奚若：昨天我参加第五次常务会议，感觉天安门这个图式中的屋檐阴影可用绿色，房子是一种斜纹式，但是有人批评它像日本房子，似乎有点像唐朝的建筑物，其原因由于斜式与斜仪到什么程度是否太多？调和否？其次从房子本身来说不是天安门而是唐朝式，后来我与周总理谈过后，认为采取上述图样房子是否再加以修改的。有人认为上面一条太长，而下面的蓝色与红色的颜色配合是不一定适宜的。

梁思成：我觉得一个国徽并非是一张图画，亦不是画一个万里长城、天安门等图式便算完事，其主要的是表示民族传统精神，而天安门西洋人能画出，中国人亦能画出来的，故这些画家所绘出来的都相同，然而并非真正表现出中华民族精神，采取用天安门式不是一种最好的方法，最好的是要用传统精神或象征东西来表现的。同时在图案处理上感觉有点不满意即是看起来好像一个商标，颜色太热闹庸俗，没有庄严的色彩。又在技术方面：a.纸用颜色印。b.白纸上的颜色要相配均匀。c.要做一个大使馆门前雕塑，将在雕塑上不易处理，要想把国徽上每种颜色形状表现出来是不容易的。d.这个国徽将来对于雕刻者是一个艰巨工作。由于以上这几点意见，贡献这次通过决议案（天安门为中华人民共和国国徽）的国徽图形上修改的意见。

① 附件一与附件二的内容系按当时的会议记录原稿登载的，为了忠实于原稿，编辑未对文中语句欠通顺处进行修改。

张奚若：我今天所谈的仅把设计过程谈谈，我个人感觉用天安门是可以的，从其内容上来说：它代表中国五四革命运动的意义，同时亦代表中华人民共和国诞生地，其次在颜色上曾考虑过许多次，采取地球形状是受到颜色的限制，按道理上讲，天的颜色是要用纯青色，尽量使颜色调和，不使它过于太浓太俗，可能范围内要用强烈的颜色，苏联及欧各新民主义国家都是这样的。要做到相当的调和确是一件困难事，例如一个画家要绘画一个人，想把其全部画出来的那是不可能的，我们以后的雕塑亦是这样的。同时苏联的克里姆林宫所制出雕塑也不能全部都描写出来的。不过这些困难我们是要设法克服的。

沈雁冰：我听到很多人对国徽有分歧意见的，我们理想的国徽是代表着工农联盟的斗争精神以及物产领土等方面，倘若把古代方式添上去有许多不适当的，其次民族意识亦用什么东西来代表，除工农联盟外再找不出来什么，若用车轮来搞是没有什么意见的，一般人看之，不能立刻感觉出来，还有一部人要求要有一种气派精神，若将此类放在里边一点没错是很困难的。同时也有认为国徽让人看起来便立刻知道哪一个国家，由此图形上便了解该国家一切，这种要求，不唯苏联没有做到这一步，其他欧各新民主义国家更谈不到，那么以中国来说，根本过去没有国徽，若有的话，都是些龙的图形，我对采取天安门图形表示同意，因为他是代表中国五四运动与新中国诞生之地，以及每次大会都在那里召集的，最好里边不要写"中华人民共和国"几个字，看起来有点太俗了。

附注：未解决的问题

1. 国徽上是否需要填写国名呢?

2. 画一个塑调彩色图是否需要?

3. 星是否用五个或一个呢?

4. 开会时画一个大图悬在会场，附再绘几个小图，再经十日晚上小组审查?

5. 原则上通过天安门图形，颜色是否加以修改?

1950.6.24整理

附件二

全委会第二次会议国徽组第一次会议记录

时间　六月十五日下午八时

地点　全委会后花厅

出席　马叙伦　张奚若　沈雁冰　郑振铎　陈嘉庚
　　　李四光　张　冲　田　汉　梁思成　周恩来

主席　马叙伦

记录　万仲寅

梁思成报告：周总理提示我，要以天安门为主体，设计国徽的式样，我即邀请清华营建系的几位同人，共同讨论研究。我们认为国徽悬挂的地方是驻国外的大使馆和中央人民政府的重要地方，所以他必须庄严稳重。因此，我们的基本看法是：

(1) 国徽不能像风景画。国徽与图画必须要分开，而两者之间有一种可称之为图案。我们的任务是要以天安门为主体，而不要成为天安门的风景画，外加一圈，若如此则失去国徽的意义，所以我们以天安门为主体须把他程式化，而使他不是风景画。

(2) 国徽不能像商标。国徽与国旗不同，国旗是什么地方都可以挂的，但国徽主要是驻国外的大使馆悬挂，绝不能让他成为商标，有轻率之感。

(3) 国徽必须庄严。欧洲十七八世纪的画家开始用花花带子，有飘飘然之感。我们认为国徽必须是庄严的，所以我们避免用飘带，免得不庄严，至于处理的技术，我们是采用民族形式的。

田汉：梁先生最要避免的是国徽成为风景画，但也不必太避免。我认为最要考虑的是人民的情绪，哪一种适合人民的情绪，人民就最爱他，他就是最好的。张仃先生设计的与梁先生设计的颇有出入，他们两方面意见的不同，非常重要。梁先生的离我们远些，张先生的离我们近些，所以我认为他们两位的意见需要统一起来。

讨论决定：

将梁先生设计的国徽第一式与第三式合并，用第一式的外圈，用第三式的内容；

请梁先生再整理绘制。

致彭真信①

彭市长：

都市计划委员会设计组最近所绘人民英雄纪念碑草图三种，因我在病中，未能先作慎重讨论，就已匆送呈，至以为歉。现在发现那几份图缺点甚多，谨将管见补谏。

以我对于建筑工程和美学的一点认识，将它分析如下。

这次三份图样，除用几种不同的方法处理碑的上端外，最显著的部分就是将大平台加高，下面开三个门洞〈图1〉。

如此高大矗立的、石造的、有极大重量的大碑，底下不是脚踏实地的基座，而是空虚的三个大洞，大大违反了结构常理。虽然在技术上并不是不能做，但在视觉上太缺乏安全感，缺乏“永垂不朽”的品质，太不妥当了。我认为这是万万做不得的。这是这份图样最严重、最基本的缺点。

在这种问题上，我们古代的匠师是考虑得无微不至的。北京的鼓楼和钟楼就是两个卓越的例子。它们两个相距不远，在南北中轴线上一前一后鱼贯排列着。鼓楼是一个横放的形体，上部是木构楼屋，下部是雄厚的砖筑。因为上部呈现轻巧，所以下面开圆券门洞。但在券洞之上，却有足够的高度的“额头”压住，以保持安全感。钟楼的上部是发券砖筑，比较呈现沉重，所以下面用更高厚的台，高高耸起，下面只开一个比例上更小的券洞。它们一横一直，互相衬托出对方的优点，配合得恰到好处〈图2〉。

但是我们最近送上的图样，无论在整个形体上，台的高度和开洞的做法上，与天安门及中华门的配合上，都有许多缺点。

---

① 此信系根据两份现存清华大学建筑学院档案中均不够完整的手稿整理的，最后呈彭真的正式信函可能有些许修改。——左川注

(1) 天安门是广场上最主要的建筑物，但是人民英雄纪念碑却是一座新的、同等重要的建筑；它们两个都是中华人民共和国第一重要的象征性建筑物。因此，两者绝不宜用任何类似的形体，又像是重复，而又没有相互衬托的作用〈图3〉。天安门是在雄厚的横亘的台上横列着的，本身是玲珑的木构殿楼。所以英雄碑就必须用另一种完全不同的形体：矗立峋峙，坚实、根基稳固地立在地上〈图4〉。若把它浮放在有门洞的基台上，实在显得不稳定，不自然。

由下面两图中可以看出，与天安门对比之下，〈图3〉的英雄碑显得十分渺小、纤弱，它的高台仅是天安门台座的具体而微，很不庄严。同时两个相似的高台，相对地削减了天安门台座的庄严印象。而〈图4〉的英雄碑，碑座高而不太大，碑身平地突出，挺拔而不纤弱，可以更好地与庞大、龙盘虎踞、横列着的天安门互相辉映，衬托出对方和自身的伟大。

(2) 天安门广场现在仅宽100公尺，即使将来东西墙拆除，马路加宽，在马路以外建造楼房，其间宽度至多亦虽超过一百五六十公尺左右。在这宽度之中，塞入长宽四十余公尺，高六七公尺的大台子，就等于塞入了一座约略可容一千人的礼堂的体积，将使广场窒息，使人觉得这大台子是被硬塞进这个空间的，有硬使广场透不出气的感觉。

(3) 这个台的高度和体积使碑显得瘦小了。碑是主题，台是衬托，

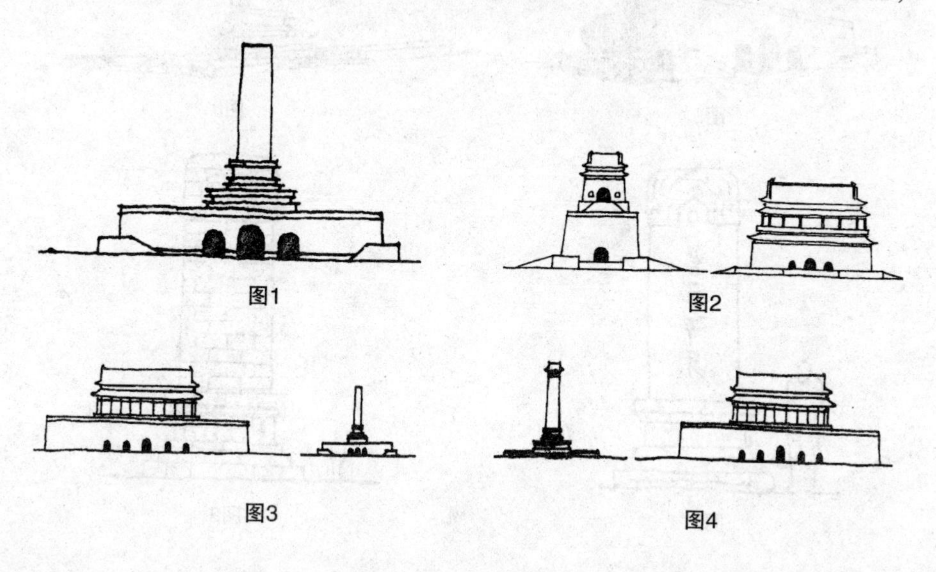

衬托部分过大，主题就吃亏了。而且因透视的关系，在离台二三十公尺以内，只见大台上突出一个纤瘦的碑的上半段〈图5〉。所以在比例上，碑身之下，直接承托碑身的部分只能用一个高而不大的碑座，外围再加一个近于扁平的台子（为瞻仰敬礼而来的人们而设置的部分），使碑基向四周舒展出去，同广场上的石路面相衔接〈图6〉。

(4) 天安门台座下面开的门洞与一个普通的城门洞相似，是必要的交通孔道。比例上台大洞小，十分稳定。碑台四面空无阻碍，不惟可以绕行，而且我们所要的是人民大众在四周瞻仰。无端端开三个洞窟，在实用上既无必需，在结构上又不合理，比例上台小洞大，“额头”太单薄，在视觉上使碑身飘浮不稳定，实在没有存在的理由。

总之：人民英雄纪念碑是不宜放在高台上的，而高台之下尤不宜开洞。

至于碑身，改为一个没有顶的碑形，也有许多应考虑之点。传统的习惯，碑身总是一块整石〈图7〉。这个英雄碑因碑身之高大，必须用几百块石头砌成。它是一种类似塔型的纪念性建筑物，若做成碑形，它将成为一块拼凑而成的“百衲碑”〈图8〉，很不庄严，给人的印象很不舒

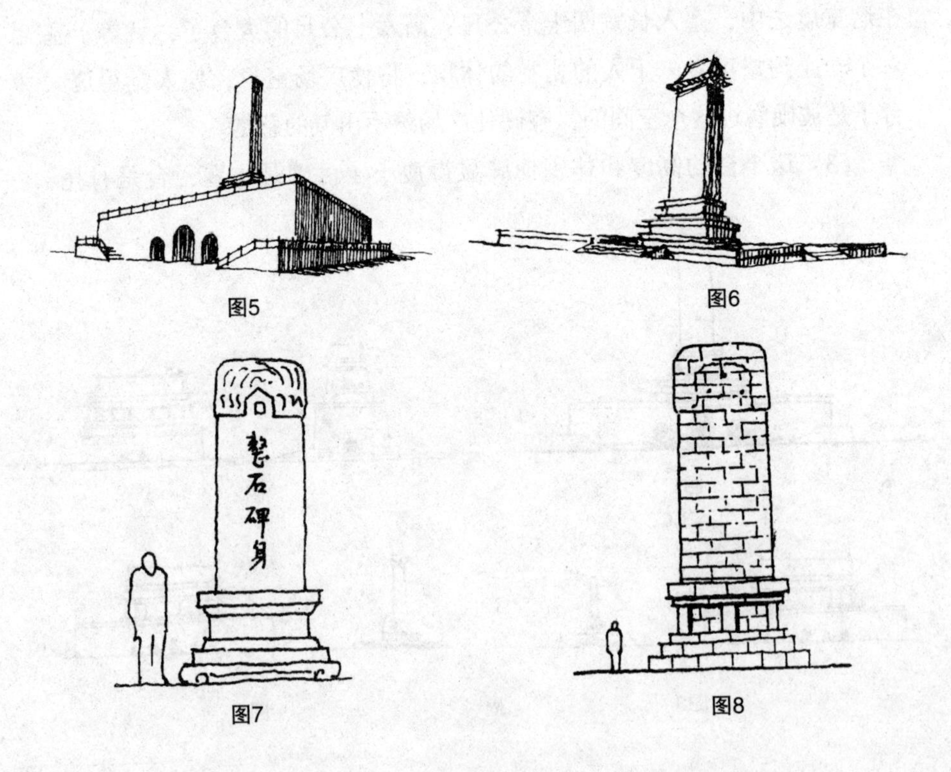

图5

图6

图7

图8

服。关于此点，在一次的讨论会中我曾申述过，张奚若、老舍、钟灵以及若干位先生都表示赞同。所以我认为做成碑形不合适，而应该是老老实实的多块砌成的一种纪念性建筑物的形体。因此，顶部很重要。我很赞成注意顶部的交代。可惜这三份草图的上部样式都不能令人满意。我愿在这上面努力一次，再草拟几种图样奉呈。

薛子正秘书长曾谈到碑的四面各用一块整石，四块合成，这固然不是绝对办不到，但我们不妨先打一下算盘。前后两块，以长18公尺，宽6公尺，厚1公尺计算，每块重约215吨；两侧的两块，宽4公尺，各重约137吨。我们没有适当的运输工具，就是铁路车皮也仅载重五十吨。到了城区，四块石头要用上等的人力兽力，每日移动数十公尺，将长时间堵塞交通，经过的地方，街面全部损坏，必……①

无论如何，这次图样实太欠成熟，缺点太多，必须多予考虑。英雄碑本身之重要和它所占地点之冲要都非同小可。我以对国家和人民无限的忠心，对英雄们无限的敬仰，不能不汗流浃背、战战兢兢地要它千妥万贴才放喘气放胆做去。

此致

敬礼

梁思成

1951年8月29日

① 原稿如此。——左川注

人民英雄纪念碑设计的经过[①]

1949年9月30日下午，中国人民政治协商会议大会结束。会议一致通过了建造人民英雄纪念碑的提案，并通过了纪念碑的碑文。傍晚时分，伟大领袖毛主席和全体与会代表来到天安门广场，举行了纪念碑破土奠基典礼。翌日，毛主席在天安门向全世界庄严宣告中华人民共和国成立。

接着，都委会[②]即向全国征求纪念碑设计方案。不久，收到方案约一百七八十（?）份。大致可分为几个主要类型：（1）认为人民英雄来自广大工农群众，碑应有亲切感，方案采用平铺在地面的方式；（2）以巨型雕像体现英雄形象；（3）用高耸矗立的碑形或塔形以体现革命先烈高耸云霄的英雄气概和崇高品质。至于艺术形式，有用中国传统形式的，有用欧洲古典形式的，也有用“现代”式的。

接着，由都委会邀请各方面各单位、各团体的代表以及在京的一些建筑师、艺术家会同评选。平铺地面的方案很快就被否定了。于是用雕像形式抑用碑的形式就成为争论的中心问题。在争论过程中，大多数意见同意下述根本出发点：

（一）政协会议通过建碑，通过了《碑文》。碑的设计应以《碑文》为中心主题，所以应采用碑的形式。《碑文》中所述三个大阶段的英雄史迹，可用浮雕表达。

（二）考虑到古今中外都有“碑”，有些方案采用埃及“方尖碑”或罗马“纪念柱”的形式，都难以突出作为主题的《碑文》。以镌刻文字为主题的碑，在我国有悠久传统。所以采用我国传统的碑的形式较为恰当。

（三）中国古碑都矮小郁沉，缺乏英雄气概，必须予以革新。

---

① 本文是“文革”中有人向作者调查人民英雄纪念碑设计经过时写的材料，手稿现存清华大学建筑学院档案。曾在1991年第6期《建筑学报》上发表。关于这篇文章，可参阅清华大学建筑学院郑光中教授在《建筑学报》1991年第6期第25页上发表的文章。——左川注

② 系指解放后成立的北京市都市计划委员会。——左川注

（四）考虑到《碑文》只刻在碑的一面，其另一面拟请主席题“人民英雄永垂不朽”八个大字。后来彭真又说周总理写得一手极好的颜字，建议《碑文》请周总理手书。

此后，即由都委会参照已经收到的各种方案草拟“碑型”的设计方案，但雕刻家仍保留意见，认为还是应该用雕像为主题。

在摸索各种方案的过程中，彭真说中央首长看到颐和园“万寿山昆明湖”碑，说纪念碑就可以采取这样一种形式；还说北海白塔山脚下不是也有这样一座碑吗？（指“琼岛春阴”碑。）根据他这一“指示”，都委会就开始向现在建成的这碑型进行设计。

1952年5月，人民英雄纪念碑兴建委员会组成，其主要成员如下：

主任，彭真；副主任，郑振铎、梁思成；

秘书长，薛子正。

工程事务处，处长，王明之；副处长，吴华庆；

建筑设计组，组长，梁思成；副组长，莫宗江；

美术工作组，组长未定（后定为刘开渠）；

土木施工组，组长，王明之；

电气设备组、采石组、财务组、纪录组（当时组长均未定，从略）。

此外，还设有

史料专门委员会，召集人，范文澜；

建筑设计专门委员会，召集人，梁思成。

6月19日，美术工作组组成。组长刘开渠；副组长滑田友、张松鹤。

7月中旬，史料委员会初步提出浮雕主题方案，共九幅（略）。1953年1月19日，薛子正传达毛主席关于浮雕题的指示：“井冈山”改为“八一”；“义和团”改为“甲午”；“平型关”改为“延安出击”；“三元里”是否找一个更好的画面？“游击战”太抽象；“长征”哪一个场面可代表？史料委员会又经过多次讨论，原先提出的浮雕主题又经过多次改变，才决定用现在雕成的八幅。

大约在1952年七八月间，由郑振铎主持召开会议，决定采用现在已建成的这一设计方案，但对碑顶暂作保留，碑身以下全部定案，并立即开始基础设计并施工。这个方案碑的高度约为40.50m，是按广场扩建为宽200~250m，由北面任何一点望过去，在透视上碑都高过正阳门城楼(高约42m)，结构方面还考虑到土壤荷载力和地震等问题而决定的。

1953年2月，我参加科学院访苏代表团，至六七月间才回到北京，约半年多的期间没有参加这项工作。

从1952年碑建会成立至1954年11月约两年多的时间，工程进度缓慢，主要原因有三：

(一) 碑顶形式定不下来，建筑师多主张用“建筑顶”，雕刻家主张用群像。反对“建筑顶”的认为这种“大屋顶”形象太古老。反对群像的理由是像在40m高空，无论远近都看不清楚。

(二) 碑座一周浮雕主题多次送请中央审查，多次发回让继续讨论，并要做出画稿再决定。

(三) 因主题未定，雕刻家难以开始工作。且缺少石刻工人，须临时调工训练。雕刻家认为主题决定后，由画稿、小比例尺泥塑稿到足尺泥塑稿、足尺石膏稿至正式刻成汉白玉浮雕，需要三至四年时间。

直至1954年11月6日，旧北京市人民政府委员会开会，彭真指示用“建筑顶”，并定了浮雕主题。我的笔记本中有简单纪录如下：

市府委员会　　　　　　　54.11.6

关于碑：

彭：如用群像，主题混淆，不相配合。我并非反对这种思想★。

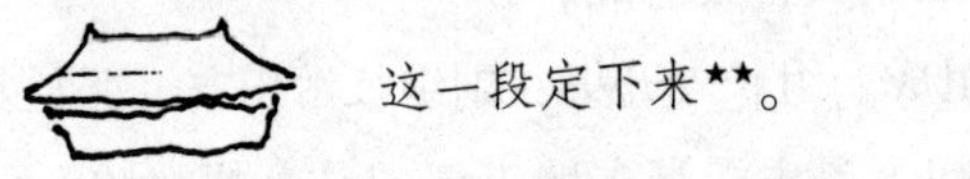

这一段定下来★★。

八个大字向北。

浮雕：鸦片，金田，辛亥，五四，五卅，南昌，敌后，渡江。

★（按：“这种思想”大概是指用群像的思想。——67.12.13补注。）

★★（“这一段”是指着图说的。67.12.13补注。）

这次会以后不过几天，我的旧病又复发，至1955年1月2日进医院，10月间才算康复，这时碑顶已完成。在此期间，碑的设计、施工工作情况都无条件过问，所以完全不了解。浮雕工作完全由刘开渠负责。

1959年十周年国庆节后，周总理曾指示将碑顶及人民大会堂的国徽改用能发光的材料，并指定吴晗召集一些建筑师、艺术家开会研究碑顶，也可考虑另行设计。当时各设计部门和高校又送来约二三十个方案，有用雕像的，有用红星的，也有些相当“现代”的。但经过约三四次会议，大家认为没有一个方案有特殊突出的优点，改了效果不一定能比现在的顶更能令人满意，于是改顶的工作就暂时作罢了。

梁思成

1967年12月15日

建筑教育

祝东北大学建筑系第一班毕业生[1]

诸君！我在北平接到童先生[2]和你们的信，知道你们就要毕业了。童先生叫我到上海来参与你们毕业典礼，不用说，我是十分愿意来的，但是实际上怕办不到，所以写几句话，强当我自己到了。聊以表示我对童先生和你们盛意的感谢，并为你们道喜！

在你们毕业的时候，我心中的感想正合俗语所谓“悲喜交集”四个字，不用说，你们已知道我“悲”的什么，“喜”的什么，不必再加解释了。

回想四年前，差不多正是这几天，我在西班牙京城，忽然接到一封电报，正是高惜冰先生发的，叫我回来组织东北大学的建筑系，我那时还没有预备回来，但是往返电商几次，到底回来了，我在八月中由西伯利亚回国，路过沈阳，与高院长一度磋商，将我在欧洲归途上拟好的草案讨论之后，就决定了建筑系的组织和课程。

我还记得上了头一课以后，有许多同学，有似晴天霹雳如梦初醒，才知道什么是“建筑”。有几位一听要“画图”，马上就溜之大吉，有几位因为“夜工”难做，慢慢地转了别系，剩下几位有兴趣而辛苦耐劳的，就是你们几位。

我还记得你们头一张Wash Plate，头一题图案，那是我们“筚路蓝缕，以启山林”的时代，多么有趣，多么辛苦，那时我的心情，正如看见一个小弟弟刚学会走路，在旁边扶持他，保护他，引导他，鼓励他，唯恐不周密。

---

① 此文发表于《中国建筑》创刊号，1932年11月。东北大学建筑系于1928年由梁思成先生创办于沈阳。1931年日本发动“九一八”事变，东北沦陷。1932年第一届毕业生在上海结业。梁思成先生特撰此文以为贺。——孙大章注

② 童先生指童寓教授（1900—1983年），曾任南京东南大学建筑系教授。——孙大章注

后来林先生[1]来了，我们一同看护小弟弟，过了他们的襁褓时期，那是我们的第一年。

以后陈先生[2]、童先生和蔡先生[3]相继都来了，小弟弟一天一天长大了，我们的建筑系才算发育到青年时期，你们已由二年级而三年级，而在这几年内，建筑系已无形中形成了我们独有的一种Tradition，在东北大学成为最健全、最用功、最和谐的一系。

去年六月底，建筑系已上了轨道，童先生到校也已一年，他在学问上和行政上的能力，都比我高出十倍，又因营造学社方面早有默约，所以我忍痛离开了东北，离开了我那快要成年的兄弟，正想再等一年，便可看他们出来到社会上做一分子健全的国民，岂料不久竟来了蛮暴的强盗，使我们国破家亡，弦歌中辍！幸而这时有一线曙光，就是在童先生领导之下，暂立偏安之局，虽在国难期中，得以赓续工作，这时我要跟着诸位一同向童先生致谢的。

现在你们毕业了。毕业二字的意义，很是深长。美国大学不叫毕业，而叫“始业”（Commencement）。这句话你们也许已听了多遍，不必我再来解释，但是事实还是你们“始业”了，所以不得不郑重地提出一下。

你们的业是什么，你们的业就是建筑师的业，建筑师的业是什么，直接地说是建筑物之创造，为社会解决衣食住三者中住的问题，间接地说，是文化的记录者，是历史之反照镜。所以你们的问题是十分的繁难，你们的责任是十分的重大。

在今日的中国，社会上一般的人，对于“建筑”是什么，大半没有什么了解，多以（工程）二字把它包括起来，稍有见识的，把它当土木一类，稍不清楚的，以为建筑工程与机械，电工等等都是一样，以机械电工问题求我解决的已有多起，以建筑问题，求电气工程师解决的，也时有所闻。所以你们（始业）之后，除去你们创造方面，四年来已受了深切的训练，不必多说外，在对于社会上所负的责任，头一样便是使他

① 林先生指林徽因（1904—1955年），梁思成夫人，曾任清华大学建筑系教授。——孙大章注

② 陈先生指陈植，曾任建工部上海市民用建筑设计院院长兼总建筑师。——孙大章注

③ 蔡先生指蔡方荫，曾任中科院学部委员，重工业部顾问工程师，建工部建筑科学研究院副院长兼总工程师，土木学会常务理事，《土木工程学报》主编等。——孙大章注

们知道什么是“建筑”，什么是“建筑师”。

现在对于“建筑”稍有认识，能将它与其他工程认识出来的，固已不多，即有几位其中仍有一部分对于建筑，有种种误解，不是以为建筑是“砖头瓦块” （土木），就以为是“雕梁画栋” （纯美术），而不知建筑之真义，乃在求其合用、坚固、美。前二者能圆满解决，后者自然产生，这几句话我已说了几百遍，你们大概早已听厌了。但我在这机会，还要把它郑重地提出，希望你们永远记着，认清你的建筑是什么，并且对于社会，负有指导的责任，使他们对于建筑也有清晰的认识。

因为什么要社会认识建筑呢？因建筑的三元素中，首重合用，建筑的合用与否，与人民生活和健康、工商业的生产率，都有直接关系的。因建筑的不合宜，足以增加人民的死亡病痛，足以增加工商业的损失，影响重大。所以唤醒国人，保护他们的生命，增加他们的生产，是我们的义务，在平时社会状况之下，固已极为重要，在现在国难期中，尤为要紧，而社会对此，还毫不知道，所以是你们的责任，把他们唤醒。

为求得到合用和坚固的建筑，所以要有专门人才，这种专门人才，就是建筑师，就是你们！但是社会对于你们，还不认识呢。有许多人问我包了几处工程，或叫我承揽包工，他们不知道我们是包工的监督者，是业主的代表人，是业主的顾问，是业主权利之保障者，如诉讼中的律师或治病的医生，常常他们误认我们为诉讼的对方，或药铺的掌柜——认你为木厂老板，是一件极大的错误，这是你们所必须为他们矫正的误解。

非得社会对于建筑和建筑师有了认识，建筑不会得到最高的发达。所以你们负有宣传的使命，对于社会有指导的义务，为你们的事业，先要为自己开路，为社会破除误解，然后才能有真正的建设，然后才能发挥你们创造的能力。

你们创造力产生的结果是什么，当然是“建筑”，不只是建筑，我们换一句说话，可以说是“文化的记录”——是历史。这又是我从前对你们屡次说厌了的话，又提起来，你们又要笑我说来说去都是这几句话，但是我还是要你们记着，尤其是我在建筑史研究者的立场上，觉得这一点是很重要的。几百年后，你我或如转了几次轮回，你我的作品，也许还供后人对民国廿一年中国情形研究的资料，如同我们现在研究希腊罗马汉魏隋唐遗物一样。但是我并不能因此而告诉你们如何制造历史，因而有所拘束顾忌，不过古代建筑家不知道他们自己地位的重要，而我们对自己的地位，却有这样一种自觉，也是很重要的。

我以上说的许多话，都是理论，而建筑这东西，并不如其他艺术，可以空谈玄理解决的，他与人生有密切的关系，处处与实用并行，不能相离脱。讲堂上的问题，我们无论如何使他与实际问题相似，但到底只是假的，与真的事实不能完全相同。如款项之限制，业主气味之不同，气候、地质、材料之影响，工人技术之高下，各城市法律之限制……等等问题，都不是在学校里所学得到的，必须在社会上服务，经过相当的岁月，得了相当的经验，你们的教育才算完成。所以现在也可以说，是你们理论教育完毕、实际经验开始的时候。

要得实际经验，自然要为已有经验的建筑师服务，可以得着在学校所不能得的许多教益，而在中国与青年建筑师以学习的机会的地方，莫如上海。上海正在要作复兴计划的时候，你们来到上海来，也可以说是一种凑巧的缘分，塞翁失马，犹之你们被迫而到上海来，与你们前途，实有很多好处的。

现在你们毕业了，你们是东北大学第一班建筑学生，是“国产”建筑师的始祖，如一只新舰行下水典礼，你们的责任是何等重要！你们的前程是何等的远大！林先生与我两人，在此一同为你们道喜，遥祝你们努力，为中国建筑开一个新纪元！

梁思成

民国廿一年七月

致梅贻琦信[①]

月涵[②]我师：

母校工学院成立以来，已十余载，而建筑学始终未列于教程。国内大学之有建筑系者，现仅中大[③]、重大[④]两校而已。然而居室为人类生活中最基本需要之一，其创始与人类文化同古远，无论在任何环境之下，人类不可无居室。居室与民生息息相关，小之影响个人身心之健康，大之关系作业之效率，社会之安宁与安全。数千年来，人类生活程度随文化之进展而逐渐提高，营造技术亦随之演变。最近十年间，欧美生活方式又臻更高度之专门化、组织化、机械化。今后之居室将成为一种居住用之机械，整个城市将成为一个有组织之Working mechanism，此将来营建方面不可避免之趋向也。我国虽为落后国家，一般人民生活方式虽尚在中古阶段，然而战后之迅速工业化，殆为必由之径，生活程度随之提高，亦为必然之结果，不可不预为准备，以适应此新时代之需要也。

然而我国社会，虽所谓智识阶级，对于居室之重要性且素乏认识，甚至不知建筑与土木工程之别者。殊不知建筑与土木工程虽均以相类似之物料为其工作之medium，但其所解决问题之本身则相去甚远。建筑所解决者为居住者生活方式所发生之问题，自个人私生活之习惯，家庭之组织，以至团体或机关组织办事之方式，以至一工厂生产之程序，皆需要不同之建筑部署，以适应各个不同之用途。而土木工程所解决者，则较为间接，如公路、铁路、水利等等问题是也。

---

① 此信存清华大学档案。1945年日本投降后不久，梅贻琦即同意成立建筑学系，并任命梁思成为系主任。

② 梅贻琦（1889—1962年），字月涵，从1931年起任清华大学校长，西南联大期间任校常务委员会委员，主持校务工作。——左川注

③ 中大，系中央大学。——左川注

④ 重大，系重庆大学。——左川注

抑近代生活方式所影响者非仅一个或数个一组之建筑物而已，由万千个建筑物合组而成之近代都市已成为一个有机性之大组织。都市设计已非如昔日之为开辟街道问题或清除贫民窟问题（社会主义之苏联认为都市设计之目的在促成最高之生产量；英美学者则以为在使市民得到身心上最高度之愉乐与安适）。其目的乃在求此大组织中每部分每项工作之各得其所，实为一社会经济政治问题之全盘合理部署，而都市中一切建置之合理部署，实为使近代生活可能之物体基础。在原则上，一座建筑物之设计与多数建筑物之设计并无区别。故都市设计，实即建筑设计之扩大，实二而一者也。

抗战军兴以还，各地城市摧毁已甚，将来盟军登陆，国军反攻之时，且将有更猛烈之破坏，战区城市将尽成废墟，及失地收复之后，立即有复兴焦土之艰巨工作随之而至；由光明方面着眼，此实改善我国都市之绝好机会。举凡住宅、分区、交通、防空等等问题，皆可予以通盘筹划，预为百年大计，其影响于国计民生者巨，而工作亦非短期所能完成者。英苏等国，战争初发，战争破坏方始，即已着手战后复兴计划。反观我国，不唯计划全无，且人才尤为缺少。而我国情形，更因正在工业化之程序中，社会经济环境变动剧烈，乃至在技术及建筑材料方面，亦均具有其所独有之问题。工作艰巨，倍蓰英苏，所需人才，当以万计。古谚虽诫"毋临渴而掘井"，but it's better late than never。为适应此急需计，我国各大学实宜早日添授建筑课程，为国家造就建设人才，今后数十年间，全国人民居室及都市之改进，生活水准之提高，实有待于此辈人才之养成也。即是之故，受业认为母校有立即添设建筑系之必要。

在课程方面，生以为国内数大学现在所用教学方法（即英美曾沿用数十年之法国Ecole des Beaux-Arts式之教学法）颇嫌陈旧，遇于着重派别形式，不近实际。今后课程宜参照德国Prof.Walter Gropius所创之Bauhaus方法，着重于实际方面，以工程地为实习场，设计与实施并重，以养成富有创造力之实用人才。德国自纳粹专政以还，Gropius教授即避居美国，任教于哈佛，哈佛建筑学院课程，即按G.教授Bauhaus方法改编者，为现代美国建筑学教育之最前进者，良足供我借鉴。

在组织方面，哈佛、麻工、哥伦比亚等均有独立之建筑学院，内分建筑、建筑工程、都市计划、庭园、户内装饰等系。为适应将来广大之需求，建筑学院之设立固有其必要。然在目前情形之下，不如先在工学院添设建筑系之为妥。建筑系设备简单，创立较易，其中若干课门，如基本理化及数学力学等，因无须另行添设课程，即关于土木工程方面者，亦可与土木系共同上课；其须另行添聘者仅建筑设计及绘塑艺术史等课教员；在设备方面，目前仅须购置书籍及少数绘画用石膏模型即可，在工学院中，实最轻而易举。为此建议母校于最近之可能期间，筹设建筑学系，其建筑设计学教授则宜延聘现在执业富于创造力之建筑师充任，以期校中课程与实际建筑情形经常保持接触。一俟战事结束，即宜酌量情形，成立建筑学院，逐渐分添建筑工程、都市计划、庭园计划、户内装饰等系。营国筑室，古代尚设专官；使民安居，然后可以乐业，为解决将来之营国筑室问题计，专门建筑人才之养成实目前亟须注意之一大问题。此项责任，我母校实应挺出负担，责无旁贷。受业忝受校恩，爱护母校，今既有感于中，敢不冒昧直陈，敬乞予以考虑，幸甚！幸甚！端肃敬请。

道安

受业

梁思成　谨肃

三十四年三月九日

设立艺术史研究室计划书[①]

梁思成 邓以蛰[②] 陈梦家[③]

谨呈梅校长:

民国三十六年四月，美国普林斯登大学二百周年纪念，举行中国艺术考古会议，其主题为绘画、铜器与建筑。会议中表现国外学者对于中国艺术研究之进步，并寄其希望于国人之努力与发扬光大。近二十年来，中国艺术之地位日益增高，欧美各大博物院多有远东部之设立，以搜集展览中国古物为主；各大学则有专任教授，讲述中国艺术。乃反观国内大学，尚无一专系担任此项重要工作者。清华同人之参与斯会者，深感我校对此实有创立风气之责。爰于当时集议，提请学校设立艺术史系及研究室，就校内原有之人才，汇聚一处，合作研究。在校内使一般学生同受中国艺术之熏陶，知所以保存与敬重固有之文物，对外则负宣扬与提倡中国文化之一部分之责任焉。

(一)系与课程

文学院应设立艺术史系，教授艺术史、考古学及艺术品之鉴别与欣赏。注重历史的及理论的研究。本系以研究中国艺术为主，但为明了中国艺术在全世界艺术中之地位起见，必须与西洋艺术及初民艺术作比较研究，故亦兼授与此两方面有关之课程。

在未成立系以前，将分散于各系之功课重新有组织的配合，使有志斯学者得选习此类课程之全套。并应在研究院中增设艺术史部，招收本校及其他专门艺术学校毕业之学生，并使其有出国深造之机会。

(二)研究室

在系未成立以前，先成立研究室，作为同人工作之中心，同时为小

① 此文稿由陈梦家起草，并由清华大学第十三次评议会（1947年12月18日）原则通过设立艺术史研究室。原稿存清华大学档案。——左川注

② 邓以蛰（1892—1973年），美学家，美术史家。时任清华大学哲学系教授。——左川注

③ 陈梦家（1911—1966年），考古学家，古文字学家。时任清华大学中文系教授。——左川注

班讲堂实习阅览之处。博物馆筹备期间，陈列工作亦暂附于此室。其设备如下：

甲、图书、照片等。

乙、照相室（暗室）、绘图室。

丙、幻灯及幻灯片之制造。

丁、模型之制造。

其工作范围如下：

甲、古物之调查与发掘。

乙、发表研究结果，公布材料。

丙、公开讲演及展览会。

丁、管理博物馆。

（三）

艺术研究之必须有博物馆，自不待言。大学博物馆之目的在搜集示范之器物，用作教学时之标本。故在搜集与陈列时注重各个时期、各个地域、各种器物、各种形式之示例。

（四）国内外交换

国内外通讯研究、交换材料、交换展览、国外专家教授之聘请、国外专习中国艺术学生之收容，皆为应当提倡之事。

同人等深望此事早日实现，先就已有之人才中，成立研究室。深信一旦开始工作以后，必能引起国外之重大注视，将来寻求各方之资助，或非甚为困难之事也。

三十六年十二月拟

清华大学营建学系(现称建筑工程学系)学制及学程计划草案①

《文汇报》编者按：昨天我们发表了“北京大学中国语文学系改革课程草案”，预备给南方各大学讨论学制时做一个参考。今天我们想再介绍清华大学营建学系的学制学程计划草案。前者是文学院的，这个则是工学院的。似乎可以显示他们设计改制的精神。原稿承清华建筑工程学系系主任梁思成先生赐掷。我们这里还要说一句，这个草案，是预备送华北高教会参考，而并未决定的。

本系的教育方针与将来课程之展望

本系是清华比较新成立的学系，成立仅三年。课程尚在每年更改，受国民党教育部大学规划的束缚也比较少。三十八年度学年是解放后第一个新学年的开始，本系全体师生对于学制及课程经过数度商讨之后，谨将综合意见申述如下：

(一)本系课程及训练之目标

近余年来从事于所谓“建筑”的人，感觉到已往百年间，对于“建筑”观念之根本错误。由于建筑界若干前进之思想家的努力和倡导，引起来现代建筑之新思潮，这思潮的基本目的就在为人类建立居住或工作时适宜于身心双方面的体形环境。在这大原则大目标之下“建筑”的观念完全改变了。

以往的“建筑师”大多以一座建筑物作为一件雕刻品，只注意外表，忽略了房屋与人生密切的关系；大多只顾及一座建筑物本身，忘记了它

① 此件原连载于《文汇报》1949年7月10—12日。——左川注

与四周的联系；大多只为达官、富贾的高楼大厦和只对资产阶级有利的厂房、机关设计，而忘记了人民大众日常生活的许多方面；大多只顾及建筑物的本身，而忘记了房屋内部一切家具，设计和日常用具与生活和工作的关系。换一句话说，就是所谓“建筑”的范围，现在扩大了，它的含意不只是一座房屋，而包括人类一切的体形环境。

所谓“体形环境”，就是有体有形的环境，细自一灯一砚，一杯一碟，大至整个的城市，以至一个地区内的若干城市间的联系，为人类的生活和工作建立文化、政治、商业……等各方面合理适当的“舞台”都是体形环境计划的对象。

清华大学“建筑”课程就以造就这种广义的体形环境设计人为目标。

这种广义的体形环境有三个方面：第一适用，第二坚固，第三美观。

适用是一个社会性的问题。从一间房屋、一座房屋、一所工厂或学校，以至一组多座建筑物间相关的联合，乃至一整个城市工商业区、住宅区、行政区、文化区……等等的部署，每个大小不同、功用不同的单位的内部与各单位间的分隔与联系，都须使其适合生活和工作方式，适合于社会的需求，其适用与否对于工作或生活的效率是有密切关系的。以体形环境之计划是整个社会问题中的一个极重要的方面，其第一要点在求其适宜于工作或居住的活动方式。适用的建筑可以增加居住及工作者身心的健康，健康是每一个人应享的权利，健康的人才能成为一个有用的人。

坚固是工程问题。在解决了适用问题之后，要选择经济而能负载起活动所需要的材料与方法以实现之。

美观是艺术问题。好美是人类的天性。在第一与第二两个限制之下，建造出来的体形环境，必须使其尽量引起居住或工作者的愉快感，提高精神方面的健康。在情感方面愉快的人，神经平静，性情温和，工作效率提高，充沛活泼的创造力，且能同他们建立良好的关系。

本系的教育方针是以训练学生能将这三个方面问题综合解决为目标。

（二）本系名称之改正

清华的建筑系，自成立以来，即以上列三方面之综合解决为目标，可以说是用砖石、瓦、木、水泥、钢铁等为材料（工程），解决一个社会问题（适用），而其结果必求其美观（艺术），那是一个综合性的工作。

因此我们感到国民党教育部所定“建筑工程学系”，这个名称之不当，“建筑工程”，所解决的只是上列三个方面中坚固的一个方面问题。国外大学对于“建筑系”与“建筑工程系”素来明白分划。清华的课程不只是“建筑工程”的课程，而是三方面综合的课程，所以我们正式提出请求改称“营建学系”。“营”是适用与美观两方面的设计，“建”是用工程去解决坚固的问题使其实现，是与课程内容和训练目标相符的名称。

（三）营建人才与今后之建设工作

全中国的解放即在目前，我们整个国家即将遵照新民主主义政策踏上建设的大路。建设的目的在增加生产，增加生产的目的在为大众求福利，普遍的提高以农工为主的人民生活水准，生活问题之中，除去衣食之外，尚有住的问题，是社会中一个极大的问题。人民大众的生活与工作环境之提高，是我们建设目标之一。为增加生产，必须使工作的人能安居乐业。居住的房屋适用而合卫生，则工作的人可以安居，身心得以健康；身心健康，而工作的地方又适用与卫生，则可以乐业。既安居又乐业，生产效率就会提高，这是一串循环的因果。

为建设生产的工作，这种适合于工作，足以提高工作效率的体形环境之建立，是营建人才的责任，良好的体形环境之建立，其本身就是建设工作的一部分，所以营建在建设工作中有双重意义。

我们若分析工业，尤其是轻工业的种类，其中有极大部分是供给居住所用的。砖瓦、水泥、玻璃、五金、卫生设备、油漆、电料、木材、家具、地毯、锅瓢碗盏、一切饮食用具，都是供给居住所需之用的。营建与这一切工业有连环性的关系，可以互相刺激推进。这些工业所需的原料，又可以刺激重工业之发展。

政府若要鼓励这些工业之进展，就须使其有销路，若是建筑工作进展，就可以刺激这种工业之进展。建设工作活跃，营建工作就要展开，预作合理的计划或改善现状，因此营建人才之养成，间接地与工业发展有关。而且他们可以使一切工业产品得到适当而经济的使用，建设工业如无营建人才，必有大量的耗费，或不适用的设计，使人民无形中受到损失。因工厂部署之不适用，或工农住区环境之恶劣，而减低工作效率，是无形中增加了人民的负担，所以营建人才在建设事业中是极其需要的。

（四）本系学制及课程

本系是清华复员后新成立的学系，现在只有三个年级，一切课程尚未大定，在今后数年间，也许尚有按进展情形及社会需要，将课程斟酌改订之必要，现在所提出的只是暂拟的计划。

因为我们目前因体制经费的限制，只能顾及体形环境，营建中之最主要部分，所以本系暂分为建筑与市镇计划两组。两组的基本原则虽同，但是着重点各异。建筑组着重建筑物本身之设计与建造，所以在房屋之设计和构造方面的课程较多。市镇计划组着重在整个城市乃至多组城市间相互的关系，在文化、政治、经济、交通等等各方面地区之部署、分配，求其便利、适用、美观，是一个与文化、政治、经济、交通、整个社会关系极密切的工作，所以工程方面着重市镇工程，还有若干社会政治科学。

本系的课程，既然须兼顾适用（社会）、坚固（工程）、美观（艺术）三个方面，所以学科分为下列五个类别：

A. 文化及社会背景

B. 科学及工程

C. 表现技术

D. 设计课程

E. 综合研究

每学年之内，按学程进展将五类配合讲授，本系课程因为上述综合性的缘故，颇为繁重，因为一个学期内同时都有数项费时费脑筋的数理、工程和繁重的建筑设计图案功课。在四年制中，许多课程挤在一起，学生负担之重，冠于全校，因此学生多有若干门不及格者，不及格的若是连贯性课程中的先修科目，立刻就使学生不能在四年中毕业，国外大多数大学营建学院的课程，都是五年制的，也是因此，为矫正这个弊病，我们拟定了一个五年制课程，以?? 计划? 较[①]，要特别提醒的是五年制有一整年极其实用的工场实习，使学生得到对于房屋建造的实地经验和认识。五年制虽于清华现有的四年制不同，但国内其他大学已有用五年制的，北大工学院就是一个，为适合实际情形，我们认为改五年制是比较妥当的。

在这里我们要特别指出，清华的营建学系与北大的建筑工程学系的课程与目标之不同，北大注重的是建筑的工程，北大建筑工程学系的教授大多数是学土木工程出身的；清华着重的在体形环境三方面的全部综合。所以两校的课程不应用同一观点作比较。

（五）将来营建人才教育之推进

营建人才，对于国家建设前途，既如上述之重要，却是现在社会对于这重要性还不甚明了。但其重要性之存在，则是事实，因此全国各大学，应该都设立营建学系或营建学院。

一个营建学院的范围较大，可以设立下列各系：

1. 建筑学系——以房屋及其毗连的环境之设计为主要对象，课程与附表建筑组同。

2. 市乡计划学系——以城市或城市与乡村乃至一个地理区域或经济文化区域内多数城市与乡村的关系为对象。目标在将农工商业、居住、行政、交通等等所需的地区作适当、合理、愉悦的分配，以增加人民身心健康，提高工作效率。

3. 造园学系——庭园在以往是少数人的享乐，今后则属于人民。现在的都市计划学说认为每一个城市里面至少应有十分之一的面积作为公园运动场之类，才是供人民业余休息之需，尤其是将来的主人翁——现在的儿童，必须有适当的游戏空间。在高度工业化的环境中，人民大多渴望与大自然接触，所以各国多有幅员数十里乃至数百里的国立公园的设立。我国的北平西山、北戴河、五台山、天台山、莫干山、黄山、庐山、终南山、泰山、九华山、峨眉山、太湖、西湖等等无数的名胜，今

---

① 原稿如此。——林洙注

后都应该使成为人民的公园。有许多地方因无计划的开发，已有多处的风景、林木、溪流、古迹、动物等等被摧残损坏。这种人民公园的计划与保管需要专才，所以造园人才之养成，是一个上了轨道的社会和政府所不应忽略的。

4. 工业艺术学系——体形环境中无数的用品，从一把刀子、一个水壶、一块纺织物、一张椅子、一张桌子……乃至一辆汽车、一列火车、一艘轮船……关于其美观方面的设计。目前中国的工业品，尤其是机制的日常用品大多丑恶不堪，表示整个民族文化水准与趣味之低落。使日用品美化是提高文化水准的良好方法，在不知不觉中，可以提高人民的审美标准。从一方面看，现在的工业与艺术有许多方面已溶成了一体(飞机就是一个最显著的例子)；在另一方面，我国尚有许多值得提倡鼓励的手工艺，但同时须将其艺术水准提高。因此工业艺术与其他工业建设有不可分割的关系，是现时代所极需要的。

5. 建筑工程学系——以建筑的工程方面为对象，此系也可设在工学院中。

（六）前车之鉴

欧美许多的城市，近百年来因为工业的突飞猛进，而在资本主义的社会制度经济制度之下，只求资产阶级的利润，不顾人民及工人的生活和福利，以致形成了大都市体形环境方面不可收拾的混乱状态。工厂侵入了本来幽静的住宅区，工人们住在煤烟笼罩下的煤渣废铁垃圾堆中间。工厂的煤烟臭味或震动和声响侵入了每间卧室；被剥削的工人更被迫着挤住在已极拥挤的屋子里；成年的人业余无处游息，儿童无处游戏，不卫生而拥挤的所谓贫民区就形成了。疾病罪恶遂由其中产生。因为分区不适当（或竟不分区)，道路又无系统，此致大多数的工人每日须耗费大量的时间、精力、财力，来往奔驰于居住地与工作地之间。（伦敦八百万人口之中，每七人中有一人是将其余六人及其产品由一处运到另一处为职业的。那是一个惊人的人力、物力的大消耗!）原有街道不适用于现代车辆的速度与量度，车辆拥挤，车祸频仍，这都是我们前车之鉴。

我们新民主主义的中国正在开始工业化，工农的生活和福利当然是我们的第一个目标。但是他们生活福利所寄托的体形环境，是一个极其复杂繁难的问题，必须及早计划。体形环境一旦建立起来，若发现错误需要矫正，不唯繁难而且在财力上是极其耗费的。我们必须避免一失足成千古恨的错误。目前虽是军事时期，但是跟着来的就是长久的建设时期。此时开始培养技术人才并不太早。高教会对这方面须早注意，以促成我们城市乡村体形环境之建立与改善。

清华大学工学院营建学系课程草案

建筑组课程分类表

甲、文化及社会背景（市镇体形计划组同）

国文，英文，社会学，经济学，体形环境与社会，欧美建筑史，中国建筑史，欧美绘塑史，中国绘塑史。

乙、科学及工程

物理，微积分，力学，材料力学，测量，工程材料学，建筑结构，房屋建造，钢筋混凝土，房屋机械设备，工场实习（五年制）。

丙、表现技术（市镇体形计划组同）

建筑画，投影画，素描，水彩，雕塑。

丁、设计理论

视觉与图案，建筑图案概论，市镇计划概论，专题讲演。

戊、综合研究

建筑图案，现状调查，业务，论文（即专题研究）。

己、选修课程（见另表）

市镇体形计划组课程分类表

甲、文化及社会背景（同建筑组）（略）

乙、科学及工程

物理，微积分，力学，材料力学，测量，工程材料学，工程地质学，市政卫生工程，道路工程，自然地理。

丙、表现技术（同建筑组）（略）

丁、设计理论及基础社会科学

视觉与图案，建筑图案概论，市镇计划概论，市镇计划技术，乡村社会学，都市社会学，市政管理，专题讲演。

戊、综合研究

建筑图案（二年），市镇图案（二年），现状调查业务，论文（即专题研究）。

己、选修课程（见另表）

假使一个大学拟设立营建学院，除上列建筑及市镇计划两组，即个别自成建筑学系及市乡计划学系外，其余三系课程略如下面所拟：

造园学系课程分类表

甲、文化及社会背景

国文，英文，经济学，社会，体形环境与社会，欧美建筑史，欧美绘塑史，中国建筑史，中国绘塑史。

乙、科学及工程

物理，生物，化学，力学，材料力学，测量，工程材料，造园工程（地面及地下泄水，道路，排水等）。

丙、表现技术

建筑画，投影画，素描，水彩，雕塑。

丁、设计理论

视觉与图案，造园概论，园艺学，种植资料，专题讲演。

戊、综合研究

建筑图案，造园图案，业务，论文（专题研究）。

工业艺术系课程分类表

甲、文化及社会背景

国文，英文，经济学，社会，体形环境与社会，欧美建筑史，欧美绘塑史，中国建筑史，中国绘塑史。

乙、科学与工程

物理，化学，工程化学，微积分，力学，材料力学。

丙、表现技术

建筑画，投影画，素描，水彩，雕塑木刻。

丁、设计理论

视觉与图案，心理学，彩色学。

戊、综合研究

工业图案（日用品，家具，车船，服装，纺织品，陶器），工业艺术实习。

建筑工程学系课程分类表

甲、文化及社会背景

国文，英文。经济学，体形环境与社会。欧美建筑史，中国建筑史。

乙、科学及工程

物理，工程化学，微积分，微分方程。力学，材料力学，工程材料学，工程地质。结构学，结构设计，房屋建造，材料实验，高等结构学，高等结构设计。钢筋混凝土，土壤力学，基础工程，测量。

丙、表现技术

建筑画，投影画，素描，水彩。

建筑图案（一年）。

丁、设计理论

建筑图案概论，专题讲演，业务。

选修课程表

政治学，心理学，八学分。人口问题，六学分。房屋声学与照明，二学分。庭园学，一学分。雕饰学，一学分。水彩（五）（六），二学分。雕饰（三）（四），二学分。住宅问题，二学分。工程地质，三学分。考古学，六学分。中国通史，六学分。社会调查，三学分。

四年制营建学系课程、时数、学分表

一年级（建筑组、市镇体形计划组共同）

英文，六学分。国文，六学分。环境与社会，二学分。物理，六学

分。微积分，八学分。力学，三学分。建筑画，一学分。投影画，四学分。素描，四学分。预级图案，二学分。

二年级（两组共同）

社会学，六学分。经济学，四学分。材料力学，六学分。工程材料，三学分。测量，二学分。素描（三）（四），三学分。水彩（一）（二），四学分。建筑设计概论，一学分。视觉与图案，一学分。初级图案，六学分。

建筑组三年级

欧美建筑史，中国建筑史，四学分。房屋机械设备的结构学，六学分。水彩（三）（四），二学分。市镇计划概论，二学分。中级图案，八学分。选修，四~八学分。

建筑组四年级

中国绘塑史，欧美绘塑史，四学分。房屋建造，钢筋混凝土，四学分。雕塑（一）（二），二学分。专题讲演，一学分。高级图案，业务，论文，十四学分。选修，四~八学分。

市镇组三年级

欧美建筑史，中国建筑史，四学分。工程地质学，卫生工程（或道路工程），六学分。自然地理，八学分。水彩（三）（四）二学分。市镇计划概论，市镇计划技术，四学分。初级市镇图案，八学分。选修，四~八学分。

市镇组四年级

中国绘塑史，欧美绘塑史，四学分。道路工程（或卫生工程），三学分。雕塑（一）（二），二学分。都市社会学，四学分。乡村社会学，二学分。市镇管理，四学分。专题讲演，一学分。高级市镇图案，十学分。业务，二学分。论文，二学分。选修，四~八学分。

五年制营建学系课程，时数，学分表

一年级（两组共同）

英文，六学分。国文，六学分。环境与社会，四学分。物理，六学分。工场实习，十学分。素描（一）（二），四学分。建筑画，一学分。

二年级（两组共同）

社会学，六学分。微积分，八学分。力学，三学分。测量，二学分。建筑画，一学分。投影画，四学分。素描（三）（四），四学分。视觉与图案，一学分。预级图案，二学分。

建筑组三年级

经济学，四学分。欧美建筑史，四学分。材料力学，三学分。工程材料，三学分。水彩（一）（二），四学分。建筑设计概论，一学分。初级图案，六学分。选修，八学分。

建筑组四年级

中国建筑史，三学分。欧美绘塑史，二学分。结构学，六学分。房屋机械设备，二学分。水彩（三）（四），二学分。市镇计划概论，二学分。中级图案，八学分。选修，八学分。

建筑组五年级

中国绘塑史，二学分。房屋建造，四学分。钢筋混凝土，四学分。专题讲演，高级图案，十学分。业务，二学分。论文，二学分。选修，八学分。

市镇组三年级

经济学，四学分。欧美建筑史，四学分。材料力学，三学分。工程材料，三学分。工程地质学，三学分。水彩（一）（二），四学分。建筑设计概论，一学分。初级图案，六学分。选修，八学分。

市镇组四年级

欧美绘塑史，二学分。中国建筑史，三学分。自然地理，八学分。卫生工程，三学分。水彩（三）（四），二学分。雕塑（一）（二），二学分。市镇计划概论，二学分。市镇计划技术，二学分。初级市镇图案，八学分。选修，四学分。

市镇组五年级

中国绘塑史，二学分。道路工程，二学分。都市社会学，三学分。乡村社会学，三学分。市政管理，四学分。专题讲演，一学分。高级市镇图案，十学分。业务，二学分。论文，二学分。选修，四学分。

建筑随笔

曲阜孔庙[1]

也许在人类历史中，从来没有一个知识分子像中国的孔丘（公元前551—前479年）那样长期地受到一个朝代接着一个朝代的封建统治阶级的尊崇。他认为“一只鸟能够挑选一棵树，而树不能挑选过往的鸟”，所以周游列国，想找一位能重用他的封建主来实现他的政治理想，但始终不得志。事实上，“树”能挑选鸟；却没有一棵“树”肯要这只姓孔名丘的“鸟”。他有时在旅途中绝了粮，有时狼狈到“累累若丧家之狗”；最后只得叹气说：“吾道不行矣！”但是为了“自见于后世”，他晚年坐下来写了一部《春秋》。也许他自己也没想到，他“自见于后世”的愿望达到了。正如汉朝的大史学家司马迁所说：“《春秋》之义行，则天下乱臣贼子惧焉。”所以从汉朝起，历代的统治者就一朝胜过一朝地利用这“圣人之道”来麻痹人民，统治人民。尽管孔子生前是一个不得志的“布衣”，死后他的思想却统治了中国两千年。他的“社会地位”也逐步上升，到了唐朝就已被称为“大成至圣文宣王”，连他的后代子孙也靠了他的“余荫”，在汉朝就被封为“褒成侯”，后代又升一级做“衍圣公”。两千年世袭的贵族，也算是历史上仅有的现象了。这一切也都在孔庙建筑中反映出来。

今天全中国每一个过去的省城、府城、县城都必然还有一座规模宏大、红墙黄瓦的孔庙，而其中最大的一座，就在孔子的家乡——山东省曲阜，规模比首都北京的孔庙还大得多。在庙的东边，还有一座由大小几十个院子组成的“衍圣公府”。曲阜城北还有一片占地几百亩、树木葱幽、丛林密茂的孔家墓地——孔林。孔子以及他的七十几代嫡长子孙都埋葬在这里。

现在的孔庙是由孔子的小小的旧宅“发展”出来的。他死后，他的

---

① 本文原载《旅行家》杂志1959年第9期。——左川注

图1 孔子坟

学生就把他的遗物——衣、冠、琴、车、书——保存在他的故居，作为“庙”。汉高祖刘邦就曾经在过曲阜时杀了一条牛祭祀孔子。西汉末年，孔子的后代受封为“褒成侯”，还领到封地来奉祀孔子。到东汉末桓帝时（公元153年），第一次由国家为孔子建了庙。随着朝代岁月的递移，到了宋朝，孔庙就已发展成三百多间房的巨型庙宇。历代以来，孔庙曾经多次受到兵灾或雷火的破坏，但是统治者总是把它恢复重建起来，而且规模越来越大。到了明朝中叶（16世纪初），孔庙在一次兵灾中毁了之后，统治者不但重建了庙堂，而且为了保护孔庙，干脆废弃了原在庙东的县城，而围绕着孔庙另建新城——“移县就庙”。在这个曲阜县城里，孔庙正门紧挨在县城南门里，庙的后墙就是县城北部，由南到北几乎把县城分割成为互相隔绝的东西两半。这就是今天的曲阜。孔庙的规模基本上是那时重建后留下来的。

自从萧何给汉高祖营建壮丽的未央宫，“以重天子之威”以后，统治阶级就学会了用建筑物来做政治工具。因为“夫子之道”是可以利用来维护封建制度的最有用的思想武器，所以每一个新的皇朝在建国之初，都必然隆重祭孔，大修庙堂，以阐“文治”；在朝代衰末的时候，也常常重修孔庙，企图宣扬“圣教”，扶危救亡。1935年，国民党政府就是企图这样做的最后一个，当然，蒋介石的“尊孔”，并不能阻止中国人民的解放运动；当时的重修计划，也只是一纸空文而已。

由于封建统治阶级对于孔子的重视，连孔子的子孙也沾了光，除了庙东那座院落重重、花园幽深的“衍圣公府”外，解放前，在县境内还有大量的“祀田”，历代的“衍圣公”，也就成了一代一代的恶霸地主。曲阜县知县也必须是孔氏族人，而且必须由“衍圣公”推荐，朝廷才能任命。

除了孔庙的“发展”过程是一部很有意思的“历史纪录”外，现存的建筑物也可以看作中国近八百年来的“建筑标本陈列馆”。这个“陈列馆”一共占地将近十公顷，前后共有八“进”庭院，殿、堂、廊、庑，共六百二十余间，其中最古的是金朝（公元1195年）的一座碑亭，以后元、明、清、民国各朝代的建筑都有。

孔庙的八“进”庭院中，前面（即南面）三“进”庭院都是柏树林，每一进都有墙垣环绕，正中是穿过柏树林和重重的牌坊、门道的甬道。第三进以北才开始布置建筑物。这一部分用四个角楼标志出来，略似北京紫禁城，但具体而微。在中线上的是主要建筑组群，由奎文阁、大成门、大成殿、寝殿、圣迹殿和大成殿两侧的东庑和西庑组成。大成殿一组也用四个角楼标志着，略似北京故宫前三殿一组的意思。在中线组群两侧，东面是承圣殿、诗礼堂一组，西面是金丝堂、启圣殿一组。大成门之南，左右有碑亭十余座。此外还有些次要的组群。

奎文阁是一座两层楼的大阁，是孔庙的藏书楼，明朝弘治十七年（公元1504年）所建。在它南面的中线上的几道门也大多是同年所建。大成殿一组，除杏坛和圣迹殿是明代建筑外，全是清雍正年间（公元1724—1730年）建造的。

今天到曲阜去参观孔庙的人，若由南面正门进去，在穿过了苍翠的古柏林和一系列的门堂之后，首先引起他兴趣的大概会是奎文阁前的同文门。这座门不大，也不开在什么围墙上，而是单独地立在奎文阁前面。它引人注意的不是它的石柱和四百五十多年的高龄，而是门内保存的许多汉魏碑石。其中如史晨、孔庙、张猛龙等碑，是老一辈临过碑帖练习书法的人所熟悉的。现在，人民政府又把散弃在附近地区的一些汉画像石集中到这里。原来在庙西双相圃（校阅射御的地方）的两个汉刻石人像也移到庙园内，立在一座新建的亭子里。今天的孔庙已经具备了一个小型汉代雕刻陈列馆的条件了。

奎文阁虽说是藏书楼，但过去是否真正藏过书，很成疑问。它是大成殿主要组群前面“序曲”的高峰，高大仅次于大成殿；下层四周迴廊全部用石柱，是一座很雄伟的建筑物。

大成殿正中供奉孔子像，两侧配祀颜回、曾参、孟轲……等“十二哲”。它是一座双层瓦檐的大殿，建立在双层白石台基上，是孔庙最主要的建筑物，重建于清初雍正年间雷火焚毁之后，1730年落成。这座殿最引人注意的是它前廊的十根精雕蟠龙石柱。每根柱上雕出“双龙戏珠”，“降龙”由上蟠下来，头向上；“升龙”由下蟠上去，头向下。中间雕出宝珠；还有云焰环绕衬托。柱脚刻出石山，下面莲瓣柱础承托。这些蟠龙不是一般的浮雕，而是附在柱身上的圆雕。它在阳光闪烁下栩栩如生，是建筑与雕刻相辅相成的杰出的范例。大成门正中一对柱也用了同样的手法。殿两侧和后面的柱子是八角形石柱，也有精美的浅浮雕。相传大成殿原来的位置在现在殿前杏坛所在的地方，是1018年宋真宗时移建的。

图2　孔庙奎文阁

图3　大成殿的蟠龙柱

现存台基的“御路”雕刻是明代的遗物。

杏坛位置在大成殿前庭院正中，是一座亭子，相传是孔子讲学的地方。现存的建筑也是明弘治十七年所建。显然是清雍正年间经雷火灾后幸存下来的。大成殿后的寝殿是孔子夫人的殿。再后面的圣迹殿，明末万历年间（公元1592年）创建，现存的仍是原物，中有孔子周游列国的画石一百二十幅，其中有些出于名家手笔。

大成门前的十几座碑亭是金元以来各时代的遗物，其中最古的已有七百七十多年的历史。孔庙现存的大量碑石中，比较特殊的是元朝的蒙汉文对照的碑和一块明初洪武年间的语体文碑，都是语文史中可贵的资料。

1959年，人民政府对这个辉煌的建筑组群进行修葺。这次重修，本质上不同于历史上的任何一次重修：过去是为了维护和挽救反动政权，而今天则是我们对于历史人物和对于具有历史艺术价值的文物给予应得的评定和保护。七月间，我来到了阔别二十四年的孔庙，看到工程已经顺利开始，工人的劳动热情都很高。特别引人注意的，是彩画工人中有些年轻的姑娘，高高地在檐下做油饰彩画工作，这是坚决主张重男轻女的孔丘所梦想不到的。

过去的“衍圣公府”已经成为人民的文物保管委员会办公的地方，科学研究人员正在整理、研究“府”中存下的历代档案，不久即可开放。

更令人兴奋的是，我上次来时，曲阜是一个颓垣败壁、秽垢不堪的落后县城，街上看到的，全是衣着褴褛、愁容满面的饥寒交迫的人。今天的曲阜，不但市容十分整洁，连人也变了，往来于街头巷尾的不论是胸佩校徽、迈着矫健步伐的学生，或是连唱带笑、蹦蹦跳跳的红领巾，以及徐步安详的老人，……都穿得干净齐整。城外农村里，也是一片繁荣景象，男的都穿着洁白的衬衫，青年妇女都穿着印花布的衣服，在麦粒堆积如山的晒场上愉快地劳动。

闲话文物建筑的重修与维护[1]

今年三月，有机会随同文化部的几位领导同志以及茅以升先生重访阔别三十年的赵州桥，还到同样阔别三十年的正定去转了一圈。地方，是旧地重游；两地的文物建筑，却真有点像旧友重逢了。对这些历史圣地、千年文物来说，三十年仅似白驹过隙；但对我们这一代人来说，这却是变化多么大——天翻地覆的三十年呀！这些文物建筑在这三十年的前半遭受到令人痛心的摧残、破坏。但在这三十年的后半——更准确地说，在这三十年的后十年，也和祖国的大地和人民一道，翻了身，获得了新的"生命"。其中有许多已经更加健康、壮实，而且也显得"年轻"了。它们都将延年益寿，作为中华民族历史文化的最辉煌的典范继续发出光芒，受到我们子子孙孙的敬仰。我们全国的文物工作者在党和政府的领导下，在文物建筑的维护和重修方面取得的成就是巨大的。

三十年前，当我初次到赵县测绘久闻大名的赵州大石桥——安济桥的时候，兴奋和敬佩之余，看见它那危在旦夕的龙钟残疾老态，又不禁为之黯然怅惘。临走真是不放心，生怕一别即成永诀。当时，也曾为它试拟过重修方案。当然，在那时候，什么方案都无非是纸上谈兵、空中楼阁而已。

解放后，不但欣悉名桥也熬过了苦难的日子，而且也经受住了革命战火的考验；更可喜，不久，重修工作开始了，它被列入全国重点文物保护单位的行列。《小放牛》里歌颂的"玉石栏杆"，在河底污泥中埋没了几百年后，重见天日了。古桥已经返老还童。我们这次还重验了重修图纸，检查了现状。谁敢说它不能继续雄跨洨河再一个一千三百年！

正定龙兴寺也得到了重修。大觉六师殿的瓦砾堆已经清除，转轮藏和慈氏阁都焕然一新了。整洁的伽蓝与三十年前相比，更似天上人间。

---

① 本文原载《文物》1964年第7期。——左川注

在取得这些成就的同时，作为新中国的文物工作者，我们是否已经做得十全十美了呢？当然我们不会那样狂妄自大。我们完全知道，我们还是有不少缺点的。我们的工作还刚刚开始，还缺乏成熟的经验。怎样把我们的工作进一步提高？这值得我们认真钻研。不揣冒昧，在下面提出几个问题和管见，希望抛砖引玉。

整旧如旧与焕然一新

古来无数建筑物的重修碑记都以“焕然一新”这样的形容词来描绘重修的效果，这是有其必然的原因的。首先，在思想要求方面，古建筑从来没有被看作金石书画那样的艺术品，人们并不像尊重殷周铜器上的一片绿锈或者唐宋书画上的苍黯的斑渍那样去欣赏大自然在一些殿阁楼台上留下的烙印。其次是技术方面的要求，一座建筑物重修起来主要是要坚实屹立，继续承受岁月风雨的考验，结构上的要求是首要的。至于木结构上的油饰彩画，除了保护木材，需要更新外，还因剥脱部分，若只片片补画，将更显寒伧。若补画部分模仿原有部分的古香古色，不出数载，则新补部分便成漆黑一团。大自然对于油漆颜色的化学、物理作用是难以在巨大的建筑物上模拟仿制的。因此，重修的结果就必然是焕然一新了。“七七”事变以前，我曾跟随杨廷宝先生在北京试做过少量的修缮工作，当时就琢磨过这问题，最后还是采取了“焕然一新”的老办法。这已是将近三十年前的事了，但直至今天，我还是认为把一座古文物建筑修得焕然一新，犹如把一些周鼎汉镜用擦桐油擦得油光晶亮一样，将严重损害到它的历史、艺术价值。这也是一个形式与内容的问题。我们究竟应该怎样处理？有哪些技术问题需要解决？很值得深入地研究一下。

在砖石建筑的重修上，也存在着这问题。但在技术上，我认为是比较容易处理的。在赵州桥的重修中，这方面没有得到足够的重视，这不能说不是一个遗憾。

我认为在重修具有历史、艺术价值的文物建筑中，一般应以“整旧如旧”为我们的原则。这在重修木结构时可能有很多技术上的困难，但在重修砖石结构时，就比较少些。

就赵州桥而论，重修以前，在结构上，由于二十八道并列的券向两侧倾离，只剩下二十三道了，而其中西面的三道，还是明末重修时换上的。当中的二十道，有些石块已经破裂或者风化，全桥真是危乎殆哉。但在外表形象上，即使是明末补砌的部分，都呈现苍老的面貌，石质则一般还很坚实。两端桥墩的石面也大致如此。这些石块大小都不尽相同，砌缝有些参嵯，再加上千百年岁月留下的痕迹、赋予这桥一种与它的高龄相适应的“面貌”，表现了它特有的“品格”和“个性”。作为一座古建筑，它的历史性和艺术性之表现，是和这种“品格”“个性”“面貌”分不开的。

在这次重修中，要保存这桥外表的饱经风霜的外貌是完全可以办到的。它的有利条件之一是桥券的结构采用了我国发券方法的一个古老传统，在主券之上加了缴背（亦称伏）一层。我们既然把这层缴背改为一道钢筋混凝土拱，承受了上面的荷载，同时也起了搭牵住下面二十八道平行并列的单券的作用，则表面完全可以用原来券面的旧石贴面。即使旧券石有少数要更换，也可以用桥身他处拆下的旧石代替，或者就在旧券石之间，用新石“打”几个“补钉”，使整座桥恢复“健康”、坚固，但不在面貌上“还童”“年轻”。今天我们所见的赵州桥，在形象上绝不给人以高龄一千三百岁的印象，而像是今天新造的桥——形与神不相称。这不能不说是美中不足。

与此对比，山东济南市去年在柳埠重修的唐代观音寺（九塔寺）塔是比较成功的。这座小塔已经很残破了。但在重修时，山东的同志们采取了“整旧如旧”的原则。旧的部分除了从内部结构上加固，或者把外面走动部分“归安”之外，尽可能不改，也不换料。补修部分，则用旧砖补砌，基本上保持了这座塔的“品格”和“个性”，给人以“老当益壮”，而不是“还童”的印象。我们应该祝贺山东的同志们的成功，并表示敬意。

一切经过试验

在九塔寺塔的重修中，还有一个好经验，值得我们效法。

九个小塔都已残破，没有一个塔刹存在。山东同志们在正式施工以前，在地面、在塔上，先用砖干摆，从各个角度观摩，看了改，改了看，直到满意才定案，正式安砌上去。这样的精神值得我们学习。

诚然，九座小塔都是极小的东西，做试验很容易；像赵州桥那样庞大的结构，做试验就很难了。但在赵县却有一个最有利的条件。西门外金代建造的永通桥（也是全国重点保护文物），真是“天造地设”的“试验室”。假使在重修大桥以前，先用这座小桥试做，从中吸取经验教训，那么，现在大桥上的一些缺点，也许就可以避免了。

毛主席指示我们“一切要通过试验”，在文物建筑修缮工作中，我们尤其应该牢牢记住。

古为今用与文物保护

我们保护文物，无例外地都是为了古为今用，但用之之道，则各有不同。

有些本来就是纯粹的艺术作品，如书画、造像等，在古代就只作观赏（或膜拜，但膜拜也是“观赏”的一种形式）之用；今用也只供观赏。在建筑中，许多石窟、碑碣、经幢和不可登临的实心塔，如北京的天宁寺塔、妙应寺白塔、赵县柏林寺塔等属于此类。有些本来有些实际用处，但今天不用，而只供观赏的，如殷周鼎爵、汉镜、带钩之类。在建筑中，正定隆兴寺的全部殿、阁，北京天坛祈年殿、皇穹宇等属于此类。当然，这一类建筑，今天若硬要给它“分配”一些实际用途，固然未尝不可，但一般说来，是难以适应今天的任何实际需要的功能的。就是北京故宫，尽管被利用为博物馆，但绝不是符合现代博物馆的要求的博物馆。但从另一角度说，故宫整个组群本身却是更主要的被“展览”的文物。上面所列举的若干类文物和建筑之为今用，应该说主要是为供观赏之用。当然我们还对它进行科学研究。

另外还有一类文物，本身虽古，具有重要的历史、艺术价值，但直至今天，还具有重要实用价值的。全国无数的古代桥梁是这一类中最突出的实例。虽然许多园林中也有许多纯粹为点缀风景的桥，但在横跨河流的交通孔道上的桥，主要的乃至唯一的目的就是交通。赵县西门外永通桥，尽管已残破歪扭，但就在我们在那里视察的不到一小时的时间内，就有五六辆载重汽车和更多的大车从上面经过。重修以前的安济桥也是经常负荷着沉重的交通流量的。

而现在呢，崭新的桥已被“封锁”起来了。虽然旁边另建了一道便桥，但行人车马仍感不便。其实在重修以前，这座大石桥，和今天西门外的小石桥一样，还是经受着沉重的负荷的。现在既然“脱胎换骨”，十分健壮，理应能更好地为交通服务。假使为了慎重起见，可使载重汽车载重兽力车绕行便桥，一般行人、自行车、小型骡马车、牲畜、小汽车等，还是可以通行的。桥不是只供观赏的。重修之后，古桥仍须为今用——同时发挥它作为文物建筑和作为交通桥梁的双重的，既是精神的，又是物质的作用。当然在保护方面，二者之间有矛盾。负责保管这桥的同志只能妥筹办法，而不能因噎废食。

文物建筑不同于其他文物，其中大多在作为文物而受到特殊保护之同时，还要被恰当地利用。应当按每一座或每一组群的具体情况拟订具体的使用和保护办法，还应当教育群众和文物建筑的使用者尊重、爱护。

涂脂抹粉与输血打针

几千年的历史给我们留下了大量的文物建筑。国务院在1961年已经公布了第一批全国重点文物保护单位。在我国几千年历史中，文物建筑第一次真正受到政府的重视和保护。每年国家预算都拨出巨款为修缮、保管文物建筑之用。即使在遭受连年自然灾害的情况下，文物建筑之修缮保管工作仍得到不小的款额。这对我们是莫大的鼓舞。这些钱从我们手中花出去，每一分钱都是工人、农民同志的汗水的结晶，每一分钱都应该花得“铛铛”地响，——把钢用在刀刃上。

问题在于，在文物建筑的重修与维护中，特别是在我国目前经济情况下，什么是“刀刃”？“刀刃”在哪里？

我们从历代祖先继承下来的建筑遗产是一份珍贵的文化遗产，但同时也是一个分量不轻的“包袱”。它们绝大部分都是已经没有什么实用价值的东西；它们主要的甚至唯一的价值就是历史或者艺术价值。它们大多数是千几百年的老建筑，有砖石建筑，有木构房屋，有些还比较硬朗、结实，有些则“风烛残年”，危在旦夕。对它们进行维修，需要相当大的财力、物力。而在人力方面，按比例说，一般都比新建要投入大得多的工作和时间。我们的主观愿望是把有价值的文物建筑全部修好。但“百废俱兴”是不可能的。除了少数重点如赵县大石桥、北京故宫、敦煌莫高窟等能得到较多的“照顾”外，其他都要排队，分别轻重缓急，逐一处理。但同时又须意识到，这里面有许多都是危在旦夕的“病号”，必须准备“急诊”，随时抢救。抢救需要“打强心针”“输血”，使“病号”“苟延残喘”，稳定“病情”，以待进一步恢复“健康”。对一般的砖石建筑说来，除去残破严重的大跨度发券结构（如重修前的赵县大石桥和目前的小石桥）外，一般都是“慢性病”，多少还可以“带病延年”，急需抢救的不多。但木构架建筑，主要构材（如梁、柱）和结构关键（如脊或檩）的开始蛀蚀腐朽，如不及时“治疗”，“病情”就会迅速发展，很快就“病入膏肓”，救药就越来越困难了。无论我们修缮文物建筑的经费有多少，必然会少于需要的款额或材料、人力的。这种分别轻重缓急、排队逐一处理的情况都将长期间存在。因此，各地文物保管部门的重要工作之一就在及时发现这一类急需抢救的建筑和它们“病症”的关键，及时抢修，防止其继续破坏下去，去把它稳定下来，如同输血、打强心针一样，而不应该“涂脂抹粉”，做表面文章。

正定隆兴寺除了重修了转轮藏和慈氏阁之外，还清除了大觉六师殿遗址的瓦砾堆，将原来的殿基和青石佛坛清理出来，全寺环境整洁，这是很好的。但摩尼殿的木构柱梁（过去虽曾一度重修）有许多已损坏到岌岌可危的程度，戒坛也够资格列入“危险建筑”之列了。此外，正定城内还有若干处急需保护以免继续坏下去的文物建筑。今年度正定分到的维修费是不太多的，理应精打细算，尽可能地做些“输血、打针”的抢救工作。但我们所了解到的却是以经费中很大部分去做修补大觉六师殿殿基和佛坛的石作。这是一个对于文物建筑的概念和保护修缮的基本原则的问题。古埃及、希腊、罗马的建筑遗物绝大多数是残破不全的，修缮工作只限于把倾倒坍塌的原石归安本位，而绝不应为添制新的部分。即使有时由于结构的必需而“打”少数“补钉”，亦仅是由于维持某些部分使不致拼不拢或者搭不起来，不得已而为之。大觉六师殿殿基是一个残存的殿基，而且也只是一个残存的殿基。它不同于转轮藏和慈氏阁，丝毫没有修补或再加工的必要。在这里，可以说钢是没有用在刀刃上了。这样的做法，我期期以为不可，实在不敢赞同。

正定城内很值得我们注意的是开元寺钟楼。许多位同志都认为这座钟楼，除了它上层屋顶外，全部主要构架和下檐都是唐代结构。这是一座很不惹人注意的小楼。我们很有条件参照下檐斗栱和檐部结构，并参考一些壁画和实物，给这座小楼恢复一个唐代样式屋顶，在一定程度上恢复它的本来面目。以我们所掌握的对唐代建筑的知识，肯定能够取得“虽不中亦不远矣”的效果，总比现在的样子好得多。估计这项工程所费不大，是一项“事半功倍”的值得做的好事。同时，我们也可以借此进行一次试验，为将来复修或恢复其他唐代建筑的工作取得一点经验。我很同意同志们的这些意见和建议。这座钟楼虽然不是需要“输血打针”的“重病号”，但也可以算是值得“用钢”的“刀刃”吧。

红花还要绿叶托

一切建筑都不是脱离了环境而孤立存在的东西。它也许是一座秀丽的楼阁，也许是一座挺拔的宝塔，也许是平铺一片的纺织厂，也许是四根、六根大烟囱并立的现代化热电站，但都不能“独善其身”。对人们的生活，对城乡的面貌，它们莫不对环境发生一定影响；同时，也莫不受到环境的影响。在文物建筑的保管、维护工作中，这是一个必须予以考虑的方面。文化部规定文物建筑应有划定的保管范围，这是完全必要的。对于划定范围的具体考虑，我想补充几点。除了应有足够的范围，便于保管外，还应首先考虑到观赏的距离和角度问题。范围不可太小，必须给观赏者可以从至少一个角度或两三个角度看见建筑物全貌的足够距离，其中包括便于画家和摄影家绘画、摄影的若干最好的角度。

其次是绿化问题。文物建筑一般最好都有些绿化的环境。但绿化和观赏可能发生矛盾，甚至对建筑物的保护也可能发生矛盾。去年到蓟县看见独乐寺观音阁周围种树离阁太近了，而且种了三四排之多。这些树长大后不仅妨碍观赏，而且树枝会和阁身“打架”，几十年后还可能挤坏建筑；树根还可能伤害建筑物的基础。因此，绿化应进行设计：大树要离建筑物远些，要考虑将来成长后树形与建筑物体形的协调；近处如有必要，只宜种些灌木，如丁香、刺梅之类。

残破低矮的建筑遗址，有些是需要一些绿化来衬托衬托的，但也不可一概而论。正定龙兴寺北半部已有若干棵老树，但南半大觉六师殿址周围就显得秃了些。六师殿址前后若各有一对松柏一类的大树，就会更好些。殿址之北，摩尼殿前的东西配殿遗址，现在用柏树篱一周围起，就使人根本看不到殿址了。这里若用树篱，最好只种三面，正面要敞开，如同三扇屏风，将殿基残址衬托出来。

绿化如同其他艺术一样，也有民族形式问题。我国传统的绿化形式一般都采取自然形式。西方将树木剪成各种几何形体的办法，一般是难与我国环境协调，枯燥无味的。但我们也不应一概拒绝，例如在摩尼殿前配殿基址就可以用剪齐的树屏风。但有些在地面上用树木花草摆成几何图案，我是不敢赞同的。

有若无，实若虚，大智若愚

在重修文物建筑时，我们所做的部分，特别是在不得已的情况下，我们加上去的部分，它们在文物建筑本身面前，应该采取什么样的态度，是我们应该正确认识的问题。这和前面所谈“整旧如旧”事实上是同一问题。

游故宫博物院书画馆的游人无不痛恨乾隆皇帝。无论什么唐、宋、元、明的最珍贵的真迹上，他都要题上冗长的歪诗，打上他那“乾隆御览之宝”“古稀天子之宝”的图章。他应被判为一名破坏文物的罪在不赦的罪犯。他在爱惜文物的外衣上，拼命地表现自己。我们今天重修文物建筑时，可不要犯他的错误。

前一两年曾见到龙门奉先寺的保护方案，可以借来说明我一些看法。

奉先寺卢舍那佛一组大像原来是有木构楼阁保护的；但不知从什么时候起（推测甚至可能从会昌灭法时），就已经被毁。一组大像露天危坐已经好几百年，已经成为人们脑子里对于龙门石窟的最主要的印象了。但今天，我们不能让这组中国雕刻史中最重要的杰作之一继续被大自然损蚀下去，必须设法保护，不使再受日晒雨淋。给它做一些掩盖是必要的。问题在于做什么？和怎样做？

见到的几个方案都采取柱廊的方式。这可能是最恰当的方式。这解决了“做什么”的问题。

至于怎样做，许多方案都采用了粗壮有力的大石柱，上有雕饰的柱头，下有华丽的柱础；柱上有相当雄厚的檐子。给人的印象略似北京人民大会堂的柱廊。唐朝的奉先寺装上了今天常见的大礼堂或大剧院的门面！这不仅“喧宾夺主”，使人们看不见卢舍那佛的组像，而且改变了龙门的整个气氛。我们正在进行伟大的社会主义建设，在建设中我们的确应该把中国人民的伟大气概表达出来。但这应该表现在长江大桥上，在包钢、武钢上，在天安门广场、长安街、人民大会堂、革命历史博物馆上，而不应该表现在龙门奉先寺上。在这里，新中国的伟大气概要表现在尊重这些文物、突出这些文物。我们所做的一切维修部分，在文物跟前应当表现得十分谦虚，只做小小“配角”，要努力做到“无形中”把“主角”更好地衬托出来，绝不应该喧宾夺主影响主角地位。这就是我们伟大气概的伟大的表现。

在古代文物的修缮中，我们所做的最好能做到“有若无，实若虚，大智若愚”，那就是我们最恰当的表现了。

解放以来，负责保管和维修文物建筑的同志们已经做了很多出色的工作，积累了很多经验，而我自己在具体设计和施工方面却一点也没有做。这次到赵县、正定走马观花一下，回来就大发谬论，累牍盈篇，求全责备，吹毛求疵，实在是荒唐狂妄之极。只好借杨大年一首诗来为自己开脱。诗曰：

鲍老当筵笑郭郎，笑他舞袖太郎当；
若教鲍老当筵舞，定比郎当舞袖长！

谈“博”而“精”①

每一个同学在毕业的时候都要成为一个秀才。但是我们应该怎样去理解“专”的意义呢？“专”不等于把自己局限在一个“牛角尖”里。党号召我们要“一专多能”，这“一专”就是“精”，“多能”就是“博”。既有所专而又多能，既精于一而又博学，这是我们每个人在求学上应有的修养。

求学问需要精，但是为了能精益求精，专得更好就需要博。“博”和“精”不是对立的，而是互相联系着的同一事物的两个方面。假使对于有联系的事物没有一定的知识，就不可能对你所要了解的事物真正地了解。特别是今天的科学技术越来越专门化，而每一专门学科都和许多学科有着不可分割的联系。因此，在我们的专业学习中，为了很好地深入理解某一门学科，就有必要对和它有关的学科具有一定的知识，否则想对本学科真正地深入是不可能的。这是一种中心和外围的关系，这样的“外围基础”是每一门学科所必不可少的。“外围基础”越宽广深厚，就越有利于中心学科之更精更高。

拿土建系的建筑学专业和工业与民用建筑专业来说，由于建筑是一门和人类的生产和生活关系最密切的技术科学，一切生产和生活的活动都必须有房屋，而生产和生活的功能要求是极其多样化的。因此，要使我们的建筑满足各式各样的要求，设计人就必须对这些要求有一定的知识；另一方面，人们对于建筑功能的要求是无止境的，科学技术的不断进步就为越来越大限度地满足这些要求创造出更有利的条件，有利的科学技术条件又推动人们提出更高的要求。如此循环，互为因果地促使建筑科学技术不断地向前发展。到今天，除了极简单的小型建筑可能由建筑师单独设计外，绝大多数建筑设计工作都必须由许多不同专业的工程

① 本文原载《新清华》1961年7月28日第三版。——左川注

师共同担当起来。不同工种之间必然存在着种种矛盾，因此就要求各专业工程师对于其他专业都有一定的知识，彼此了解工作中存在的问题，才能够很好地协作，使矛盾统一，汇合成一个完美的建筑整体。

1958年以来设计大剧院、科技馆、博物馆等几项巨型公共建筑，就是由若干系的十几个专业协作共同担当起来的。在这一次真刀真枪的协作中，工作的实际迫使我们更多地彼此了解。通过这一过程，各工种的设计人对有关工种的问题有了了解，进行设计考虑问题也就更全面了；这就促使着自己专业的设计更臻完善。事实证明，“博”不但有助于“精”，而且是“精”的必要条件。闭关自守、固步自封地求“精”就必然会陷入形而上学的泥坑里。

再拿建筑学这一专业来说，它的范围从一个城市的规划到个体建筑乃至细部装饰的设计。城市规划是国民经济和城市社会生活的反映，必须适应生产和生活的全面要求，因此要求规划设计人员对城市的生产和生活——经济和社会情况有深入的知识。每一座个体建筑也是由生产或者生活提出的具体要求而进行设计的。大剧院的设计人员就必须深入了解一座剧院从演员到观众，从舞台到票房，从声、光到暖、通、给排水、机、电以及话剧、京剧、歌舞剧、独唱、交响乐等等各方面的要求。建筑的工程和艺术的双重性又要求设计人员具有深入的工程结构知识和高度艺术修养，从新材料、新技术一直到建筑的历史传统和民族特征。这一切都说明“博”是“精”的基础，“博”是“精”的必要条件。为了“精”我们必须长期不懈地培养自己专业的“外围基础”。

必须明确：我们所要的“博”并不是漫无边际的无所不知、无所不晓。“博”可以从两个要求的角度去培养。一方面是以自己的专业为中心的“外围基础”的知识。在这方面既要提防漫无边际，又要提防兴之所至而引入歧途，过分深入地去钻研某一“外围”的问题，钻了“牛角尖”。另一方面是为了个人的文化修养的要求可以对于文学、艺术等方面进行一些业余学习。这可以丰富自己的知识，可以陶冶性灵，是结合劳逸的一种有效且有益的方法。党对这是非常重视的。解放以来出版的大量的文学、艺术图籍，美不胜数的电影、音乐、戏剧、舞蹈演出和各种展览会就是有力的证明。我们应该把这些文娱活动也看作培养我们身心修养的“博”的一部分。

建筑师是怎样工作的？①

上次谈到建筑作为一门学科的综合性，有人就问，“那么，一个建筑师具体地又怎样进行设计工作呢？”多年来就不断地有人这样问过。

首先应当明确建筑师的职责范围。概括地说，他的职责就是按任务提出的具体要求，设计最适用、最经济，符合于任务要求的坚固度而又尽可能美观的建筑；在施工过程中，检查并监督工程的进度和质量；工程竣工后还要参加验收的工作。现在主要谈谈设计的具体工作。

设计首先是用草图的形式将设计方案表达出来。如同绘画的创作一样，设计人必须“意在笔先”。但是这个“意”不像画家的“意”那样只是一种意境和构图的构思，（对不起，画家同志们，我有点简单化了！）而需要有充分的具体资料和科学根据。他必须先做大量的调查研究，而且还要“体验生活”。所谓“生活”，主要的固然是人的生活，但在一些生产性建筑的设计中，他还需要“体验”一些高炉、车床、机器……等等的“生活”。他的立意必须受到自然条件，各种材料技术条件，城市（或乡村）环境，人力、财力、物力以及国家和地方的各种方针、政策、规范、定额、指标等等的限制。有时他简直是在极其苛刻的羁绊下进行创作。不言而喻，这一切之间必然充满了矛盾。建筑师“立意”的第一步就是掌握这些情况，统一它们之间的矛盾。

具体地说：他首先要从适用的要求下手，按照设计任务书提出的要求，拟定各种房间的面积、体积。房间各有不同用途，必须分隔；但彼此之间又必然有一定的关系，必须联系。因此必须全面综合考虑，合理安排——在分隔之中求得联系，在联系之中求得分隔。这种安排很像摆“七巧板”。

什么叫合理安排呢？举一个不合理的（有点夸张到极端化的）例子。

① 本文原载《人民日报》1962年4月29日第五版。

假使有一座北京旧式五开间的平房，分配给一家人用。这家人需要客厅、餐厅、卧室、卫生间、厨房各一间。假使把这五间房间这样安排：

可以想象，住起来多么不方便！客人来了要通过卧室才走进客厅；买来柴米油盐鱼肉蔬菜也要通过卧室、客厅才进厨房；开饭又要端着菜饭走过客厅、卧室才到餐厅；半夜起来要走过餐厅才能到卫生间解手！只有“饭前饭后要洗手”比较方便。假使改成这样：

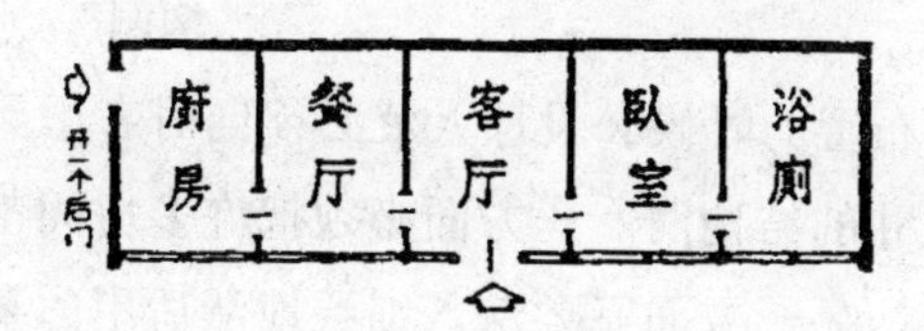

就比较方便合理了。

当一座房屋有十几、几十，乃至几百间房间都需要合理安排的时候，它们彼此之间的相互关系就更加多方面而错综复杂，更不能像我们利用这五间老式平房这样通过一间走进另一间，因而还要加上一些除了走路之外更无他用的走廊、楼梯之类的“交通面积”。房间的安排必须反映并适应组织系统或生产程序和生活的需要。这种安排有点像下棋，要使每一子、每一步都和别的棋子有机地联系着，息息相关；但又须有一定的灵活性以适应改作其他用途的可能。当然，“适用”的问题还有许多其他方面，如日照（朝向）、避免城市噪音、通风……等等，都要在房间布置安排上给予考虑。这叫作“平面布置”。

但是平面布置不能单纯从适用方面考虑。必须同时考虑到它的结构。房间有大小高低之不同，若完全由适用决定平面布置，势必有无数大小高低不同、参差错落的房间，建造时十分困难，外观必杂乱无章。一般地说，一座建筑物的外墙必须是一条直线（或曲线）或不多的几段直线。里面的隔断墙也必须按为数不太多的几种距离安排；楼上的墙必须砌在楼下的墙上或者一根梁上。这样，平面布置就必然会形成一个棋盘式的

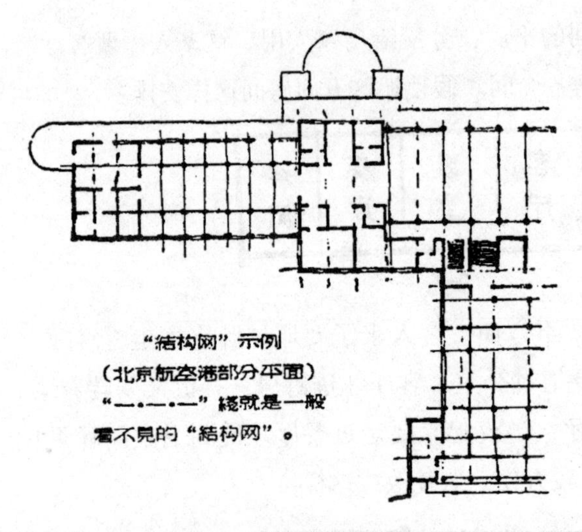

“結构网”示例
（北京航空港部分平面）
“—·—·—”綫就是一般
看不見的“結构网”。

网格。即使有些位置上不用墙而用柱，柱的位置也必须像围棋子那样立在网格的“十”字交叉点上——不能使柱子像原始森林中的树那样随便乱长在任何位置上。这主要是由于使承托楼板或屋顶的梁的长度不致长短参差不齐而决定的。这叫作“结构网”（见左图）。

在考虑平面布置的时候，设计人就必须同时考虑到几种最能适应任务需求的房间尺寸的结构网。一方面必须把许多房间都“套进”这结构网的“框框”里；另一方面又要深入细致地从适用的要求以及建筑物外表形象的艺术效果上去选择、安排它的结构网。适用的考虑主要是对人，而结构的考虑则要在满足适用的大前提下，考虑各种材料技术的客观规律，要尽可能发挥其可能性而巧妙地利用其局限性。

事实上，一位建筑师是不会忘记他也是一位艺术家的“双重身份”的。在全面综合考虑并解决适用、坚固、经济、美观问题的同时，当前三个问题得到圆满解决的初步方案的时候，美观的问题，主要是建筑物的总的轮廓、姿态等问题，也应该基本上得到解决。

当然，一座建筑物的美观问题不仅在它的总轮廓，还有各部分和构件的权衡、比例、尺度、节奏、色彩、表质和装饰……等等，犹如一个人除了总的体格身段之外，还有五官、四肢、皮肤等，对于他的美丑也有极大关系。建筑物的每一细节都应当从艺术的角度仔细推敲，犹如我们注意一个人的眼睛、眉毛、鼻子、嘴、手指、手腕……等等。还有脸上是否要抹一点脂粉，眉毛是否要画一画。这一切都是要考虑的。在设计推敲的过程中，建筑师往往用许多外景、内部、全貌、局部、细节的立面图或透视图，素描或者着色，或用模型，作为自己研究推敲或者向业主说明他的设计意图的手段。

当然，在考虑这一切的同时，在整个构思的过程中，一个社会主义的建筑师还必须时时刻刻绝不离开经济的角度去考虑，除了“多、快、好”之外，还必须“省”。

一个方案往往是经过若干个不同方案的比较后决定下来的。我们首都的人民大会堂、革命历史博物馆、美术馆等方案就是这样决定的。决定下来之后，还必然要进一步深入分析、研究，经过多次重复修改，才能作最后定案。

方案决定后，下一步就要做技术设计，由不同工种的工程师，首先是建筑师和结构工程师，以及其他各种——采暖、通风、照明、给水排水……等设备工程师进行技术设计。在这阶段中，建筑物里里外外的一切，从房屋的本身的高低、大小，每一梁、一柱、一墙、一门、一窗、一梯、一步、一花、一饰，到一切设备，都必须用准确的数字计算出来，画成图样。恼人的是，各种设备之间以及它们和结构之间往往是充满了矛盾的。许多管道线路往往会在墙壁里面或者顶棚上面“打架”，建筑师就必须会同各工种的工程师做“汇总”综合的工作，正确处理建筑内部矛盾的问题，一直到适用、结构、各种设备本身技术上的要求和它们的作用的充分发挥、施工的便利……等方面都各得其所，互相配合而不是互相妨碍、扯皮。然后绘制施工图。

施工图必须准确，注有详细尺寸。要使工人拿去就可以按图施工。施工图有如乐队的乐谱，有综合的总图，有如“总谱”；也有不同工种的图，有如不同乐器的“分谱”。它们必须协调、配合。详细具体内容就不必多讲了。

设计制图不是建筑师唯一的工作。他还要对一切材料、做法编写详细的“做法说明书”，说明某一部分必须用哪些哪些材料如何如何地做。他还要编订施工进度、施工组织、工料用量等等的初步估算，作出初步估价预算。必须根据这些文件，施工部门才能够做出准确的详细预算。

但是，他的设计工作还没有完。随着工程施工开始，他还需要配合施工进度，经常赶在进度之前，提供各种“详图”（当然，各工种也要及时地制出详图）。这些详图除了各部分的构造细节之外，还有里里外外大量细节（有时我们管它叫“细部”）的艺术处理、艺术加工。有些比较复杂的结构、构造和艺术要求比较高的装饰性细节，还要用模型（有时是“足尺”模型）来作为“详图”的一种形式。在施工过程中，还可能临时发现由于设计中或施工中的一些疏忽或偏差而使结构“对不上头”或者“合不上口”的地方，这就需要临时修改设计。请不要见笑，这等窘境并不是完全可以避免的。

除了建筑物本身之外，周围环境的配合处理，如绿化和装饰性的附属“小建筑”（灯杆、喷泉、条凳、花坛乃至一些小雕像等等）也是建筑师设计范围内的工作。就一座建筑物来说，设计工作的范围和做法大致就是这样。建筑是一种全民性的、体积最大、形象显著、“寿命”极长的“创作”。谈谈我们的工作方法，也许可以有助于广大的建筑使用者，亦即六亿五千万“业主”更多地了解这一行道，更多地帮助我们，督促我们，鞭策我们。

千篇一律与千变万化[1]

在艺术创作中，往往有一个重复和变化的问题：只有重复而无变化，作品就必然单调枯燥；只有变化而无重复，就容易陷于散漫零乱。在有“持续性”的作品中，这一问题特别重要。我所谓“持续性”，有些是由于作品或者观赏者由一个空间逐步转入另一空间，所以同时也具有时间的持续性，成为时间、空间的综合的持续。

音乐就是一种时间持续的艺术创作。我们往往可以听到在一首歌曲或者乐曲从头到尾持续的过程中，总有一些重复的乐句、乐段——或者完全相同，或者略有变化。作者通过这些重复而取得整首乐曲的统一性。

音乐中的主题和变奏也是在时间持续的过程中，通过重复和变化而取得统一的另一例子。在舒伯特的“鳟鱼”五重奏中，我们可以听到持续贯串全曲的、极其朴素明朗的“鳟鱼”主题和它的层出不穷的变奏。但是这些变奏又“万变不离其宗”——主题。水波涓涓的伴奏也不断地重复着，使你形象地看到几条鳟鱼在这片伴奏的“水”里悠然自得地游来游去嬉戏，从而使你“知鱼之乐”焉。

舞台上的艺术大多是时间与空间的综合持续。几乎所有的舞蹈都要将同一动作重复若干次，并且往往将动作的重复和音乐的重复结合起来，但在重复之中又给以相应的变化；通过这种重复与变化以突出某一种效果，表达出某一种思想感情。

在绘画的艺术处理上，有时也可以看到这一点。

宋朝画家张择端的《清明上河图》[2]是我们熟悉的名画。它的手卷的形式赋予它以空间、时间都很长的“持续性”。画家利用树木、船只、房屋，特别是那无尽的瓦陇的一些共同特征，重复排列，以取得几条街道

① 本文原载《人民日报》1962年5月20日第五版。——左川注

② 故宫博物院藏，文物出版社有复制本。——作者注

(亦即画面) 的统一性。当然，在重复之中同时还闪烁着无穷的变化。不同阶段的重点也螺旋式地变换着在画面上的位置，步步引人入胜。画家在你还未意识到以前，就已经成功地以各式各样的重复把你的感受的方向控制住了。

宋朝名画家李公麟在他的《放牧图》①中对于重复性的运用就更加突出了。整幅手卷就是无数匹马的重复，就是一首乐曲，用“骑”和“马”分成几个“主题”和“变奏”的“乐章”。表示原野上低伏缓和的山坡的寥寥几笔线条和疏疏落落的几棵孤单的树就是它的“伴奏”。这种“伴奏” (背景) 与主题间简繁的强烈对比也是画家惨淡经营的匠心所在。

上面所谈的那种重复与变化的统一在建筑物形象的艺术效果上起着极其重要的作用。古今中外的无数建筑，除去极少数例外，几乎都以重复运用各种构件或其他构成部分作为取得艺术效果的重要手段之一。

就举首都人民大会堂为例。它的艺术效果中一个最突出的因素就是那几十根柱子。虽然在不同的部位上，这一列和另一列柱在高低大小上略有不同，但每一根柱子都是另一根柱子的完全相同的简单重复。至于其他门、窗、檐、额等等，也都是一个个依样葫芦。这种重复却是给予这座建筑以其统一性和雄伟气概的一个重要因素；是它的形象上最突出的特征之一。

历史中最突出的一个例子是北京的明清故宫。从 (已被拆除了的) 中华门 (大明门、大清门) 开始就以一间接着一间，重复了又重复的千步廊一口气排列到天安门。从天安门到端门、午门又是一间间重复着的“千篇一律”的朝房。再进去，太和门和太和殿、中和殿、保和殿成为一组的“前三殿”与乾清门和乾清宫、交泰殿、坤宁宫成为一组的“后三殿”的大同小异的重复，就更像乐曲中的主题和“变奏”：每一座的本身也是许多构件和构成部分 (乐句、乐段) 的重复；而东西两侧的廊、庑、楼、门，又是比较低微的，以重复为主但亦有相当变化的“伴奏”。然而整个故宫，它的每一个组群，却全部都是按照明清两朝工部的“工程做法”的统一规格、统一形式建造的，连彩画、雕饰也尽如此，都是无尽

① 《人民画报》1961年第六期有这幅名画的部分复制品。——作者注

的重复。我们完全可以说它们“千篇一律”。

但是，谁能不感到，从天安门一步步走进去，就如同置身于一幅大“手卷”里漫步；在时间持续的同时，空间也连续着“流动”。那些殿堂、楼门、廊庑虽然制作方法千篇一律，然而每走几步，前瞻后顾，左睇右盼，那整个景色、轮廓、光影，却都在不断地改变着；一个接着一个新的画面出现在周围，千变万化。空间与时间、重复与变化的辩证统一在北京故宫中达到了最高的成就。

颐和园里的谐趣园，绕池环览整整三百六十度周圈，也可以看到这点（下图）。

至于颐和园的长廊，可谓千篇一律之尤者也。然而正是那目之所及的无尽的重复，才给游人以那种只有它才能给的特殊感受。大胆来个荒谬绝伦的设想：那八百米长廊的几百根柱子，几百根梁坊，一根方，一根圆，一根八角，一根六角……；一根肥，一根瘦，一根曲，一根直……；一根木、一根石，一根铜，一根钢筋混凝土……；一根红，一根绿，一根黄，一根蓝……；一根素净无饰，一根高浮盘龙，一根浅雕卷草，一根彩绘团花……；这样“千变万化”地排列过去，那长廊将成何景象?!

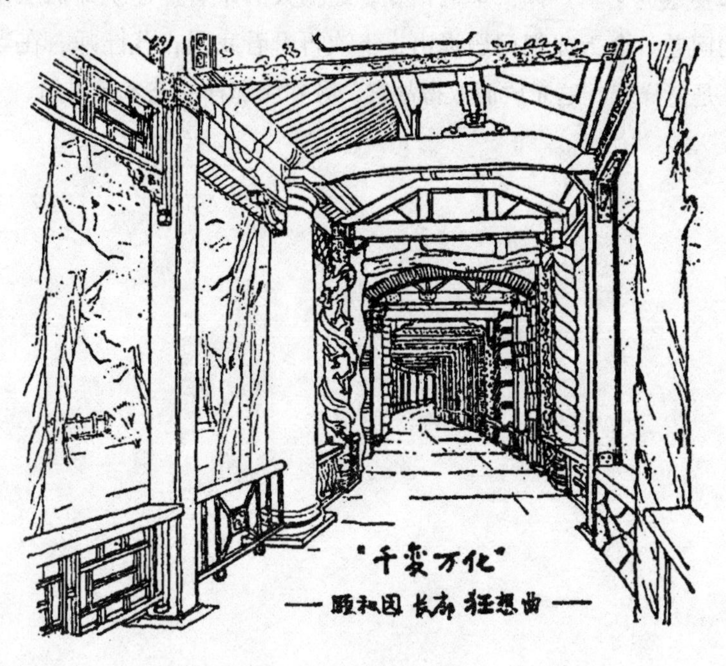
“千变万化”
——颐和园长廊狂想曲——

有人会问：那么走到长廊以前，乐寿堂临湖迴廊墙上的花窗不是各具一格，千变万化的吗？是的。就迴廊整体来说，这正是一个“大同小异”，大统一中的小变化的问题。既得花窗“小异”之谐趣，无伤迴廊“大同”之统一。且先以这样花窗小小变化，作为廊柱无尽重复的“前奏”，也是一种“欲扬先抑”的手法。

翻开一部世界建筑史，凡是较优秀的个体建筑或者组群，一条街道或者一个广场，往往都以建筑物形象重复与变化的统一而取胜。说是千篇一律，却又千变万化。每一条街都是一轴“手卷”、一首“乐曲”。千篇一律和千变万化的统一在城市面貌上起着重要作用。

十二年来，我们规划设计人员在全国各城市的建筑中，在这一点上做得还不能尽满人意。为了多快好省，我们做了大量标准设计，但是“好”中既也包括艺术的一面，就也“百花齐放”。我们有些住宅区的标准设计“千篇一律”到孩子哭着找不到家；有些街道又一幢房子一个样式、一个风格，互不和谐，即使它们本身各自都很美观，放在一起就都“损人”且不“利己”，“千变万化”到令人眼花缭乱。我们既要百花齐放，丰富多彩，却要避免杂乱无章，相互减色；既要和谐统一，全局完整，却要避免千篇一律，单调枯燥。这恼人的矛盾是建筑师们应该认真琢磨的问题。今天先把问题提出，下次再看看我国古代匠师，在当时条件下，是怎样统一这矛盾而取得故宫、颐和园那样的艺术效果的。

后记：梁思成建筑创作思想学习笔记①

一代宗师梁思成先生对中国建筑事业的贡献是开创性的，是多方面的。他在建筑教育、建筑史学、城市规划、历史古城和古建筑保护诸方面的造诣和成就，已为国内外专家学者和广大公众所公认。但是，对于梁先生的建筑创作思想和理论著述，知其全貌和精神实质者，也只在他周围的同事和弟子之中。由于我国50年代以来一系列的“批判”，梁思成先生的形象至今还笼罩在“复古主义”的阴影之中。不论是历史产生的分歧，还是无知产生的误会，对梁先生建筑创作思想和理论著述的忽视，都是不利于我国建筑创作的健康发展的。

梁思成建筑创作思想，反映在他的建筑作品和理论著述之中，这是他毕生成就中光彩夺目的一个重要组成部分。当我们系统地、认真地学习梁先生的论述时，那拳拳爱国之心，那勃勃创造之意，深深地激励着我们。

五年前，笔者曾将梁先生有关这方面的著述进行分类摘抄，用心领会，受益匪浅。现在梁先生诞辰百年纪念在即，重又整理这些笔记，温故而知新，尤其面对当前国内外建筑创作的发展，感慨良多。现奉上这份笔记以志纪念。

一　建筑创作的目标与方向

我们这个时期，也是中国新建筑师产生的时期，他们自己在文化上的地位是他们自己所知道的。……我希望他们认清目标，共同努力地为

① 本文为国家级建筑设计大师、中国工程院院士张锦秋女士，为纪念梁思成诞辰100周年所作。她全面、深入、系统地梳理了梁先生的建筑设计创作思想，对吾辈学习研究梁的建筑理论当有很大帮助，特转载于此。——林洙注

中国创造新建筑，不宜再走外国人模仿中国式样的路。

1935年《建筑设计参考图集序》

由历史的眼光看来，这是个应当复兴的时代，若不然，这个系统的建筑便已到了他的末日了。我们虔诚地希望今日的建筑师不要徒然对古建筑作形式上的模仿，他们不应该做一座座唐代或宋代或清代的建筑。……我们今日的建筑如何能最适合于今日之用，乃是建筑师们当今急需解决的问题。

1936年《建筑设计参考图集第五集·斗拱简说》

我们有传统习惯和趣味：家庭组织、生活程度、工作、游息，以及烹饪、缝纫、室内的书画陈设、室外的庭院花木，都不与西人相同。这一切表现的总表现曾是我们的建筑。现在我们不必削足就履，将生活来将就欧美的布置，或张冠李戴，颠倒欧美建筑的作用。我们要创造适合于自己的建筑。

中国建筑既是延续了两千余年的一种工程技术，本身已造成了一个艺术系统。许多建筑物便是我们文化的表现，艺术的大宗遗产。

在传统的血液中另求新的发展，也成为今日应有的努力。

1946年《为什么研究中国建筑》

今后中国的建筑必须是“民族的、科学的、大众的”建筑，而“民族的”则必须发扬我们数千年传统的优点。……二十余年来，我在参加中国营造学社的研究工作中，同若干位建筑师曾经在国内做过普遍的调查。……其目的就在寻求实现一种“民族的、科学的、大众的”建筑的途径。

1950年《致朱总司令信——关于中南海新建宿舍问题》

我们中国本来有我们中国体系的建筑。……现在大家都认为我们的建筑也要走苏联和其他民主国家的路，那就是走“民族的形式，社会主义的内容”的路，而扬弃那些世界主义的光秃秃的玻璃盒子。

1954年《祖国的建筑》

“新而中，中而古，西而新，西而古”是我在讨论国庆工程的一次会议上提出来的。……我所谓“新”就是社会主义的，所谓“中”就是具有民族风格的。“新而中”就是“中国的社会主义的民族风格”。

1959年《在住宅建筑标准及建筑艺术问题座谈会上关于建筑艺术部分的发言》

笔者体会

在学习梁先生这些论述之后，我理解到梁先生早在1935年就明确提出了“为中国创造新建筑”的主张。30多年风云变幻，尽管随着社会形势的变化，不同时期梁先生的具体提法有所不同，但“创造合乎今日之用的中国新建筑”这一核心思想则始终明确无异。

梁先生高瞻远瞩，站在历史的高度，审视中国建筑在世界建筑发展潮流中的地位和去向；同时，不仅把建筑作为工程技术，还把它摆在文化的层面上来观察分析。因而，强调了保持中国特色的必要性。

作为在海外得以深造并目睹了西方建筑新发展的建筑学家，他深知中国固有的传统建筑面对现代之局限性，甚至有不图新则末日将临之感。可见先生求新之切。

二 建筑上的传统与革新

这个时代的艺术，如果故意地避免机械和新科学材料的应用，便是作伪，不真实，失却反映时代的艺术的真正价值。

1935年《建筑设计参考图集序》

无疑的将来中国将大量采用西洋现代建筑材料与技术。……如何接受新科学的材料方法而仍能表现中国特有的作风及意义，老树上发出新枝，则真是问题了。

1946年《为什么研究中国建筑》

艺术创造不能完全脱离以往的传统基础而独立。这在注重画学的中国应该用不着解释。能发挥新创都是受过传统熏陶的。即使突然接受一种崭新的形式，根据外来思想的影响，也仍然能表现本国精神。如南北朝的佛教雕刻，或唐宋的寺塔，都起源于印度，非中国本有的观念，但结果仍以中国风格造成成熟的中国特有艺术，驰名世界。艺术的进境是基于丰富的遗产上，今后的中国建筑自亦不能例外。

1946年《为什么研究中国建筑》

以往的建筑是为少数人的享乐的，今天是为人民；以往是半殖民地的，今后应是民族的。我们只采取西方技术的优点，而不盲从其形式。

1950年《致朱总司令信——关于中南海新建宿舍问题》

传统和革新是矛盾的两个对立面，其中主要的一面是革新。我们不是抄袭搬用，而是批判地吸收，是在传统的基础上革新。在革新的过程中，旧的有所破，新的有所立。在破与立的过程中新的就产生出来了。

我们的革新就是对传统的革命。革命的目的就是使古为今用，使它们对我们的社会主义建设有利。

新材料、新结构和新的施工方法对于传统之承继与革新有着巨大的影响。一方面新的材料结构和技术已经使得原封不动地去做古建筑的翻版成为不可能；另一方面这些新的条件也为我们创造了革新和发展的有利条件和广阔的前程。在国庆工程中，铁路车站和电影宫就是在传统风格上结合薄壳结构的尝试。一种新风格已经露出了苗头了。……一些资本主义国家建筑师在这方面的尝试也可以作为我们的借鉴。……总而言之，我们强调的是革新，而不是原原本本的抄袭搬用。

1959年《在住宅建筑标准及建筑艺术问题
座谈会上关于建筑艺术部分的发言》

遗产是前人给我们留下来一些具体的东西；而传统则是一些精神、风格、技巧、手法……等等。

(国庆工程) ……交代任务的时候，党就明确地指出了这些建筑是为政治服务的，并且提出了要六亿人民共同设计；同时党还要求我们在建筑中要表现民族风格。……但是什么是民族风格，建筑师们还在彼此你问我，我问你。……正是由于党号召我们六亿人民共同设计，所以这个问题很快就得到明朗化了。设计人员走了群众路线，其中特别是青年建筑师和高等学校的学生们，他们从建筑的功能一直到建筑的形式都深入群众，了解群众对使用上的需要，在形象上的喜爱。我们可以说是初步摸到了门儿了。从群众的要求中，我们可以理解到群众是一致要求建筑具有民族风格的。但是我们也可以理解到群众所要求的民族风格并不是古建筑的翻版。……对于不同的建筑他们有不同的要求。

从历史过程中，我们可以看到遗产和传统中的好东西都是劳动人民所创造。这些都是经历了历史的提炼和淘汰，集中了劳动人民所喜爱而流传下来的。……群众所喜爱的一般都是具有人民性的，是我们今天用得着的。

1959年《在住宅建筑标准及建筑艺术问题
座谈会上关于建筑艺术部分的发言》

今天承继下来的建筑遗产和传统，无例外地都是阶级社会的产物，不可避免地都打上了阶级烙印；同时这些遗产和传统，又都是劳动人民所创造的，也必然包含着许多具有人民性的东西。那些具有人民性而对于今天的社会主义建设有用的东西就是遗产和传统中的精华。遗产和传统中有无人民性应该是我们批判的标准。

1959年《在住宅建筑标准及建筑艺术问题
座谈会上关于建筑艺术部分的发言》

由于日常生活环境的接触，每一个人无论他是否意识到，都通过他的感觉器官，对于环境的美丑逐渐形成了一定体系的反应，从而形成了一套共同接受的美的法则。这些反应一方面脱离不了他对于自然现象的认识，一方面脱离不了他所受到的社会思想意识的影响。……在这双重影响下形成的美的法则，经过世代的继承而成为传统。

在继承传统的问题上，形式问题仅仅是它的一个方面。但是，由于建筑是通过它的体形来表达它的内容的。所以在继承传统的问题上，形式问题也就成为其中比较突出的部分。

毛主席教导我们说："中国现时的新政治、新经济是从古代的旧政治、旧经济发展而来的，中国现时的新文化也是从古代的旧文化发展而来。"那么，建筑，作为反映我们的新政治、新经济的物质文化的一部分，当然也应当是从古代的旧建筑发展而来的。这里所谓旧建筑，应该理解为从文献可证的秦、汉以来，一直到解放以前共约二千年间遗留保存下来的全部遗产，包括近百年来帝国主义侵略下的半封建、半殖民地的建筑遗产。

1961年《建筑创作中的几个问题》

不同民族的生活习惯和文化传统又赋予建筑以民族性。它是社会生活的反映，它的形象往往会引起人们情感上的反应。

几千年来，不同的民族，在不同的地区，在不同的社会发展阶段中，各自创造了极不相同的形式和风格。……中国建筑自古以来就用木材形成了我们这种建筑形式，有鲜明的民族特征和独特的民族风格。……甚至就在中国不同的地区、不同的民族用一种基本相同的结构方法，还是有各自不同的特征。……今天，情况有了很大的改变，不仅各民族之间交通方便，而且各个国家、各民族各地区之间不断地你来我往。现代的自然科学和技术科学使我们掌握了各种建筑材料的力学物理性能，可以用高度精确的科学性计算出最合理的结构；有许多过去不能解决的结构问题，今天都能解决了。在这种情况下，就提出一个问题，在建筑上如何批判地吸收古今中外有用的东西和现代的科学技术很好地结合起来。我们绝不应否定我们今天所掌握的科学技术对于建筑形式和风格的不可否认的影响。

1961年《建筑和建筑的艺术》

对于建筑，美的法则也是脱离不了人们对于建筑在使用上的要求以及人们对于他所熟悉的材料的力学和结构的认识的。……从历史的发展过程看，我们可以看到这法则不是凝固不变的，而是随同生产力之发展，社会意识形态和科学、技术之发展而在不断地改变着。

传统与革新的问题是旧和新的矛盾的统一的问题。而在这矛盾中，革新是主要的一面。它是一个破旧立新、推陈出新的过程。不破不立，不推不出。分析、批判是革新的前提。

1961年《建筑创作中的几个问题》

笔者体会

在梁先生丰富的著述中，“传统与革新”这一命题占了相当的篇幅。他从历史学家的角度阐述了什么是传统，从传统的形成和发展进而说明在建筑的发展中继承传统的必要性和必然性；他阐明了建筑传统的民族性（行文中也涵盖了地区差别)、民族风格和民族形式问题，并指出，建筑的形象会引起人们情感上的反应；梁先生还着重论述了传统与革新的关系即是新与旧矛盾的统一，并反复强调这对矛盾中主要一面是革新：革新的目的是古为今用，革新的批判和取舍的标准是人民性。作为一个建筑家，他清晰地看到随着生产力的发展，社会意识和科学技术都在不断演进，建筑美的法则也在起着相应的变化；而科学技术对建筑形式和风格也存在着不可否认的影响。早在1935年梁先生即在呼唤“反映时代的艺术”。

三 建筑传统精华之所在

我国建筑，……其法以木为构架，辅以墙壁，如人身之有骨节，而附皮肉。其全部结构，遂成一种有机的结合。

1932年《蓟县独乐寺观音阁山门考》

对于新建筑有真正认识的人，都应知道现代最新的构架法，与中国固有的构架法，所用材料虽不同，基本原则却一样——都是先立骨架，次加墙壁的。因为原则的相同，“国际式”建筑有许多部分便酷类中国(或东方）形式。……同时我们若是回顾到我们古代遗物，它们的每个部分莫不是内部结构坦率的表现，正合乎今日建筑设计人所崇尚的途径。这样两种不同时代不同文化的艺术，竟融洽相类似，在文化史中确是有趣的现象；这正该是中国建筑因新科学、材料、结构，而又强旺更生的时期，值得许多建筑家注意的。

1935年《建筑设计参考图集序》

中国建筑的特征，在结构方面是先立构架，然后砌墙安装门窗的；屋顶曲坡也是梁架结构所产生。这种结构方法给予设计人以极大的自由，所以由松花江到海南岛，由新疆到东海岸辽阔的地区，极端不同的气候条件之下，都可以按实际需要配置墙壁门窗，适应环境，无往而不适用。这是中国结构法的最大优点。近代有了钢骨水泥和钢架结构，欧美才开始用构架方法。

1950年《关于中央人民政府行政中心区
位置的建议附件说明：建筑形体》

这种庭院最初的形成无疑地是以保卫为主要目的的。……在其他古代文化中，也都曾有过防御性的庭院，如在埃及、巴比伦、希腊、罗马就都有过。但在中国，我们掌握了庭院部署的优点，扬弃了它的防御性的布置，而保留它的美丽廊庑内心的宁静，能供给居住者庭内“户外生活”的特长，保存利用至今。

这些壁画和窟檐告诉我们：中国建筑所具有最优良的本质就是它的高度适应性。我们建筑的两个主要特征，骨架结构法和以若干个别建筑物联合组成的庭院部署，都是可以作任何巧妙的配合而能接受灵活处理的。

1951年《敦煌壁画中所见的中国古代建筑》

历代劳动人民总结经验而创造出来的处理构件的手法——“法式”，即建筑的“文法”，已成为千百年来人民所喜闻乐见的表现方式。用它们的组合所构成的形象，是我们中华民族所喜爱、所熟识、所理解的，并引为骄傲的艺术。我们必须应用它，发展它，来表达我们民族的思想和情感。

同一东西用在这里可以是“精华”；用在那里可能成为“糟粕”。

1954年《祖国的建筑》

我们对于传统的认识，不应局限于个别建筑物的形体和细部上，而且应该在平面和空间处理上去寻求那些建立在生活习惯上的东西。例如昆明的房屋，大多是向东的；天津附近塘沽、汉沽一带的民居，都有南北通风的穿堂；广东的临街建筑都有骑楼，那都是在当地的气候条件下，由广大人民在生活中摸索出来、创造出来的。这些都是具有人民性的传统，而且是具有科学性的东西。

我们承继传统和吸收遗产的另一方面，是古代匠师在处理建筑中的艺术规律，从总体布置到局部的处理手法。在总体布局方面，过去我们只注意到宫殿、庙宇的轴线和对称，而忽视了民间无数结合地形、因地制宜的灵活布置。……这种善于利用地形的优良传统，是我们建筑设计中很好的借鉴。

又如在造园的艺术方面，……根据大自然的规律和人们审美的要求，历代造园的匠师也摸出了不少规律。

此外，建筑物造成的气质也是我们遗产和传统的一部分。……从日本建筑实例上看，它的风格是跟着大陆上中国的形式发展的。日本的京都就是模仿中国长安城布局规划出来的。日本建筑也用斗拱、梁、柱、大屋顶。日本的园林也与中国园林一样，都是根据文人画家的山水画的构思的方法布置的。但是这两个民族所表达出来的气质又是多么不同！总的说，中国的气质是粗壮雄伟，日本的气质，就比较细腻纤巧。

很多同志的发言中都提到地方风格的问题，我体会到这一问题的提出无疑地对民族风格之形成将发生巨大的、有利的促进作用。

1959年《在住宅建筑标准及建筑艺术问题
座谈会上关于建筑艺术部分的发言》

在遗产和传统中，固然有些是比较容易鉴别的精华，另一些是无可置疑的糟粕，但有许多东西却是具有“两面性”的。我们不应把一切绝对化，也不能把它们孤立起来看。至于一些属于工程、结构方面的传统，则应以其科学性为衡量标准。其中有些经过整理提高，是可以为我们今天的建设服务的。……例如宋李诫的《营造法式》……其中突出的特点就是采用模数，设计定型化和构件标准化，构件预制，装配施工等等方法。在标准化构件中，将工程和艺术综合处理，也是我国古代的“法式”“做法”的一个突出的特征。这些虽然是比较原始的、朴素的手工操作的方法，但作为一个原则，是很可以供我们借鉴的。

1961年《建筑创作中的几个问题》

为什么千百年来，我们可以随意把一座座殿堂楼阁搬来搬去呢？用今天的术语来解释，就是因为中国的传统木结构采用的是一种“标准设计，预制构件，装配式施工”的“框架结构”。

这种框架结构的方法，在我国至少已有三千多年的历史了。

1962年《拙匠随笔（四）从“燕用”——不祥的谶语说起》

宋朝画家张择端的《清明上河图》是我们熟悉的名画。它的手卷的形式赋予它以空间、时间都很长的“持续性”。

谁能不感到，从天安门一步步走进去，就如同置身于一幅大“手卷”里漫步；在时间持续的同时，空间也连续着“流动”。那些殿堂、楼门、廊庑虽然制作方法千篇一律，然而每走几步，前瞻后顾，左睇右盼，那整个景色、轮廓、光影，却都在不断地改变着；一个接着一个新的画面出现在周围，千变万化。空间与时间，重复与变化的辩证统一在北京故宫中达到了最高的成就。

1964年《拙匠随笔（三）千篇一律与千变万化》

中国的传统建筑形成了以下一些最突出的特征。

一、框架结构。采用木柱木梁构成的框架结构，承担上部一切荷载。无论内墙外墙，都不承担结构荷载。“墙倒房不塌”这句古老的谚语最概括地指出了中国传统结构体系的最主要的特征。……运用这种结构就可以使房屋在从亚热带到亚寒带的不同气候下满足生活和生产所提出的千变万化的功能要求。……

二、斗栱。斗栱是中国框架结构体系中减少横梁与立柱交接点上的剪力的特有的部件。……古代的匠师很早就发现了斗栱的装饰效果……但是明清以后……斗拱的结构作用几乎完全消失，比例上大大地缩小，变成了几乎是纯粹的装饰品。

三、模数。以拱的宽度作为建筑设计各构件比例的模数。宋朝的《营造法式》和清朝的《工部工程做法则例》都是这样规定的。……

四、标准构件和装配式施工。木材框架结构是装配而成的，因此就要求构件的标准化。这又很自然地要求尺寸、比例的模数化。……

五、富有装饰性的屋顶。中国古代的匠师很早就发现了利用屋顶以取得艺术效果的可能性。《诗经》里就有“作庙翼翼”之句。……到了汉朝，后世的五种屋顶（张注：指庑殿、攒尖、硬山、悬山、歇山）……就已经具备了。可能在南北朝，屋面已经做成弯曲面，檐角也已经翘起，使屋顶呈现轻巧活泼的形象。……宋代以后，又大量采用琉璃瓦，为屋顶加上颜色和光泽，成为中国建筑最突出的特征之一。

六、色彩。从世界各民族的建筑看来，中国古代的匠师可能是最敢于使用颜色、最善于使用颜色的了。这一特征无疑地是和以木材为主要构材的结构体系分不开的。……中国古代的匠师早已明确了油漆的保护性能和装饰性的统一的可能性而予以充分发挥。……

七、庭院式的组群。从古代文献、绘画一直到全国各地存在的实例看来，除了极贫苦的农民住宅外，中国每一所住宅、宫殿、衙署、庙宇……等等都是由若干座个体建筑和一些迴廊、围墙之类环绕成一个个庭院而组成的。一个庭院不能满足需要时，可以多数庭院组成。……中国的任何一处建筑，都像一幅中国的手卷画。手卷画必须一段段地逐渐展开看过去，不可能同时全部看到。走进一所中国房屋，也只能从一个庭院走进另一个庭院，必须全部走完才能全部看完。北京的故宫就是这方面最卓越的范例，由天安门进去，每通过一道门，进入另一庭院，由庭院的这一头走到那一头，一院院、一步步景色都在变幻。……

八、有规划的城市。从古以来，中国人就喜欢按规划修建城市。《诗经》里就有一段详细描写殷末周初时，周的一个部落怎样由山上迁移到山下平原，如何规划，如何组织人力，如何建造，建造起来如何美丽的生动的诗章。汉朝人编写的《周礼·考工记》里描写了一个王国首都的理想的规划。隋唐的长安、元的大都、明清的北京这样大的城市，以及历代无数的中小城市，大多数是按预拟的规划建造的。……

九、山水画式的园林。总的说来，可以归纳为中国山水画式的园林。历代的诗人画家都以祖国的山水为题，尽情歌颂。宋朝以后，山水画就已成为主要题材。这些山水画之中，一般都以自然界的一些现象予以概括、强调，甚至夸大，将某些特征突出。中国的传统园林一般都是这种风格的“三度空间的山水画”。……玲珑小巧的建筑物在中国园林中占有重要位置，巧妙地组织到山水之间。和一般建筑布局相反，园林中绝少采用轴线，而多自由随意的变化。曲折深邃是中国人对园林的要求。

1964年《〈中国古代建筑史〉绪论》

笔者体会

梁先生曾带领营造学社的建筑师们走了15省200余县，测量、摄影、分析研究了建筑文物、城乡民居和传统的城市规划共计2000多个单位；又曾在美国攻读建筑，进行过深入的学习，并对欧洲建筑做了广泛的考察。作为一位学贯中西的建筑学家和建筑史学家，他对中国建筑传统从宏观到微观都做了深刻的分析研究。

难能可贵的是，梁先生能以一位建筑师的眼光来审视中国建筑传统，从物质功能、工程技术、风俗习惯到审美情趣、文化底蕴都做了精到的、中肯的评价，从古为今用的角度力求科学地、求实地分辨出对中国建筑传统的扬弃。

他首先肯定的是中国传统框架体系所体现的科学性，正是这种结构体系，使中国传统建筑具有了对不同地区和不同功能的广泛适应性；他指出中国传统建筑的法式所表现的设计定型化、构件标准化，构件预制、装配施工这些精神和原则今天仍是很有价值的。中国建筑传统上体现的工程和艺术的有机统一的原则及其形成的建筑形象，特别是富有装饰性的屋顶，成为中国传统建筑的重要造型特征；符合中国人情趣的庭院式的布局和手卷式的空间部署，利用地形、因地制宜等从总体到局部的艺术规律和手法都是值得借鉴的优良传统。同时他指出了有规划的城市和山水画式的园林在传统中的重要地位。早在20世纪50年代梁先生就提请大家注意过去我们关注宫殿多，而对民间的建筑经验研究不够的问题。

与此同时，梁先生也透彻地指出了传统建筑的糟粕主要在其内容（详见1954年《祖国的建筑》）；传统木构建筑的致命弱点是其“非永久性”（详见1932年《蓟县独乐寺观音阁山门考》）。他还锋利地指出了中国传统建筑自唐宋到明清由大而小、由雄壮而纤巧、由简而繁、由机能的而装饰的这一发展趋势，说明中国建筑所处的不佳境界（详见1936年《建筑设计参考图集第四集斗拱简说》），提示了革新的必要性。

四　创造中国新建筑的途径

创造新的即须要对于旧的有认识。他们需要参考资料，犹如航海人需要地图一样。而近几年来中国营造学社搜集的建筑照片已有数千，我觉得我们这许多材料，好比是测量好的海道地图，可以帮助创造的建筑师们，定他们的航线，可以帮助他们对于中国古建筑得一个较真切较亲密的认识。

1935年《建筑设计参考图集序》

本图集并不是供给建筑师们以蓝本（尤其是在斗栱方面），只是供给他们一些参考资料，希望他们对于中国古代结构法上有了了解，由那上面发挥中国新建筑的精神。

1936年《建筑设计参考图集（第五集）：斗栱简说》

西洋各国在文艺复兴之后……研究建筑历史及理论，作为建筑艺术的基础……所以西洋近代建筑创造同他们其他艺术，如雕刻、绘画、音乐或文学，并无二致，都是合理解与经验，而加以新的理想，作新的表现的。

因为最近建筑工程的进步，在最清醒的建筑理论立场上看来，“宫殿式”的结构，已不合于近代科学及艺术的理想。……它是东西制度勉强的凑合，这两种制度大都属于过去的时代。因为糜费侈大，它不常适用于中国一般经济情形，所以也不能普遍。

1946年《为什么研究中国建筑》

在现阶段中，我们每一次的尝试可能都不很成熟，有很多缺点，但这条我们总要开始走的路，方向是对的。现在就有许多建筑师们在战战兢兢地希望向着这条路努力进行。中南海中这几座建筑无疑地将成为中国建筑史中重要的一页，它们在目前更有示范作用。在中国建筑系统中多层楼即是一种新的创造，所以特别需要慎重地在式样上有个原则的决定。并且在北京的故宫、三海建筑群中，它们将成为不可分离的构成分子，我们对它的设计更要努力，使它同旧传统接近。

1950年《致朱总司令信——关于中南海新建宿舍问题》

现在我们只需将木材改用新的材料与技术，应用于我们的传统结构方法，便可取得技术上更大的自由，再加上我们艺术传统的处理建筑物各部分的方法，适应现代工作和生活之需要，适应我们民族传统美感的要求，我们就可以创造我们的新的、时代的、民族的形式，……我们不唯可以如此做，而且绝对应当如此做，而且自信可以创造出这个新形体。

1950年《关于中央人民政府行政中心区
位置的建议的附件说明：二进制形体》

新中国的新建筑必须从实际创作中产生出来，而且必须经过一段相当长的探索时期。这时期的长短，决定于我们对于建筑艺术——一种反映我们这个时代的艺术——的认识，而这个认识取决于我们的思想水平。……其次，这时期的长短决定于我们对于民族建筑传统和规律的掌握的迟速。不掌握规律，不精通，不熟悉，只是得到皮相，或生吞活剥地临时抄袭和硬搬，就难有成就。所以努力向祖国建筑遗产学习是创作的一个先决条件。

让我提出两张想象中的建筑图，作为在我们开始学习运用中国古典遗产与民族传统的阶段中所可能采用的一种方式的建议。……只企图说明两个问题：第一，无论房屋大小、层数高低，都可以用我们传统的形式和“文法”处理；第二，民族形式的取得首先在建筑群和建筑物的总轮廓，其次在墙面和门窗等部分的比例和韵律，花纹装饰只是其中次要的因素。……我们在开始的阶段掌握了祖国建筑的规律，将来才有可能创造出更新的东西来。

1954年《祖国的建筑》

假使我们改得比古人好，当然我们就用我们改变过的形式；但若改得不太满意，那么适当地采用一些古人的形式也不是绝对不可以的。

到今天，材料结构已有所改变，而美观上又有需要，我们就可以改它。但是，由于目前我们自己思想水平、业务水平的限制，不得已而模仿一些旧东西，也是发展过程中不可避免的。这样的采用，态度是积极的，是和折中主义的不假思索地抄袭搬用是有本质上的区别的。

革新的目的就是使古为今用，使它对我们的社会主义建设有利。但是，由于我们思想水平和业务水平的限制，尽管我们的主观愿望如此，我们做出的客观效果肯定地还是不够的。不过比起前几年来，我们的确已经有一些进步；特别是去年国庆工程开始以来，我们的进步是很显著的。

1959年《在住宅建筑标准及建筑艺术问题座谈会上关于建筑艺术部分的发言》

新的内容必然要求新的形式。但是，新形式不是一下子就能形成的，而是随着内容的更新不断地演变形成的。正因为这样的不断演变，今天的新形式明天就可能变成旧形式。因此，我们不能完全否定一切旧形式，而且在必要时还要善于利用旧形式，使它为今天的需要服务。但我们绝不应抄袭、搬用，使自己成为旧形式的奴隶。

继承遗产的整个过程应该是一个“认识——分析——批判——继承——革新——运用”的过程，而其中最关键的两环就在批判和革新。

按照今天社会主义建设的需要，结合着新材料、新技术的可能性去继承、革新、运用。

1961年《建筑创作中的几个问题》

有必要重复一遍：建筑的艺术和其他艺术有所不同，它是不能脱离适用、工程结构和经济的问题而独立存在的。它虽然对于城市的面貌起着极大的作用，但是它的艺术是从属于适用、工程结构和经济的考虑的，是派生的。

此外，由于每一座个别的建筑都是构成一个城市的一个“细胞”，它本身也不是单独存在的。它必然有它的左邻右舍，还有它的自然环境或者园林绿化。因此，个别建筑的艺术问题也是不能脱离了它的环境而孤立起来单独考虑的。

1961年《建筑和建筑艺术》

建筑工作就必须根据国家的社会制度，国民经济发展的计划，结合本城市的自然环境——地理、地形、地质、水文、气候等等和整个城市人口的社会分析来进行工作。这时候，建筑师就必须在一定程度上成为一位社会科学（包括政治经济学）家了。

一个建筑师解决这些问题的手段就是他所掌握的科学技术。……建筑是一门技术科学——更准确地说，是许多门技术科学的综合产物。……打个比喻，建筑师的工作就和作战时的参谋本部的工作有点类似。

一座房屋既然建造起来，就是一个有体有形的东西，因而就必然有一个美观的问题。……因此，一个建筑师必须同时是一个美术家。因此建筑创作的过程，除了要从社会科学的角度分析并认识适用的问题，用技术科学来坚固、经济地实现一座座建筑以解决这适用的问题外，还必须同时从艺术的角度解决美观的问题。这也是一个艺术创作的过程。

必须明确，这三个问题不是应该分别各个孤立地考虑解决的，而是应该从一开始就综合考虑的。同时也必须明确，适用和坚固、经济的问题是主要的，而美观是从属的、派生的。

1962年《拙匠随笔（一）：建筑（社会科学U技术科学U美术）》

他的立意必须受到自然条件……等等的限制。有时他简直是在极其苛刻的羁绊下进行创作。不言而喻，这一切之间必然充满了矛盾。建筑师“立意”的第一步就是掌握这些情况，统一它们之间的矛盾。

一个方案往往是经过若干个不同方案的比较后决定下来的。

1962年《拙匠随笔（二）：建筑师是怎样工作的?》

笔者体会

梁先生引证西方在文艺复兴之后建筑历史及理论的研究奠定了西方近代建筑创作的基础，使西方的近代建筑既吸取过去的经验又具有新的思想。因而他多次论述中国建筑创作途径时都谈到新中国的建筑必须从实际创作中产生出来，必须经过相当长的摸索过程。每一次的尝试可能都还不成熟，有很多缺点，但这条路是一定要走的，方向是对的。他强调，建筑师努力学习遗产是创作的一个先决条件，开始阶段先掌握旧的规律，将来才能创造出更新的东西。但这绝不是要抄袭、搬用，使自己成为旧形式的奴隶，而是应该按照今天社会主义建设的需要，结合新材料、新技术去继承、革新、运用。他还对建筑师说，建筑艺术不能脱离工程结构和经济而独立存在，也不能脱离环境、城市而独立存在。建筑是许多技术科学的综合产物。建筑师的创作就是应该掌握情况、统一矛盾。

梁思成先生的建筑创作思想和理论著述，代表着中国第一代建筑师探索传统与现代结合理论与实践之集大成。他的指导思想随着时代的发展而不断展示出其深度与广度。他指出的途径，随着中西文化的冲击、融汇而得以证实，并由表及里不断发展。他所积累的经验和阐述的见解是中国建筑理论的瑰宝，拂去历史尘埃更加光彩夺目。在改革开放、建筑创作空前活跃的今天，梁先生的建筑创作思想和理论著述仍然有着巨大的现实意义和深远的历史意义，在我们传统与现代相结合的创作征途中，必将发挥越来越大的指导作用。